孟 萃 著

瞬态电离辐射激励强电磁脉冲

清華大学出版社
北 京

内 容 简 介

本书讲述了电离辐射的概念以及与物质作用的种类，核爆炸的电离辐射激励电磁脉冲环境的物理机理、分类以及空间分布规律，以激光惯性约束装置为例讲述地面大科学装置中的电离辐射激励强电磁脉冲环境的物理机理与分类，数值模拟方法、瞬态强电磁脉冲环境准确测量的手段与方法，最后介绍了电离辐射总剂量与强电磁脉冲协和效应的研究方法以及强电磁脉冲国际标准概况。

本书可供从事电磁环境效应、电磁兼容以及抗辐射加固领域研究的科研人员参考，也可作为高等院校从事电磁环境效应、电磁安全领域相关专业的本科生、研究生和教师的参考书。

图书在版编目(CIP)数据

瞬态电离辐射激励强电磁脉冲/孟萃著. —北京：清华大学出版社，2022.7 (2023.11 重印)
ISBN 978-7-302-59839-8

Ⅰ. ①瞬… Ⅱ. ①孟… Ⅲ. ①电离辐射—激励—电磁脉冲 Ⅳ. ①TL91

中国版本图书馆 CIP 数据核字(2022)第 007304 号

责任编辑：朱红莲
封面设计：常雪影
责任校对：欧 洋
责任印制：宋 林

出版发行：清华大学出版社
网 址：https://www.tup.com.cn，https://www.wqxuetang.com
地 址：北京清华大学学研大厦 A 座 **邮 编**：100084
社 总 机：010-83470000 **邮 购**：010-62786544
投稿与读者服务：010-62776969，c-service@tup.tsinghua.edu.cn
质量反馈：010-62772015，zhiliang@tup.tsinghua.edu.cn
印 装 者：三河市龙大印装有限公司
经 销：全国新华书店
开 本：185mm×260mm **印 张**：16 **字 数**：386 千字
版 次：2022 年 7 月第 1 版 **印 次**：2023 年11月第 2 次印刷
定 价：98.00 元

产品编号：092354-01

序

随着科技的发展，电子技术在各行各业得到了广泛应用，电磁兼容及电磁环境效应问题日显突出。2020 年 12 月 26 日，《中华人民共和国国防法》修订通过后，电磁空间安全被列入重大安全防卫领域，成为国家安全战略的关键要素之一，是国家安全体系的重要组成部分。中国工程院发布的“中国电子信息工程科技发展十六大技术挑战(2020)”中，电磁场与电磁环境效应被列为十六大挑战之一。

随着各种装备的建设和大功率电磁能量的广泛应用，电磁辐射源越来越多，电磁环境日益复杂，强电磁辐射给人们的生活和工作带来的影响日益严重。核爆炸产生的核电磁脉冲因为场强高、能量大、覆盖范围广，这种强场、高功率、广域范围的电磁辐射，不仅会影响人们的生活和生命安全，对武器装备和重要基础设施会造成强干扰甚至毁伤效应，而且对国民经济发展和国防安全造成重大威胁；另外，核爆炸产生的瞬态电离辐射会与电磁脉冲同时作用到人体或武器装备，这种协和效应还未被充分关注和深入研究，因此，人体和装备的安全防护要求更高。

本书作者孟萃常年深耕于该研究领域，编制的高空核电磁脉冲数值模拟程序，全面数值仿真了高空核爆炸向地面、卫星轨道产生电磁脉冲的分布与传播规律，计算结果为我国制定相关标准提供了技术支撑，也为国际标准的制定提供了依据。近年来该团队围绕激光惯性约束装置的电磁环境产生机理开展了国际前沿的研究工作，将靶室空间的电磁脉冲科学分类，按照逃逸的超热电子产生电磁脉冲、腔体系统电磁脉冲、线缆系统电磁脉冲以及房间的源区电磁脉冲进行划分，并开展理论与实验研究，为我国激光惯性约束装置的电磁兼容设计提供依据。该团队提出的瞬态强电磁场传感器时域联合校准方法，准确度高、工程操作简便。在电离辐射与电磁脉冲的协和效应方面开展了研究，已得到重要研究成果。本书基于该团队上述创新性研究成果，书中内容丰富、新颖，图文并茂，是一本难得的专业好书。

本书可以作为电磁环境效应、电磁兼容以及电磁防护科研人员、教师及研究生的重要参考书。

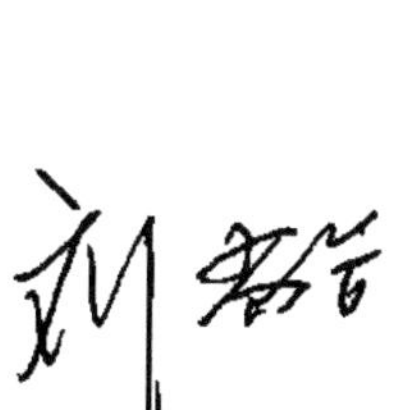

2021 年 5 月

前 言

瞬态电离辐射激励强电磁脉冲的物理概念来源于核爆炸产生的各类核电磁脉冲，随着科学技术的发展，激光惯性约束聚变以及核辐射模拟等大科学装置面临的电磁兼容问题中同样存在与核电磁脉冲物理机理类似的电磁脉冲环境，这类电磁脉冲激励的初始源都是瞬态的电离辐射，不需要天线发射，环境更加复杂。这类电磁脉冲环境峰值场强高、频谱范围宽、作用范围广，有时与瞬态电离辐射同时存在，带来更多的机理、测量、效应以及防护问题。本书作者孟萃长期从事电离辐射激励电磁脉冲的物理机理及效应等研究工作，参加了国际电工委员会 IEC SC77C 分会的标准制定、修改，负责制定了我国的高空核电磁脉冲辐射环境国家标准，这本专著是作者及其团队多年研究成果的总结。

本书共分 13 章，重点讲述瞬态电离辐射激励强电磁脉冲的分类、物理机理、数值模拟方法、瞬态强电磁脉冲的准确测量与校准方法、电离辐射总剂量与强电磁脉冲协和效应以及国际标准概况。

本书由孟萃负责，提出了著作的章节目录，完成本书的编写工作，钟媚青博士参与编写了第 2 章和第 13 章，徐志谦博士参与编写了第 4 章、第 6 章和第 8 章，张茂兴博士参与编写了第 7 章，金晗冰硕士参与编写了第 9 章，姜云升博士参与编写了第 10 章和第 11 章，吴平博士参与编写了第 12 章。

本书的内容是团队成员多年来的科学研究成果，感谢参与该方向研究的所有同学，他们是张晓明硕士、谭兆杰硕士、杨超硕士、金晗冰硕士、李鑫博士、姜云升博士、吴平博士、黄刘宏博士、程二威博士、徐志谦博士、张茂兴博士、钟媚青博士、冯博伦博士以及在本团队开展本科科研训练的杨大龙、陈荣梅、卢志永等同学。感谢我的导师陈雨生研究员，是他把我带入核电磁脉冲的研究领域，他的严谨求实的学术风范一直影响着我。感谢多年来支持、指导以及帮助我的同事、领导和业界同行与前辈，与你们的交流讨论让我收获颇丰。感谢我的家人们，你们的厚爱以及支持是我一直前行的动力。感谢各项目资助管理单位的大力支持。

由于作者水平有限，书中不当之处恳请大家不吝赐教，给予宝贵意见。

孟萃

2021 年 5 月于清华园

目 录

第1章 绪论 …… 1

1.1 引言 …… 1
1.2 核爆炸产生的电磁脉冲 …… 3
1.3 辐射模拟装置产生的电磁脉冲 …… 4
1.4 强电磁脉冲国际标准 …… 7
参考文献 …… 8

第2章 电离辐射的种类及其与物质的相互作用 …… 10

2.1 基本概念和术语 …… 10
2.1.1 原子的结构 …… 10
2.1.2 电离辐射的能量 …… 10
2.2 电离辐射的种类 …… 11
2.2.1 常见电离辐射的种类及属性 …… 11
2.2.2 常见的瞬态电离辐射来源 …… 12
2.3 带电粒子与物质的相互作用 …… 13
2.3.1 带电粒子与物质的相互作用概述 …… 13
2.3.2 重带电粒子与物质的相互作用 …… 14
2.3.3 快电子与物质的相互作用 …… 19
2.4 光子与物质的相互作用 …… 21
2.4.1 作用截面 …… 22
2.4.2 光电效应 …… 22
2.4.3 康普顿效应 …… 25
2.4.4 电子对效应 …… 28
2.4.5 三种效应的比较 …… 29
2.4.6 γ射线窄束的衰减规律 …… 29
2.5 中子与物质的相互作用 …… 30
2.5.1 中子的分类 …… 30
2.5.2 宏观截面和平均自由程 …… 31
2.5.3 弹性散射 …… 31
2.5.4 非弹性散射 …… 32

2.5.5 中子与空气的相互作用 …… 32
参考文献 …… 32

第3章 时域有限差分算法 …… 34

3.1 研究背景与现状 …… 34
3.2 时域有限差分方程 …… 34
3.2.1 直角坐标系差分公式 …… 35
3.2.2 收敛性和稳定性分析 …… 37
3.2.3 柱坐标系差分公式 …… 39
3.3 吸收边界条件 …… 41
3.3.1 Mur 吸收边界 …… 42
3.3.2 完全匹配层吸收边界 …… 43
3.4 时偏 FDTD 算法 …… 44
参考文献 …… 45

第4章 PIC 粒子模拟算法 …… 47

4.1 研究背景与现状 …… 47
4.2 粒子推动方程 …… 48
4.3 电磁场与粒子的耦合 …… 50
4.4 电流密度的数学表达 …… 52
参考文献 …… 56

第5章 高空核爆炸激励电磁脉冲的物理机理与规律 …… 58

5.1 核爆电磁脉冲物理机理 …… 58
5.1.1 核爆炸 γ 辐射源 …… 60
5.1.2 γ 射线与物质相互作用的衰减规律 …… 60
5.1.3 康普顿效应 …… 61
5.2 高空核爆炸向地面产生的电磁脉冲 …… 62
5.2.1 早期 HEMP-E1 的数值模拟 …… 63
5.2.2 结论 …… 69
5.3 高空核爆炸向卫星轨道产生的色散电磁脉冲 …… 70
5.3.1 爆心附近核电磁脉冲环境 …… 72
5.3.2 爆高的影响 …… 73
5.3.3 爆炸当量的影响 …… 74
5.3.4 电离层对电磁脉冲信号的影响 …… 75
5.3.5 高频电磁波通过电离层的衰减 …… 81
5.3.6 卫星轨道电场峰值 …… 81
参考文献 …… 83

第6章　腔体系统电磁脉冲的物理机理与规律 ······ 85

6.1　研究背景与现状 ······ 85
6.2　腔体内 SGEMP 仿真模型 ······ 86
6.2.1　二维仿真模型 ······ 87
6.2.2　三维仿真模型 ······ 87
6.3　二维模型的仿真结果及规律 ······ 88
6.3.1　典型的时域波形 ······ 88
6.3.2　X 射线能注量的影响 ······ 89
6.3.3　X 射线脉冲宽度的影响 ······ 89
6.3.4　X 射线能量的影响 ······ 90
6.4　三维模型的仿真结果及规律 ······ 90
6.4.1　典型的时域波形 ······ 91
6.4.2　腔体内 SGEMP 的空间分布 ······ 91
6.4.3　腔体内 SGEMP 的频率特性 ······ 92
6.5　腔体外部 SGEMP 的仿真结果及规律 ······ 94
6.5.1　研究现状 ······ 94
6.5.2　三维仿真结果及规律 ······ 97
参考文献 ······ 99

第7章　线缆系统电磁脉冲的物理机理与规律 ······ 102

7.1　研究背景与现状 ······ 102
7.2　线缆系统电磁脉冲的物理机理 ······ 103
7.3　时域有限差分法的仿真结果与规律 ······ 103
7.3.1　时域有限差分方程 ······ 103
7.3.2　仿真结果与规律 ······ 106
7.4　传输线＋有限元方法仿真结果及规律 ······ 108
7.4.1　简化模型 ······ 110
7.4.2　有限元法 ······ 111
7.4.3　仿真结果与规律 ······ 115
参考文献 ······ 116

第8章　源区电磁脉冲的物理机理与规律 ······ 118

8.1　研究背景与现状 ······ 118
8.2　地面核爆炸 SREMP 理论分析 ······ 120
8.2.1　早期波过程 ······ 120
8.2.2　饱和扩散过程 ······ 121
8.2.3　后期准静态过程 ······ 123

8.3 靶室房间 SREMP 数值模拟 …… 124
8.3.1 靶室房间 SREMP 仿真模型 …… 124
8.3.2 靶室房间 SREMP 仿真结果及规律 …… 125
参考文献 …… 127

第 9 章 激光惯性约束装置的强电磁脉冲 …… 128

9.1 激光惯性约束装置强电磁脉冲的分类 …… 128
9.2 靶室内电磁脉冲 …… 130
9.2.1 激光打靶中的电磁脉冲现象 …… 130
9.2.2 超热电子产生电磁脉冲的主要机制 …… 132
9.2.3 超热电子激励电磁脉冲模拟 …… 134
9.3 能库电磁脉冲的实验研究 …… 141
参考文献 …… 142

第 10 章 瞬态强电磁脉冲测量 …… 144

10.1 D-Dot 传感器 …… 145
10.1.1 D-Dot 电场传感器原理 …… 145
10.1.2 等效电荷法用于 D-Dot 探头形状设计 …… 147
10.1.3 D-Dot 传感器尺寸设计 …… 149
10.2 E-field 传感器 …… 150
10.2.1 E-field 电场传感器原理 …… 150
10.2.2 传感器信号接收电路 …… 151
10.2.3 电光调制电路 …… 152
10.2.4 光接收机 …… 153
10.3 B-Dot 磁场传感器 …… 154
10.3.1 SSL 磁场传感器 …… 156
10.3.2 MSL 磁场传感器 …… 159
10.3.3 CML 磁场传感器 …… 161
10.4 MGL 磁场传感器 …… 163
10.4.1 差模 MGL 传感器 …… 163
10.4.2 共模 MGL 传感器 …… 164
10.5 瞬态强电磁脉冲测量系统的组成 …… 166
10.6 信号反演算法 …… 168
10.6.1 微分传感器的软硬件信号处理方式 …… 168
10.6.2 基于 MAP 的信号处理算法 …… 169
10.6.3 基于 MAP 算法的实验验证 …… 171
10.6.4 不同波形的适应性验证 …… 175

参考文献 …… 176

第 11 章 瞬态强电磁脉冲传感器校准 …… 178

11.1 基本校准方法 …… 179
11.2 标准电磁场产生装置 …… 180
11.2.1 TEM 小室 …… 180
11.2.2 GTEM 小室 …… 183
11.2.3 镜面单锥 TEM 小室 …… 185
11.3 频域校准方法 …… 186
11.4 时域联合校准方法 …… 187
11.4.1 幅度灵敏度校准 …… 188
11.4.2 上升时间校准 …… 189
参考文献 …… 192

第 12 章 电离辐射及强电磁脉冲协和效应 …… 194

12.1 电离辐射总剂量效应 …… 194
12.1.1 SiO_2 介质材料辐射损伤机理 …… 195
12.1.2 Si-SiO_2 界面电荷 …… 196
12.1.3 MOS 器件电参数变化 …… 198
12.2 强电磁脉冲效应 …… 201
12.2.1 电路各结构的强电磁脉冲效应 …… 201
12.2.2 典型的半导体器件的电磁脉冲损伤机理 …… 204
12.3 电离辐射总剂量与强电磁脉冲协和效应 …… 206
12.3.1 协和效应测试方法 …… 207
12.3.2 器件级研究现状 …… 209
12.3.3 ADC 芯片的实验结果 …… 218
12.4 概率阈值分析 …… 223
参考文献 …… 225

第 13 章 国际标准概况 …… 227

13.1 IEC SC77C 发布的 HPEM 相关标准 …… 227
13.2 其他国际组织发布的 HPEM 相关标准 …… 230
13.2.1 ITU-T 发布的电信中心的 HPEM 防护建议 …… 230
13.2.2 IEEE 制定的公共可访问计算机的 HPEM 防护标准 …… 232

13.2.3 CIGRE 制定的高压变电站电子设备的 HPEM 防护建议 ……… 232
13.3 欧盟发布的 HPEM 相关文件 ………………………………………………… 232
13.4 各国发布的 HPEM 相关标准 ………………………………………………… 235
13.4.1 美国军用 HEMP 标准 ……………………………………………… 235
13.4.2 中国的 HPEM 相关标准 …………………………………………… 237
13.4.3 其他各国发布的 HPEM 相关标准 ………………………………… 239
参考文献 ……………………………………………………………………………… 241

第 1 章

绪 论

1.1 引言

强电磁脉冲(也称为高功率电磁脉冲,High Power Electromagnetic Pulse,HPEM)指峰值场强大于 100 V/m 的电磁脉冲。强电磁脉冲主要有如图 1-1 所示的几大类：自然界的雷电(Lightning Electromagnetic Pulse,LEMP),静电放电(Electro-Static Discharge,ESD),大功率雷达及开关工作等产生的高强度辐射场(High Intensity Radiated Field,HIRF),核爆炸产生的核电磁脉冲(Nuclear Electromagnetic Pulse,NEMP),高功率微波(High Power Microwave,HPM)及超宽带(Ultra Wide Band,UWB)[1,2]。这种强电磁脉冲具有峰值场强高、幅度动态范围大、上升沿快、脉宽较宽的时域特性以及超宽带的频域特性,见图 1-2。强电磁脉冲对电子设备造成干扰或毁伤效果明显,与常规电磁兼容的骚扰源有很大不同。在 1962 年的核试验中强电磁脉冲效应首次被发现,经过美国军方组织的专家组分析认定这些效应是高空核爆炸产生的高空核电磁脉冲(High-altitude Electromagnetic Pulse,HEMP)造成的[3,4]。在此之后,HEMP 的机理、效应和防护研究受到各个国家的重视,大量关于军事系统在 HEMP 下的效应试验和评估技术得到迅速发展。后来随着脉冲功率技术、等离子体技术等的发展,高功率微波以及超宽带的强电磁脉冲研究及应用得到各大国的重视。核电磁脉冲、非核电磁脉冲对国家重要基础设施、武器装备的影响的研究日益重要。

近年来,随着科学技术的发展,瞬态强电磁脉冲在辐射模拟、聚变能研究等大科学装置中的产生机理、物理规律和造成的影响也受到越来越广泛的关注。例如在脉冲功率系统运

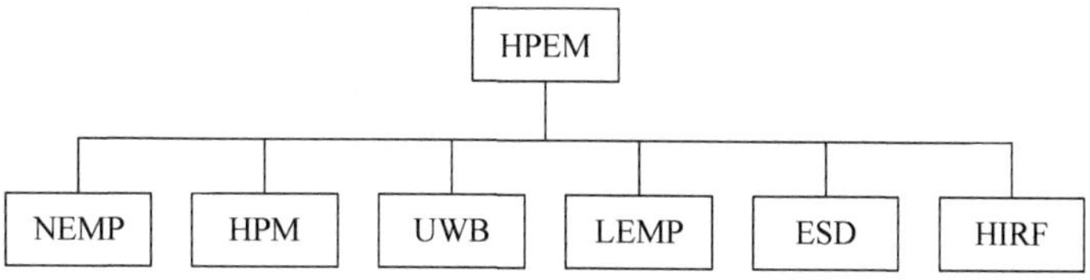

图 1-1 强电磁脉冲分类

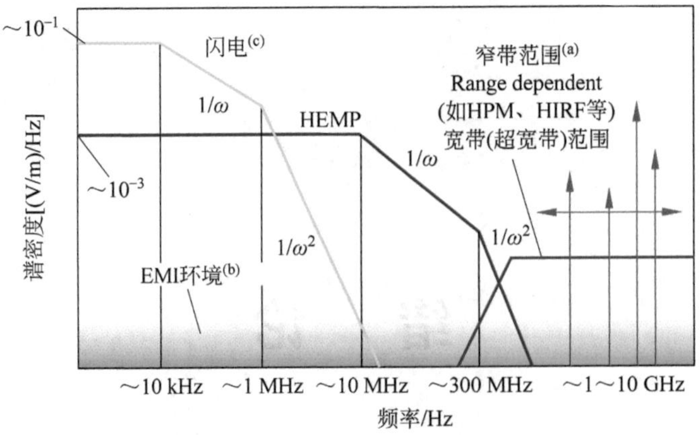

(a) 窄带范围0.5~5 GHz
(b) 不需要HPEM
(c) 符号相关光谱成分到约10 MHz，取决于范围和应用

图 1-2　强电磁脉冲频谱图

行、激光惯性约束聚变打靶等物理过程中都存在强电磁脉冲环境，物理诊断设备以及其他仪器设备的电磁防护水平面对严峻考验。在激光惯性约束聚变打靶实验中，研究人员发现在高能激光器运行过程中，新物理机理的瞬态强电磁脉冲引起诊断设备失效、数据丢失甚至控制设备死机等问题[5]。

国际上对瞬态强电磁脉冲环境的研究受到越来越多的重视。1996 年，IEC TC (Technical Committee)77(电磁兼容技术)成立了分技术委员会 IEC/SC(Subcommitte)77C 专门研究强电磁脉冲相关的标准化问题[6]。欧盟也在第七框架计划(Seventh Framework Programme，FP7)中重点开展了对重要基础设施，如能源系统、通信系统、高铁运输系统应对电磁恐怖袭击的专项研究。此外，在 2020 年 12 月 26 日修订的《中华人民共和国国防法》中也提及电磁空间安全——“维护在太空、电磁、网络空间等其他重大安全领域的活动、资产和其他利益的安全”，正式将电磁安全列为我国的国家安全战略之一。

在这些强电磁脉冲环境中，核爆炸产生的电磁脉冲与地面辐射模拟、聚变能研究等大科学装置产生的电磁脉冲的机理与其他电磁脉冲在物理机理上截然不同，都是由瞬态电离辐射与周围物质(包括空气)作用产生的强电磁脉冲环境，图 1-3 给出了瞬态电离辐射产生电

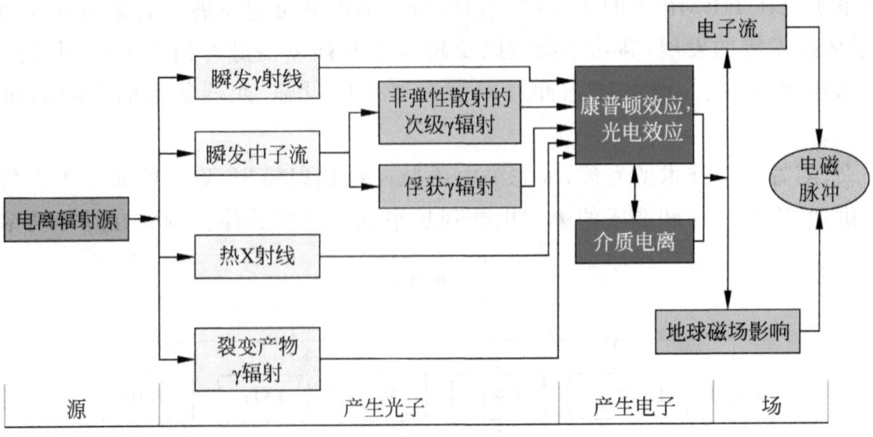

图 1-3　瞬态电离辐射激励电磁脉冲物理过程

磁脉冲的物理过程。这种电磁脉冲有时与电离辐射同时存在，使得环境复杂性更大、对电子学系统造成的干扰、毁伤效应更严重，防护手段及方法要求更高。本书重点针对这类电磁脉冲的物理机理、数值仿真、实验测量及效应等进行阐述[7]。

1.2　核爆炸产生的电磁脉冲

随着科学技术的发展，高新技术在军事领域的应用极大地提高了部队的作战能力，但是，核武器在当今世界的武器队伍中仍稳坐头把交椅。虽然核武器仅在第二次世界大战末期使用了两颗，但并不表明它已退出战争舞台，核武器仍是当今军事斗争的“杀手锏”。随着各种半导体器件和集成电路的广泛应用，电子设备对外界的电磁环境更为敏感。因此，近年来，核电磁脉冲在军事上的应用更为引人注目。在攻击守方的 C^3I 系统的干扰对抗中可能采用电磁脉冲，尤其是战争初期，如果用导弹在守方上空爆炸形成特殊的离子云和辐射脉冲，可能使守方电子设备失效、瘫痪，造成通信中断，指挥失灵，为后续弹头突防和攻击开路。较实用的是利用高、中空核爆瞬时释放的大量 γ-光子在吸收区内形成的电磁脉冲对守方防御和指挥系统造成破坏，使其失去监控能力，从而实现攻方突防打击目标的目的。核电磁脉冲弹就是减少核武器的其他辐射效应，增强电磁脉冲产出的一类电磁武器。

核爆炸时，弹体释放出大量的 γ 射线、X 射线、中子和其他放射性粒子。这些 γ 射线和 X 射线在向外辐射中，与周围空气（空中爆炸）、岩土（地下爆炸）或水（水下爆炸）相互作用，产生康普顿电流和光电流，激励出强弱不等的电磁脉冲，叫作核电磁脉冲（Nuclear Electromagnetic Pulse，NEMP）。其中高空核爆炸激励的电磁脉冲（HEMP）因场强高、频谱丰富、达到的地域广而造成的危害最大[8,9]。

图 1-4 给出高空核电磁脉冲产生的机理图。早在 1945 年 7 月 16 日的“三位一体”核试验之前，物理学家费米就预言了核电磁脉冲的存在，但直到 20 世纪 60 年代初期才成为人们认真研究的课题。到目前为止，全世界进行了 2000 余次核试验，几乎都观测到了电磁脉冲现象。例如，1960 年苏联在北方的新地岛上进行了一次 5000 万吨级的高空核爆炸，使阿拉斯加和格陵兰的预警雷达和 4000 km 范围内的通信系统失灵达 24 小时之久。还有几次高空核试验，使人造卫星的电子设备和太阳能电池受到损坏，以至停止了工作。1962 年 7 月 9 日美国在太平洋约翰斯登岛上进行了一次高度为 400 km、当量为 140 万吨的高空核爆炸，使远在夏威夷奥阿胡岛上的变压器被强大的电流烧坏，岛上的 30 条路灯立刻全部熄灭，变电所电力线路

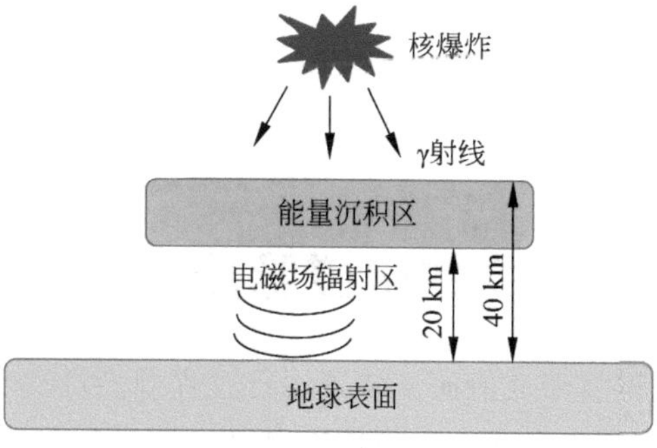

图 1-4　高空核电磁脉冲产生机理图

的断路器一个个地跳闸。这就是所谓的核爆电磁脉冲效应。美国在1958—1962年进行了"百眼巨人"、ORANGE、STARFISH等不同爆炸高度、不同当量的高空核试验，获得了大量的核电磁脉冲数据[10]，苏联也进行了大量的试验，也获得了大量宝贵数据，为他们后来的数值模拟工作提供了试验支撑。图1-5是美国高空核爆炸试验的景观图[2]。

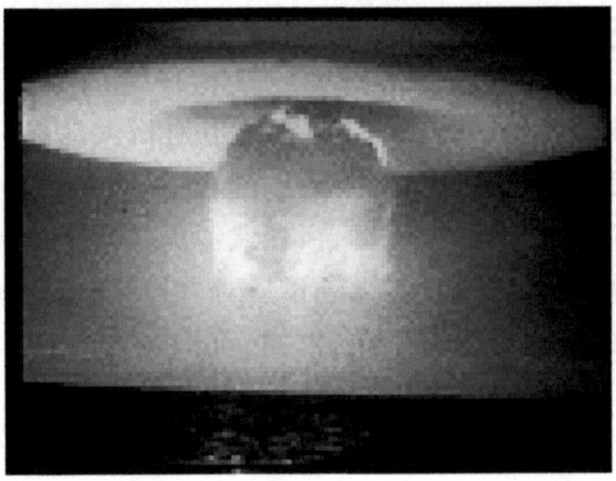

图1-5 美国核爆炸景观图

据资料报道，威力5000万吨级的氢弹，在300 km高空爆炸时能使整个美国大陆的电子系统线路受到破坏。表1-1给出爆炸高度与核电磁脉冲覆盖半径的关系图。美国在1958年进行了5次高空核试验，相隔4年，在1962年又恢复了高空核试验，其主要目的就是研究高空核爆对电子预警系统的破坏效应。高空核电磁脉冲的相关研究出现于20世纪50年代末期，以Karzas、Longmire等为代表，从各种角度对核爆炸产生电磁脉冲的机理进行了诠释[3]。若要提高武器系统的抗电磁脉冲能力，了解其将面临的电磁脉冲环境是问题的关键。只有深入地了解武器系统所面临的核电磁脉冲环境的波形特征，了解特征波形对武器系统的耦合效应，才能有目的、有方向地解决武器系统的抗核电磁脉冲加固的关键问题，用最优的性价比，来提高武器系统的生存能力。

表1-1 爆炸高度与核电磁脉冲的覆盖半径关系图

爆高/km	核电磁脉冲覆盖半径/km
40	712
50	796
100	1121
200	1576
300	1918
400	2201

1.3 辐射模拟装置产生的电磁脉冲

地面的核辐射模拟装置及聚变能研究装置运行过程中会产生X射线和γ射线，与空气分子、周围的金属物质等作用也会激励出与核电磁脉冲物理机理类似的电磁脉冲。下面以激光惯性约束聚变(Inertial Confinement Fusion，ICF)装置为例说明该类电磁脉冲在大科学装置中的存在。

激光惯性约束聚变，是以能量为兆焦耳量级的脉冲激光作为驱动源，利用内爆的方式压缩靶丸中的氘氚燃料，从而实现热核聚变的一种方法。目前，美、法、中、日等国都建造了高功率的激光惯性约束聚变装置。表 1-2 给出世界上已建成的激光惯性约束聚变装置。美国国家点火装置（National Ignition Facility，NIF），见图 1-6，由位于美国加利福尼亚州劳伦斯·利弗莫尔国家实验室（Lawrence Livermore National Laboratory，LLNL）研制。国家点火装置主要用于惯性约束聚变和进行高能密度（high-energy-density，HED）科学研究的相关实验。2009 年 3 月 30 日，经美国能源部确认，NIF 建造完成[11,12]。

图 1-6 美国 LLNL 实验室 NIF 装置

除了支持能源部的核武器储备管理项目外，NIF 也为国内外的研究人员提供前所未有的机会，探索“前沿”基础科学，涉及的领域包括天体物理学、行星物理学、流体动力学、非线性光学物理和材料科学。

表 1-2 世界上已建成激光 ICF 装置

激光装置	国家及实验室	输出能量	束数	建成时间
GEKKO-Ⅻ	日本大阪大学	15 kJ	12	1983 年
NOVA	美国利弗莫尔国家实验室	40 kJ	10	1984 年
OMEGA	美国罗彻斯特大学	30 kJ	60	1995 年
Vulcan	英国	1021 W/cm^2	8	2005 年
NIF	美国利弗莫尔	1.8 MJ	192	2002 年
LMJ	法国	1.8 MJ	240	2002 年
Iskra-6	俄罗斯	300 kJ	128	
SG-Ⅰ	中国	1.6 kJ	2	1986 年
SG-Ⅲ	中国	150～200 kJ	48	2012 年

高功率激光与固体靶作用后伴随着许多次级效应，例如很强的 X 射线辐射，以及中子辐射和 γ 射线等。这些辐射效应对靶上内爆压缩和聚变反应过程的诊断与监控具有重要意义。实验表明，电离辐射的强度和波形与入射激光的能量和脉宽、靶的材料与形状等因素都有关系，实际的辐射环境是复杂多变的。靶室内的 X 射线大部分为能量低于 3 keV 的软 X 射线，还有一部分是由靶中质子数较大的 Ti、Fe、Ge、Kr 等元素产生的能量在 4～15 keV 范

围内的 K 层发射。目前在实验中经常使用的靶包括金属箔(metal foils)、气体靶(gas-filled)、金属掺杂气凝胶(metal-doped aerogels)等，激光向 X 射线的转换效率(laser-to-X-ray conversion efficiencies，CE)都小于 10%。为了对不同能带内的 X 射线分别进行测量，美国国家点火装置(National Ignition Facility，NIF)和圣地亚国家实验室 (Sandia National Laboratories，SNL)研发了 HENWAY、DANTE 和 PCD 等多种诊断仪器；而神光-Ⅲ装置对 X 射线诊断的动态响应范围要求是 0.1～10 keV，使用配接晶体谱仪的 X 射线条纹相机记录时间分辨的发射谱[13]。

实验测量和理论计算都发现，等离子体中高 Z 带电离子的 X 射线发射与靶的温度有显著的相关性，而且不同的能带对应着不同的最佳打靶温度。靶的温度受入射激光的能量密度直接影响，而能量密度又与激光能量、脉冲宽度、靶密度和体积等参数相关。由于激光打靶后 X 射线的产生受各种实验条件影响，所以靶室内的 X 射线环境是复杂多样的。

高功率激光打靶时往往会在靶室中产生强电磁脉冲，对测试设备和信号带来很强的干扰，有时甚至会引起数据丢失和设备损坏。NIF 的研究人员发现诊断设备进行了规范的电磁兼容设计后，仍会出现死机、数据丢失等严重问题，关于激光惯性约束装置内的电磁脉冲环境产生机理的研究引起各国科学家的重视[14]。

2000 年左右，国内外研究人员对高功率激光装置中电磁脉冲问题以及电磁兼容设计开展了相关研究工作。2003 年，英国原子能武器机构(Atomic Weapons Establishment，AWE)研究人员在卢瑟福实验室(Rutherford Appleton Laboratory)的 Valcun 拍瓦激光器内测量产生的电磁脉冲，得到了中心频率 63 MHz、最大磁场强度 4.3 A/m 的信号。研究人员提出了谐振腔模型来解释 EMP 的产生。从靶发射出的电子脉冲打在靶壁上，使整个金属靶室像电容器那样充放电，并产生谐振腔本征频率的电磁振荡。尤其是电子以电子束的方式，从一个方向出射，打在靶壁一侧时，产生的 EMP 最强。在捷克布拉格的 PALs(Prague Asterix Laser System)激光装置中，激光器功率 3 TW，脉宽 300 ps，人们在靶室外测得电场强度约 7 kV/m，磁场强度约 15 A/m，测得的电磁场频率最高达到 1 GHz。劳伦斯・利弗莫尔国家实验室分别对长脉冲激光器 NIF 和短脉冲激光器 Titan 产生的电磁脉冲展开了研究。研究人员利用不同频带和量程的电场传感器 D-Dot 和磁场传感器 B-Dot 分别记录电磁脉冲的电场和磁场时域波形，进而分析得到电磁脉冲的强度和频谱(受限于带宽 6 GHz 的示波器和 5 GHz 的衰减器，高于 5 GHz 的信号无法被有效记录)。在 NIF 激光打靶实验中(233 kJ，2 ns，116 TW)距靶心 4 m 处测得 EMP 的电场强度为 10 kV/m 量级，峰值位于 1 GHz 左右，EMP 频率范围很宽，延伸至 5 GHz 及以上。短脉冲 Titan 激光(脉宽 2 ps，能量 123～155 J，平均功率约 75 TW)与银靶作用产生的电磁脉冲测得 EMP 电场强度在 100 kV/m 量级，持续时间长达 100 ns，频率超过 5 GHz。进一步分析得到电磁脉冲约有一半的能量分布在频率高于 2 GHz 的信号中。在靶室外测得的 EMP 强度较靶室内显著降低，频率最高只到 1 GHz。实验发现，在短脉冲激光器中测得的电磁脉冲强度和频率明显高于长脉冲激光器，EMP 强度随激光能量增加而明显增强，在激光能量不变的情况下，改变激光脉冲持续时间，EMP 强度无明显变化[13]。

清华大学团队在国家惯性约束专项的支持下，独立开展了自主的研究工作。团队认为激光惯性约束装置靶室中电磁脉冲环境的产生机理类似于核爆炸中的核电磁脉冲环境，一是 X 射线打在电缆和电子器件的金属外壳激励的系统电磁脉冲(System Generated EMP，SGEMP)，二是与高能电子运动有关的超热电子-电磁脉冲，如图 1-7 所示。清华大学自主开发了激光惯性约束装置的电磁脉冲环境数值仿真软件并开展了测量工作，在本书中有详细阐述[14]。

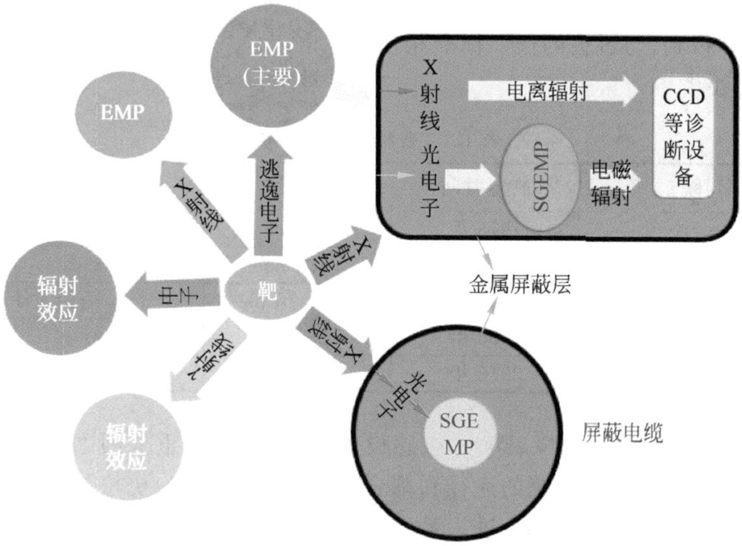

(a)

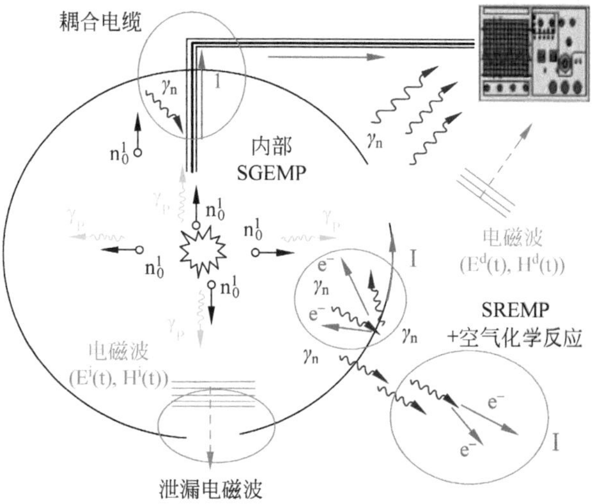

(b)

图 1-7　激光惯性约束装置靶室中的电磁脉冲

(a) 清华团队的分类；(b) NIF 的分类

1.4　强电磁脉冲国际标准

1989 年国际电工委员会(International Electromagnetic Commision，IEC)为编写 HEMP 的标准规范在 TC(Technical Committee)77 下成立了 SC(Subcommitte)77C 分会。后来该分会逐渐发展为针对人为的高功率电磁暂态现象的国际标准委员会。美国军用标准也编写了针对核电磁脉冲、高功率微波以及超宽带的公开或保密的标准，中国、俄国以及德国等都编写有相应的国家标准[6,15]。

国际电工学会于 1996 年公布了最新的 HEMP 标准。新的 HEMP 标准由一系列的数值计算结果拟和得到，与过去的任一标准相比，前沿变陡、半宽变窄，峰值都在 50 kV/m 左右，具体见表 1-3[16,17]。

表 1-3 各种 HEMP 标准

标 准 名 称	制定时间	前沿	半 宽	脉宽
贝尔实验室	1975 年	4.1 ns	171.9 ns	587.7 ns
美国国防部标准 DOD-STD	1985 年	6.3 ns	84 ns	247 ns
美国军用标准 MIL-STD-461D	1997 年	小于 10 ns	后沿大于 75 ns	
IEC 标准	1996 年	2.5 ns	23 ns	64 ns
中国国家标准	2018 年	2.5 ns	23 ns	64 ns

电磁兼容的三大要素：环境、耦合、敏感设备，环境是第一重要因素。不同的电磁脉冲时域波形耦合进入复杂电子系统的途径和耦合规律不同。更窄、更快的电磁脉冲容易通过系统的孔缝耦合，从小的孔、缝耦合进入系统的电磁脉冲能量取决于入射波形高频分量的多少，而波形的尾部即低频部分是无法进入系统内部的；更宽、更慢的波形对长线缆的耦合更严重[18,19]。因此，依据不同的电磁环境的标准波形对电子系统进行防护是必要的。

本书围绕瞬态电离辐射产生的电磁脉冲的物理机理、波形特征、波形准确测量、国际标准等开展论述。

参考文献

[1] Baum C E. From the electromagnetic pulse to high-power electromagnetics[J]. Proceedings of the IEEE，1992，80(6)：789-817.

[2] 孙景文. 美苏高空核试验述评[J]. 核武器与高技术，1999(2)：24.

[3] Latter R，Karzas W J. Electromagnetic Radiation from a Nuclear Explosion in Space[J]. Phys Rev，1962，126(6)：40.

[4] 孟萃. 高空核爆炸电磁脉冲的产生、传播及耦合的理论和数值研究[D]. 西北核技术研究所，2003.

[5] Brian McGowan. The NIF Ignition Campaign [EB]. https://laser.llnl.gov/newsroom/project_status/index.php.

[6] 孟萃. IECSC77C2009 年工作组会议综述[J]. 安全与电磁兼容，No. 4，2009.

[7] 孟萃. 瞬态电离辐射激励强电磁脉冲的研究[C]. 电子学会复杂电磁环境及效应年会，2019.

[8] Meng C，Chen Y S. Numerical Simulation of the Early-time High Altitude Electromagnetic Pulse[J]. Chinese Physics. Vol. 12，No. 12，2003.

[9] Meng C. Numerical Simulation of the HEMP Environment [J]. IEEE Transactions on Electromagnetic Compatibility，vol. 55，no. 3，pp. 440-445，June 2013.

[10] Environment-Description of HEMP-radiated Disturbance Basic EMC publication [S]. International Standard 61000-2-9. 1996.

[11] 张均，常铁强. 激光核聚变靶物理基础[C]. 北京：国防工业出版社. 2004.

[12] Lindl J D，Hamme B A. 美国 ICF 点火计划和惯性聚变能源计划[J]. 国外核武器研究，2004 增刊：30-46.

[13] 徐志谦.激光惯约装置辐射环境及 SGEMP 模拟[D].清华大学综合训练论文,2017.
[14] Meng C,Xu Zhiqian,Jiang Y S,Zheng W G,Dang Z. Numerical Simulation of the SGEMP Inside a Target Chamber of a Laser Inertial Confinement Facility[J]. IEEE trans. On Nuclear Science,2017.
[15] A Code to Model Electromagnetic Phenomena[R]. LLNL S&TR November 2007.
[16] DOD-STD-2169,High-Altitude Electromagnetic Pulse Environment,DOD,June,1985.
[17] IEC 61000-2-9,Environment-Description of HEMP-radiated Disturbance Basic EMC publication, 1996.
[18] 孟萃,陈雨生,俞汉清.复杂结构目标核电磁脉冲效应的数值模拟[J].抗核加固,Vol. 16,No. 2, 1999.
[19] 孟萃,陈雨生,王建国.瞬态电磁脉冲对多孔洞目标耦合规律的数值研究[J].强激光与粒子束,Vol. 12,No. 6,Nov. 2000.

第 2 章

电离辐射的种类及其与物质的相互作用

2.1 基本概念和术语

2.1.1 原子的结构[1]

原子是保持元素化学性质的最小粒子。1869 年，俄国化学家门捷列夫发现了元素周期律：各种元素的性质随原子量的增加而呈周期性的变化。这一规律是建立原子结构理论的重要基础。1897 年，汤姆逊研究阴极射线时发现了电子。紧接着，科学家们逐渐确定了电子的各种基本特性，并确定了电子是各种元素的原子的共同组成部分。1911 年，卢瑟福通过 α 粒子在金属箔上的散射实验，提出了原子的核式模型：原子中央是带正电的原子核，电子在核外围绕原子核运动。1913 年，玻尔基于原子的核式模型，并结合原子光谱的经验规律以及普朗克的量子概念，提出了关于原子结构的新假设：原子只能较长久地停留在一些不连续的稳定状态。处于这些稳定状态的电子虽然有加速度，但是不会放出辐射。一切原子能量的改变，都是由于吸收或放出辐射或者是碰撞，使原子从一个稳定状态跃迁到另一个稳定状态。1925 年，海森堡和薛定谔等，根据微观粒子不仅具有粒子性同时还具有波动性的实验事实，提出了量子力学理论，该理论是现代微观体系的基本理论。1932 年詹姆斯·查德威克发现了中子。不久，海森堡提出了原子核是由质子和中子组成的理论。

原子是电中性的。如果 1 个原子有 Z 个电子，每个电子所带的电荷量为 $e=1.602\,189\,2\times10^{-19}$ C，则原子所带负电荷为 Ze，而原子核所带正电荷为 Ze。原子核是由 Z 个带正电荷的质子和 N 个不带电的中子所组成。原子核的质量用原子质量单位 u 来表示，$\mathrm{u}=1.660\,565\,5\times10^{-27}$ kg。质子的静止质量 $m_p=1.007\,276\,44$ u，中子的静止质量 $m_n=1.008\,665\,22$ u。

原子的质量绝大部分集中于原子核，且原子核的半径仅为原子半径的万分之一到十万分之一。组成原子核的各个核子通过远大于库仑排斥力的核力紧紧地结合在一起。

2.1.2 电离辐射的能量[1]

在研究电子的运动时，发现电子的质量随电子运动速度的增加而增加。狭义相对论

指出：如果物体静止时的质量为 m_0(静止质量)，那么物体运动速度为 v 时，它的质量增大到 m，有

$$m = \frac{m_0}{\sqrt{1 - v^2/c^2}} \tag{2-1}$$

式中，c 为光在真空中的速度，$c = 299\ 792\ 458\ \mathrm{m/s}$。

爱因斯坦的质能方程式指出，物体的质量 m 和能量 E 的关系为

$$E = mc^2 \tag{2-2}$$

根据能量守恒定律，可以求出运动速度为 v 的物体的动能 E_{k} 为

$$E_{\mathrm{k}} = mc^2 - m_0c^2 = m_0c^2\left[\frac{1}{\sqrt{1 - v^2/c^2}} - 1\right] \tag{2-3}$$

在核辐射物理中，电离辐射的能量通常用 eV 和 MeV 来表示。

一个电子在真空中通过 1 V 的电位差所获得动能，记为 1 eV。

$$1\ \mathrm{eV} = 1.602\ 189\ 2 \times 10^{-19}\ \mathrm{J}$$

$$1\ \mathrm{MeV} = 10^6\ \mathrm{eV}$$

由爱因斯坦的质能方程式可以计算出，电子的静止能量为 0.511 003 4 MeV，与一个原子质量单位相应的能量为 931.5016 MeV。

2.2　电离辐射的种类

2.2.1　常见电离辐射的种类及属性

能直接或间接使物质发生电离的辐射，统称为电离辐射。电离辐射按其电荷性质，分为带电的和不带电的。带电的电离辐射，在穿过物质时，主要通过库仑力与介质原子的核外电子、原子核发生弹性和非弹性碰撞。不带电的电离辐射与物质的相互作用，是通过产生出带电粒子，产生出的带电粒子再通过库仑力与介质原子发生相互作用。

带电的电离辐射根据其静止质量的大小，又可分为重带电粒子(α 粒子、质子等)和快电子。重带电粒子是指质量为一个或多个原子质量单位，并具有相当能量的带电粒子，一般带正电荷。重带电粒子实质上是原子的外层电子被完全或部分剥离的原子核。电子带单位负电荷，其反粒子带单位正电荷，称为正电子。常见的快电子有：β 衰变产生的 β 射线、内转换电子、γ 射线与物质相互作用产生的次级电子、由加速器产生的具有相当高能量的电子束。

不带电的电离辐射主要有 γ 射线、X 射线和中子。γ 射线是指由核发生的或由物质与反物质之间的湮灭过程中产生的电磁辐射，前者称为特征 γ 射线，后者称为湮灭辐射。X 射线是指处于激发态的原子退激时发出的电磁辐射，或带电粒子在库仑场中慢化时所辐射的电磁辐射，前者称为特征 X 射线，后者称为轫致辐射。中子不带电，一般由核反应、核裂变等核过程产生，易与物质发生核反应。

表 2-1 所示，为常见电离辐射的一些特性[1]。

表 2-1　常见电离辐射的特性

粒子种类	符号	电荷/e	质量/m_e	寿命/s
电子	$e^-(\beta^-)$	−1	1	稳定
正电子	$e^+(\beta^+)$	+1	1	稳定
质子	p	+1	1836.12	稳定
中子	n	0	1838.65	1.04×10^{-3}
α 粒子	α	±2	7294	稳定
γ 射线	γ	0	0	
X 射线	X	0	0	

2.2.2　常见的瞬态电离辐射来源

2.2.2.1　太阳质子事件

太阳光球中的强磁场达到临界不稳定状态时，会突然调整、释放以便消除这种不稳定状态，将发生太阳耀斑。太阳耀斑发生时释放的能量高达 10^{32} ergs，占太阳总输出能量的 0.1%。太阳耀斑的持续时间从几分钟到数小时，使日冕温度提高到 2×10^7 K。伴随这种高温变化，大通量密度的粒子被加速并从太阳表面喷出，粒子成分主要是 1 MeV～10 GeV 的高能质子，因此称为太阳质子事件[2]。图 2-1 列举了不同太阳质子事件模型的能谱[3]。能量高于 500 MeV 的质子从太阳到地球的传播时间在 1 小时之内，能量低于 500 MeV 的质子的传播时间为几十分钟到几十小时。

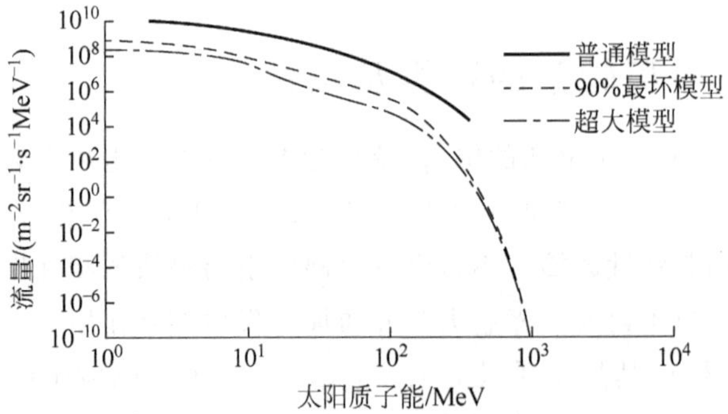

图 2-1　太阳质子事件能谱[3]

2.2.2.2　大科学装置

为了满足能源等研究的需要，世界各国先后研制了大小不同的激光惯性约束聚变实验装置。其中采用最多的驱动方法为间接驱动，将激光能量转换成 X 射线能量，X 射线再与靶丸相互作用，使靶丸内的 D-T 燃料压缩到高温高密度以达到点火燃烧。图 2-2 给出了我国神光Ⅲ装置，归一化的激光功率波形 P_L 和 X 射线波形 P_X[4]。各种加速器都会产生电离辐射。

2.2.2.3　核爆炸

核爆炸时，核反应会产生瞬发 γ 辐射、中子，中子与弹壳及空气作用时又会产生 γ 辐射。图 2-3 为裂聚变比为 0.1∶0.9 的百万吨当量氢弹爆炸时，产生的 γ 瞬发辐射的时间谱[5]。

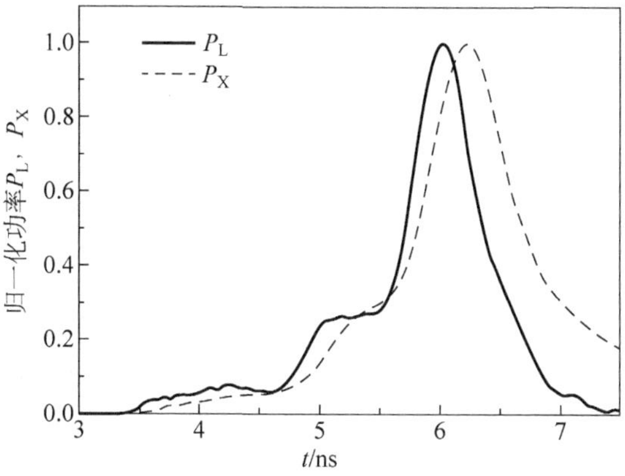

图 2-2　我国神光Ⅲ装置，归一化的激光功率波形和 X 射线波形比较[4]

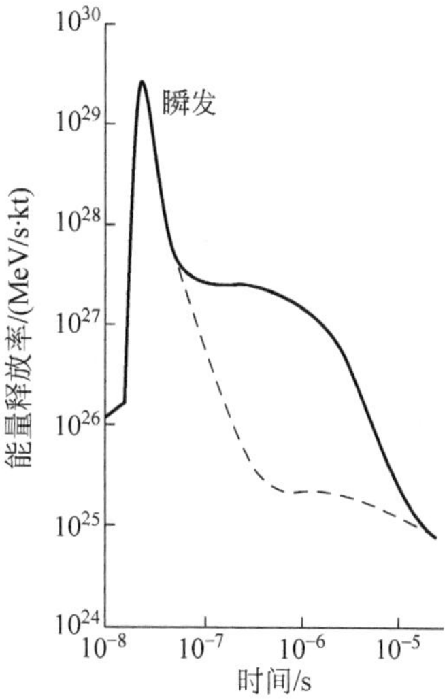

图 2-3　核爆炸产生的 γ 瞬发辐射的时间谱[5]

其中，虚线为无传播介质影响的真空中爆炸的时间特征，10^{-6} s 以前主要为伴随裂变 γ 和中子在弹体介质中的非弹性散射 γ，到达峰值后迅速衰减。在空气介质中爆炸时，10^{-7} s 时，中子在弹体和空气中非弹性散射 γ 使得 γ 辐射大为增强，一直维持到 10^{-6} s 才开始下降。

2.3　带电粒子与物质的相互作用

带电粒子穿过介质时，损失能量的形式主要为通过库仑力与介质原子的核外电子、原子核发生弹性或非弹性碰撞。弹性碰撞过程中，动能守恒。非弹性碰撞过程中，动能不守恒，粒子的动能转化为介质原子的激发、电离能，或转化为电磁辐射能。当然，入射带电粒子也有可能穿透原子核的库仑势垒而发生核反应，但概率很小，在这里不讨论。

2.3.1　带电粒子与物质的相互作用概述

2.3.1.1　与核外电子的非弹性碰撞

带电粒子进入任何一种介质后，均会通过库仑力的作用，使介质原子的核外电子获得能量，使介质原子发生电离或激发。电离是指核外电子通过非弹性碰撞得到的能量足够高，使它能够克服原子核的束缚成为自由电子。这样，介质原子就分离为一个自由电子和一个正离子，二者的总称叫离子对。激发是指核外电子通过非弹性碰撞得到的能量不足以克服原子核的束缚，仅使电子从能量低的壳层跃迁到能量较高的壳层。处于激发态的原子是不稳定的，它将自发地跳回基态，这个过程叫作退激。退激时，多余的能量通常以光子的形式释放出来[6]。

无论电离还是激发，都将导致带电粒子损失动能，速度逐渐减慢，直到最后停止。使一个原子电离所需的平均能量称为平均电离能。平均电离能要比原子的电离电位大，因为它包括了带电粒子穿过物质时由于激发作用而损失的能量。在同一种气体中,同一种带电粒子的平均电离能与该带电粒子的动能无关。不同种类的物质的平均电离能虽然不相同,但是差异不大。如 α 粒子在空气中的平均电离能为 34.98 eV,在氩气中的平均电离能为 26.3 eV。把带电粒子使物质原子电离或激发而损失的能量称为电离能量损失。带电粒子在物质中单位路程上的电离损失称为电离能量损失率,常用符号 $(-\mathrm{d}E/\mathrm{d}x)_{\mathrm{ion}}$ 表示。$(-\mathrm{d}E/\mathrm{d}x)_{\mathrm{ion}}$ 也反映了物质原子的电子对入射带电粒子的阻止能力,所以又称为电子阻止本领。

2.3.1.2 与原子核的非弹性碰撞

入射带电粒子进入介质后,也会与介质原子的原子核发生库仑相互作用,使入射带电粒子的运动速度和方向发生改变。

经典电动力学的理论指出,带电粒子的速度发生变化时,会伴随辐射的产生。因此,带电粒子与介质原子的原子核发生非弹性碰撞,导致带电粒子骤然减速时,将会产生电磁辐射,称为韧致辐射。把带电粒了产生韧致辐射的过程中损失的能量称为辐射能量损失。辐射能量损失率用符号 $(-\mathrm{d}E/\mathrm{d}x)_{\mathrm{rad}}$ 表示。只有当带电粒子的动能大于它的静止能量时,辐射能量损失才成为重要的能量损失形式。因此,前面已经指出,与一个原子质量单位相应的能量为 931.5016 MeV,因此,对于重带电粒子,韧致辐射的能量损失可以忽略。而对于快电子,韧致辐射的能量损失则占重要地位。

2.3.1.3 与原子核的弹性碰撞

入射带电粒子进入介质后,还会通过与介质原子的原子核的库仑相互作用发生弹性散射,这就是卢瑟福散射。该过程既不会使原子核激发也不产生韧致辐射,只是使原子核反冲而带走入射带电粒子的一部分能量。这种能量损失称为核碰撞能量损失,用符号 $(-\mathrm{d}E/\mathrm{d}x)_n$ 表示。把原子核对入射粒子的这种阻止作用称为核阻止。

卢瑟福散射公式给出了入射带电粒子与介质原子核发生弹性散射的截面 $\mathrm{d}\sigma/\mathrm{d}\Omega \propto z^4/E^2$,其中 z 和 E 分别为入射带电粒子的电荷数和动能。可以看到,当入射粒子能量较低、电荷数较大时,这种能量损失方式才比较重要。

带电粒子与介质原子核发生弹性碰撞时,原子核获得反冲能量,使晶格原子发生位移,形成介质的辐射损伤。对于快电子,由于它的质量比较轻,因此与介质原子核发生弹性碰撞时,能量损失非常小,可以忽略不计;但是运动方向会发生严重偏转,造成严重的散射。

2.3.1.4 与核外电子的弹性碰撞

入射带电粒子在与介质原子的核外电子的弹性碰撞过程中,只有很小的能量转移。而且,只有极低能量(小于 100 eV)的电子,才需要考虑这种相互作用机制,因此,一般不予考虑。

2.3.2 重带电粒子与物质的相互作用

根据前面的介绍可知,重带电粒子最主要的能量损失形式是与介质原子的核外电子发生非弹性碰撞。由于重带电粒子的能量远大于电子在介质原子内的结合能,因此可以将电子近似看作自由电子。按照弹性碰撞理论,质量为 m 的重粒子与质量为 m_0 的电子发生碰撞后,电子能获得的最大能量为 $4Em_0/m$(E 是重带电粒子的能量)。当重带电粒子为质子时,这个值为 $E/500$。对于质量数更大的重带电粒子,这个数值将更小。可见,重带电粒子与介质原子的核外电子的每次碰撞，只转移极小部分的能量。一个 1 MeV 的重带电粒子在损失其全部能量之前，要发生 10^5 次碰撞。能量范围在 10 keV～10 MeV 的重带电粒子穿透物质时，在气体内最多穿透几个厘米(cm)，耗时约为几个纳秒(ns)；在液体和固体内最多穿透几十微米(μm)，最多耗时几十皮秒(ps)。在这个过程中，由于重带电粒子主要是与介质原子的核外电子相互作用，而重带电粒子的质量远远大于电子的质量，因此，重带电粒子在介质中的径迹除了末端以外都是非常平直的。

2.3.2.1　能量损失率与 Bethe 公式

电离损失是带电粒子与物质相互作用时最主要的能量损失形式。因此，科学家们很早就开始了对电离能量损失率的研究。描述 $(-\mathrm{d}E/\mathrm{d}x)_{\mathrm{ion}}$ 与入射带电粒子、靶物质参量的关系的经典公式称为 Bethe 公式。该公式是贝特在 1930 年用碰撞的量子理论推导出的，后人又对该公式进行了多次完善。

在 Bethe 公式的推演中，作了如下假定[7]：

(1) 入射带电粒子与介质原子的核外电子的每一次碰撞中，介质原子的核外电子获得的能量远大于它的结合能。也就是说，入射带电粒子的运动速度远大于介质原子中轨道电子的运动速度。因此，可以将介质原子中的核外电子看作是自由电子；

(2) 在碰撞过程中，不考虑入射带电粒子从介质原子中拾取电子的情况，也就是说，入射带电粒子的电荷态在碰撞过程中是恒定的；

(3) 由于重带电粒子的质量远远大于电子的质量，因此可以认为入射重带电粒子在与介质原子的核外电子发生碰撞后，仍然按照初始的入射方向作直线运动。

在上述假定下，可以推导出相对论情况下的 Bethe 公式为[7]

$$\left(-\frac{\mathrm{d}E}{\mathrm{d}x}\right)_{\mathrm{ion}}=\left(\frac{1}{4\pi\varepsilon_0}\right)^2\frac{4\pi e^4}{m_{\mathrm{e}}}\frac{z^2NZ}{v^2}\left[\ln\left(\frac{2m_{\mathrm{e}}v^2}{I}\right)-\ln\left(1-(v/c)^2-(v/c)^2\right)\right] \tag{2-4}$$

式(2-4)中，m_{e} 为电子的静止质量；E、z 和 v 分别为入射重带电粒子的能量、电荷数和运动速度；N 为单位体积内的靶物质原子数；Z 为靶物质原子的原子序数；I 为靶物质原子的平均电离能，由实验测定，一般为几十电子伏(eV)。

在非相对论情况下，可以化简为[7]

$$\left(-\frac{\mathrm{d}E}{\mathrm{d}x}\right)_{\mathrm{ion}}=\left(\frac{1}{4\pi\varepsilon_0}\right)^2\frac{4\pi e^4}{m_{\mathrm{e}}}\frac{z^2NZ}{v^2}\ln\left(\frac{2m_{\mathrm{e}}v^2}{I}\right) \tag{2-5}$$

根据 Bethe 公式可以得出以下几个关于重带电粒子的电离能量损失率 $(-\mathrm{d}E/\mathrm{d}x)_{\mathrm{ion}}$ 的重要结论：

(1) 重带电粒子的电离能量损失率 $(-\mathrm{d}E/\mathrm{d}x)_{\mathrm{ion}}$ 与它的速度 v 有关，和它的质量 m 无关。

这是因为，重带电粒子的质量远大于电子的质量。因此，在重带电粒子与介质原子的核外电子的每次碰撞中，电子获得的能量最多约为 $4Em_{\mathrm{e}}/m\approx 2m_{\mathrm{e}}v^2$（在非相对论情况下，重带电粒子的能量 $E=mv^2/2$），可以忽略重带电粒子的质量的影响。

(2) 重带电粒子的电离能量损失率 $(-\mathrm{d}E/\mathrm{d}x)_{\mathrm{ion}}$ 与它的电荷数的平方(z^2)成正比。

例如，α 粒子的电离能量损失率是相同速度的质子的四倍。

(3) 重带电粒子的电离能量损失率 $(-\mathrm{d}E/\mathrm{d}x)_{\mathrm{ion}}$ 与它的能量 E 的关系分为三部分。

图 2-4 给出了重带电粒子在不同能区的电离能量损失率 $(-\mathrm{d}E/\mathrm{d}x)_{\mathrm{ion}}$ 与其能量 E 的

关系[7]。图中,横坐标表示的是入射粒子中每个核子的平均能量 E/n,n 为入射粒子所含的核子数。图中的 b 段,即 $500I<E/n\leqslant m_p c^2$ 的范围,$(-dE/dx)_{ion}$ 近似正比于 $1/E$。这是因为该能区的相对论效应很小,Bethe 公式中的对数因子变化不大。图中的 c 段,相对论效应变大,Bethe 公式中的对数因子的影响变大,$(-dE/dx)_{ion}$ 值开始增加,在 $3m_p c^2$ 处出现极小值(m_p 为质子的质量)。图中的 a 段,即 $E/n<500I$ 的范围,入射粒子和介质原子的电荷交换作用变得不可忽略,带正电的入射粒子从靶物质原子中拾取电子,使入射带电粒子的有效电荷降低,电离能量损失率减小,Bethe 公式不再适用。

(4) 重带电粒子的电离能量损失率 $(-dE/dx)_{ion}$ 与靶物质的电子密度 NZ 成正比。

因此,物质的密度越大,原子序数越高,该物质对重带电粒子的阻止本领也越大。

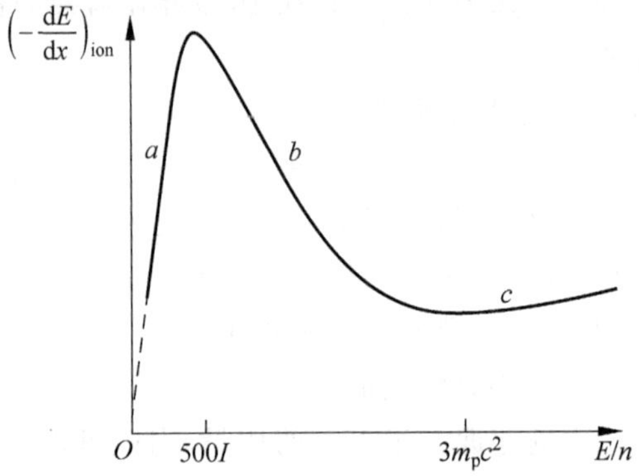

图 2-4　重带电粒子的电离能量损失率 $(-dE/dx)_{ion}$ 与其每个核子的平均能量 E/n 的关系[7]

2.3.2.2　Bragg 曲线与能量歧离

重带电粒子的电离能量损失率 $(-dE/dx)_{ion}$ 沿其径迹的变化曲线,称作 Bragg 曲线。图 2-5 所示为 α 粒子的 Bragg 曲线(初始能量为几电子伏(MeV))[7],刚开始的时候,电离能量损失率随穿透距离的增加而增加,这是因为刚开始的时候电离能量损失率近似正比于 $1/E$,相应于图 2-4 的 b 区。接近径迹末端的时候,由于拾取电荷的影响,带电粒子的有效电荷下降,电离能量损失率迅速减小至零。

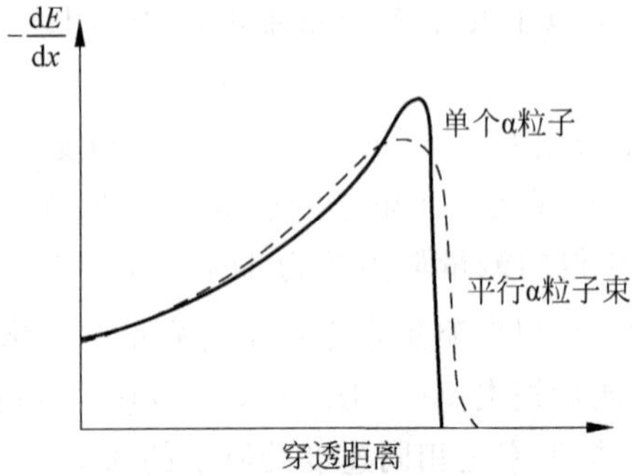

图 2-5　电离能量损失率 $(-dE/dx)_{ion}$ 沿其径迹的变化[7]

此外，从图 2-5 中还可以看出，平行 α 粒子束的 Bragg 曲线与初始能量相同的单个 α 粒子有所差异。这是因为入射带电粒子与介质原子的微观相互作用是随机的。因此入射带电粒子的能量损失是一个随机过程，Bethe 公式只是该随机过程的平均值。一束初始能量相同的带电粒子穿过一定厚度的介质后，各个粒子损失的能量会有所差异。这种能量损失的统计分布称作能量歧离。

如图 2-6 所示为 3 MeV 的单能质子束在穿透 3.3 mg/cm^2 的金箔时的能量歧离现象[7]。质子束在表面处的能量分布很窄，在穿透一定厚度的介质后，能量减小，分布变宽，能量歧离严重。

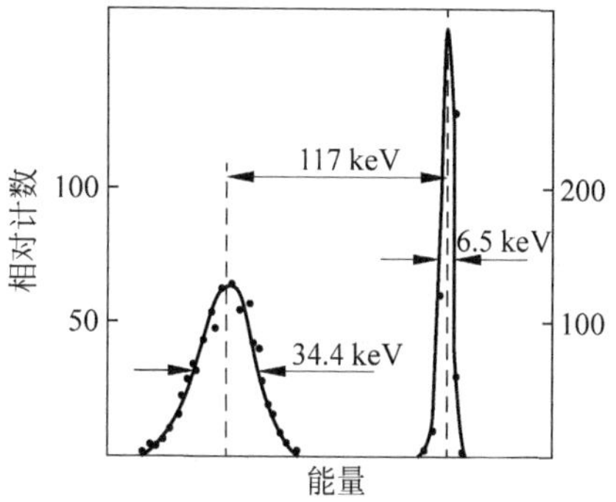

图 2-6　单能质子束穿过一定厚度的介质后的能量歧离现象[7]

2.3.2.3　Bragg 加法法则

电离能量损失率$(-\mathrm{d}E/\mathrm{d}x)_{\mathrm{ion}}$除以原子密度称为电离阻止截面 Σ_{ion}，单位是 $\mathrm{eV \cdot cm^2}$。由于电离损失是与电子碰撞引起的，因此电离阻止截面又称为电子阻止截面 Σ_e：

$$\Sigma_e = \frac{1}{N}\left(-\frac{\mathrm{d}E}{\mathrm{d}x}\right)_e \tag{2-6}$$

对于快速重带电粒子，核阻止截面 Σ_n 可以忽略，因此，电子阻止截面 Σ_e 即为原子阻止截面 Σ。

化合物或混合物的阻止截面可由 Bragg 法则求得。例如，由 a 个 X 原子和 b 个 Y 原子组成的某化合物 X_aY_b，每个该化合物分子的阻止截面 $\Sigma_{X_aY_b}$ 为[7]

$$\Sigma_{X_aY_b} = a\Sigma_X + b\Sigma_Y \tag{2-7}$$

对于多元素化合物，可以推导出[7]

$$\frac{1}{N_c}\left(-\frac{\mathrm{d}E}{\mathrm{d}x}\right)_c = \sum_i W_i \frac{1}{N_i}\left(-\frac{\mathrm{d}E}{\mathrm{d}x}\right)_i \tag{2-8}$$

式中，W_i、N_i 和$(-\mathrm{d}E/\mathrm{d}x)_i$ 分别为化合物的第 i 种成分元素的原子份额、原子密度和阻止本领。

需要强调的是，Bragg 加法法则未考虑化合物分子中原子之间的相关性，因此只是近似的表达式，和真实值相差 10%～20%[7]。

2.3.2.4　径迹特征

重带电粒子入射到靶物质后，通过不断地与靶物质原子的核外电子发生碰撞而损失能量，最后能量耗尽而停留在物质中。在其运动的轨迹上，会留下被电离或激发的靶物质原子，从而形成径迹，该径迹已借助核乳胶观测到。图 2-7 所示为模拟计算得到的 2 MeV 的质子、8 MeV 的 α 粒子在水中的径迹片段[7]。图中的分叉是带电粒子产生的高能电子引起介质原子电离所形成的径迹，该电子称为 δ 电子或 δ 射线。

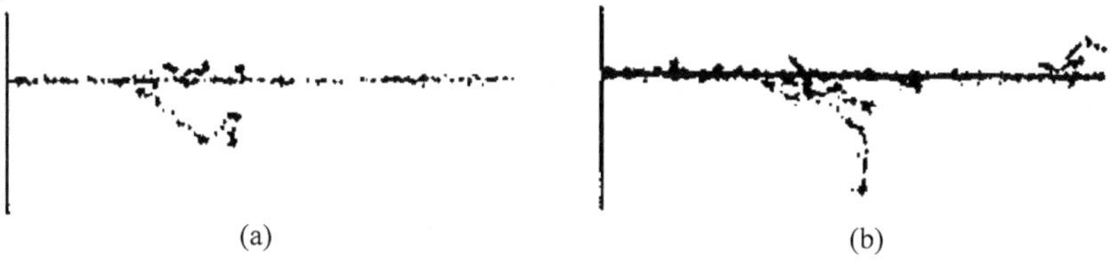

图 2-7　模拟计算得到的(a)2 MeV 的质子；(b)8 MeV 的 α 粒子在水中的径迹片段[7]

如前所述，带电粒子在穿过介质时，会产生电子-离子对。带电粒子穿透单位距离的介质时产生的平均离子对数，称为比电离。对于给定能量的入射带电粒子，它的比电离等于阻止本领除以产生一个离子对所需的平均能量。例如，5 MeV 的 α 粒子在空气中的阻止本领为 1.23 MeV·cm^{-1}，产生一个离子对所需的平均能量为 36 eV，则它在空气中的比电离为 1.23 MeV·cm^{-1}/36 eV=34 167 cm^{-1}。

2.3.2.5 射程

入射粒子在靶物质中沿其入射方向所行经的最大距离，称作它在该物质中的射程。入射粒子在靶物质中行经的实际轨迹长度，称作它在物质中的路程。前面已经提到重带电粒子在穿透物质的过程中几乎沿直线运动，所以它在物质中的射程近似等于路程。理论上可以通过 Bethe 公式求出入射能量为 E_0 的重带电粒子在物质中的射程 R 为

$$R=\int_{E_0}^{0}\frac{\mathrm{d}E}{(-\mathrm{d}E/\mathrm{d}x)_{\mathrm{ion}}} \tag{2-9}$$

但是，由于 Bethe 公式的复杂性，以及 $(-\mathrm{d}E/\mathrm{d}x)_{\mathrm{ion}}$ 在低能部分并不清楚，因此主要是通过实验来测定带电粒子在物质中的射程。

根据 α 粒子在空气中的射程数据总结出的半经验公式为

$$R_0=0.318E_\alpha^{1.5}\ \mathrm{cm} \tag{2-10}$$

式中，E_α 为 α 粒子的初始能量，MeV。此半经验公式仅适用于入射能量为 3～7 MeV 的 α 粒子。

对于具有相同速度的两种重带电粒子，它们的射程的比值为

$$\frac{R_1(v)}{R_2(v)}=\frac{z_2^2 m_1}{z_1^2 m_2} \tag{2-11}$$

因此，对于没有射程数据可用的重带电粒子，可以先算出它的初始速度，再查出初始速度相同的任一种其他重带电粒子在同一吸收材料中的射程，再根据上式求出该粒子在该种材料中的射程。

对于全部组分元素的射程数据已知的化合物，粒子在该化合物中射程为

$$R_c=M_c\bigg/\sum_i n_i\left(\frac{A_i}{R_i}\right) \tag{2-12}$$

式中，R_i、n_i 和 A_i 分别为化合物的第 i 元素的射程、原子数和原子量；M_c 为化合物的分子量。

对于不能得到全部组分元素的射程数据的化合物，可以按下面的半经验公式进行估算：

$$\frac{R_i}{R_0}\approx\frac{\rho_0\sqrt{A_i}}{\rho_i\sqrt{A_0}} \tag{2-13}$$

式中，ρ 和 A 表示密度和原子量，下标 0 和 i 表示不同的吸收材料。当两种材料的原子量差别太大时，估算的精度会下降。因此，应尽可能使用与所关心吸收体的原子量相近的材料的吸收数据。

对于质量为 m，能量为 E 的非相对论重带电粒子，它阻止在吸收体内所需要的时间可以用下式进行估算：

$$t\approx 1.2\times 10^{-7}R\sqrt{m_{\mathrm{a}}/E} \tag{2-14}$$

式中，t、R、m_{a} 和 E 的单位分别为 s、m、原子质量单位 u 和 MeV。

2.3.3 快电子与物质的相互作用

常见的快电子包括单能电子束和 β 射线(正电子和负电子),前者是由电子枪发射的热电子经加速得到的,后者是来自 β 放射源,并具有连续谱的特征。在这里只介绍单能电子束与物质的相互作用。

2.3.3.1 能量损失率

快电子入射到靶物质后的能量损失主要由电离损失和韧致辐射损失两部分组成。

快电子入射到靶物质后,会与靶物质原子的核外电子发生非弹性碰撞,使靶原子电离或激发。在这个过程中,快电子的电离能量损失率为[7]

$$\left(-\frac{\mathrm{d}E}{\mathrm{d}x}\right)_{\text{ion}}=\left(\frac{1}{4\pi\varepsilon_0}\right)^2\frac{2\pi e^4}{m_{\mathrm{e}}}\frac{NZ}{v^2}\left[\ln\left(\frac{m_{\mathrm{e}}v^2E}{2I^2(1-\beta^2)}\right)-(\ln 2)\left(2\sqrt{1-\beta^2}-1+\beta^2\right)+(1-\beta^2)+\frac{1}{8}\left(1-\sqrt{1-\beta^2}\right)^2\right] \tag{2-15}$$

式中,$\beta=v/c$,其余符号的意义与 Bethe 公式相同。

在能量相同的情况下,电子的速度远大于重带电粒子的速度。因此,电子在单位路程上损失的能量远小于重带电粒子。例如,4 MeV 的 α 粒子在水中的比电离为 3000/μm,而 1 MeV 的电子为 5/μm。

如前所述,快电子入射到靶物质后,与靶物质原子发生非弹性碰撞产生的韧致辐射不可忽略。电子的辐射能量损失率为[7]

$$\left(-\frac{\mathrm{d}E}{\mathrm{d}x}\right)_{\text{rad}}=\left(\frac{1}{4\pi\varepsilon_0}\right)^2\frac{NEZ(Z+1)e^4}{137m_{\mathrm{e}}^2c^4}\left(\ln\left(\frac{2E}{m_{\mathrm{e}}c^2}\right)-\frac{4}{3}\right) \tag{2-16}$$

式中,所有符号的意义与 Bethe 公式相同。

由上式,可以得出关于电子的辐射能量损失率的两个重要结论:

(1) 辐射能量损失率$(-\mathrm{d}E/\mathrm{d}x)_{\text{rad}}$正比于材料的原子序数的平方($Z^2$)。

因此,电子打到高原子序数的材料上时,更容易产生韧致辐射。

(2) 辐射能量损失率$(-\mathrm{d}E/\mathrm{d}x)_{\text{rad}}$正比于电子的能量 E。

在相对论区,电子的辐射能量损失与电离能量损失的比值为

$$\frac{(-\mathrm{d}E/\mathrm{d}x)_{\text{rad}}}{(-\mathrm{d}E/\mathrm{d}x)_{\text{ion}}}\approx\frac{EZ}{800} \tag{2-17}$$

式中,E 为电子的能量,MeV。

如图 2-8 所示为电子在不同物质中的电离损失、辐射损失与电子能量的关系[7]。

在韧致辐射的过程中,入射电子的动量由光子、被偏转的电子和原子核三者来分配。因此,韧致辐射光子的能量是连续分布的,取值范围从零到入射电子能量,峰值大约在电子能量的 1/2～1/3 处。因此,韧致辐射又称为连续 X 射线。韧致辐射强度的角分布与入射电子的能量有关。电子能量越高,辐射光子越趋向于向前发射。

2.3.3.2 径迹特征

如图 2-9 所示为借助蒙特卡罗程序 MCNP4 得到的一束单能电子在铝中的径迹[7]。可以看出,快电子在材料中的径迹完全不同于重带电粒子。入射电子之间的径迹离散相当大,部分入射电子甚至背离入射方向,从入射表面射出,发生反散射现象。

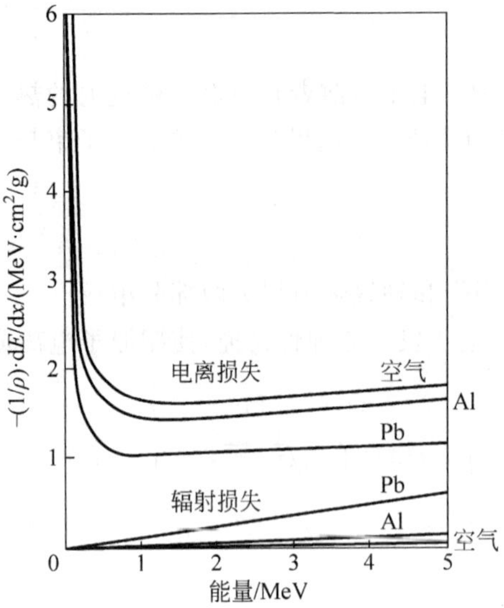

图 2-8 电子在不同物质中的电离损失、辐射损失与电子能量的关系[7]

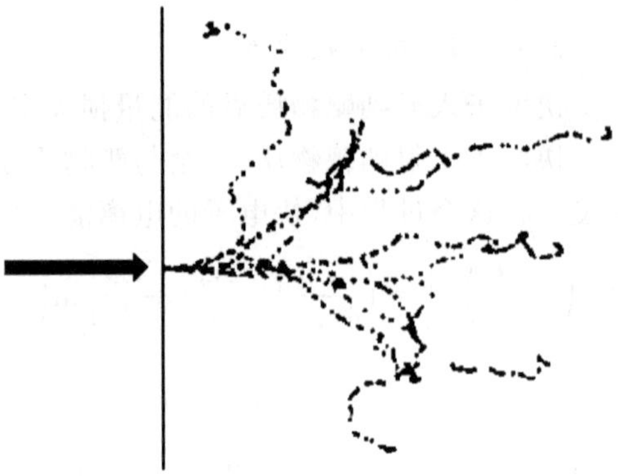

图 2-9 单能电子束在铝中的径迹模拟图[7]

电子穿过物质时,会与靶物质原子的原子核发生库仑相互作用而发生弹性散射。在弹性散射的过程中,电子的能量变化很小,但运动方向变化很大。当平行电子束射入吸收物质时,在经历 20 次甚至更多次的散射以后,可以认为散射电子的角分布是近似地围绕平均散射角的高斯分布。散射角的均方值为

$$\bar{\theta}^2=\frac{\pi}{2}(K^2Z^2t/P^2v^2) \tag{2-18}$$

式中,K 为常数;Z 为吸收材料的原子序数;t 为吸收材料的厚度,cm;P 和 v 分别为电子的动量和速度。

对于空气

$$\bar{\theta}^2\approx 7\times 10^3t/E^2 \tag{2-19}$$

对于铝

$$\bar{\theta}^2\approx 600t/E^2 \tag{2-20}$$

根据式(2-19)可以估算出,1 MeV 的电子穿过 1 cm 的空气时,散射角的均方值为 $4°\sim5°$。由于多次散射的 $\bar{\theta}^2$ 值与 Z^2 成正比,与 P^2v^2 成反比,所以对于低能电子和高原子序数的吸收材料来说,多次散射的作用是很大的。如图 2-10 所示为快电子垂直入射到厚板吸收物质时的反散射份额与电子能量的关系[8]。图中,η 为反散射份额,E 为电子的动能。

2.3.3.3 射程

一个与实验符合较好的单能电子束在铝中的射程的半经验公式为[7]

$$\begin{aligned}&\bar{R}_m=412E^n,\quad n=1.265-0.0954\ln E,\quad 0.01<E<3\\&\bar{R}_m=530E-106,\quad 2.5<E<20\end{aligned} \tag{2-21}$$

式中,$\bar{R}_m$ 和 E 的单位分别为 mg/cm^2,MeV。

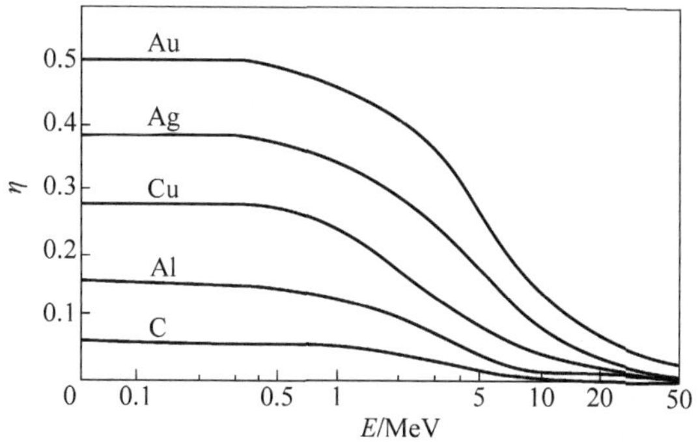

图 2-10　垂直入射电子在厚吸收板上的反散射份额与电子能量的关系[8]

如图 2-11 所示为用式(2-21)计算得到的单能电子束在铝中的射程与实验值的符合情况[7]。

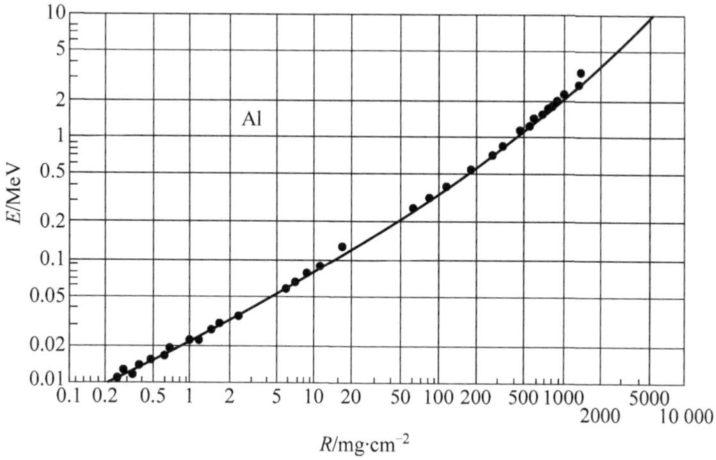

图 2-11　计算得到的单能电子束在铝中的射程与实验值的符合情况[7]

2.4　光子与物质的相互作用

光子是非带电粒子,包括 X 射线和 γ 射线。其中,γ 射线是原子核衰变时放出的一种高能光子,与 X 射线一样都是电磁波,只是 γ 射线的波长更短。光子与物质的相互作用机制和带电粒子的显著不同。

带电粒子通过库仑作用使吸收物质的原子发生电离、激发或韧致辐射来损失能量。在单位路程内与吸收物质原子发生相互作用的概率很高,但是每次相互作用损失的能量很小,需要经过多次的相互作用才能损失全部能量。因此,用能量损失率(单位路程损失的能量)来描述带电粒子与物质的相互作用。

光子因为不带电,所以在单位路程内与吸收物质原子发生相互作用的概率非常小,但是一次相互作用就可能损失全部或者大部分的能量,而未与吸收物质发生相互作用的光子将保持初始的能量穿过物质。因此,用作用截面(与单位面积上一个原子发生作用的概率)来描述光子与物质的相互作用。

光子在吸收物质中沉积能量的作用机制主要有三种：光电效应、康普顿效应和电子对效应。汤姆逊散射和瑞利散射是光子与物质相互作用的另外两种机制，但是这两种作用过程几乎没有能量转移，在这里不做详细介绍。

2.4.1 作用截面

光子穿过一定厚度的物质时，光电效应、康普顿效应和电子对效应的发生是以一定概率出现的，为此，定义作用截面这一物理量来表示发生这三种相互作用的概率大小。

假设有一平行光子束垂直入射到物质的表面，单位时间内通过单位面积的光子数为 $I(1/\mathrm{s}\cdot\mathrm{cm}^2)$，吸收物质在单位体积内的原子数目为 $N(1/\mathrm{cm}^3)$，当光子束穿过厚度为 Δx 的吸收物质时，与物质发生了相互作用的光子数为 $\mathrm{d}I$，则有

$$\mathrm{d}I \propto IN\mathrm{d}x$$

引进比例常数 σ，把上述比例式转化为等式：

$$-\mathrm{d}I = IN\mathrm{d}x \cdot \sigma$$

$$\sigma = \frac{-\mathrm{d}I}{IN\mathrm{d}x} \tag{2-22}$$

比例常数 σ 的物理意义为一个光子与单位面积上一个原子发生相互作用的概率。由于比例常数 σ 具有面积的量纲，所以称之为作用截面。需要强调的是，作用截面仅仅是一个反映光子与物质发生相互作用的概率大小的物理量，不能把它理解为一个原子或原子核的几何截面。

入射光子与物质原子发生相互作用的总截面为

$$\sigma_\gamma = \sigma_{\mathrm{ph}} + \sigma_{\mathrm{c}} + \sigma_{\mathrm{p}} \tag{2-23}$$

式中，下标 ph、c 和 p 分别表示光电效应、康普顿效应和电子对效应。

2.4.2 光电效应

光电效应是指光子与靶物质原子发生相互作用时，将全部能量转移给原子中的某个束缚电子，使该束缚电子脱离原子而发射出去，而光子本身消失。光电效应的过程可以用图 2-12 来表示。光电效应中发射出来的电子称为光电子。

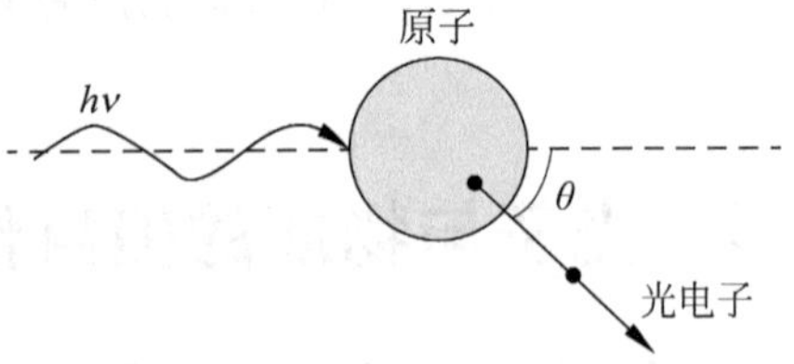

图 2-12 光电效应示意图

2.4.2.1 光电子的能量

为解释光电效应，爱因斯坦在 1905 年提出了光量子理论：假定光的能量在空间的分布是不连续的，呈能量子的状态，这些能量子只能整个地产生和吸收，称为光量子（即光子），光子的能量为 $E_\gamma = h\nu$。1907 年，爱因斯坦进一步提出光子的动量为 $\boldsymbol{p} = \hbar\boldsymbol{k}$，$\boldsymbol{k}$ 为光子的波矢。

发生光电效应的过程中，入射光子的能量一部分消耗于光电子脱离原子束缚所需的电离能和反冲原子的动能，剩下的部分才作为光电子的动能。因此，光电效应的动量和能量守恒方程分别为

$$
\begin{aligned}
\hbar \boldsymbol{k} &= \boldsymbol{p}_{\mathrm{e}} + \boldsymbol{p}_{\mathrm{a}} \\
\boldsymbol{h}\nu &= E_{\mathrm{e}} + E_{\mathrm{a}} + B_i
\end{aligned}
\tag{2-24}
$$

式中，$\boldsymbol{p}$ 和 E 分别表示动量和能量；下标 e 和 a 分别表示光电子和反冲原子；B_i 表示束缚电子所处电子壳层的结合能。

由于 $E_{\mathrm{a}}=E_{\mathrm{e}}\left(\frac{m_{\mathrm{e}}}{M}\right)\ll E_{\mathrm{e}}$，$m_{\mathrm{e}}$ 为电子的静止质量，M 为吸收物质原子的静止质量。所以在能量守恒方程中，忽略反冲原子的动能 E_{a}，得到的方程即为著名的爱因斯坦光电方程：

$$
E_{\mathrm{e}} = h\nu - B_i \tag{2-25}
$$

特定原子中各个电子壳层的结合能可用下式进行计算得到：

$$
\begin{aligned}
B_{\mathrm{K}} &= R(Z-1)^2, \quad \text{对 K 壳层；} \\
B_{\mathrm{L}} &= \frac{R}{4}(Z-5)^2, \quad \text{对 L 壳层；} \\
B_{\mathrm{M}} &= \frac{R}{9}(Z-13)^2, \quad \text{对 M 壳层。}
\end{aligned}
\tag{2-26}
$$

式中，$R=13.61$ eV 为里德伯常数；Z 为吸收物质的原子序数。

需要强调的是，光电效应仅当光子与原子中的束缚电子相互作用时才能发生，光子与自由电子不能发生光电效应。这是因为光子的能量转移给电子的过程中，如果只有光子和电子参加的话，不能同时满足能量守恒和动量守恒，必须有第三者带走一些反冲动能和动量。这个第三者就是除了发射出去的光电子以外的整个吸收物质原子。此外，电子在原子中束缚得越紧，该束缚电子与光子发生光电效应的概率越大。当入射光子的能量大于 K 壳层的电离能时，实验和理论都表明，光电效应在 K 壳层发生的概率为 80%，在 L 壳层发生的概率小一些，在 M 壳层发生的概率更小。

2.4.2.2　两种退激方式

内壳层的电子变为光电子发射出去以后，原子处于激发态，这种状态是不稳定的，很快就会通过退激回到基态。原子退激的两种方式如图 2-13 所示。一种是外壳层电子填补内壳层空位使原子回到基态，跃迁时多余的能量以特征 X 射线的形式释放出来。另一种是多余的激发能使外层电子从原子中发射出来，发射出来的这种电子称为俄歇电子。这两种方式的相对比例与物质原子的原子序数 Z 有关。用 N_{K} 表示 K 壳层的荧光产额，$1-N_{\mathrm{K}}$ 即为 K 壳层的俄歇电子产额。物质原子的 K 壳层的荧光产额 N_{K} 与原子序数 Z 的关系如图 2-14 所示[8]。

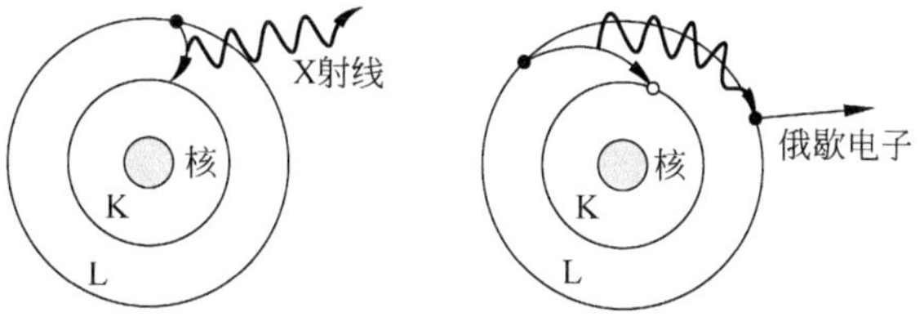

图 2-13　光电效应后原子的两种退激方式

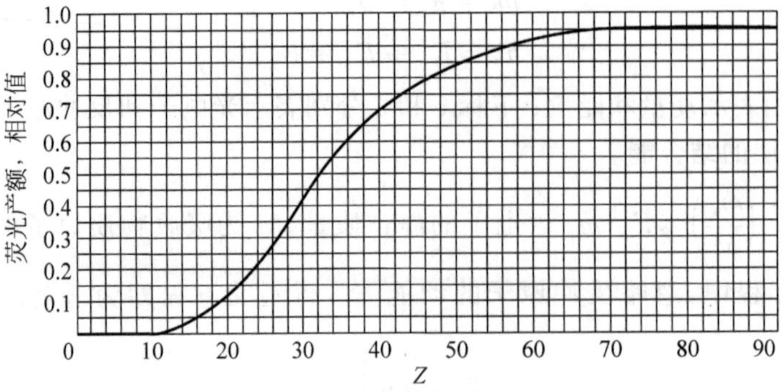

图 2-14　物质原子的 K 壳层的荧光产额 N_K 与原子序数 Z 的关系[8]

2.4.2.3　光电吸收曲线

原子的光电效应截面与光子能量的关系曲线称为光电吸收曲线。如图 2-15 所示为几种常见材料的光电吸收曲线[7]。图中可以看到光电吸收截面的特征性的锯齿状结构，这种尖锐的突变称为光电效应的吸收限。吸收限是在光子能量与物质原子的 K、M、L 壳层的电离能相一致时出现的。这是因为光子能量逐渐增大到某一壳层的电离能时，这一壳层的电子就对光电效应有了贡献，所以作用截面剧增。随着光子能量的进一步增加，光电效应截面又平稳地下降，直至下一锯齿的出现。

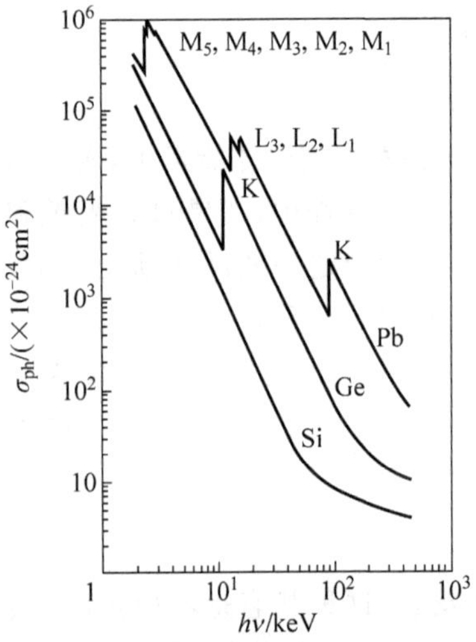

图 2-15　几种常见材料的光电吸收截面[7]

原子的光电吸收曲线可以分为三个区域：

(1) 吸收限附近的区域；

(2) 离吸收限一定距离的区域；

(3) 相对论区域($h\nu \gg m_e c^2 = 0.511\ \text{MeV}$)。

在离吸收限一定距离的区域的 K 壳层电子的光电吸收截面的计算公式为

$$\sigma_K = \sqrt{32}\left(\frac{m_e c^2}{h\nu}\right)^{7/2} \alpha^4 \sigma_{th} Z^5 \tag{2-27}$$

在相对论区域的 K 壳层电子的光电吸收截面的计算公式为

$$\sigma_K = 1.5\left(\frac{m_e c^2}{h\nu}\right) \alpha^4 \sigma_{th} Z^5 \tag{2-28}$$

原子的光电效应总截面为

$$\sigma_{ph} = \frac{5}{4}\sigma_K \tag{2-29}$$

式中，$\alpha = 1/137$ 为精细结构常数；$\sigma_{th} = \frac{8\pi}{3}\left(\frac{e}{4\pi\varepsilon_0 m_e c^2}\right)^2 = 6.65 \times 10^{-29}\ \text{m}^2$ 为经典电子散射截面，又称为汤姆逊截面；$h\nu$ 为入射光子的能量；Z 为吸收物质的原子序数。

从上述公式可以得出关于物质的光电效应截面的两个重要结论：

（1）光电效应截面与 Z^5 成正比

这是因为光电效应是光子和束缚电子的相互作用，Z 越大，电子在原子中束缚得越紧，越容易使原子参与光电效应来满足动量和能量守恒。

（2）光子能量越高，光电效应截面越小

这是因为光子的能量越高，电子在原子中的束缚能相对来说就显得更不重要，因此发生光电效应的概率就越小。

2.4.2.4　光电子的角分布

如图 2-12 所示，设光电子的出射方向与光子入射方向的夹角为 θ，光电子从不同 θ 角出射的概率是不一样的。用微分截面 $\mathrm{d}n/\mathrm{d}\Omega$ 表示进入平均角度为 θ 的单位立体角内的光电子数的份额，则光电子的角分布如图 2-16 所示[8]。实验和计算都表明，在 0°和 180°方向都不可能出现光电子，对于某一特定能量的入射光子，光电子出现概率最大的角度是一定的。当入射光子能量较低，如小于 20 keV 时，光电子主要沿接近垂直于入射方向的角度发射；当光子能量较高时，光电子更多地朝前发射。

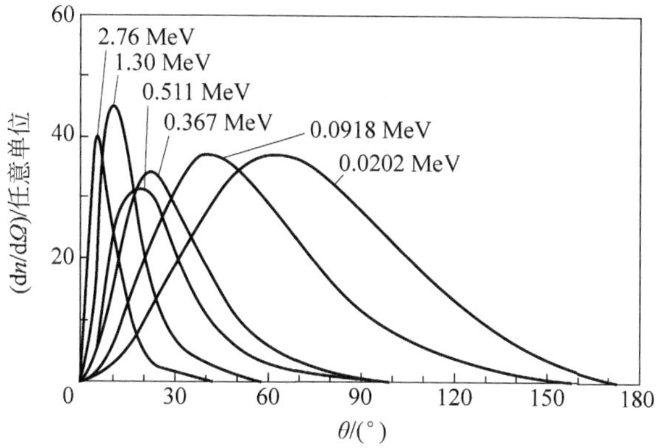

图 2-16　光电子的角分布[8]

需要强调的一点是，不仅 X 射线和 γ 射线能发生光电效应，紫外和可见光波段的光子也能发生光电效应。而且随光子能量的降低，光电效应截面呈增加的趋势。

2.4.3　康普顿效应

如图 2-17 所示，康普顿效应是指入射光子与物质原子相互作用时，入射光子与轨道电子发生散射，将一部分能量传递给电子使它脱离原子的束缚而成为反冲电子，与此同时，入射光子损失能量并改变方向而成为散射光子。图中，$h\nu$ 和 $h\nu'$ 分别为入射光子和散射光子的能量；θ 为散射光子与入射光子方向的夹角，称为散射角；E_e 为反冲电子的能量；φ 为反冲电子与入射光子方向的夹角，称为反冲角。

2.4.3.1　散射光子能量和反冲电子能量与散射角的关系

与光电效应不同，康普顿效应主要发生在束缚得最松的外层电子上，而外层电子的电离能非常小（一般是电子伏量级），与入射光子的能量相比，可以忽略不计。因此，可以将康普顿效应看作入射光子与处于静止状态的自由电子之间的弹性碰撞。入射光子的能量和动量在散射光子和反冲电子两者之间分配。相对论情况下的能量和动量守恒方程为

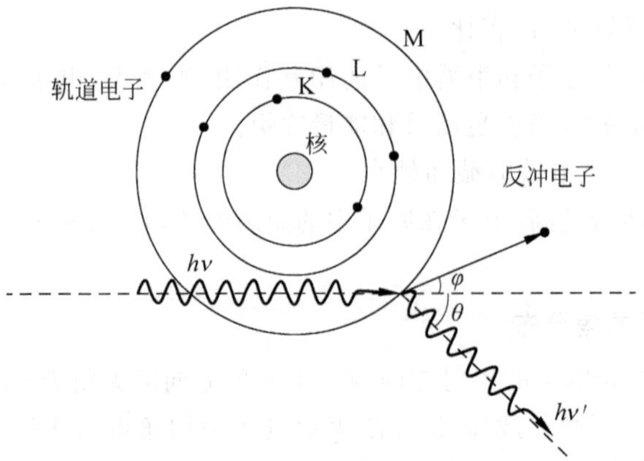

图 2-17　康普顿效应示意图

$$
\begin{aligned}
& h\nu = h\nu' + E_e \\
& \frac{h\nu}{c} = \frac{h\nu'}{c}\cos\theta + p_e\cos\varphi \\
& \frac{h\nu'}{c}\sin\theta = p_e\sin\varphi
\end{aligned}
\tag{2-30}
$$

根据上述的能量和动量守恒方程，可以推导出散射光子能量、反冲电子能量、反冲角与入射光子能量、散射角之间的关系为

$$
\begin{aligned}
& h\nu' = \frac{h\nu}{1 + \dfrac{h\nu}{m_e c^2}(1-\cos\theta)} \\
& E_e = \frac{(h\nu)^2(1-\cos\theta)}{m_e c^2 + h\nu(1-\cos\theta)} \\
& \cot\varphi = \left(1 + \frac{h\nu}{m_e c^2}\right)\tan\frac{\theta}{2}
\end{aligned}
\tag{2-31}
$$

从上述三式可以看出：

(1) 散射角 $\theta=0°$时，$h\nu'=h\nu$，入射光子没有能量损失，只是从电子近旁掠过；

(2) 散射角 $\theta=180°$时，散射光子沿与入射光子方向相反的方向射出，反冲电子沿入射光子方向射出，这种情况称为反散射。此时，散射光子能量达到最小值，反冲电子的能量达到最大值。

$$
\begin{aligned}
& h\nu'_{\min} = h\nu/(1 + 2h\nu/m_e c^2) \\
& E_{e,\max} = 2(h\nu)^2/(m_e c^2 + 2h\nu)
\end{aligned}
\tag{2-32}
$$

可以看出，在入射光子能量变化范围相当大时，反散射光子的能量变化范围很小，集中在 200 keV 周围。

(3) 对于给定能量的入射光子，散射角和反冲角之间存在一一对应关系。散射角从 0°变化到 180°，反冲角对应地从 90°变化到 0°。

2.4.3.2　康普顿散射截面

量子力学的康普顿散射理论给出了康普顿散射微分截面 $d\sigma_{c,e}/d\Omega$ 的表达式，即著名的 Klein-Nishina 公式[7]：

$$\frac{d\sigma_{c,e}}{d\Omega}=r_0^2\left(\frac{1}{1+\alpha(1-\cos\theta)}\right)^2\left(\frac{1+\cos^2\theta}{2}\right)\left(1+\frac{\alpha^2(1-\cos\theta)^2}{(1+\cos^2\theta)[1+\alpha(1-\cos\theta)]}\right) \tag{2-33}$$

式中，$r_0=e^2/(4\pi\varepsilon_0 m_e c^2)=2.818\times10^{-15}$ m 为经典电子半径；$\alpha\equiv h\nu/m_e c^2$。

康普顿散射微分截面 $d\sigma_{c,e}/d\Omega$ 是指一个光子入射到单位面积只包含一个电子的介质上时，散射光子落在 θ 方向单位弧度立体角内的概率，单位为 cm^2/sr。由于散射光子在方位角上是对称的，所以 $d\sigma_{c,e}/d\Omega$ 乘以 $2\pi\theta$ 就转换为 $d\sigma_{c,e}/d\theta$，此即散射光子的角分布。

图 2-18 给出了单个电子的微分散射截面 $d\sigma_{c,e}/d\Omega$ 与散射角及入射光子能量的关系[7]。可以看出，入射光子能量较高时，散射光子有强烈的超前趋势；入射光子能量较低时，散射光子向前和向后的概率相当。

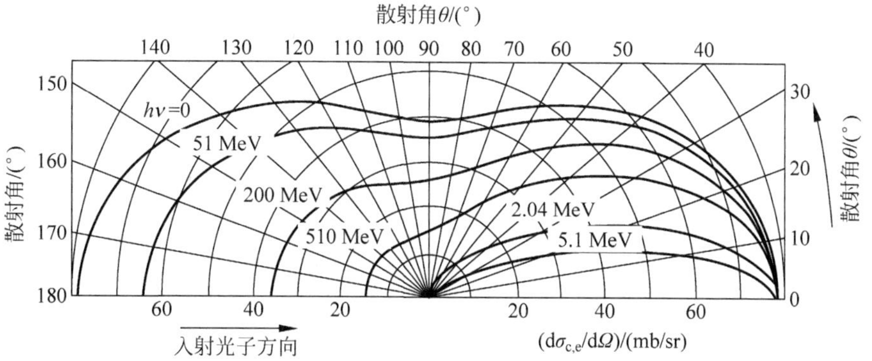

图 2-18　极坐标表示的单个电子的微分散射截面 $d\sigma_{c,e}/d\Omega$ 与散射角及入射光子能量的关系[7]

按概率论的规则，将微分截面 $d\sigma_{c,e}/d\Omega$ 对 θ 的全部可取值（0°～180°）积分，即可得到单个电子的康普顿散射截面为

$$\sigma_{c,e}=2\pi\int_0^{\pi}\frac{d\sigma_{c,e}}{d\Omega}\sin\theta d\theta=2\pi r_0^2\left[\frac{\alpha^3+9\alpha^2+8\alpha+2}{\alpha^2(1+2\alpha)^2}+\frac{\alpha^2-2(1+\alpha)}{2\alpha^3}\ln(1+2\alpha)\right] \tag{2-34}$$

图 2-19 给出了单个电子的康普顿散射截面 $\sigma_{c,e}$ 与入射光子能量的关系[7]。可以看出，当入射光子能量增加时，单个电子的康普顿散射截面呈下降趋势，只是下降速度比光电效应截面的要慢。

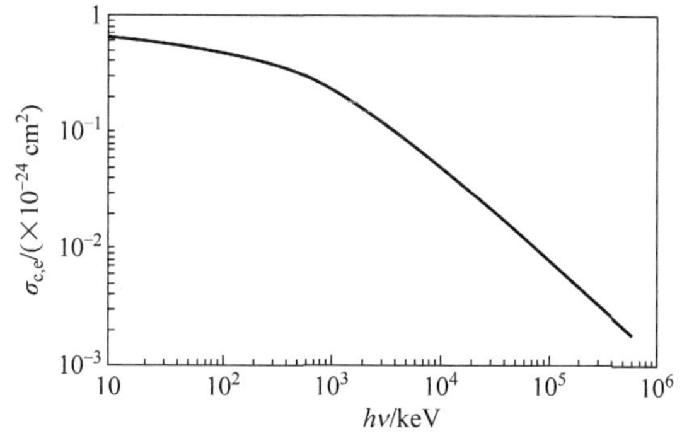

图 2-19　单个电子的康普顿散射截面 $\sigma_{c,e}$ 与入射光子能量的关系[7]

在入射光子能量比原子中电子的最大结合能大得多时，即使原子的内层电子也可看成是自由电子，也能与入射光子发生弹性碰撞。因此，入射光子与整个原子的康普顿散射总截面 σ_c 是它与原子的各个电子的康普顿散射截面 $\sigma_{c,e}$ 之和，即

$$\sigma_c = Z\sigma_{c,e} \tag{2-35}$$

2.4.4 电子对效应

如图 2-20 所示，电子对效应是指当入射光子的能量足够高，且经过原子核旁时，在核库仑场的作用下，入射光子转化为一个正电子和一个负电子。

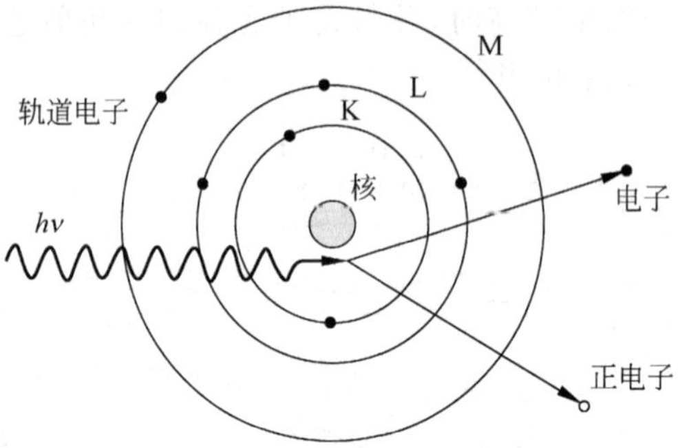

图 2-20 电子对效应示意图

电子对效应过程中的动量和能量守恒方程为

$$\begin{aligned}\frac{h\nu}{c} &= p_{e^+} + p_{e^-} + p_r \\ h\nu &= E_{e^+} + E_{e^-} + 2m_e c^2\end{aligned} \tag{2-36}$$

式中，下标 e^+、e^-、r 分别表示正电子、负电子和原子核。

由能量守恒方程可以看出，只有当入射光子能量 $h\nu > 2m_e c^2$ 时，电子对效应才可能发生。发生电子对效应后，入射光子消失，它的能量转化为正、负电子的静止质量及动能，正、负电子的动能之和为 $h\nu - 2m_e c^2$，该能量在正、负电子之间随机分配，使正电子或负电子的动能可以取 $0 \sim (h\nu - 2m_e c^2)$ 的任意值。电子对效应与光电效应相似，都必须有第三者——原子核的参加，才能同时满足能量与动量守恒。此时，原子核必然受到反冲，但因原子核质量比电子大得多，核反冲能量很小，因此可以忽略不计。

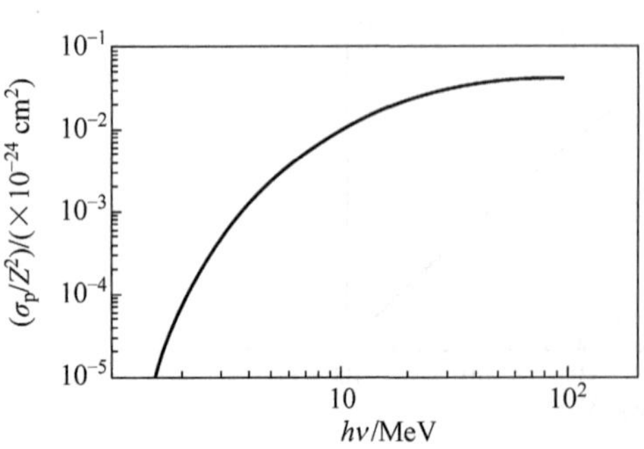

图 2-21 电子对效应截面 σ_p 与入射光子能量 $h\nu$ 的关系[7]

电子对效应中产生的电子和正电子在吸收物质中通过电离损失和辐射损失消耗能量。正电子在物质中很快被慢化后，将与物质中的电子发生湮没。正、负电子的湮没，可以看作高能光子产生电子对效应的逆过程。

图 2-21 给出了吸收物质的电子对效应截面 σ_p 与入射光子能量 $h\nu$ 的关系[7]。

当 $h\nu$ 稍大于 $2m_e c^2$，但又不太大时，$\sigma_p \propto Z^2 h\nu$；当 $h\nu \gg 2m_e c^2$ 时，$\sigma_p \propto Z^2 \ln(h\nu)$。

2.4.5　三种效应的比较

图 2-22 给出了常用作 γ 射线屏蔽材料的铅(Pb)的各种相互作用截面与入射光子能量的关系[8]。可以看出，σ_{ph} 随入射光子能量的增大而迅速降低，而且在低能部分，呈现出跃迁式的变化；σ_c 随入射光子能量增大而下降的趋势较为平缓，而且在低能部分，由于电子结合能的影响而减小；σ_p 在 $h\nu > 2m_ec^2$ 后，才开始出现，而且随入射光子能量的增大而增大。

图 2-23 给出了在不同原子序数物质中，光子与物质相互作用的三种主要方式的相对重要性与光子能量的关系[7]。可以看出：

(1) 光子能量比较小，吸收物质的原子序数比较高时，光电效应占优势；

(2) 光子能量中等，吸收物质的原子序数比较低时，康普顿效应占优势；

(3) 光子能量比较大，吸收物质的原子序数比较高时，电子对效应占优势。

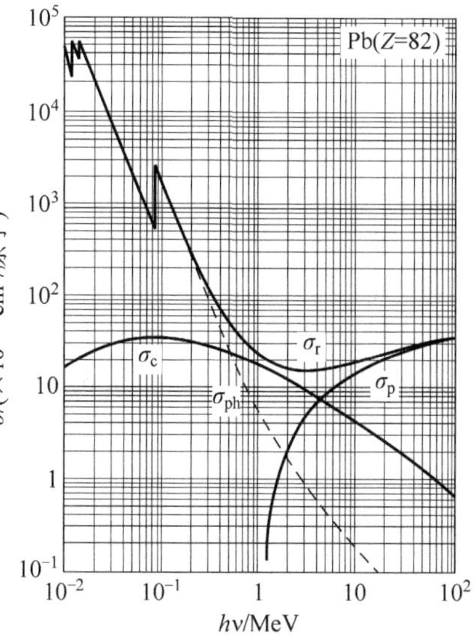

图 2-22　光子与铅的相互作用截面与入射光子能量的关系[8]

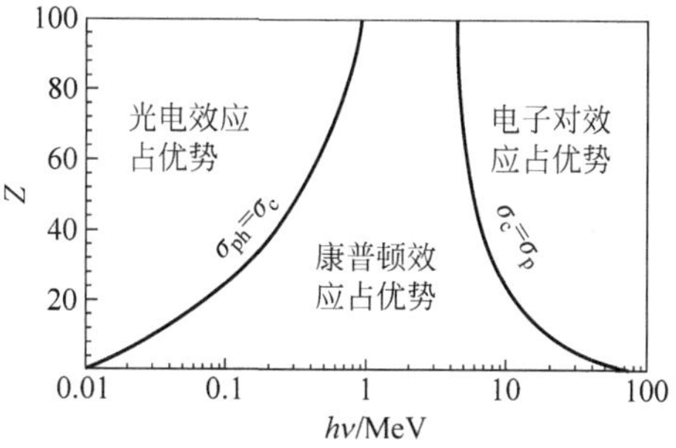

图 2-23　光子与物质相互作用的三种主要方式的相对重要性[7]

2.4.6　γ 射线窄束的衰减规律

综上所述，γ 射线通过介质时，如果发生了上述几种效应中的任何一种，入射光子就会消失或转化为另一不同能量和角度的光子。在康普顿效应中，即使发生小角度散射，也要把散射光子排除出原来的入射束，这种情况称为 γ 射线窄束的衰减情况。

对于初始强度为 I 的准直的单能 γ 射线束垂直通过吸收物质时，根据前面作用截面的定义，在经过 dx 厚度的吸收物质后，束流的强度变化量 dI 为

$$-dI = I(x)N\sigma_\gamma dx \tag{2-37}$$

式中，负号表示束流强度沿 x 方向是减少的。

考虑到 $x=0$ 时，$I=I_0$，解上述方程得

$$I(x) = I_0 e^{-\sigma_\gamma Nx} \tag{2-38}$$

定义线性衰减系数 μ 为

$$\mu = \sigma_\gamma N = \sigma_\gamma \frac{N_A \rho}{A} \tag{2-39}$$

式中，N_A 为阿伏伽德罗常数，ρ 和 A 分别为吸收物质的密度和材料元素的原子量。则

$$I(x) = I_0 e^{-\mu x} \tag{2-40}$$

上式表明，准直单能 γ 束通过吸收物质时，其强度的衰减遵循指数衰减规律。实际应用中，采用更多的是质量衰减系数 μ_m 和质量厚度 x_m：

$$\begin{aligned} \mu_m &= \mu/\rho = \sigma_\gamma \frac{N_A}{A} \\ x_m &= x\rho \end{aligned} \tag{2-41}$$

则有

$$I(x) = I_0 e^{-\mu_m x_m} \tag{2-42}$$

2.5 中子与物质的相互作用

核爆炸时，核反应会产生大量的中子，中子会与弹壳、空气发生作用产生 γ 辐射[9]。

中子是非带电粒子，和介质原子之间没有库仑相互作用，主要与介质中的原子核发生作用。中子与物质的原子核的作用包括弹性散射、非弹性散射、辐射俘获、带电粒子发射和重核的裂变等过程，一般分别用 σ_s、σ'_s、σ_γ、σ_b 和 σ_f 代表其作用截面。中子与物质相互作用的总截面为[10]

$$\sigma_t = \sigma_s + \sigma'_s + \sigma_\gamma + \sigma_b + \sigma_f + \cdots \tag{2-43}$$

其中，非弹性散射是指靶物质原子核吸收中子后，又发射出一个能量较小的中子，与此同时，靶核处于激发态，将通过发射 γ 光子的形式而跃迁到低能态；辐射俘获是指靶物质原子核吸收中子形成处于激发态的复合核，复合核通过发射 γ 光子的形式而跃迁到低能态的反应过程；带电粒子发射则可能发射 α，p，d，…等重带电粒子；裂变则是中子入射后复合核发生裂变。

2.5.1 中子的分类

因为不同能量的中子与原子核作用时有着不同的特点，因此通常把中子按能量大小进行分类。但是这种分类并不严格，也不完全统一[11]。

(1) 能量在 0～1 keV 的中子称为慢中子。慢中子与原子核作用的主要形式是弹性散射(n，n)和中子辐射俘获(n，γ)。

(2) 能量在 1 keV～0.5 MeV 的中子称为中能中子。中能中子与原子核作用的主要形式是弹性散射。

(3) 能量在 0.5～10 MeV 的中子称为快中子。快中子与原子核作用的主要形式是弹性散射、非弹性散射(n，n')和核反应(如(n，α)、(n，p)等)。

(4) 能量在 10～50 MeV 的中子称为特快中子。特快中子与原子核作用的主要形式除了弹性散射、非弹性散射以及发射出一个出射粒子的核反应之外，还可以发生发射两个或两

个以上粒子的核反应。

实验发现，弹性散射和辐射俘获是中子与物质相互作用过程中最普遍的。无论快中子还是慢中子，无论靶物质是中等核还是重核，这两种过程都存在。

对于轻核和中等核，弹性散射是主要的核反应过程。非弹性散射主要发生在快中子与中、重核之间。辐射俘获主要发生在慢中子与重核之间。

2.5.2 宏观截面和平均自由程

将靶物质单位体积内的原子核数 N 与作用截面 σ 的乘积称为宏观截面 Σ。

$$\Sigma = N\sigma \tag{2-44}$$

Σ 在工程上称为宏观截面，在物理中称为线性衰减系数，其物理意义是中子在靶内单位长度发生作用的概率。它的量纲是长度的倒数，常用的单位为 cm^{-1}。

对于单一核素的靶，单位体积内的靶核数为

$$N = \frac{\rho}{A} N_A \tag{2-45}$$

式中，ρ 为靶物质的密度，A 为靶材料的原子量，N_A 为阿伏伽德罗常数。

对于多原子分子的靶，若其分子量为 A，每个分子中第 i 种原子的数目为 l_i，中子与第 i 种原子发生某种反应的分截面为 $\sigma_i^j (j = t, s, a, \cdots)$，则该靶物质对该种反应的宏观截面为

$$\Sigma_j = \frac{\rho N_A}{A} \sum_i l_i \sigma_i^j \tag{2-46}$$

例如，动能为 1 eV 的中子，对氢核和氧核的散射截面分别为 $\sigma_1^s = 20$ b 和 $\sigma_2^s = 3.8$ b，水的密度为 $\rho = 1\ g \cdot cm^{-3}$，分子量为 $A = 18.015$[10]。则 1 eV 的中子在水中的宏观散射截面为

$$\Sigma_s = \frac{6.023 \times 10^{23}}{18.015} \times (2 \times 20 + 1 \times 3.8) \times 10^{-24}\ cm^{-1} = 1.46\ cm^{-1}$$

表明动能为 1 eV 的中子，在水中经过 1 cm 的距离时，平均大约受到 1.5 次散射[10]。

此外，将中子在介质中连续两次作用之间飞行的平均距离称为平均自由程 λ。

$$\lambda = 1/\Sigma \tag{2-47}$$

2.5.3 弹性散射

弹性散射中，中子与靶核的总动量和能量在碰撞前后不变。设中子质量为 m_n，靶核的质量为 M、质量数为 A，中子的能量为 E_1。经过理论推导，可以得到，对于几兆电子伏能量范围的中子，中子一次碰撞的平均能量损失 $\overline{\Delta E}$ 为[10]

$$\overline{\Delta E} = \frac{1}{2} E_1 (1 - \alpha) \tag{2-48}$$

式中，

$$\alpha = \left(\frac{M - m_n}{M + m_n}\right)^2 \approx \left(\frac{A - 1}{A + 1}\right)^2$$

可见，中子一次碰撞的平均能量损失与中子的初始能量有关。通过理论计算可以求出中子由能量 E_i 慢化到 E_f 所需要的平均次数 $\overline{N}$ 为[10]

$$\overline{N}=\frac{\ln E_i-\ln E_f}{\xi} \tag{2-49}$$

式中，ξ 称为平均对数能量损失，

$$\xi=1+\frac{(A-1)^2}{2A}\ln\frac{A-1}{A+1}$$

2.5.4 非弹性散射

在发生非弹性散射时，中子必须至少能够把复合核激发到其基态以上的第一个能级。对于轻核来讲，这个能级间隔为0.5～5 MeV。相对原子质量在150～200的重核，基态附近的能级间隔约为0.1 MeV。表2-2列出了几种典型元素的非弹性散射截面随中子能量的变化情况[10]。

表 2-2　几种典型元素的非弹性散射截面[10]　　b

元素	近似阈能/MeV	中子能量 14 MeV	中子能量 5.16 MeV	中子能量 2.0 MeV	中子能量 1.0 MeV
碳	4.91	0.484	0.0436	0	0
铁	0.5	1.40	1.38	0.80	0.3
镍	1.4	1.13	1.17	0.6	0
钨	0.0115	2.49	2.565	2.58	2.345
铅	0.57	2.52	2.06	0.77	0.35

2.5.5 中子与空气的相互作用

图2-24给出了中子与空气相互作用的宏观截面随中子能量的变化情况[9]。其中，曲线1为宏观总截面，曲线2为宏观俘获截面，曲线3为宏观非弹性散射截面。从图中可见，对于低能中子，俘获反应是重要的。对于快中子，非弹性散射才有意义。在热能以上全部能区中，弹性散射占总截面的绝大部分。

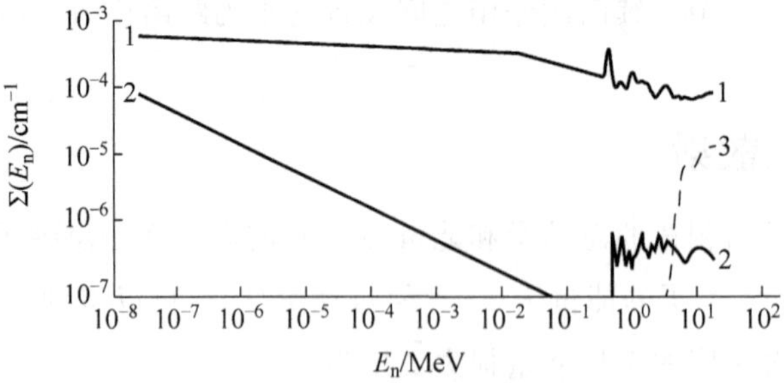

图 2-24　中子与空气相互作用的宏观截面随中子能量的变化[9]

参考文献

[1]　于孝忠. 核辐射物理学[M]. 北京：原子能出版社，1981.
[2]　黄本诚. 空间环境工程学[M]. 北京：中国科学技术出版社，2010.

［3］ 特里布尔 A C,唐贤明.空间环境［M］.北京：中国宇航出版社,2009.
［4］ 江少恩,丁永坤,刘慎业,张保汉,郑志坚,杨家敏,缪文勇,黄天晅,张继彦,李三伟,曹磊峰.神光系列装置激光聚变实验与诊断技术研究进展［J］.物理,2010,39(08)：531-542.
［5］ 王建国.高空核爆炸效应参数手册［M］.北京：原子能出版社,2010.
［6］ MARMIER P,SHELDON E. Physics of Nuclei and Particles［M］. New York；London：Academic Pr.,1969.
［7］ 陈伯显.核辐射物理及探测学［M］.哈尔滨：哈尔滨工程大学,2011.
［8］ 王同生.核辐射防护基础［M］.北京：原子能出版社,1983.
［9］ 乔登江.核爆炸物理概论［M］.北京：国防工业出版社,2003.
［10］ 刘圣康.中子物理［M］.北京：原子能出版社,1986.
［11］ 丁大钊.中子物理学：原理、方法与应用［M］.北京：原子能出版社,2001.

第3章

时域有限差分算法

3.1 研究背景与现状

用差分方程代替偏微分方程是 20 世纪 40 年代在椭圆形偏微分方程开始的，其后又用于双曲型和抛物型方程，但主要用于各种力学问题和热传导问题。与此同时，对有限差分计算的差分格式、稳定条件也做了较详尽的研究和论述。

电磁场问题的时域有限差分 FDTD(Finite Difference Time Domain)解法起步较晚。原因之一是过去遇到的电磁场问题均是单色波。自从知道核爆炸将产生强电磁脉冲之后，Maxwell 偏微分方程组的数值解被提到日程上来。1958 年苏联学者 A. C. Компанееч 提出核爆炸电偶极矩模型并给出计算波形(未具体说明用的算法)[1]。1965 年 1 月，美国 V. Gilinsky 用特征线法计算了同一问题并指出其物理上不妥之处[2]。美国洛斯阿拉莫斯国家实验室也早就开始核爆炸瞬态电磁脉冲二维数值计算。从文献看，1968 年已算出各种当量、各种条件几十组计算数据，其研究非常系统、深入，其差分计算始于何年不可考。从已公开的另两篇文章 LA-3864-MS 和 LA-4346 看，美国著名计算数学家 R. D. Richtmyer 已将瞬态电磁场 FDTD 发展到较完善的地步。在公开文献中，被大家广泛引用的是 1966 年 Kane S. Yee 发表的一篇论文中用 FDTD 法求解 Maxwell 旋度方程[3]，并成功地模拟了电磁脉冲与理想导体作用的时域响应。在这之后的几十年间，有大批的科学家对这种差分法进行拓展与创新，使之能用以计算多种多样的物理问题，如 R. Holland、K. S. Kunz 和 A. Taflove 等[4~7]。基于 FDTD 算法的商业计算软件有美国 REMOCOM 公司的 XFDTD 以及上海东峻公司的 FDTD 软件等。

3.2 时域有限差分方程

1966 年，K. S. Yee 提出了一种计算电磁场的新的数值方法，即时域有限差分法。这种方法是将 Maxwell 旋度方程的微分式转化为有限差分形式，对电场、磁场在空间和时间上进行离散，从而计算电磁场空间分布随时间的变化。FDTD 方法自问世以来，得到不断的改进和完善，是目前电磁计算领域应用最为广泛的方法之一[8~10]。

Maxwell 方程组如下：

$$\nabla\times \boldsymbol{E} = -\frac{\partial \boldsymbol{B}}{\partial t} \tag{3-1}$$

$$\nabla\times \boldsymbol{H} = \frac{\partial \boldsymbol{D}}{\partial t} + \boldsymbol{J} \tag{3-2}$$

$$\nabla\cdot \boldsymbol{D} = \rho \tag{3-3}$$

$$\nabla\cdot \boldsymbol{B} = 0 \tag{3-4}$$

其中，$\boldsymbol{E}$ 是电场强度矢量，单位 V/m；$\boldsymbol{D}$ 是电位移矢量，单位 C/m^2；$\boldsymbol{H}$ 是磁场强度矢量，单位 V/m^2；$\boldsymbol{B}$ 是磁感应强度，单位 Wb/m^2；$\boldsymbol{J}$ 是电流密度，单位 A/m^2。

在各向同性介质中又满足关系式：

$$\boldsymbol{D} = \varepsilon \boldsymbol{E} \tag{3-5}$$

$$\boldsymbol{B} = \mu \boldsymbol{H} \tag{3-6}$$

其中，ε 是介质的介电系数，单位 F/m；μ 是磁导系数，单位 H/m。在真空中，它们的取值为 $\varepsilon_0 = 8.8554\times 10^{-12}$ F/m，$\mu_0 = 4\pi\times 10^{-7}$ H/m。

3.2.1 直角坐标系差分公式

在三维直角坐标系下，Maxwell 旋度方程可以分解为以下六个标量方程：

$$\frac{\partial E_z}{\partial y} - \frac{\partial E_y}{\partial z} = -\mu \frac{\partial H_x}{\partial t} \tag{3-7}$$

$$\frac{\partial E_x}{\partial z} - \frac{\partial E_z}{\partial x} = -\mu \frac{\partial H_y}{\partial t} \tag{3-8}$$

$$\frac{\partial E_y}{\partial x} - \frac{\partial E_x}{\partial y} = -\mu \frac{\partial H_z}{\partial t} \tag{3-9}$$

$$\frac{\partial H_z}{\partial y} - \frac{\partial H_y}{\partial z} = \varepsilon \frac{\partial E_x}{\partial t} + J_x \tag{3-10}$$

$$\frac{\partial H_x}{\partial z} - \frac{\partial H_z}{\partial x} = \varepsilon \frac{\partial E_y}{\partial t} + J_y \tag{3-11}$$

$$\frac{\partial H_y}{\partial z} - \frac{\partial H_x}{\partial y} = \varepsilon \frac{\partial E_z}{\partial t} + J_z \tag{3-12}$$

FDTD 方法是利用中心差分法将微分算式(3-7)～(3-12)转化成差分算式。K. S. Yee 将空间离散的电场和磁场进行空间排布，如图 3-1 所示是著名的 Yee 元胞。电场分量放置在 Yee 元胞的棱中心，磁场分量节点放置在 Yee 元胞的面中心。在这样的排布下，每个电场分量周围环绕着四个磁场分量，每个磁场分量周围环绕着四个电场分量。在时间离散上，对于每一个时间步长，电场取在整时间步长的值，磁场取半时间步长的值。对上述微分方程的一阶偏导数进行中心差分，根据泰勒级数展开易得

$$\frac{\partial f(x,y,z,t)}{\partial x} = \frac{f\left(x+\frac{h}{2},y,z,t\right) - f\left(x-\frac{h}{2},y,z,t\right)}{h} + o(h^2) \tag{3-13}$$

这样处理后，就能得到具有二阶精度的显式差分方程。

Yee 网格中 $\boldsymbol{E}$、$\boldsymbol{H}$ 各分量空间节点和时间节点取值如表 3-1 所示。其中，(i,j,k)表示

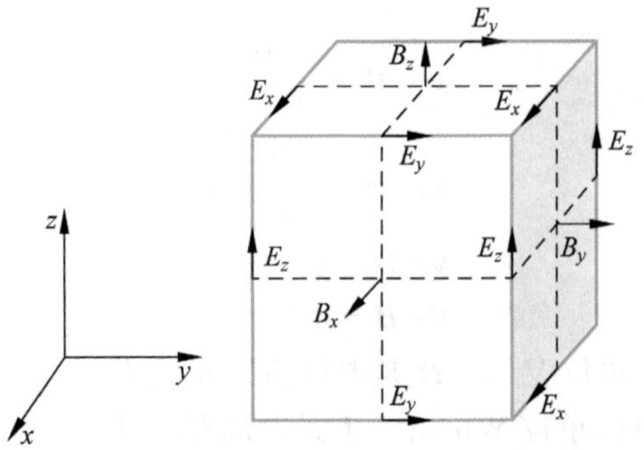

图 3-1　直角坐标系中的 Yee 元胞

电磁场分量的空间位置($i\Delta x, j\Delta y, k\Delta z$)，$n$ 表示电磁场分量对应的时间步 $n\Delta t$。

表 3-1　Yee 网格中电磁场分量的空间和时间节点

电磁场分量		空间节点			时间节点
		x	y	z	
电场	E_x	$i+1/2$	j	k	n
	E_y	i	$j+/12$	k	
	E_z	i	j	$k+1/2$	
磁场	H_x	i	$j+1/2$	$k+1/2$	$n+1/2$
	H_y	$i+1/2$	j	$k+1/2$	
	H_z	$i+1/2$	$j+1/2$	k	

因此，Maxwell 旋度方程差分离散后可得到如下差分方程：

$$\mu\frac{H_x^{n+1/2}(i,j+1/2,k+1/2)-H_x^{n-1/2}(i,j+1/2,k+1/2)}{\Delta t}$$
$$=\frac{E_y^n(i,j+1/2,k+1)-E_y^n(i,j+1/2,k)}{\Delta z}-\frac{E_z^n(i,j+1,k+1/2)-E_z^n(i,j,k+1/2)}{\Delta y} \tag{3-14}$$

$$\mu\frac{H_y^{n+1/2}(i+1/2,j,k+1/2)-H_y^{n-1/2}(i+1/2,j,k+1/2)}{\Delta t}$$
$$=\frac{E_z^n(i+1,j,k+1/2)-E_z^n(i,j,k+1/2)}{\Delta x}-\frac{E_x^n(i+1/2,j,k+1)-E_x^n(i+1/2,j,k)}{\Delta z} \tag{3-15}$$

$$\mu\frac{H_z^{n+1/2}(i+1/2,j+1/2,k)-H_z^{n-1/2}(i+1/2,j+1/2,k)}{\Delta t}$$
$$=\frac{E_x^n(i+1/2,j+1,k)-E_x^n(i+1/2,j,k)}{\Delta y}-\frac{E_y^n(i+1,j+1/2,k)-E_y^n(i,j+1/2,k)}{\Delta x} \tag{3-16}$$

$$\varepsilon\frac{E_x^{n+1}(i+1/2,j,k)-E_x^n(i+1/2,j,k)}{\Delta t}$$
$$=\frac{H_z^{n+1/2}(i+1/2,j+1/2,k)-H_z^{n+1/2}(i+1/2,j-1/2,k)}{\Delta y}-$$
$$\frac{H_y^{n+1/2}(i+1/2,j,k+1/2)-H_y^{n+1/2}(i+1/2,j,k-1/2)}{\Delta z}-J_x^{n+1/2}(i+1/2,j,k) \tag{3-17}$$

$$\varepsilon\frac{E_y^{n+1}(i,j+1/2,k)-E_y^n(i,j+1/2,k)}{\Delta t}$$
$$=\frac{H_x^{n+1/2}(i,j+1/2,k+1/2)-H_x^{n+1/2}(i,j+1/2,k-1/2)}{\Delta z}-$$
$$\frac{H_z^{n+1/2}(i+1/2,j+1/2,k)-H_z^{n+1/2}(i-1/2,j+1/2,k)}{\Delta x}-J_y^{n+1/2}(i,j+1/2,k) \tag{3-18}$$

$$\varepsilon\frac{E_z^{n+1}(i,j,k+1/2)-E_z^n(i,j,k+1/2)}{\Delta t}$$
$$=\frac{H_y^{n+1/2}(i+1/2,j,k+1/2)-H_y^{n+1/2}(i-1/2,j,k+1/2)}{\Delta x}-$$
$$\frac{H_x^{n+1/2}(i,j+1/2,k+1/2)-H_x^{n+1/2}(i,j-1/2,k+1/2)}{\Delta y}-J_z^{n+1/2}(i,j,k+1/2) \tag{3-19}$$

3.2.2 收敛性和稳定性分析

FDTD方法用差分方程代替微分方程后，引入了一个二阶小量的误差，因此需考虑时域有限方法的收敛性和稳定性问题。把Maxwell微分方程改成(3-14)～(3-19)的差分方程的必要条件是空间步长Δx、Δy、Δz和时间步长Δt足够小，使得空间网格或时间网格相邻两个网点场值的差是一个小量，此时用差商代替微商所引入的误差是网格步长的一阶小量(单边差商)或二阶小量(中心差商)。在将微分方程转化为差分方程之后，差分方程的解能否代替微分方程的解还存在方程的解的收敛性和稳定性问题。“收敛性”是指差分方程的解与微分方程的解的差是否为一小量。“稳定性”是指差分方程在迭代过程中，每一步引入的误差在经过几次迭代后是缩小的(稳定)还是放大的(不稳定)。计算数学已经证明，双曲型、抛物型和椭圆型等偏微分方程在转化为差分方程之后，如果差分方程的解是稳定的，则其解将收敛为微分方程的解。

差分方程解的稳定性与差分格式的选取有关。一般说隐式解的稳定性要优于显式解；计算精度低的差分格式其稳定性要宽于精度高的差分格式。对上述的显式差分格式，其稳定性应满足两个条件：其一是等式右边所有场量前的系数的绝对值必须小于1，这确保引入的误差随迭代次数增加而趋于零；其二是时间步长与空间步长之间应满足：

$$c\Delta t<\mathrm{Min}(\Delta x_i,\Delta y_j,\Delta z_k) \tag{3-20}$$

上式能够保证差分计算过程中某场点数值上的变化对邻近网格点的场值变化影响的速度小于物理上电磁波的传播速度。

1975年，Taflove讨论了Maxwell差分方程的稳定性条件。假设考虑均匀无耗的非磁性媒质空间，以TM波为例进行讨论，其Maxwell旋度方程的差分方程为

$$\frac{E_z^{n+1}(i,j)-E_z^n(i,j)}{\Delta t}=\frac{1}{\varepsilon}\left[\frac{H_y^{n+\frac{1}{2}}\left(i+\frac{1}{2},j\right)-H_y^{n+\frac{1}{2}}\left(i-\frac{1}{2},j\right)}{\Delta x}-\frac{H_x^{n+\frac{1}{2}}\left(i,j+\frac{1}{2}\right)-H_x^{n+\frac{1}{2}}\left(i,j-\frac{1}{2}\right)}{\Delta y}\right] \tag{3-21}$$

$$\frac{H_x^{n+\frac{1}{2}}\left(i,j+\frac{1}{2}\right)-H_x^{n-\frac{1}{2}}\left(i,j+\frac{1}{2}\right)}{\Delta t}=-\frac{1}{\mu}\left[\frac{E_z^n(i,j+1)-E_z^n(i,j)}{\Delta y}\right] \tag{3-22}$$

$$\frac{H_y^{n+\frac{1}{2}}\left(i+\frac{1}{2},j\right)-H_y^{n-\frac{1}{2}}\left(i+\frac{1}{2},j\right)}{\Delta t}=\frac{1}{\mu}\left[\frac{E_z^n(i+1,j)-E_z^n(i,j)}{\Delta x}\right] \tag{3-23}$$

将其中的时间微商部分分离出来，并构造成时间本征值问题。该本征值问题的方程为

$$\frac{V_i^{n+\frac{1}{2}}-V_i^{n-\frac{1}{2}}}{\Delta t}=\mathrm{j}\omega V_i^n \tag{3-24}$$

式中的V代表任意一个场量，定义解的增长因子为

$$q_i=\frac{V_i^{n+\frac{1}{2}}}{V_i^n} \tag{3-25}$$

从解的稳定性出发，必须有$|q_i|\leqslant 1$。同时，式(3-24)可以改写为

$$q_i^2-\mathrm{j}\omega\Delta t q_i-1=0 \tag{3-26}$$

求解该方程可以得到

$$\frac{\omega\Delta t}{2}\leqslant 1 \tag{3-27}$$

从Maxwell方程可以导出电磁场的任意分量均满足齐次波动方程

$$\frac{\partial^2 f}{\partial x^2}+\frac{\partial^2 f}{\partial y^2}+\frac{\partial^2 f}{\partial z^2}+\frac{\omega^2}{t^2}f^2=0 \tag{3-28}$$

平面电磁波的解可以假设为

$$f(x,y,z,t)=f_0\exp[-\mathrm{j}(k_x x+k_y y+k_z z-\omega t)] \tag{3-29}$$

对式(3-28)进行差分离散，二阶导数可以近似为

$$\frac{\partial^2 f}{\partial x^2}=\frac{f(x+\Delta x/2)-2f(x)+f(x-\Delta x/2)}{(\Delta x/2)^2} \tag{3-30}$$

因此，波动方程的离散形式可以写为

$$\frac{\sin^2(k_x\Delta x/2)+\sin^2(k_y\Delta y/2)+\sin^2(k_z\Delta z/2)}{(\Delta x/2)^2+(\Delta y/2)^2+(\Delta z/2)^2}-\frac{\omega^2}{c^2}=0 \tag{3-31}$$

其中，$c=1/\sqrt{\varepsilon\mu}$是介质中的光速。色散关系式可以改写成

$$\left(\frac{c\Delta t}{2}\right)^2\left[\frac{\sin^2(k_x\Delta x/2)+\sin^2(k_y\Delta y/2)+\sin^2(k_z\Delta z/2)}{(\Delta x/2)^2+(\Delta y/2)^2+(\Delta z/2)^2}\right]=\left(\frac{\omega\Delta t}{2}\right)^2\leqslant 1 \tag{3-32}$$

上式对任意平面波均成立的条件是

$$c\Delta t \leqslant \frac{1}{\sqrt{\frac{1}{(\Delta x)^2}+\frac{1}{(\Delta y)^2}+\frac{1}{(\Delta z)^2}}} \tag{3-33}$$

上式给出了 FDTD 方法中空间和时间离散步长需要满足的关系，又被称为 Courant 稳定性条件。

3.2.3　柱坐标系差分公式

对于三维柱坐标系，场向量包含 r,φ,z 三个方向的分量。柱坐标系中，向量 $\boldsymbol{A}$ 的旋度公式为

$$\nabla\times\boldsymbol{A}=\left(\frac{1}{r}\frac{\partial A_z}{\partial\varphi}-\frac{\partial A_\varphi}{\partial z}\right)\hat{\boldsymbol{r}}+\left(\frac{\partial A_r}{\partial z}-\frac{\partial A_\varphi}{\partial r}\right)\hat{\boldsymbol{\varphi}}+\frac{1}{r}\left[\frac{\partial}{\partial r}(rA_\varphi)-\frac{\partial A_r}{\partial\varphi}\right]\hat{\boldsymbol{z}} \tag{3-34}$$

因此，Maxwell 旋度方程可以分解成下列六个标量方程：

$$\mu\frac{\partial H_r}{\partial t}=\frac{\partial E_\varphi}{\partial z}-\frac{1}{r}\frac{\partial E_z}{\partial\varphi} \tag{3-35}$$

$$\mu\frac{\partial H_\varphi}{\partial t}=\frac{\partial E_z}{\partial r}-\frac{\partial E_r}{\partial z} \tag{3-36}$$

$$\mu\frac{\partial H_z}{\partial t}=\frac{1}{r}\frac{\partial E_r}{\partial\varphi}-\frac{1}{r}\frac{\partial}{\partial r}(rE_\varphi) \tag{3-37}$$

$$\varepsilon\frac{\partial E_r}{\partial t}=\frac{1}{r}\frac{\partial H_z}{\partial\varphi}-\frac{\partial H_\varphi}{\partial z}-J_r \tag{3-38}$$

$$\varepsilon\frac{\partial E_\varphi}{\partial t}=\frac{\partial H_r}{\partial z}-\frac{\partial H_z}{\partial r}-J_\varphi \tag{3-39}$$

$$\varepsilon\frac{\partial E_z}{\partial t}=\frac{1}{r}\frac{\partial}{\partial r}(rH_\varphi)-\frac{1}{r}\frac{\partial H_r}{\partial\varphi}-J_z \tag{3-40}$$

柱坐标系中，场分量的空间排布如图 3-2 所示。利用中心差分，进一步得到以下差分公式：

$$\begin{aligned}&\mu\frac{H_r^{n+1/2}(i,j+1/2,k+1/2)-H_r^{n-1/2}(i,j+1/2,k+1/2)}{\Delta t}\\&=\frac{E_\varphi^n(i,j+1/2,k+1)-E_\varphi^n(i,j+1/2,k)}{\Delta z}-\\&\quad\frac{E_z^n(i,j+1,k+1/2)-E_z^n(i,j,k+1/2)}{r_i\Delta\varphi}\end{aligned} \tag{3-41}$$

$$\begin{aligned}&\mu\frac{H_\varphi^{n+1/2}(i+1/2,j,k+1/2)-H_\varphi^{n-1/2}(i+1/2,j,k+1/2)}{\Delta t}\\&=\frac{E_z^n(i+1,j,k+1/2)-E_z^n(i,j,k+1/2)}{\Delta r}-\\&\quad\frac{E_r^n(i+1/2,j,k+1)-E_r^n(i+1/2,j,k)}{\Delta z}\end{aligned} \tag{3-42}$$

$$\begin{aligned}&\mu\frac{H_z^{n+1/2}(i+1/2,j+1/2,k)-H_z^{n-1/2}(i+1/2,j+1/2,k)}{\Delta t}\\&=\frac{E_r^n(i+1/2,j+1,k)-E_r^n(i+1/2,j,k)}{r_{i+1/2}\Delta\varphi}-\\&\quad\frac{r_{i+1}E_\varphi^n(i+1,j+1/2,k)-r_iE_\varphi^n(i,j+1/2,k)}{r_{i+1/2}\Delta r}\end{aligned} \tag{3-43}$$

$$
\begin{aligned}
&\varepsilon \frac{E_r^{n+1}(i+1/2,j,k)-E_r^{n}(i+1/2,j,k)}{\Delta t} \\
&=\frac{H_z^{n+1/2}(i+1/2,j+1/2,k)-H_z^{n+1/2}(i+1/2,j-1/2,k)}{r_{i+1/2}\Delta\varphi}- \\
&\quad \frac{H_\varphi^{n+1/2}(i+1/2,j,k+1/2)-H_\varphi^{n+1/2}(i+1/2,j,k-1/2)}{\Delta z}-J_x^{n+1/2}(i+1/2,j,k)
\end{aligned}
\tag{3-44}
$$

$$
\begin{aligned}
&\varepsilon \frac{E_\varphi^{n+1}(i,j+1/2,k)-E_\varphi^{n}(i,j+1/2,k)}{\Delta t} \\
&=\frac{H_r^{n+1/2}(i,j+1/2,k+1/2)-H_r^{n+1/2}(i,j+1/2,k-1/2)}{\Delta z}- \\
&\quad \frac{H_z^{n+1/2}(i+1/2,j+1/2,k)-H_z^{n+1/2}(i-1/2,j+1/2,k)}{\Delta r}-J_\varphi^{n+1/2}(i,j+1/2,k)
\end{aligned}
\tag{3-45}
$$

$$
\begin{aligned}
&\varepsilon \frac{E_z^{n+1}(i,j,k+1/2)-E_z^{n}(i,j,k+1/2)}{\Delta t} \\
&=\frac{r_{i+1/2}H_\varphi^{n+1/2}(i+1/2,j,k+1/2)-r_{i-1/2}H_\varphi^{n+1/2}(i-1/2,j,k+1/2)}{r_i\Delta r}- \\
&\quad \frac{H_r^{n+1/2}(i,j+1/2,k+1/2)-H_r^{n+1/2}(i,j-1/2,k+1/2)}{r_i\Delta\varphi}-J_z^{n+1/2}(i,j,k+1/2)
\end{aligned}
\tag{3-46}
$$

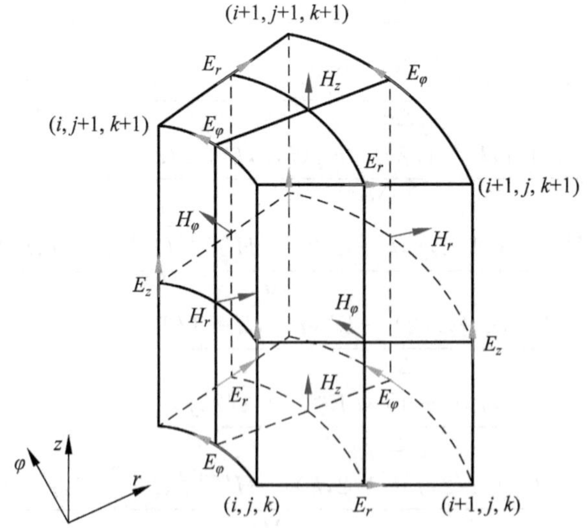

图 3-2 柱坐标系中的 Yee 元胞

柱坐标中轴线上($r=0$),电场 E_z 分量不连续,Maxwell 微分方程不再适用,我们采用积分形式的 Maxwell 方程处理:

$$\oint_C \boldsymbol{H} \cdot \mathrm{d}\boldsymbol{s} = \iint \left(\varepsilon \frac{\partial \boldsymbol{E}}{\partial t} + \boldsymbol{J}\right) \cdot \mathrm{d}\boldsymbol{A} \tag{3-47}$$

柱坐标中轴线上($r=0$)的 Yee 元胞如图 3-3 所示。

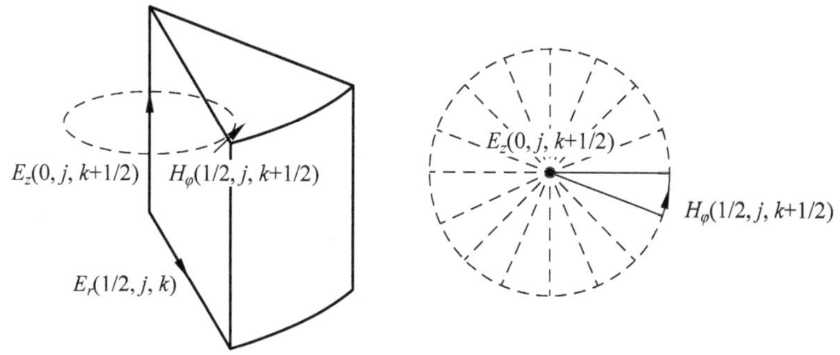

图 3-3　柱坐标中轴线上的 Yee 元胞及其俯视图

假定穿过小闭合回路的 E_z 强度处处相同，则用微元法近似处理式(3-47)得到

$$\begin{aligned}&\sum_j H_\varphi^{n+1/2}(1/2, j, k+1/2) r \Delta\varphi(j)\\&= \int_0^{2\pi} \mathrm{d}\varphi \int_0^{\Delta\theta/2} \left(\varepsilon \frac{\partial E_z(0, j, k+1/2)}{\partial t} + J_r(0, j, k+1/2)\right) r^2 \sin\theta \mathrm{d}\theta\end{aligned} \tag{3-48}$$

利用中心差分，进一步得到以下差分公式：

$$\begin{aligned}&\sum_j H_\varphi^{n+1/2}(1/2, j, k+1/2) r_{1/2} \Delta\varphi(j)\\&= \pi r_{1/2}^2 \left(\varepsilon \frac{\partial E_z(0, j, k+1/2)}{\partial t} + J_z(0, j, k+1/2)\right)\end{aligned} \tag{3-49}$$

$$\begin{aligned}E_z^{n+1}(0, j, k+1/2) = {}& E_z^n(0, j, k+1/2) + \frac{\Delta t}{\varepsilon}\Big(-J_z^{n+1/2}(0, j, k+1/2) +\\&\frac{1}{\pi r_{1/2}} \sum_k H_\varphi^{n+1/2}(i+1/2, 1/2, k) \Delta\varphi(k)\Big)\end{aligned} \tag{3-50}$$

柱坐标系下的数值稳定性条件与直角坐标系类似，见式(3-51)，求解过程从略。

$$c\Delta t \leqslant \frac{1}{\sqrt{\dfrac{1}{(\Delta r)^2} + \dfrac{1}{(r\Delta\varphi)^2} + \dfrac{1}{(\Delta z)^2}}} \tag{3-51}$$

3.3　吸收边界条件

以直角坐标系为例，求解电磁场各分量的差分公式应在边界条件所规定的空间求解。对于像辐射、散射等开放边界问题，其计算空间无限，限于计算机的存储量，计算实际上无法进行。按照基尔霍夫定理，某一封闭空间内任一点的场，是空间内电荷、电流所产生的场和空间外通过该空间的封闭曲面各点传播来的场的叠加。因此，在有源区(电荷、电流不为零)，必须求解 Maxwell 的差分方程；在无源区，可利用基尔霍夫定理和无源 Maxwell 方程的性质，通过物理上或数学上的方法，对实际问题的计算空间在合适的地方截断。为了确保截断边界不会引进不必要的电磁波的反射，不会影响计算的精度和真实性，需要一种截断边界网格处场的特殊计算方法，它不仅能保证边界场计算的必要精度，而且还能大大消除非物理因素引起的入射到截断边界的波的反射，使得用有限的网格空间就能模拟电磁波在无界空间中的传播。加于边界场的适合上述要求的算法称为辐射边界条件或吸收边界条件。数学上的吸收边界条件类似电磁兼容实验所用的微波暗室的吸波材料，在有限的空间模拟电磁波的自由传播过程。

就目前看来，对吸收边界条件的研究主要有两种方法。一种利用模零化微分算子来建立辐射边界条件[11]；另一种方法是通过波动方程的因子分解而获得单行波方程，并由此建立吸收边界条件，Mur 给出了单行波方程的各阶近似及其差分格式[12]，从而使这一条件得到了较广泛的应用。

3.3.1 Mur 吸收边界

考虑齐次波动方程，在二维情况下为

$$\frac{\partial^2 f}{\partial x^2}+\frac{\partial^2 f}{\partial y^2}-\frac{1}{c^2}\frac{\partial^2 f}{\partial t^2}=0 \tag{3-52}$$

在计算区域左侧的截断边界上，基于上式的平面波解，可以得到

$$\frac{\partial^2 f}{\partial x^2}+(k^2-k_y^2)f=0 \tag{3-53}$$

对于吸收边界，需要保证反射波(右行波)的成分等于零，因此得到

$$\left(\frac{\partial}{\partial x}-j\sqrt{k^2-k_y^2}\right)f\bigg|_{x=0}=0 \tag{3-54}$$

将上式从频域过渡到时域，可以得到

$$\left(\frac{\partial}{\partial x}-\sqrt{\frac{1}{c^2}\frac{\partial^2}{\partial t^2}-\frac{\partial^2}{\partial y^2}}\right)f\bigg|_{x=0}=0 \tag{3-55}$$

上式就是 Engquist-Majda 吸收边界条件[13]。

式(3-55)包含根号内的求导运算，在实际计算中难以实现。Mur 根据其泰勒级数展开推导出了一阶和二阶吸收边界条件。式(3-54)可以改写成

$$\left(\frac{\partial}{\partial x}-jk\sqrt{1-\left(\frac{k_y}{k}\right)^2}\right)f\bigg|_{x=0}=0 \tag{3-56}$$

根据泰勒级数展开，有

$$\sqrt{1-\xi}=1-\frac{\xi}{2}+\cdots \tag{3-57}$$

因此，一阶近似下，在时域上可以得到

$$\left(\frac{\partial}{\partial x}-\frac{1}{c}\frac{\partial}{\partial t}\right)f\bigg|_{x=0}=0 \tag{3-58}$$

对于电场，其 FDTD 形式为

$$E_z^{n+1}(i,j)=E_z^n(i+1,j)+\frac{c\Delta t-\Delta x}{c\Delta t+\Delta x}\left[E_z^{n+1}(i+1,j)-E_z^n(i,j)\right] \tag{3-59}$$

同理，二阶近似下，在时域上可以得到

$$\left(\frac{1}{c}\frac{\partial^2}{\partial x\partial t}-\frac{1}{c^2}\frac{\partial^2}{\partial t^2}+\frac{1}{2}\frac{\partial^2}{\partial y^2}\right)f\bigg|_{x=0}=0 \tag{3-60}$$

令 $f=E_z$，考虑二维 TM 的情况，有

$$\frac{\partial E_z}{\partial y}=-\mu\frac{\partial H_x}{\partial t} \tag{3-61}$$

因此，式(3-60)可以改写为

$$\left(\frac{\partial E_z}{\partial x}-\frac{1}{c}\frac{\partial E_z}{\partial t}-\frac{c\mu}{2}\frac{\partial H_x}{\partial y}\right)=0 \tag{3-62}$$

3.3.2　完全匹配层吸收边界

1994 年，Berenger 首先提出了完全匹配层(Perfectly Matched Layer，PML)[14]。在截断边界处设置一种有限厚度的特殊介质层，其波阻抗与相邻的介质完全匹配，入射波可以无反射地穿过分界面，并在 PML 中迅速衰减[15]。不过，Berenger 的 PML 需要在边界区域内对电、磁场分量进行分裂，并且采用指数网格，在理解和编程实现方面都有一定的难度。1996 年，Gadney 提出了基于单轴各向异性介质的 PML 理论[16,17]，在边界区域只需要求解 Maxwell 方程，避免了场分裂的操作。

假设平面波沿 z 方向传播，在 $z>0$ 的半空间填充单轴各向异性介质。在 $z<0$ 的区域电磁场为入射波和反射波之和。在 $z>0$ 的空间，本构关系为

$$\boldsymbol{D}=\varepsilon_0\boldsymbol{\varepsilon}\cdot\boldsymbol{E},\quad \boldsymbol{B}=\mu_0\boldsymbol{\mu}\cdot\boldsymbol{H} \tag{3-63}$$

$$\boldsymbol{\varepsilon}=\begin{bmatrix}a&0&0\\0&a&0\\0&0&b\end{bmatrix},\quad \boldsymbol{\mu}=\begin{bmatrix}c&0&0\\0&c&0\\0&0&d\end{bmatrix} \tag{3-64}$$

经过推导，任意平面波在界面处无反射的条件是

$$a=c=\frac{1}{b}=\frac{1}{d} \tag{3-65}$$

而在 $z>0$ 的空间中，介质的本构参数变为

$$\boldsymbol{\varepsilon}=\boldsymbol{\mu}=\boldsymbol{\Lambda}=\begin{pmatrix}S_z&0&0\\0&S_z&0\\0&0&S_z^{-1}\end{pmatrix} \tag{3-66}$$

在计算过程中，FDTD 网格的六个面都可能是吸收边界，因此广义的本构参数应该是

$$\boldsymbol{\Lambda}=\begin{pmatrix}\frac{S_yS_z}{S_x}&0&0\\0&\frac{S_xS_z}{S_y}&0\\0&0&\frac{S_xS_y}{S_z}\end{pmatrix} \tag{3-67}$$

$$S_\eta=\kappa+\frac{\sigma_\eta}{\mathrm{j}\omega\varepsilon_0},\quad \eta=x,y,z \tag{3-68}$$

下面推导 PML 中电磁场的迭代递推公式。在 $z>0$ 的空间中，E_x 满足微分关系式：

$$\frac{\partial H_z}{\partial y}-\frac{\partial H_y}{\partial z}=\mathrm{j}\omega\varepsilon_0\frac{S_yS_z}{S_x}E_x \tag{3-69}$$

引入辅助变量 $M_x=\dfrac{S_z}{S_x}E_x$，上式变为

$$\frac{\partial H_z}{\partial y}-\frac{\partial H_y}{\partial z}=\varepsilon_0\kappa\frac{\partial M_x}{\partial t}+\sigma_yM_x \tag{3-70}$$

进而可以得到

$$\varepsilon_0\kappa\frac{\partial M_x}{\partial t}+\sigma_xM_x=\varepsilon_0\kappa\frac{\partial E_x}{\partial t}+\sigma_zE_x \tag{3-71}$$

对上述两个公式依次进行中心差分处理，最终可以得到 PML 内求解 E_x 的 FDTD 公式。同理，可以得到其他方向分量的 FDTD 公式。

在 $z>0$ 的空间中，H_x 满足微分关系式：

$$\frac{\partial E_z}{\partial y}-\frac{\partial E_y}{\partial z}=-\mathrm{j}\omega\mu_0\frac{S_yS_z}{S_x}H_x \tag{3-72}$$

引入辅助变量 $N_x=\dfrac{S_z}{S_x}H_x$，上式变为

$$\frac{\partial E_z}{\partial y}-\frac{\partial E_y}{\partial z}=-\mu_0\kappa\frac{\partial N_x}{\partial t}-\frac{\mu_0\sigma_y}{\varepsilon_0}N_x \tag{3-73}$$

进而可以得到

$$\varepsilon_0\kappa\frac{\partial N_x}{\partial t}+\sigma_xN_x=\varepsilon_0\kappa\frac{\partial H_x}{\partial t}+\sigma_zH_x \tag{3-74}$$

对上述两个公式依次进行中心差分处理，最终可以得到 PML 内求解 H_x 的 FDTD 公式。同理，可以得到其他方向分量的 FDTD 公式。

3.4 时偏 FDTD 算法

大量研究发现，对带电粒子与电磁场相互作用进行模拟计算时，高频噪声对计算结果的影响不容忽视，很可能使模拟结果与实际结果之间产生巨大偏差[18]。为了减小数值噪声，我们在中心差分 FDTD 的基础上引入滤波机制。

高频噪声产生的原因主要是，在模拟计算中带电粒子产生的电荷密度与电流密度被加权到空间离散的网格中，它们的分布并不是连续的[19]。当粒子运动速度达到相对论水平时，会使电荷密度与电流密度分布产生高速非统计性的跳变，引入高频噪声。电流项的高频分量经过不断循环迭代，使得电磁场项也带有不可忽视的高频噪声。

为了解决高频噪声问题，引入时偏 FDTD 算法[20]。时偏 FDTD 算法最早由 Godfrey 提出，是一种能过滤高频噪声的 FDTD 算法。时偏算法主要有两方面的改进：一是时间偏置处理，通过增加电磁场时间相关项以增强抗干扰性；二是松弛迭代处理，每一个时间步长内都加入低松弛迭代，达到滤波的目的。

在时偏算法中，三个连续时刻的磁场经过加权平均后被用来计算电场，而磁场的计算公

式保持不变：

$$\boldsymbol{E}^{n+1}=\boldsymbol{E}^{n}+\frac{\Delta t}{\varepsilon}[\nabla\times(\alpha_1\boldsymbol{H}^{n+3/2}+\alpha_2\boldsymbol{H}^{n+1/2}+\alpha_2\boldsymbol{H}^{n-1/2})-\boldsymbol{J}^{n+1/2}] \tag{3-75}$$

$$\boldsymbol{H}^{n+3/2}=\boldsymbol{H}^{n+1/2}-\frac{\Delta t}{\mu}\nabla\times\boldsymbol{E}^{n+1} \tag{3-76}$$

其中，$(\alpha_1,\alpha_2,\alpha_3)$是三个时刻磁场的权重因子，满足：

$$\begin{cases}\alpha_1+\alpha_2+\alpha_3=1\\ \alpha_2^2-4\alpha_1\alpha_3\geqslant 0\\ \alpha_1>\alpha_3\end{cases} \tag{3-77}$$

同时，引入松弛迭代处理，对每个时间步长的电场反复迭代 L 次。对式(3-75)、式(3-76)采用松弛迭代处理，有

$$\begin{aligned}\boldsymbol{E}^{n+1,l}&=(1-\tau_l)\boldsymbol{E}^{n+1,l-1}+\tau_l\boldsymbol{E}^{n,L}+\frac{\tau_l\Delta t}{\varepsilon}\cdot\\&\quad[\nabla\times(\alpha_1\boldsymbol{H}^{n+3/2,l-1}+\alpha_2\boldsymbol{H}^{n+1/2,L}+\alpha_3\boldsymbol{H}^{n-1/2,L})-\boldsymbol{J}^{n+1/2,L}]\end{aligned} \tag{3-78}$$

$$\boldsymbol{H}^{n+3/2,l}=\boldsymbol{H}^{n+1/2,L}-\frac{\Delta t}{\mu}\nabla\times\boldsymbol{E}^{n+1,l} \tag{3-79}$$

其中，$\tau_l(l=1,2,\cdots,L)$是松弛迭代因子，并且满足：

$$\begin{cases}\tau_l=1\Big/\left[1+\dfrac{2\alpha_1}{(1-\alpha_1)^2}\left(1-\dfrac{\cos(\pi(l-1/2)/L)}{\cos(\pi/2L)}\right)\right]\\ 1=\tau_1>\tau_2>\cdots>0\end{cases} \tag{3-80}$$

可以看出，时偏 FDTD 算法是将原中心差分的一次迭代过程，分解成了多次迭代计算，通过降低计算效率换取对高频信号的滤波。

参考文献

[1] Kompaneets A S. Radio emission from an atomic explosion[J]. Soviet Physics JETP，1959，35(6)：1076-1080.

[2] Gilinsky V. The Kompaneets model for radio emission from a nuclear explosion[J]. Physics Review，1965，137(1A)：50-55.

[3] Yee K S. Numerical solution of initial boundary value problems involving maxwell's equations in isotropic media[J]. IEEE Transactions on Antennas and Propagation，1966，14(3)：302-307.

[4] Holland R. THREDE：A free-field EMP coupling and scattering code[J]. IEEE Transactions on Nuclear Science，1977，24(6)：2416-2421.

[5] Kunz K S，Lee K M. A three-dimensional finite difference solution of the external response of an aircraft to a complex transient EM environment：I-The method and its implementation[J]. IEEE Transactions on Electromagnetic Compatibility，1978，EMC-20(2)：328-333.

[6] Taflove A，Brodwin M E. Numerical solution of steady-state electromagnetic scattering problems using the time-dependent Maxwell's equations[J]. IEEE Transactions on Microwave Theory and Techniques，1975，23(8)：623-630.

[7] Taflove A，Umashankar K R，Beker B，et al. Detailed FD-TD analysis of electromagnetic fields

penetrating narrow slots and lapped joints in thick conducting screens[J]. IEEE Transactions on Antennas and Propagation,1988,36(2):247-257.

[8] Taflove A. Computational electrodynamics: the finite difference time domain method[M]. Norwood, MA: Artech House,1995.

[9] 王长清,祝西里. 电磁场计算中的时域有限差分方法[M]. 北京:北京大学出版社,1994.

[10] 葛德彪,闫玉波. 电磁波时域有限差分方法[M]. 2 版,西安:西安电子科技大学出版社,2005.

[11] Moore T G, Blaschak J G, Taflove A, et al. Theory and application of radiation boundary operators [J]. IEEE Transactions on Antennas and Propagation,1988,36(12):1797-1812.

[12] Mur G. Absorbing boundary conditions for the finite-difference approximation of the time-domain electromagnetic field equations[J]. IEEE Transactions on Electromagnetic Compatibility,1981,EMC-23(4):377-382.

[13] Engquist B, Majda A. Absorbing boundary conditions for the numerical simulation of waves[J]. Proc. Natl. Acad. Sci. USA,1977,74(5):1765-1766.

[14] Berenger J P. A perfectly matched layer for the absorption of electromagnetic waves[J]. Journal of computational physics,1994,114(2):185-200.

[15] Berenger J P. Three-dimensional perfectly matched layer for the absorption of electromagnetic waves [J]. Journal of computational physics,1996,127(2):363-379.

[16] Gadney S D. An anisotropic perfectly matched layer absorbing medium for the truncation of FDTD lattices[J]. IEEE Transactions on Antennas and Propagation,1996,44(12):1630-1639.

[17] Gadney S D. An anisotropic PML absorbing media for the FDTD simulation of fields in lossy and dispersive media[J]. Electromagnetics,1996,16(4):399-415.

[18] 周俊,祝大军,刘大刚,等. 粒子模拟中的时偏 FDTD 算法[J]. 计算物理,2007,24(5):566-572.

[19] 刘大刚,周俊,杨超. 粒子模拟中的电磁场算法[J]. 强激光与粒子束,2010,22(6):1306-1310.

[20] 刘大刚,周俊,杨超,等. 粒子模拟中的一种高频噪声抑制算法[J]. 计算物理,2011,28(2):243-249.

第 4 章

PIC粒子模拟算法

4.1 研究背景与现状

粒子模拟(Particle-in-Cell,PIC)算法最初起源于等离子体的数值模拟。传统的数值模拟研究一般采用流体力学或动力学方程来描述等离子体这种复杂系统的统计特性,必须进行光滑化近似,忽略带电粒子的固有随机性。进行数值模拟时,这些传统方法不仅求解过程困难,容易产生非物理失真,结果也可能由于忽略了统计起伏效应而不够准确。因此,粒子模拟作为一种更接近实际物理过程、更容易在计算机上实现的方法逐渐发展了起来,在诸多研究领域中得到了广泛的应用。

1959 年,Buneman 在研究等离子体对流不稳定性演化过程时,首次采用了粒子模型[1]。1962 年,Dawson 在研究静电朗缪尔波时使用了平板点粒子模型并成功得到了不错的计算结果[2]。不过,在最初的物理模型中,计算空间电荷场时没有采用网格,而是直接求解库仑定律,这样不仅计算量很大、限制了粒子的规模,还会由于点粒子之间的近程库仑碰撞力而产生很大的静电噪声。随后,粒子云网格被提出并成为了粒子模拟方法的基本形式,仿真时能够处理问题的规模也提高到了 10^4 个粒子以上。1964 年,Dawson 在研究静电波的朗道阻尼效应时,使用粒子模拟方法并取得了成功[3]。1970 年,Birdsall 等通过有效大小粒子模型顺利解决了近程库仑碰撞问题[4]。此后,Birdsall[5] 和 Hockney[6] 等的著作中对粒子模拟方法进行了详细的阐述,标志着该方法日趋成熟,在很多物理问题中开始得到应用。1988 年,Boswell 等开始研究带电粒子与中性粒子的碰撞问题,在模型中引入了散射截面[7]。1995 年,蒙特卡罗方法被结合到了粒子模拟的过程当中,碰撞模型进一步完善[8]。接下来的时间里,粒子模拟方法向着进一步提高计算精度和效率的方向迅速发展,出现了对称样条权重方法[9]、电荷守恒配置方法[10]、无网格库仑碰撞模型[11]、次级电子发射模型[12]、数值噪声滤波算法[13]、大规模并行运算[14]等一系列优化方案。近年来,随着 PIC 算法的应用场景不断丰富,基于惠更斯原理和完全匹配层等思想的粒子吸收边界[15-17]得到了发展,而能够突破 Courant 收敛条件的隐式 PIC 方法也得到了越来越多的重视[18-20]。在粒子模拟算法的发展过程中,逐渐出现了一些使用简单、结果准确的商业软件,具有代表性的是美国的 MAGIC[21]、俄罗斯的 KARAT[22] 和德国的 MAFIA[23] 等软件。这些软件各有优势，但也都存在一定的不足，例如缺少大规模并行模块，加之国际禁运的影响，尚不能完全满足国内相关单位的研究需求。

由于实际物理问题中涉及的带电粒子数量非常巨大，受到计算机处理能力的制约，不可能跟踪记录每一个粒子的运动参数。PIC 算法的核心思想是将一些位置、速度等特性都接近的带电粒子等效为一个宏粒子，因此只需要模拟少量的宏粒子就能实现对包含大量粒子的物理过程的仿真。电离辐射环境下的电磁脉冲问题常常是电子-电磁场的自洽作用结果，需要将 FDTD 和 PIC 方法结合起来才能实现对全过程的仿真，其基本过程如图 4-1 所示。根据宏粒子的速度和位置，求解出网格上的电流密度；以电流密度为源项求解麦克斯韦方程组，更新网格上的电磁场；基于空间场计算出宏粒子所在位置的作用场，求解粒子推动过程，更新宏粒子的速度和位置，实现循环迭代计算。

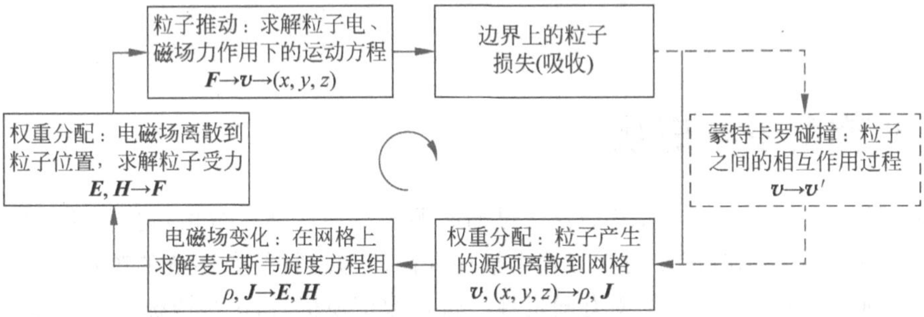

图 4-1　电磁粒子模拟的仿真流程

在电磁粒子模拟中，需要对物理量在空间和时间上进行离散。在离散空间中，电磁场按 Yee 氏网格分布，电荷密度定义在网格的顶点上，而电流密度则和电场分量在相同的位置。在离散时间中，不同的物理量是间隔了半个时间步长交替分布的，基于一部分物理量可以实现对另一部分物理量的更新，并且保证每个时间步长内所有的物理量都只更新一次，形成了蛙跳推进模式，如图 4-2 所示。

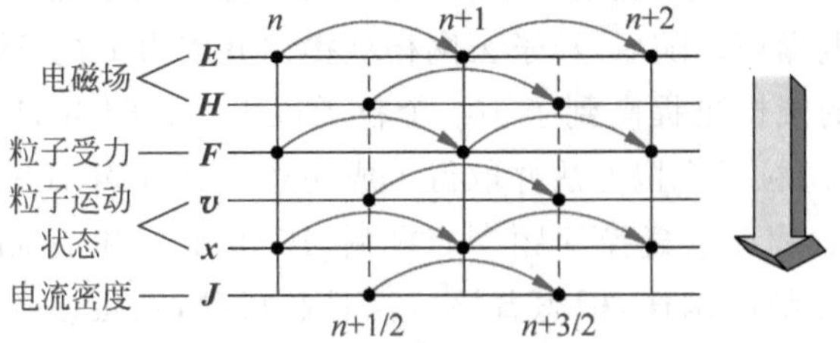

图 4-2　电磁粒子模拟中的蛙跳推进

4.2　粒子推动方程

粒子推动就是直接求解宏粒子的运动方程，从而更新宏粒子的位置和速度。首先，宏粒子的位置矢量 $\boldsymbol{r}$ 随时间 t 的变化由速度 v 决定，满足牛顿方程。

$$\frac{\mathrm{d}r}{\mathrm{d}t}=v \tag{4-1}$$

采用中心差分处理即可得到迭代公式。在二维轴对称坐标系下，宏粒子的位置由 r 和 z 表示，迭代公式为

$$\begin{cases} r^{n+1} = r^n + v_r^{n+1/2}\mathrm{d}t \\ z^{n+1} = z^n + v_z^{n+1/2}\mathrm{d}t \end{cases} \tag{4-2}$$

在三维直角坐标系下，宏粒子的位置由 x、y 和 z 表示，迭代公式为

$$\begin{cases} x^{n+1} = x^n + v_x^{n+1/2}\mathrm{d}t \\ y^{n+1} = y^n + v_y^{n+1/2}\mathrm{d}t \\ z^{n+1} = z^n + v_z^{n+1/2}\mathrm{d}t \end{cases} \tag{4-3}$$

带电粒子受电磁力的作用，当速度较高时需要考虑相对论效应，满足洛伦兹方程。

$$\frac{\mathrm{d}(\gamma m_0 \boldsymbol{v})}{\mathrm{d}t} = q(\boldsymbol{E} + \boldsymbol{v} \times \boldsymbol{B}) \tag{4-4}$$

其中，m_0 是宏粒子的静止质量；γ 是洛伦兹因子，有 $\gamma = 1/\sqrt{1-v^2/c^2}$。

式(4-4)的求解比较困难，最常见的做法是采用Boris方法，将电磁场的作用效果分解为两次电场引起的半加速和一次磁场导致的旋转[24]。令 $\boldsymbol{u} = \gamma \boldsymbol{v}$，对洛伦兹方程进行中心差分处理，得到 $\boldsymbol{u}$ 的迭代公式。

$$\boldsymbol{u}^{n+1/2} = \left(\boldsymbol{u}^{n-1/2} + \frac{q\boldsymbol{E}^n}{m_0}\frac{\mathrm{d}t}{2}\right) + \frac{q(\boldsymbol{u}^{n+1/2} + \boldsymbol{u}^{n-1/2}) \times \boldsymbol{B}^n}{2\gamma^n m_0}\mathrm{d}t + \frac{q\boldsymbol{E}^n}{m_0}\frac{\mathrm{d}t}{2} \tag{4-5}$$

上式中右边的第一项和第三项表示电场对宏粒子带来的两次半加速，第二项表示磁场对宏粒子造成的旋转。因此，定义变量 $\boldsymbol{u}^-$ 和 $\boldsymbol{u}^+$。

$$\begin{cases} \boldsymbol{u}^{n-\frac{1}{2}} = \boldsymbol{u}^- - \dfrac{q\boldsymbol{E}^n \Delta t}{2m} \\ \boldsymbol{u}^{n+\frac{1}{2}} = \boldsymbol{u}^+ + \dfrac{q\boldsymbol{E}^n \Delta t}{2m} \end{cases} \tag{4-6}$$

那么，磁场对宏粒子造成的旋转可以按下式表示。

$$\boldsymbol{u}^+ = \boldsymbol{u}^- + \frac{q(\boldsymbol{u}^+ + \boldsymbol{u}^-) \times \boldsymbol{B}^n}{2\gamma^n m_0}\mathrm{d}t \tag{4-7}$$

由于磁场仅仅改变宏粒子的运动方向而不影响速度大小，所以 $\gamma^n = \sqrt{1+(\boldsymbol{u}^-/c)^2}$。

在二维轴对称坐标系下，宏粒子的速度分量包括 $\boldsymbol{v}_r$ 和 $\boldsymbol{v}_z$，因此可以得到式(4-8)。

$$\begin{cases} u_r^+ = u_r^- + \dfrac{q(u_z^+ + u_z^-)\boldsymbol{B}^n \mathrm{d}t}{2\gamma^n m_0} \\ u_z^+ = u_z^- - \dfrac{q(u_r^+ + u_r^-)\boldsymbol{B}^n \mathrm{d}t}{2\gamma^n m_0} \end{cases} \tag{4-8}$$

上述方程组只含有两个未知量，定义辅助变量 $\delta = q\mu H_\varphi^n \Delta t / 2\gamma^n m_0$，直接求解就可以得到式(4-9)。

$$\begin{cases} u_r^+ = \dfrac{1-\delta^2}{1+\delta^2}u_r^- - \dfrac{2\delta}{1+\delta^2}u_z^- \\ u_z^+ = \dfrac{1-\delta^2}{1+\delta^2}u_z^- + \dfrac{2\delta}{1+\delta^2}u_r^- \end{cases} \tag{4-9}$$

在三维直角坐标系下，宏粒子的速度分量包括 v_x、v_y 和 v_z，因此直接求解旋转方程是非常复杂的。在定义中间变量 $\boldsymbol{u}'$、$\boldsymbol{s}$ 和 $\boldsymbol{t}$ 后，式(4-7)可以近似为图 4-3 所表示的形式，通过如下公式求解。

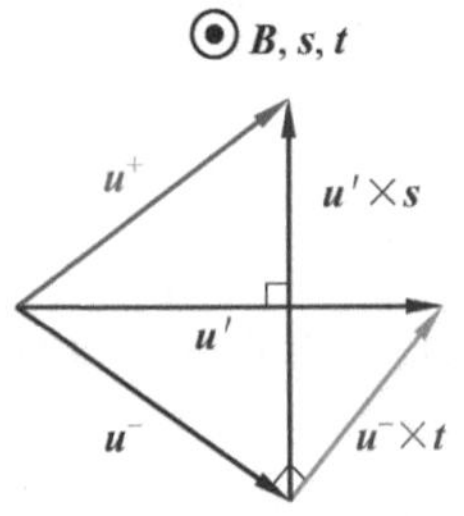

图 4-3 Boris 旋转算法示意图

$$\begin{cases} \boldsymbol{u}' = \boldsymbol{u}^- + \boldsymbol{u}^- \times \boldsymbol{t} \\ \boldsymbol{u}^+ = \boldsymbol{u}' + \boldsymbol{u}' \times \boldsymbol{s} \end{cases} \tag{4-10}$$

其中，向量 $\boldsymbol{s}$ 和 $\boldsymbol{t}$ 的表达式由公式(4-11)给出。

$$\begin{cases} \boldsymbol{t} = \dfrac{q\boldsymbol{B}^n \mathrm{d}t}{2m_0\gamma^n} \\ \boldsymbol{s} = \dfrac{2\boldsymbol{t}}{1+\boldsymbol{t}^2} \end{cases} \tag{4-11}$$

将式(4-11)代入到式(4-10)中，得到式(4-12)。

$$\boldsymbol{u}^+ = \begin{bmatrix} 1-s_zt_z-s_yt_y & s_z+s_yt_x & s_zt_x-s_y \\ s_xt_y-s_z & 1-s_xt_x-s_zt_z & s_x+s_zt_y \\ s_y+s_xt_z & s_yt_z-s_x & 1-s_yt_y-s_xt_x \end{bmatrix} \boldsymbol{u}^- \tag{4-12}$$

4.3 电磁场与粒子的耦合

在粒子模拟方法中，时变电磁场一般是固定于网格中特定位置的，称为空间场 $\boldsymbol{E}_{\mathrm{g}}$，它在空间中是离散分布的。例如，采用 FDTD 方法计算电磁场时，电场位于 Yee 氏网格棱边的中点，而磁场则位于网格的面心位置。但是，在计算粒子推动的过程中，需要使用的是粒子所在位置的电场和磁场，称为作用场 $\boldsymbol{E}_{\mathrm{a}}$，它在空间中是连续分布的。因此，通过空间场计算出作用场是粒子模拟过程中非常重要的一步。

在二维轴对称坐标系中，假设粒子的位置是(r_i, z_i)，粒子所处的网格所对应的节点分别用(x,y)、$(x+1,y)$、$(x,y+1)$和$(x+1,y+1)$表示，如图 4-4 所示。粒子到坐标轴的距离分别是 l_x 和 l_y，通过式(4-13)进行计算。

$$\begin{cases} l_x = r_i - (x-1)\,\mathrm{d}x \\ l_y = z_i - (y-1)\,\mathrm{d}y \end{cases} \tag{4-13}$$

定义权重因子 w_x 和 w_y，通过式(4-14)进行计算。

$$\begin{cases} w_x = l_x/\mathrm{d}x \\ w_y = l_y/\mathrm{d}y \end{cases} \tag{4-14}$$

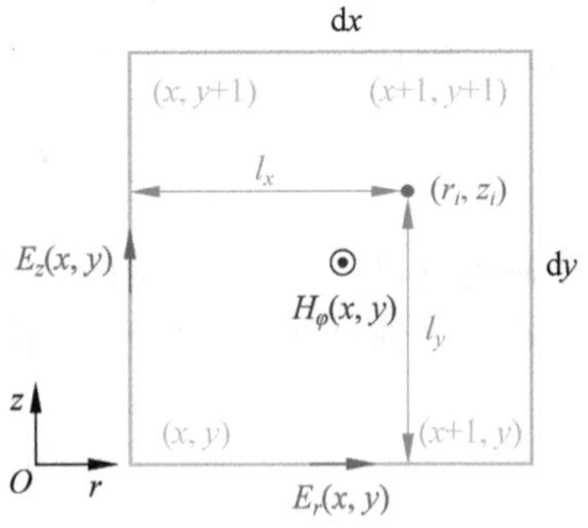

图 4-4 二维模型下的权重方案

一般地，通过式(4-15)即可求解出粒子所在位置的作用场。

$$\begin{aligned} \boldsymbol{E}_{\mathrm{a}} = {} & (1-w_x)(1-w_y)\boldsymbol{E}_{\mathrm{g}}^{x,y} + w_x(1-w_y)\boldsymbol{E}_{\mathrm{g}}^{x+1,y} + \\ & (1-w_x)w_y\boldsymbol{E}_{\mathrm{g}}^{x,y+1} + w_xw_y\boldsymbol{E}_{\mathrm{g}}^{x+1,y+1} \end{aligned} \tag{4-15}$$

其中，$\boldsymbol{E}_{\mathrm{g}}^{x,y}$ 表示网格节点(x,y)处的空间场。在 Yee 氏网格中，电场和磁场分量并不是恰好位于网格节点上，因此还需要进一步采用插值，按照式(4-16)和式(4-17)来计算出网格节点(x,y)处的空间场 $\boldsymbol{E}_{\mathrm{g}}^{x,y}$。

$$\begin{cases} E_r^{x,y} = (E_r(x,y) + E_r(x-1,y))/2 \\ E_z^{x,y} = (E_z(x,y) + E_z(x,y-1))/2 \end{cases} \tag{4-16}$$

$$H_\varphi^{x,y} = (H_\varphi(x,y) + H_\varphi(x-1,y) + H_\varphi(x,y-1) + H_\varphi(x-1,y-1))/4 \tag{4-17}$$

在三维直角坐标系中，假设粒子的位置是(x_i, y_i, z_i)，粒子所处的网格所对应的节点分别用(x, y, z)等一系列坐标表示，如图 4-5 所示。粒子到坐标轴的距离分别是 l_x、l_y 和 l_z，通过式(4-18)进行计算。

$$\begin{cases} l_x = x_i - (x-1)\mathrm{d}x \\ l_y = y_i - (y-1)\mathrm{d}y \\ l_z = z_i - (z-1)\mathrm{d}z \end{cases} \tag{4-18}$$

定义权重因子 w_x、w_y 和 w_z，通过式(4-19)进行计算。

$$\begin{cases} w_x = l_x/\mathrm{d}x \\ w_y = l_y/\mathrm{d}y \\ w_z = l_z/\mathrm{d}z \end{cases} \tag{4-19}$$

一般地，通过式(4-20)即可求解出粒子所在位置的作用场。

$$\begin{aligned} \boldsymbol{E}_\mathrm{a} = &(1-w_x)(1-w_y)(1-w_z)\boldsymbol{E}_\mathrm{g}^{i,j,k} + w_x(1-w_y)(1-w_z)\boldsymbol{E}_\mathrm{g}^{i+1,j,k} + \\ &(1-w_x)w_y(1-w_z)\boldsymbol{E}_\mathrm{g}^{i,j+1,k} + (1-w_x)(1-w_y)w_z\boldsymbol{E}_\mathrm{g}^{i,j,k+1} + \\ &w_x w_y(1-w_z)\boldsymbol{E}_\mathrm{g}^{i+1,j+1,k} + w_x(1-w_y)w_z\boldsymbol{E}_\mathrm{g}^{i+1,j,k+1} + \\ &(1-w_x)w_y w_z\boldsymbol{E}_\mathrm{g}^{i,j+1,k+1} + w_x w_y w_z\boldsymbol{E}_\mathrm{g}^{i+1,j+1,k+1} \end{aligned} \tag{4-20}$$

其中，$\boldsymbol{E}_\mathrm{g}^{x,y,z}$ 表示网格节点(x, y, z)处的空间场，在 Yee 氏网格中各方向的电场和磁场分量可以按照式(4-21)和式(4-22)来计算。

$$\begin{cases} E_x^{x,y,z} = (E_x(x,y,z) + E_x(x-1,y,z))/2 \\ E_y^{x,y,z} = (E_y(x,y,z) + E_y(x,y-1,z))/2 \\ E_z^{x,y,z} = (E_z(x,y,z) + E_z(x,y,z-1))/2 \end{cases} \tag{4-21}$$

$$\begin{cases} H_x^{x,y,z} = (H_x(x,y,z) + H_x(x,y-1,z) + H_x(x,y,z-1) + H_x(x,y-1,z-1))/4 \\ H_y^{x,y,z} = (H_y(x,y,z) + H_y(x-1,y,z) + H_y(x,y,z-1) + H_y(x-1,y,z-1))/4 \\ H_z^{x,y,z} = (H_z(x,y,z) + H_z(x-1,y,z) + H_z(x,y-1,z) + H_z(x-1,y-1,z))/4 \end{cases} \tag{4-22}$$

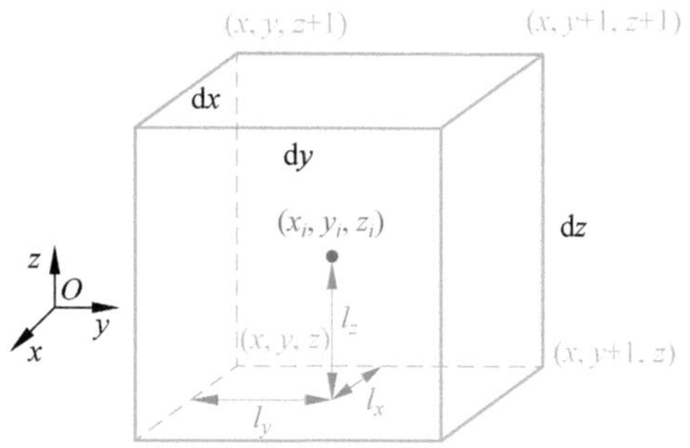

图 4-5 三维模型下的权重方案

4.4 电流密度的数学表达

在计算出作用场并实现了粒子推动之后，宏粒子的速度和位置得到更新，空间电荷分布发生变化，由此可以得到电流密度，并在麦克斯韦方程组中以电流源项的形式影响电磁场，从而实现粒子和场的自洽作用。所以，计算电流密度也是粒子模拟方法中不可或缺的关键步骤。

在 4.3 节中已经提到，粒子所处的位置在空间中是连续分布的，因此电流密度也应该是连续的。而计算电磁场时采用的是网格中某些节点处的电流密度，它是离散的。因此，需要一种将空间中连续分布的电流密度离散到网格中固定节点位置的配置方案。常用的配置方案采用了和求解作用场时完全相同的权重因子，其计算出的结果并不一定满足麦克斯韦散度方程，往往需要对电场进行泊松修正，这不但增加了编写代码的难度，还会消耗大量的计算资源和时间。有学者[10]注意到，只要满足式(4-23)所示的电流连续性方程，就能够保证计算结果自动满足麦克斯韦散度方程，不需要再对电场进行修正，可以大大提升仿真的效率。因此，本书在计算电流密度时采用的就是这种基于电荷守恒的离散配置方案。

$$\nabla\cdot \boldsymbol{J}=-\frac{\partial\rho}{\partial t} \tag{4-23}$$

在二维轴对称坐标系下，电流密度的分量包括 J_r 和 J_z，式(4-23)的微分形式如下。

$$\frac{1}{r}\frac{\partial(rJ_r)}{\partial r}+\frac{\partial J_z}{\partial z}=-\frac{\partial\rho}{\partial t} \tag{4-24}$$

如果采用 FDTD 方法计算电磁场，那么电流密度分量的位置与电场分量的位置相同，也位于网格棱边的中心。假设粒子处在图 4-2 表示的位置，在网格点(x,y)上对式(4-24)进行中心差分离散，结果如下：

$$\begin{gathered}\frac{1}{r(x)}\frac{r\left(x+\frac{1}{2}\right)J_r^{n+\frac{1}{2}}\left(x+\frac{1}{2},y\right)-r\left(x-\frac{1}{2}\right)J_r^{n+\frac{1}{2}}\left(x-\frac{1}{2},y\right)}{\mathrm{d}r}+\\ \frac{J_z^{n+\frac{1}{2}}\left(x,y+\frac{1}{2}\right)-J_z^{n+\frac{1}{2}}\left(x,y-\frac{1}{2}\right)}{\mathrm{d}z}=-\frac{\rho^{n+1}(x,y)-\rho^n(x,y)}{\mathrm{d}t}\end{gathered} \tag{4-25}$$

其中，$\rho^n(x,y)$表示某时刻位于(r_i,z_i)的宏粒子造成的网格点(x,y)处的电荷密度，可以通过式(4-26)来计算，权重因子 w_x 和 w_y 与求解作用场时完全相同。

$$\rho^n(x,y)=(1-w_x)(1-w_y)\rho_0 \tag{4-26}$$

假设宏粒子引起的电流只对此时间步长内包含该宏粒子运动轨迹的电磁场网格起作用，而网格外的电流密度均为 0，那么式(4-25)可以简化为式(4-27)。

$$\begin{gathered}\frac{1}{r(x)}\frac{r\left(x+\frac{1}{2}\right)J_r^{n+\frac{1}{2}}\left(x+\frac{1}{2},y\right)}{\mathrm{d}r}+\frac{J_z^{n+\frac{1}{2}}\left(x,y+\frac{1}{2}\right)}{\mathrm{d}z}\\ =-\frac{\rho^{n+1}(x,y)-\rho^n(x,y)}{\mathrm{d}t}\end{gathered} \tag{4-27}$$

同理，在网格点$(x,y+1)$上可以得到式(4-28)。

$$\frac{1}{r(x)}\frac{r\left(x+\frac{1}{2}\right)J_r^{n+\frac{1}{2}}\left(x+\frac{1}{2},y+1\right)}{\mathrm{d}r}-\frac{J_z^{n+\frac{1}{2}}\left(x,y+\frac{1}{2}\right)}{\mathrm{d}z}$$
$$=-\frac{\rho^{n+1}(x,y+1)-\rho^n(x,y+1)}{\mathrm{d}t} \tag{4-28}$$

将式(4-27)和式(4-28)相加，并代入式(4-26)、式(4-13)和式(4-14)，得到了满足电荷守恒的电流密度配置方程。

$$J_r^{n+\frac{1}{2}}\left(x+\frac{1}{2},y\right)+J_r^{n+\frac{1}{2}}\left(x+\frac{1}{2},y+1\right)=-\rho_0\frac{r(x)}{r(x+1/2)}\frac{r_i^{n+1}-r_i^n}{\mathrm{d}t} \tag{4-29}$$

此时，可以根据权重因子进行最终的离散，通过式(4-30)计算出每一个电流密度分量的值。

$$w_yJ_r^{n+\frac{1}{2}}\left(x+\frac{1}{2},y\right)=(1-w_y)J_r^{n+\frac{1}{2}}\left(x+\frac{1}{2},y+1\right) \tag{4-30}$$

同理，可以得到电流密度分量 J_z 满足的配置方程。

$$J_z^{n+\frac{1}{2}}\left(x,y+\frac{1}{2}\right)+J_z^{n+\frac{1}{2}}\left(x+1,y+\frac{1}{2}\right)=-\rho_0\frac{z_i^{n+1}-z_i^n}{\mathrm{d}t} \tag{4-31}$$

在三维直角坐标系下，电流密度的分量包括 J_x、J_y 和 J_z，式(4-23)的微分形式如下：

$$\frac{\partial J_x}{\partial x}+\frac{\partial J_y}{\partial y}+\frac{\partial J_z}{\partial z}=-\frac{\partial\rho}{\partial t} \tag{4-32}$$

假设粒子处在图4-3表示的位置，在网格点(x,y)上对式(4-32)进行中心差分离散，结果如下：

$$\frac{J_x^{n+\frac{1}{2}}\left(x+\frac{1}{2},y,z\right)-J_x^{n+\frac{1}{2}}\left(x-\frac{1}{2},y,z\right)}{\mathrm{d}x}+$$
$$\frac{J_y^{n+\frac{1}{2}}\left(x,y+\frac{1}{2},z\right)-J_y^{n+\frac{1}{2}}\left(x,y-\frac{1}{2},z\right)}{\mathrm{d}y}+$$
$$\frac{J_z^{n+\frac{1}{2}}\left(x,y,z+\frac{1}{2}\right)-J_z^{n+\frac{1}{2}}\left(x,y,z-\frac{1}{2}\right)}{\mathrm{d}z} \tag{4-33}$$
$$=-\frac{\rho^{n+1}(x,y,z)-\rho^n(x,y,z)}{\mathrm{d}t}$$

其中，网格点(x,y,z)处的电荷密度$\rho^n(x,y,z)$可以通过式(4-34)来计算。

$$\rho^n(x,y,z)=(1-w_x)(1-w_y)(1-w_z)\rho_0 \tag{4-34}$$

由于宏粒子在网格外引起的电流密度是0，上式可以简化为式(4-35)。

$$\frac{J_x^{n+\frac{1}{2}}\left(x+\frac{1}{2},y,z\right)}{\mathrm{d}x}+\frac{J_y^{n+\frac{1}{2}}\left(x,y+\frac{1}{2},z\right)}{\mathrm{d}y}+\frac{J_z^{n+\frac{1}{2}}\left(x,y,z+\frac{1}{2}\right)}{\mathrm{d}z} \tag{4-35}$$
$$=-\frac{\rho^{n+1}(x,y,z)-\rho^n(x,y,z)}{\mathrm{d}t}$$

同理，在网格点$(x,y+1,z)$上可以得到式(4-36)。

$$\frac{J_x^{n+\frac{1}{2}}\left(x+\frac{1}{2},y+1,z\right)}{\mathrm{d}x}-\frac{J_y^{n+\frac{1}{2}}\left(x,y+\frac{1}{2},z\right)}{\mathrm{d}y}+\frac{J_z^{n+\frac{1}{2}}\left(x,y+1,z+\frac{1}{2}\right)}{\mathrm{d}z}$$
$$=-\frac{\rho^{n+1}(x,y+1,z)-\rho^{n}(x,y+1,z)}{\mathrm{d}t} \tag{4-36}$$

在网格点$(x,y,z+1)$上可以得到式(4-37)。

$$\frac{J_x^{n+\frac{1}{2}}\left(x+\frac{1}{2},y,z+1\right)}{\mathrm{d}x}+\frac{J_y^{n+\frac{1}{2}}\left(x,y+\frac{1}{2},z+1\right)}{\mathrm{d}y}-\frac{J_z^{n+\frac{1}{2}}\left(x,y,z+\frac{1}{2}\right)}{\mathrm{d}z}$$
$$=-\frac{\rho^{n+1}(x,y,z+1)-\rho^{n}(x,y,z+1)}{\mathrm{d}t} \tag{4-37}$$

在网格点$(x,y+1,z+1)$上可以得到式(4-38)。

$$\frac{J_x^{n+\frac{1}{2}}\left(x+\frac{1}{2},y+1,z+1\right)}{\mathrm{d}x}-\frac{J_y^{n+\frac{1}{2}}\left(x,y+\frac{1}{2},z+1\right)}{\mathrm{d}y}-\frac{J_z^{n+\frac{1}{2}}\left(x,y+1,z+\frac{1}{2}\right)}{\mathrm{d}z}$$
$$=-\frac{\rho^{n+1}(x,y+1,z+1)-\rho^{n}(x,y+1,z+1)}{\mathrm{d}t} \tag{4-38}$$

将式(4-35)～式(4-38)相加,并代入式(4-34)、式(4-18)和式(4-19),得到了满足电荷守恒的电流密度配置方程(4-39)。

$$J_x\left(x+\frac{1}{2},y,z\right)+J_x\left(x+\frac{1}{2},y+1,z\right)+J_x\left(x+\frac{1}{2},y,z+1\right)+J_x\left(x+\frac{1}{2},y+1,z+1\right)$$
$$=\rho_0\frac{x_i^{n+1}-x_i^{n}}{\mathrm{d}t} \tag{4-39}$$

定义宏粒子引起的空间电流沿x轴方向的分量为$J_x=\rho_0(x_i^{n+1}-x_i^{n})/\mathrm{d}t$,可以根据权重因子进行最终的离散,通过式(4-40)计算出每个电流密度分量的值。

$$\begin{cases}J_x^{n+\frac{1}{2}}\left(x+\frac{1}{2},y,z\right)=(1-w_y)(1-w_z)J_x\\ J_x^{n+\frac{1}{2}}\left(x+\frac{1}{2},y+1,z\right)=w_y(1-w_z)J_x\\ J_x^{n+\frac{1}{2}}\left(x+\frac{1}{2},y,z+1\right)=(1-w_y)w_zJ_x\\ J_x^{n+\frac{1}{2}}\left(x+\frac{1}{2},y+1,z+1\right)=w_yw_zJ_x\end{cases} \tag{4-40}$$

同理,可以得到电流密度分量J_y满足的配置方程(4-41)。

$$J_y\left(x,y+\frac{1}{2},z\right)+J_y\left(x+1,y+\frac{1}{2},z\right)+J_y\left(x,y+\frac{1}{2},z+1\right)+J_y\left(x+1,y+\frac{1}{2},z+1\right)$$
$$=\rho_0\frac{y_i^{n+1}-y_i^{n}}{\mathrm{d}t} \tag{4-41}$$

同理，可以得到电流密度分量 J_z 满足的配置方程(4-42)。

$$J_z\left(x,y,z+\frac{1}{2}\right)+J_z\left(x+1,y,z+\frac{1}{2}\right)+J_z\left(x,y+1,z+\frac{1}{2}\right)+J_z\left(x+1,y+1,z+\frac{1}{2}\right)$$
$$=\rho_0\frac{z_i^{n+1}-z_i^n}{\mathrm{d}t} \tag{4-42}$$

如果宏粒子在某个时间步长内的运动轨迹穿过了多个网格，可以采用 Umeda 提出的"折线法"[25]，总是将运动轨迹近似拆分为两段并加权到两个网格中，在每个网格中单独计算这一段运动轨迹对电流密度的贡献。

在二维轴对称坐标系中，宏粒子轨迹穿过网格的情况有两种，如图 4-6 所示。在一个时间步长内，宏粒子从位置 A 运动到相邻网格中的位置 C，选取中间点 B，将运动轨迹分为 AB、BC 两段。在图 4-6(a)中，宏粒子运动到棱边相邻的网格中，B 点选定为 AC 与棱边的交点。在图 4-6(b)中，宏粒子运动到顶点相邻的网格中，B 点选定为两个网格重合的这个顶点，此时计算电流密度时采用的运动轨迹是线段 AB 和 BC，而非虚线表示的宏粒子实际运动轨迹 AC。这样的处理方式在编写代码时能够省去烦琐复杂的判断过程，有效减少计算步骤。求出 B 点的位置(r_B,z_B)后，在 AB 段宏粒子引起的空间电流通过式(4-43)计算。

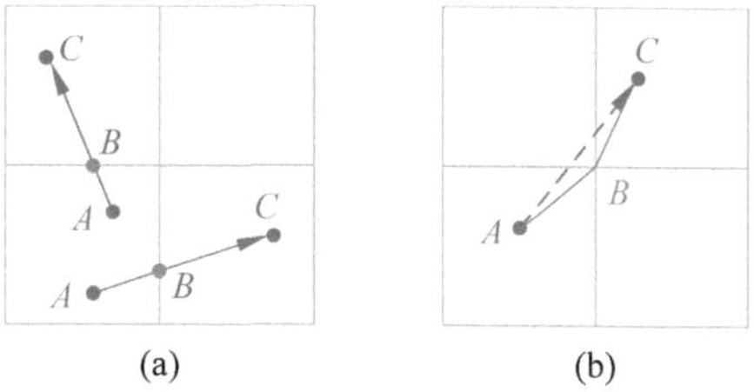

图 4-6　二维模型下的"折线法"
(a) 棱边相邻网格；(b) 顶点相邻网格

$$\begin{cases}J_r=\rho_0(r_B-r_i^n)/\mathrm{d}t\\J_z=\rho_0(z_B-z_i^n)/\mathrm{d}t\end{cases} \tag{4-43}$$

在 BC 段宏粒子引起的空间电流通过式(4-44)计算。

$$\begin{cases}J_r=\rho_0(r_i^{n+1}-r_B)/\mathrm{d}t\\J_z=\rho_0(z_i^{n+1}-z_B)/\mathrm{d}t\end{cases} \tag{4-44}$$

在三维直角坐标系中，宏粒子轨迹穿过网格的情况有三种，如图 4-7 所示。在图 4-7(a)中，宏粒子运动到面相邻的网格中，B 点选定为 AC 与网格面的交点。在图 4-7(b)中，宏粒子运动到棱边相邻的网格中，B 点选定为两个网格重合的这条棱边上的某个点，其位置可以通过式(4-45)计算。

$$\begin{cases}x_B=x\,\mathrm{d}x\\y_B=(y_i^{n+1}+y_i^n)/2\\z_B=z\,\mathrm{d}z\end{cases} \tag{4-45}$$

在图 4-7(c)中，宏粒子运动到顶点相邻的网格中，B 点选定为两个网格重合的这个顶点。求出 B 点的位置(x_B,y_B,z_B)后，在 AB 段宏粒子引起的空间电流通过式(4-46)计算。

$$\begin{cases}J_x=\rho_0(x_B-x_i^n)/\mathrm{d}t\\J_y=\rho_0(y_B-y_i^n)/\mathrm{d}t\\J_z=\rho_0(z_B-z_i^n)/\mathrm{d}t\end{cases} \tag{4-46}$$

在 BC 段宏粒子引起的空间电流通过式(4-47)计算。

$$\begin{cases} J_x = \rho_0 (x_i^{n+1} - x_B)/\mathrm{d}t \\ J_y = \rho_0 (y_i^{n+1} - y_B)/\mathrm{d}t \\ J_z = \rho_0 (z_i^{n+1} - z_B)/\mathrm{d}t \end{cases} \tag{4-47}$$

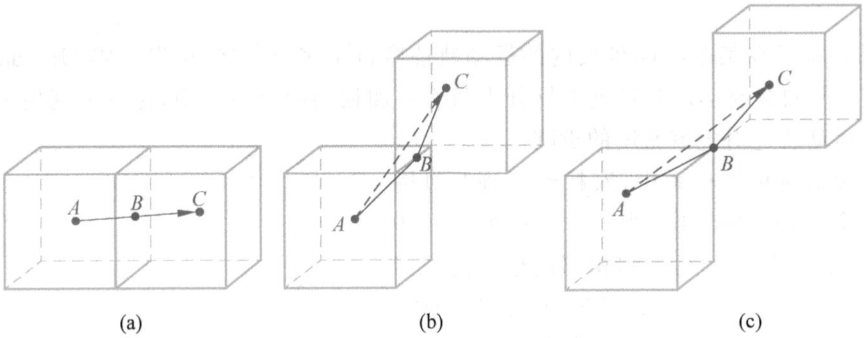

图 4-7　三维模型下的“折线法”

(a) 面相邻网格；(b) 棱边相邻网格；(c) 顶点相邻网格

参考文献

[1] Buneman O. Dissipation of currents in ionized media[J]. Physical Review, 1959, 115(3): 503-517.

[2] Dawson J. One dimensional plasma model[J]. The Physics of Fluids, 1962, 5(4): 445-459.

[3] Dawson J M. Thernal relaxation in a one-species, one-dimensional plasma[J]. The Physics of Fluids, 1964, 7(3): 419-425.

[4] Langdon A B, Birdsall C K. Theory of plasma simulation using finite-size particles[J]. The Physics of Fluids, 1970, 13(8): 2115-2122.

[5] Birdsall C K, Langdon A B. Plasma physics via computer simulation[M]. New York: McGraw-Hill, 1985.

[6] Hockney R W, Eastwood J W. Computer simulation using particles[M]. Philadelphia: Taylor & Francis, Inc., 1988.

[7] Boswell R W, Morey I J. Self-consistent simulation of a parallel-plate RF discharge[J]. Applied Physics Letters, 1987, 52(1): 21-23.

[8] Vahedi V, Surendra M. A Monte Carlo collision model for particle-in-cell method: application to argon and oxygen discharges[J]. Computer Physics Communications, 1995, 87: 179-198.

[9] Verboncoeur J P. Symmetric spline weighting for charge and current density in particle simulation[J]. Journal of Computational Physics, 2001, 174(1): 421-427.

[10] Umeda T, Omura Y, Tominaga T, et al. A new charge conservation method in electromagnetic particle-in-cell simulations[J]. Computer Physics Communications, 2003, 156: 73-85.

[11] Christlieb A J, Krasny R, Verboncoeur J P. A treecode algorithm for simulating electron dynamicsin a Penning-Malmberg trap[J]. Computer Physics Communications, 2004, 164: 306-310.

[12] Goponath V P, Verboncoeur J P, Birdsall C K. Multipactor electron discharge physics using an improved secondary emission model[J]. Physics of Plasma, 1998, 5(5): 1535-1540.

[13] Verboncoeur J P. A digital filtering scheme for particle codes in curvilinear coordinates[C]. 28th

IEEE ICOPS, Las Vegas, 2001.

[14] Martino B D, Briguglio S, Vlad G, et al. Parallel PIC plasma simulation through particle decomposition techniques[J]. Parallel Computing, 2001, 27(3): 295-314.

[15] Bérenger J P. On the Huygens absorbing boundary conditions for electromagnetics[J]. Journal of Computational Physics, 2007, 226(1): 354-378.

[16] Bonilla M, Goursaud. A Rationale for using Huygens absorbing boundary conditions in Particle-in-Cell codes [C]. 2012 IEEE International Symposium on Antennas and Propagation, Chicago, IL, USA.

[17] Ludeking L D, Woods A J. Well matched electromagnetic boundary in FDTD-PIC for charged particle penetration[J]. The Open Plasma Physics Journal, 2010, 3: 53-59.

[18] Chacón L, Chen G. A curvilinear, fully implicit, conservative electromagnetic PIC algorithm in multiple dimensions[J]. Journal of Computational Physics, 2016, 316(1): 578-597.

[19] Chen G, Chacón L, Barnes D C. An energy-and charge-conserving, implicit, electrostatic particle-in-cell algorithm[J]. Journal of Computational Physics, 2011, 230(18): 7018-7036.

[20] Mattei S, Nishida K, Onai M, et al. A fully-implicit Particle-in-Cell Monte Carlo collision code for the simulation of inductively coupled plasmas[J]. Journal of Computational Physics, 2017, 350(1): 891-906.

[21] Goplen B, Ludeking L, Smith D, et al. User-configurable MAGIC for electromagnetic PIC calculations [J]. Computer Physics Communications, 1995, 87: 54-86.

[22] Tarakanov V P. User's Manual for Code KARAT[M]. Berkeley: Springfield, VA, 1992.

[23] Kory C L. Three-dimensional simulation of helix traveling-wave tube cold-test characteristics using MAFIA[J]. IEEE Transactions on Electron Devices, 1996, 43(8): 1317-1319.

[24] Boris J P. Relativistic plasma simulation-optimization of a hybrid code[C]. 4th Conference on Numerical Simulations of Plasmas, Washington, D. C., 1970.

[25] Umeda T, Omura Y, Tominaga T, et al. A new charge conservation method in electromagnetic particle-in-cell simulations[J]. Computer Physics Communications, 2003, 156: 73-85.

第5章

高空核爆炸激励电磁脉冲的物理机理与规律

5.1 核爆电磁脉冲物理机理

核武器是利用自持核裂变或核聚变反应(或两者兼有)瞬间释放的巨大能量,产生爆炸作用,造成大规模杀伤或破坏效果的武器。核爆炸按照爆炸高度分为地面以上核爆炸、地下核爆炸及水下核爆炸。地面以上核爆炸按爆心具体位置又分为地面、低空、中空和高空等核爆炸。划分的标准有两种,一种按爆心的绝对高度划分,即爆高为 0 的称为地面核爆炸,爆高在 3 km 以下称为低空核爆炸,爆高 3～30 km 称为中空核爆炸,爆高 30～400 km 称为高空核爆炸,爆高 400 km 以上称为深空核爆炸[1]。另一种是按冲击波、光辐射的毁伤效果来划分,就其爆心的绝对高度而言,都在 10 km 以下的大气层内。划分标准是按比高来区分的[1]。比高定义为

$$h' = \frac{h}{Q^{\frac{1}{3}}} \tag{5-1}$$

式中 h 为爆炸高度,以 m 为单位,当量 Q 以千吨(kt)为单位。对 $h' \leqslant (50\sim60)\ \mathrm{m/(kt)^{\frac{1}{3}}}$ 称为地爆; $120\ \mathrm{m/(kt)^{\frac{1}{3}}} > h' > (50\sim60)\ \mathrm{m/(kt)^{\frac{1}{3}}}$ 称为低空爆炸; $200\ \mathrm{m/(kt)^{\frac{1}{3}}} \geqslant h' \geqslant 120\ \mathrm{m/(kt)^{\frac{1}{3}}}$ 称为中空爆炸。

核爆炸是通过冲击波、光辐射、早期核辐射、核电磁脉冲和放射性沾染等效应对人体和物体起杀伤和破坏作用的。前四者都只在爆炸后几十秒钟的短时间内起作用,后者能持续几十天或更长时间。在大气层核爆炸情况下,裂变武器的爆炸当量中,冲击波约占 50%; 光辐射约占 35%; 早期核辐射约占 5%; 放射性沾染中的剩余核辐射约占 10%; 核电磁脉冲仅占 0.1%,表 5-1[2]列出了高空核爆炸的能量分配。对于主要为聚变反应的核武器,剩余核辐射所占的比例则少得多。需要明确的是,除电磁脉冲外,其他都是核爆炸的直接产物,而核电磁脉冲则是核爆炸重要的次级效应产物。

表 5-1　高空核爆炸的能量分配[2]

辐射	热辐射		核辐射（瞬发）		碎片动能	核辐射（缓发）		
产物	X射线	紫外、红外、可见光	中子	γ辐射	20%	中子	γ辐射	β辐射
能量占比	70%	5%	2%	约0.5%		可忽略	约2%	约3%

注：缓发核辐射能量没有计算在核爆总能量内

随着核爆炸各种形式能量的向外传播，由于与周围介质的相互作用，能量分配方式将发生变化，这种变化决定于周围介质的性质，在海拔高度100 km左右的高空核爆炸情况下，由于空气非常稀薄，各种射线与周围介质的相互作用很弱，核爆炸碎片也在真空中飞散。射线与介质作用的强弱可从平均自由程看出。在100 km高空，空气密度比地面情况下低6个数量级以上，各种射线的平均自由程要比地面情况下大得多。表5-2比较了海平面与100 km高空情况下X射线、γ射线与中子的自由程。

表 5-2　100 km高空与海平面处各种射线的平均自由程比较

海拔高度 H/km	ρ/ρ_0	ρ/(mg/cm^3)	l_X(10 keV)	l_X(1 keV)	l_γ(1.5 keV)	l_n(14 keV)
0	1	1.22	1.9 m	2 mm	160 m	240 m
100	6.55×10^{-7}	8×10^{-7}	2900 km	3.06 km	2.4×10^5 km	3.7×10^5 km

表中ρ_0为海平面空气密度，ρ为100 km高空的空气密度，l_X，l_γ，l_n分别表示X射线、γ射线与中子的自由程。从表5-2中可见，在100 km高空各种射线几乎都是自由传播的，只有在考虑大范围、远距离传播情况时需要考虑大气的影响，譬如往上传播与往下传播的情况就有很大不同。在不考虑与大气相互作用情况下，高空核爆能量主要以X射线和碎片动能形式放出。那么，核爆炸的发展过程按时间区分，大致有如下时间顺序[1]：

（1）$t\approx10^{-7}$ s，核反应过程，向外发射瞬发γ辐射、中子；

（2）$t\approx10^{-6}$ s，弹体燃烧到约10^6 K，形成X射线火球，继续发射γ辐射、中子；

（3）$t\approx(1\sim2)\times10^{-2}$ s，这个时间内看到强烈的闪光，电磁脉冲基本结束，继续发射γ辐射、中子，同时发出光辐射，冲击波脱离火球；

（4）$t\approx0.2$ s，火球直径达到最大，瞬发中子结束，继续发射γ辐射和光辐射，冲击波传到约0.25 km处；

（5）$t\approx2$ s，火球熄灭，光辐射结束，γ辐射已比较弱，冲击波传播到1.2 km；

（6）$t\approx10\sim15$ s，早期核辐射结束，10 s时冲击波传到4 km，强度很弱，接近声波，破坏作用消失。

其中核爆炸辐射的瞬发γ射线是激励电磁脉冲的主要因素。虽然γ射线占总能量的比例很小，但激发出的场强相当大。当核爆炸在地面和地面以上发生时，γ辐射将形成突然增大的电子流，这些电子是由康普顿效应、光电效应和电子对效应产生的，其中由康普顿效应产生的康普顿电子对激励电磁脉冲起主要作用。若核爆炸发生在均匀的大气中，所形成的电子流是球形对称的，则在电子流分布的球形区域内只存在径向电场，不向外辐射电磁能量。实际上，由于大地的存在，大气密度随高度的指数分布，地球磁场的影响以及核装置本身的不对称性，电子流不可能按球形分布，因此电磁脉冲能向外辐射。

5.1.1 核爆炸 γ 辐射源

从核武器起爆开始到弹体飞散为止产生的 γ 辐射，包括伴随裂变过程的 γ 辐射、裂变产物 γ 辐射和中子在弹体材料中非弹性散射和被俘获所产生的 γ 辐射，这是一个持续时间小于 10^{-5} s 的极短的脉冲过程，称为瞬发 γ 辐射。这部分 γ 辐射能反映弹内核反应过程的信息，也是形成电磁脉冲的主要激励源。另外还有中子在弹体和空气中非弹性散射所产生的 γ 辐射、氮俘获中子产生的 γ 辐射和土壤俘获中子的 γ 辐射以及 β 粒子被韧致所产生的 γ 辐射。[3]

5.1.2 γ 射线与物质相互作用的衰减规律

光子与物质原子发生作用的概率可以用微观截面及宏观截面来描述。微观截面 σ_c 定义为 γ 光子与原子碰撞的有效截面积，宏观截面 μ 在讨论 γ 辐射衰减时用得比较普遍。宏观截面是 γ 光子单位自由程上的作用概率，与微观截面的关系为[3]

$$\mu = N\sigma_c \tag{5-2}$$

式中，N 为周围环境物质原子的密度。由于 σ_c 单位为面积，N 单位为体积的倒数，则 μ 的单位是长度的倒数。μ 与某时刻周围环境的物理状态相关，对给定物质不考虑其状态，σ_c 是一个常数，N 从下式获得：

$$N = \frac{N_A \rho}{AW} \tag{5-3}$$

式中，N_A 为阿伏伽德罗常数，ρ 为物质的密度，AW 为环境物质的原子量。

在这里引入图 5-1(a)所示球形结构。假设源为点源，那么 γ 光子向外均匀出射。因此 γ 光子的面密度只与距点源距离有关。假设 Φ_0 表示从源出射的 γ 光子总数，并认为在传输路径上没有损失，则在距源点距离 r 处单位面积光子数为

$$\Phi_r = \frac{\Phi_0}{4\pi r^2} \tag{5-4}$$

$4\pi r^2$ 是距源 r 处球面的面积。假设物质的截面 μ 位于内径 r，厚度 $\mathrm{d}r$ 的壳处，增加的光子数见图 5-1(b)，为

$$\Phi(r + \mathrm{d}r) = \Phi(r) + \mathrm{d}\Phi(r) \tag{5-5}$$

式中，$\mathrm{d}\Phi$ 即光子密度在 $\mathrm{d}r$ 处的变化。因为 μ 是光子在单位长度发生碰撞的概率，这一变化 $\mathrm{d}\Phi$ 满足式(5-6)

$$\mathrm{d}\Phi(r) = -\Phi(r)\mu\,\mathrm{d}r \tag{5-6}$$

即在 $\mathrm{d}r$ 壳内反应的光子数与所有进入壳内可能发生反应的光子数相等。式(5-6)改写为

$$\frac{\mathrm{d}\Phi(r)}{\Phi(r)} = -\mu\,\mathrm{d}r \tag{5-7}$$

式(5-7)积分后得到

$$\Phi(r) = \frac{\Phi_0}{4\pi R^2}\mathrm{e}^{-\int_0^R \mu\,\mathrm{d}r} \tag{5-8}$$

式(5-8)给出 γ 光子的衰减规律，与距离的平方成反比。

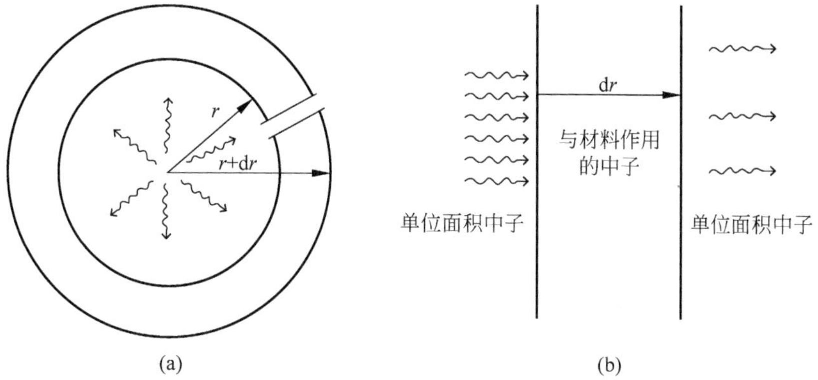

图 5-1　点源放射

（a）球形结构；（b）局部放大图

5.1.3　康普顿效应

产生核电磁脉冲的主要机理即 γ 光子与物质发生的康普顿效应。康普顿散射相互作用过程发生在入射 γ 射线光子和吸收材料的电子之间。在康普顿散射中，入射的 γ 射线光子相对于原来的方向被偏转一个角度 θ。光子将其一部分能量传递给电子（假设原来静止），此电子称为反冲电子。假设 E_γ 是入射 γ 光子的能量，E'_γ 是散射 γ 光子的能量，m_0c^2 为电子的静能量，W_e 为散射电子的能量，见图 5-2，那么能量守恒方程写为

$$E_\gamma + m_0c^2 = E'_\gamma + W_e \tag{5-9}$$

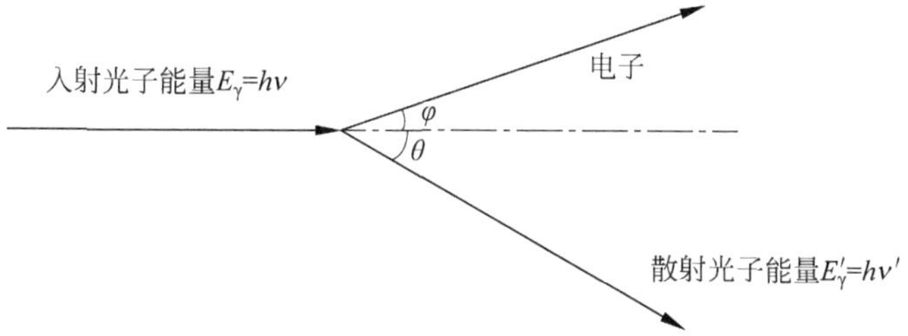

图 5-2　康普顿碰撞的几何关系图

将图 5-2 所示的量代入式（5-9），得到

$$h\nu + m_0c^2 = h\nu' + W_e \tag{5-10}$$

动量守恒方程可以写为

$$\frac{h\nu}{c} = \frac{h\nu'}{c}\cos\theta + P_e\cos\phi \tag{5-11}$$

$$0 = \frac{h\nu'}{c}\sin\theta - P_e\sin\phi$$

变换上两式得到

$$\frac{h^2\nu^2}{c^2} - \frac{2h^2\nu\nu'}{c^2}\cos\theta + \frac{h^2\nu'^2}{c^2} = P_e^2 \tag{5-12}$$

相对论的质能守恒方程为

$$W_e^2 - P_e^2 c^2 = m_0^2 c^4 \tag{5-13}$$

可以得到

$$h\nu' = \frac{h\nu}{1 + \frac{h\nu}{m_0 c^2}(1 - \cos\theta)} \tag{5-14a}$$

或

$$E'_\gamma = \frac{E_\gamma}{1 + \frac{E_\gamma}{m_0 c^2}(1 - \cos\theta)} \tag{5-14b}$$

式中 $m_0 c^2$ 代表电子静止质量，约 0.511 MeV。散射角 θ 小时，传递的能量很小。入射光子总要保留一部分初始能量，甚至在 $\theta=\pi$ 的极端情况下也是如此。散射 γ 射线的角分布可由微分散射截面 $\mathrm{d}\sigma/\mathrm{d}\Omega$ 的 Klein-Nishina 公式预测：

$$\frac{\mathrm{d}\sigma}{\mathrm{d}\Omega} = r_0^2 \left[\frac{1}{1+\alpha(1-\cos\theta)}\right]^3 \left[\frac{1+\cos^2\theta}{2}\right] \left[1 + \frac{\alpha^2(1-\cos\theta)^2}{(1+\cos^2\theta)[1+\alpha(1-\cos\theta)]}\right] \tag{5-15}$$

式中 $\alpha \equiv h\nu/m_0 c^2$，而 r_0 是经典电子半径。这个分布示于图 5-3，从中不难得出 2 MeV 康普顿散射 γ 光子的前向散射特性。

这些电子的运动激励出大范围的核电磁脉冲。

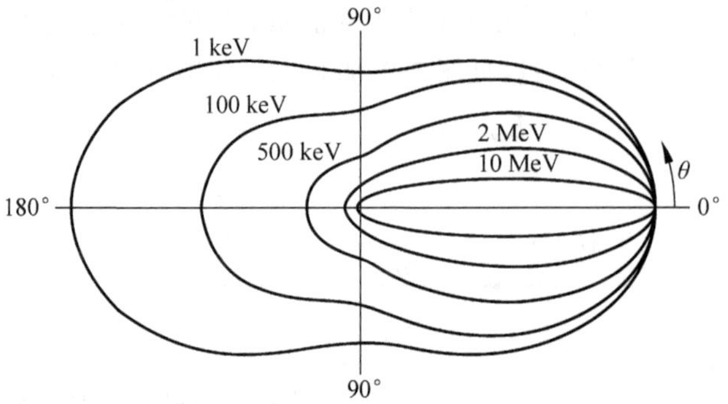

图 5-3 散射角为 θ 的单位立体角内康普顿散射光子数的极坐标曲线从左方入射，曲线上标出了入射初始能量

5.2 高空核爆炸向地面产生的电磁脉冲

对低于海拔 100 km 的核爆炸来说，电磁信号的主要来源是爆炸释放出的 γ 射线与大气相互作用产生的康普顿电子；对海拔高于 100 km 的核爆炸来说，核爆后的高温物质放出的 X 射线产生的光电子也对辐射电流有贡献。由高空爆炸释放的 γ 射线和 X 射线产生的电流在两个区域有极大值。一个区域在爆点附近，虽然那里空气稀薄，但 γ 射线和 X 射线的能通量最大；另一个区域在大气层内，对 γ 射线来说在海拔 20～40 km；对 X 射线来说在海拔 70～110 km 高度范围内。这些高度各自对应着平均能量为 1 MeV 的 γ 射线和标定温度大约为 1 keV 的 X 射线的最大吸收区域。对到达地面的电磁辐射，爆点附近的电流产生的辐射将被忽略。因为对海拔不太高的爆炸来说，由 γ 射线和 X 射线产生的电离足以吸

收这些辐射，使之不能到达地面[4,5]。

当核爆炸的爆点在高空，瞬时辐射的X射线、γ射线及中子在爆点下方积聚能量。在这一区域，γ射线与空气分子作用激发康普顿电子。这些电子在地磁场作用下发生偏转，产生的横向电流向地球表面传播时激励出横向电场，这就是早期HEMP-E1的产生机制。早期HEMP的持续时间短(100 ns以下)、电场峰值强度大(10 kV/m)、上升前沿快(纳秒量级)，波阻抗为377 Ω。早期HEMP覆盖着爆点能"看"到的全部范围内。在能量聚集区，电场极化方向与传播方向和地磁场方向互相垂直，也就是说，在南极、北极附近电场主要是水平极化的。

散射γ射线以及武器内中子产生的非弹性γ所产生的附加电离将激励出E2——中期HEMP信号，量级为10～100 V/m，持续时间在1 ms～1 s。

另外，核爆炸产生的"火球"是一个高温高压的等离子体，"火球"将把地球的磁力线排斥在外。"火球"高速膨胀时，磁力线受到压缩；"火球"消失时，磁力线又恢复正常。这种磁力线的压缩和恢复也将产生电磁辐射，叫作磁流体动力学电磁脉冲(晚期核电磁脉冲E3)。这种场与在加拿大及北欧国家常观测到的磁爆一样，会对电力线、电话线产生一个注入电流。晚期HEMP与传输及配电线缆相互作用激励的电流会产生谐波与相位的不稳定，对诸如变压器一类的电力设备具有极大的破坏力。

IEC61000-2-9给出的E1、E2以及E3的标准波形见图5-4[6,7]。

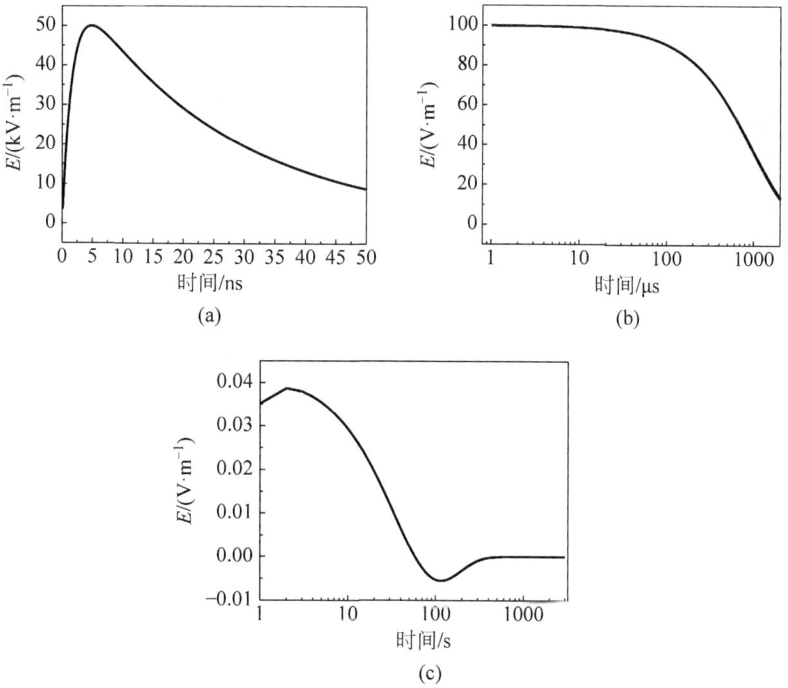

图5-4　IEC61000-2-9给出的高空核电磁脉冲E1、E2及E3的波形

(a) E1波形；(b) E2波形；(c) E3波形

5.2.1　早期HEMP-E1的数值模拟

当核爆炸的爆点在高空，瞬时辐射的X射线、γ射线及中子在爆点下方积聚能量。在这一区域，γ射线与空气分子作用激发康普顿电子。这些电子在地磁场作用下发生偏转，产生的横

向电流向地球表面传播时激励出横向电场，这就是早期 HEMP 的产生机制，见图 5-5[8-10]。

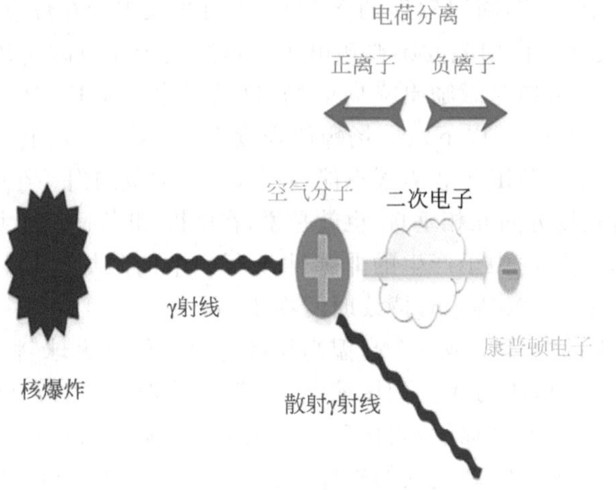

图 5-5　高空核爆早期 HEMP 产生机理示意图

1. 计算的物理模型

(1) 坐标系的选取

本计算只考虑 γ 射线激励的康普顿电子与地磁场相互作用激励电磁辐射的过程。这一过程激励的早期核电磁脉冲幅度最强，频谱丰富，对武器系统造成的危害也最大。

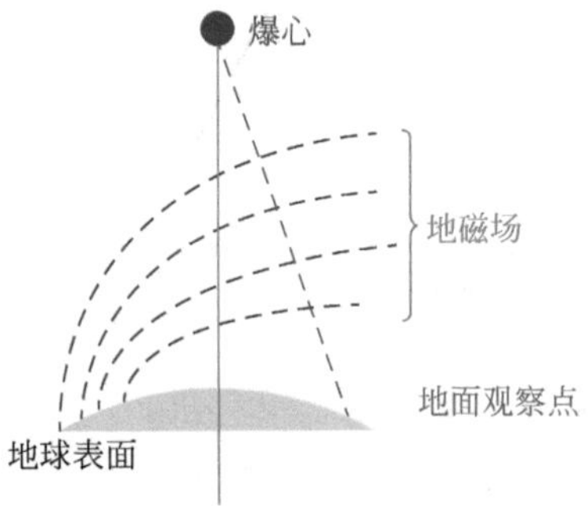

图 5-6　高空核爆的地理位置图

图 5-6 给出了核爆炸时的地理位置图，高空核爆炸时，核装置所释放的 γ 脉冲在其向外辐射的过程中，将与周围稀薄的大气相互作用，散射出康普顿电子流。辐射电子因能量很大，以接近光速 c 的速度向前运动。由于高空大气很稀薄，因此辐射电子的射程很长。其运动轨迹受到地磁场作用发生强烈偏转。这样，辐射电流将有径向分量 J_r、也有 θ 和 ψ 方向的横向分量 J_θ、J_ψ，如果爆炸及其环境是轴对称的，那么电流的径向分量 J_r 和 θ 方向分量 J_θ 将激励横磁波，而 ψ 方向电流 J_ψ 则激励横电波[11,12]。

取球坐标 r,θ,φ，坐标原点位于爆心，极轴(即 $\theta=0$ 的 z 轴)的方向与地磁场 $\boldsymbol{B}_0$ 的方向重合，即向下指向地面(对北半球而言)。设地磁场与地面垂直轴的夹角为 θ_0，换句话说，磁倾角为 $\pi/2-\theta_0$，本文数值计算取 $\theta_0=30°$，$\varphi_0=0°$。

(2) 数学方程

取高斯-厘米·克·秒单位制。即电荷和电场用静电单位，而电流和磁感应强度取电磁单位。这时，空间任一点的电磁场应满足麦克斯韦微分方程组

$$\frac{1}{c}\frac{\partial \boldsymbol{B}}{\partial t}=-\nabla\times\boldsymbol{E} \tag{5-16}$$

$$\frac{\varepsilon\mu}{c}\frac{\partial \boldsymbol{E}}{\partial t}+\mu(4\pi\sigma\boldsymbol{E}+4\pi\boldsymbol{J})=\nabla\times\boldsymbol{B} \tag{5-17}$$

$$\nabla\cdot(\sigma\boldsymbol{E}+\boldsymbol{J})+\frac{\partial \rho_f}{\partial t}=0 \tag{5-18}$$

$$\nabla \cdot \boldsymbol{B} = 0 \tag{5-19}$$

考虑地磁场反作用后的电流 J、次级电子 $n_{\sec}$ 的表达式如下：

$$J_r(r,\theta,\varphi,\tau) \approx -\frac{e_q}{c}\varepsilon g(r)\int_0^{\frac{R_e}{\beta}} \mathrm{d}\tau' \dot{f}_\gamma(\tau - \chi(\tau'))(\cos^2\theta + \sin^2\theta \cdot \cos\omega\tau') \tag{5-20}$$

$$J_\theta(r,\theta,\varphi,\tau) \approx -\frac{e_q}{c}\varepsilon g(r)\int_0^{\frac{R_e}{\beta}} \mathrm{d}\tau' \dot{f}_\gamma(\tau - \chi(\tau'))\sin\theta \cdot \cos\theta(\cos\omega\tau' - 1) \tag{5-21}$$

$$J\varphi(r,\theta,\varphi,\tau) \approx -\frac{e_q}{c}\varepsilon g(r)\int_0^{\frac{R_e}{\beta}} \mathrm{d}\tau' \dot{f}_\gamma(\tau - \chi(\tau'))\sin\theta \cdot \sin\omega\tau' \tag{5-22}$$

$$n_{\sec}(r,\theta,\varphi,\tau) \approx \frac{q}{c}\frac{g(r)}{R_e}\int_{-\infty}^{\tau} \mathrm{d}\tau' e^{-\alpha(\tau-\tau')}\int_0^{\frac{R_e}{\beta}} \mathrm{d}\tau'' \dot{f}_\gamma(\tau' - \chi(\tau'')) \tag{5-23}$$

式中，$g(r)=\beta\dfrac{\exp\left(-\int_0^r \dfrac{\mathrm{d}r}{\lambda(r,\theta,\varphi)}\right)}{4\pi r^2\lambda(r,\theta,\varphi)}$，$\lambda(r,\theta,\varphi)=\dfrac{\lambda_0\rho_0}{\rho(r,\vartheta,\varphi)}$，$\lambda_0$ 为 γ 在爆心处的自由程，单位为 cm；ρ_0 为爆心处的空气密度，单位为 $\mathrm{mg/cm^3}$；$\rho(r,\theta,\varphi)$ 为坐标为(r,θ,φ)的某源点的空气密度，单位为 $\mathrm{mg/cm^3}$；$R_e = R_{e0} \cdot \rho_0/\rho(r,\theta,\varphi)$，$R_{e0}$ 为在爆心处的康普顿电子或光电子的射程，单位为 cm；$\beta = v_0/c$，v_0 为康普顿电子或光电子的初始速度，单位为 cm/s；$\omega = (e_q B_0/m_e c^2)\sqrt{1-\beta^2}$ 为拉摩频率，单位为 $\mathrm{cm^{-1}}$，$e_q = 4.8\times 10^{-10}$ 为电子的电荷量的绝对值；m_e 为电子的静止质量；$\alpha = \alpha_0(\rho(r,\theta,\varphi)/\rho_0)^2$，$\alpha_0$ 为在爆心处电子对氧分子的附着率；$q = (\bar{E}_e/33)\times 10^6$；$\bar{E}_e$ 为康普顿电子的平均能量，单位为 MeV；$\dot{f}_\gamma(\tau)$ 为出弹 γ 随时间的变化率，γ 光子 $\mathrm{s^{-1}}$。

考虑次级电子在电场中的运动方程得到

$$\sigma(\tau) = \frac{n_{\sec}(\tau)}{m v_c}e^2 \tag{5-24}$$

由于 γ 射线在距地面 20 km 以下的能量接近于零，因此不再有新的电磁场产生，所以计算的外边界选在距地面 20 km 处，然后电磁场以辐射波的形式到达地面。地面附近场强的计算公式如下：

$$E = \frac{E_{r\max} r_{\max}}{r_{\mathrm{grd}}}$$

式中，$r_{\max}$ 为爆心至距地面 20 km 处距离，r_{grd} 为爆心至地面距离。

2. 计算结果[11-13]

(1) HEMP 在地面的波形特征及幅值分布规律

通过计算，我们发现早期核电磁脉冲具有上升前沿陡峭、后沿稍缓慢的特性。在地面的峰值位于爆心地面投影点向南 1～2 个爆高的区域；电场峰值最小的区域在爆心地面投影点向北 50 km 处，大约比最大值小一个量级。这是由在该传播方向上电子的运动轨迹与地磁场的夹角决定的，夹角越小，激励的康普顿电流越小，场强越弱，夹角越大，场强越强。对 100 km 爆高的高空核爆炸，爆心地面投影点向北 50 km 处正好是爆心处地磁线与地面的交点，而向南 1～2 个爆高的区域正是与爆心处地磁线夹角为 90°的区域。

爆心东西方向上的电场峰值成对称分布，各个场的波形完全一致，这从数学模型上可以得到解释，东西方向上对称点的 φ 不同，但 θ 相同，计算时 φ 只出现在高度的计算上，而对称点的高度是一致的，因此计算结果应该是完全相同的。E_r 方向的场不能向外辐射，因此值为零。

波形的半宽度与该点到爆心地面投影点的距离有关，此距离越近（θ 越小），则波形半宽度越窄；高空核电磁脉冲在空中和地面都具有高的电场幅值，在千伏/米～万伏/米的量级内变化（表 5-3）。

表 5-3 100 km 爆高、100 万 t 核爆炸地面峰值场强分布

地面位置（距爆心地面投影点）	电场 E_φ 峰值/（V/m）
向北 50 km	2866
向北 26 km	11 447
爆心地面投影点	20 777
向南 57.7 km	35 494
向南 100 km	40 042
向南 173 km	40 227
向南 247 km	37 071
向南 290 km	34 802
向南 514 km	30 796

这与 1996 年公布的 IEC 标准 61000-2-9 是一致的[9]，见图 5-7。

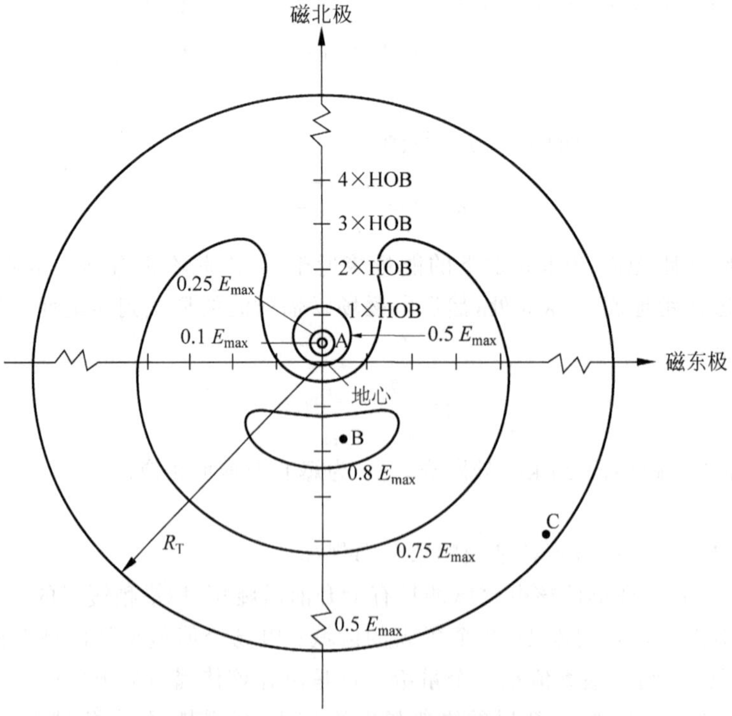

图 5-7 地球表面电场峰值的变化规律

在爆心到地面的传播路径上，越向下，波形的半宽度越窄，见图 5-8 和图 5-9，由几百纳秒缩减至几十纳秒，在地面附近波形半宽一般在 20～30 ns 左右，见图 5-10。这是由于越向下，空气密度越大，电导率的值也越大，波形尾部的低频成分衰减越快，以至半宽缩小。

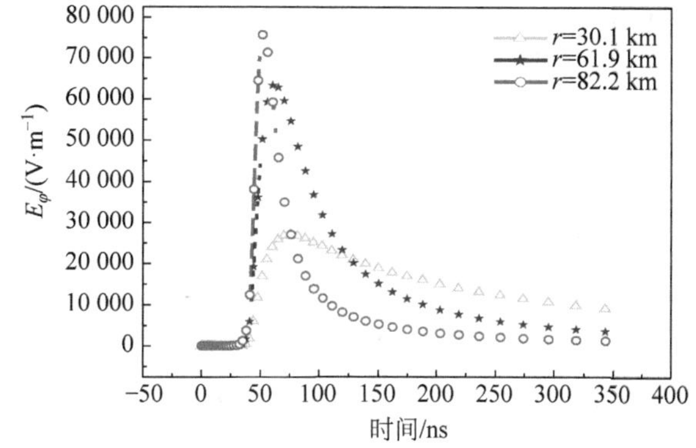

图 5-8　$\Psi=180°$，$\theta=90°$距爆心不同距离电场波形

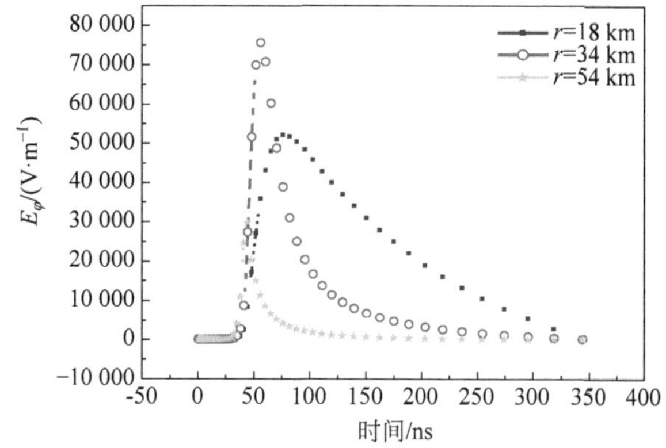

图 5-9　$\Psi=180°$，$\theta=30°$距爆心不同距离电场波形

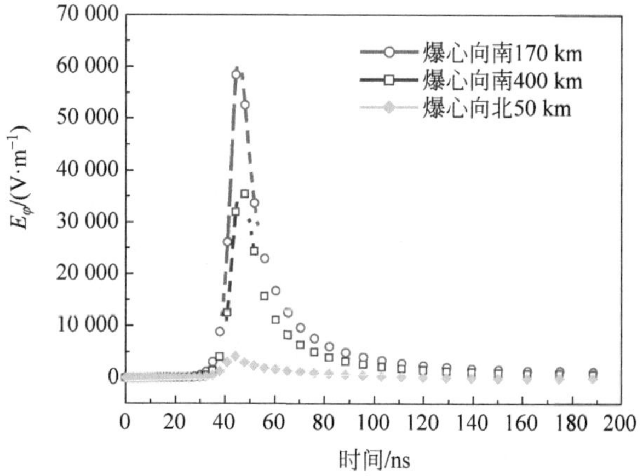

图 5-10　距地面 20 km 不同点波形(地面波形同此)

(2) 爆高的影响

本书计算了 100～500 km 的几个爆高，场强随爆高的增加而有所下降。这与文献[7]的计算结果一致。出弹的 γ 射线的能量以 $1/4\pi r^2$ 的比率沿径向衰减，爆高越高，到能量沉

积区的距离越远，衰减越大，沉积的 γ 射线能量越低，因此激励的电磁脉冲越弱（见图 5-11）。

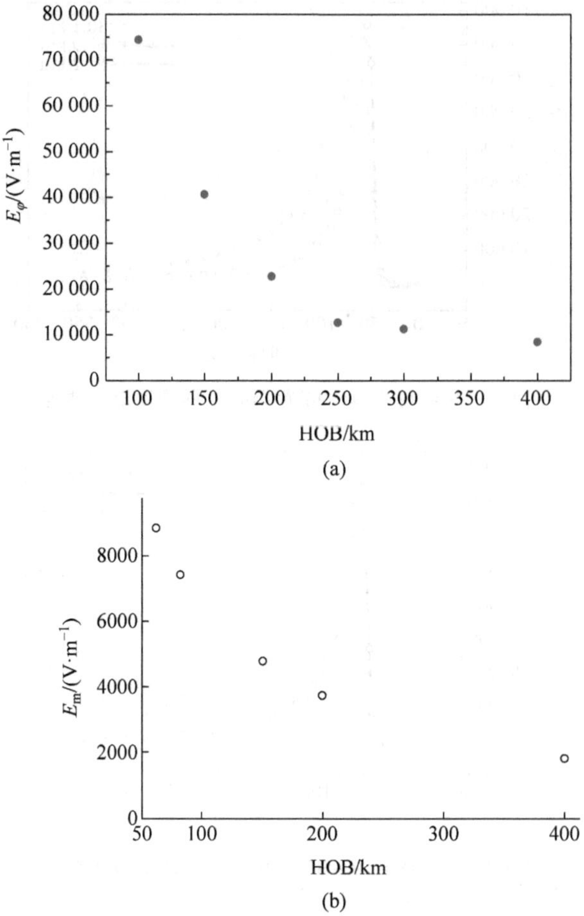

图 5-11 爆高与场强的关系

(a) 距地面 54 km 处不同爆高的场强分布；(b) 文献[7] 计算结果

（3）当量的影响

电场峰值随爆炸当量的增大而升高，但关系是非线性的。200 万 t TNT 当量的峰值场强为 59 772 V/m，300 万 t TNT 当量的峰值场强为 76 171 V/m。

从图 5-12 中可见，曲线的斜率随着当量的增加而减小；当量小时斜率比当量大时斜率大。随着当量的增加产生的光电子增加，同时光电子密度的增加也增大了空气电导率，因此，电场不会随着当量的增加而线性增长。

（4）γ 射线上升前沿的影响

前面计算的 γ 射线上升前沿都是 7 ns，γ 射线波形半宽在 200 ns 左右，而 IEC 标准的计算（见图 5-14）是在 γ 射线前沿 2 ns，半宽 15 ns 左右的前提下进行的，我们选取这样的 γ 时间谱进行了计算，发现 HEMP 的上升前沿与 γ 射线的上升前沿密切相关，HEMP 的前沿不会比 γ 射线的前沿更快，但二者大小接近。图 5-13 给出的前沿只有 2.5 ns 左右，半宽为 10 ns。

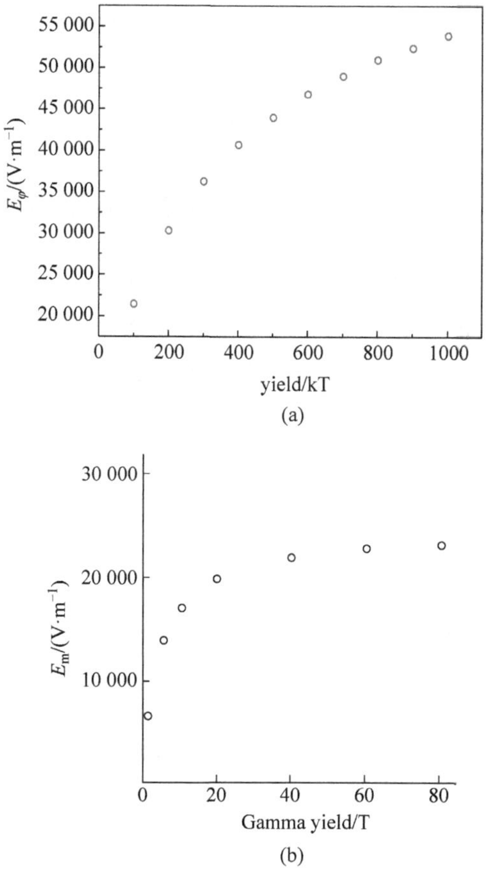

图 5-12　当量与电场峰值分布的关系

(a) 爆高 100 km，不同当量，爆心正南方 $\theta=90°$，距爆心 110 km 处电场峰值分布；

(b) 爆高 100 km，文献[7]计算结果

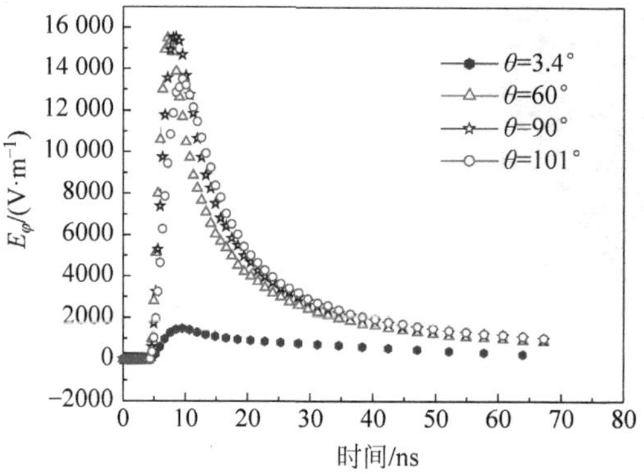

图 5-13　γ 射线前沿 2.5 ns 的计算结果

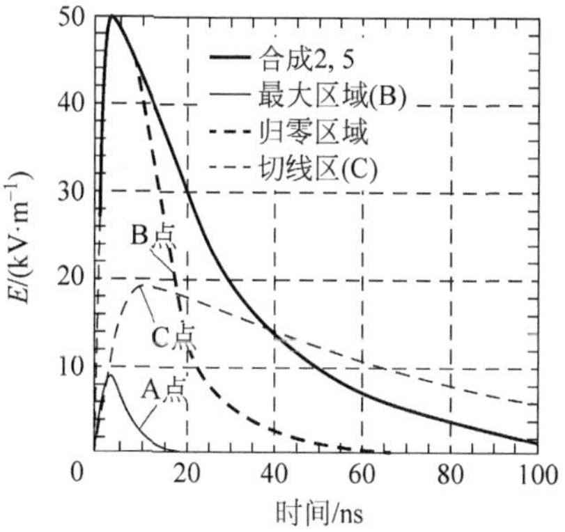

图 5-14　IEC 的推荐波形

5.2.2　结论

从以上计算不难得出 HEMP 的波形近似为双指数波，上升前沿与 γ 射线上升前沿密切相关，γ 射线上升前沿快，则 HEMP 的前沿也快；从爆心向下传播的路径上，越向下，波形

的半宽越窄；地面上越接近爆心的点，半宽度越窄，空中的半宽在 100 ns 量级，地面的半宽在 10～30 ns 量级。HEMP 在空中或地面都具有千伏/米到万伏/米量级，由于 HEMP 上升前沿快，下降沿慢，因此其频谱丰富。

5.3 高空核爆炸向卫星轨道产生的色散电磁脉冲

1963 年，LTBT 条约的签订禁止了大气层、外层空间的核武器爆炸实验。条约是否被遵守，高空地球轨道卫星的核爆探测设备是最理想的核查和监视手段。为此，美国于 1963—1970 年发射了 12 颗 Vela 卫星，监测全球大气层和深空核试验，美国国家实验室为 Vela 卫星开发了核爆电磁脉冲探测手段。1984 年 GPS 卫星取代 Vela 卫星，GPS 卫星装备有 Sandia 国家实验室和 LANL 开发的核爆可见光探测器、X 射线探测器和核爆电磁脉冲探测器，这三种探测器不但可以获得当量信息，而且利用 GPS 时差定位技术，可以精确测定核爆的位置。1993 年，美国发射的 ALEXIS 卫星配备了射频 EMP 探测系统，主要任务是探测地球大气雷电过程和可能的核爆电磁脉冲辐射，测定电离层对 EMP 的传播效应。FORTE 卫星主要是为了完善电磁脉冲探测技术及核爆识别技术而发射的小型实验卫星，现在主要用于雷电的观测及 TIPP 事件的观测。图 5-15 给出美国用于探测核爆炸的探测器图。电磁波在电离层中传播时，将会因电离层影响，产生折射、色散、群时延、吸收等效应。如果考虑地磁场影响，还将产生波的纵横特性及偏振特性的变化；电离层中存在的突然骚扰现象，也对电磁波的频率有一定的影响，这些因素的存在使电磁波在电离层中的传播特性更加复杂。而研究高空核电磁脉冲在电离层中的传播特性，对应用日益广泛的卫星通信、导航定位，科学研究方面的电离层物理探测、闪电探测、天体物理观测等领域，以及军事上的卫星核爆探测等均有非常重要的意义[14,15]。

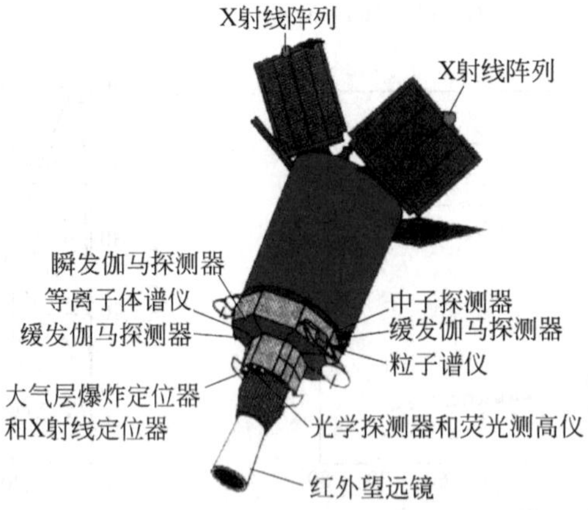

图 5-15 DSP 卫星上搭载的核爆探测器

在卫星上探测的核电磁脉冲一定是通过电离层这一特殊介质的。电离层是从 50～60 km 起一直延伸到大气层外缘几千千米高度的空间。在这个区域内，由于受太阳紫外线、微粒流、宇宙射线等作用，其中大部分或全部的中性气体分子或原子电离为电子、正离子和负离子。常用单位体积内含有电子数目即电子浓度来表征电离层在空间某处的电离度。电离层介质是电子、正负离子和中性粒子所组成的气体混合物。电离层电子浓度随高度的变化，常出现几个极大区，称为“层”。实验观测表明有如下几个经常出现的层：D 层、E 层和 F 层（F1 层和 F2 层）。电离层电子浓度的高度分布随昼夜、季节、纬度和太阳活动而变化。此外，电离层还存在电离层突然骚扰、电离层暴、极区反常等异常现象。电磁波在电离层中传播时，将会因电离层影响，产生折射（反射）、色散、群时延、吸收等效应。如果考虑地磁场影响，还将产生波的纵横特性及偏振特性的变化，电离层中存在的突然骚扰现象，也对电磁波的频率有一定的影响，这些因素的存在使电磁波在电离层中的传播特性更加复杂。

电离层的发现最早可追溯到 1839 年，高斯曾提出大气中“导电层”的电流引起地磁日变化的思想。1901 年，马可尼横跨大西洋传送无线电信号，从而“发现”了电离层的存在。电离层物理则开始于 1925 年，阿普顿等的工作，有关的物理与化学理论基本上是 20 世纪五六十年代以后才建立的。电离层的发现过程与探测研究，直接与电波传播研究及其在电子系统中的应用相联系。电离层对微波频段以下直至极低频电波的传播，都有重要影响[16]。

电离层的特性，除了受电离源的影响外，还有地球中性大气过程和地球磁场的影响，因此电离层是一个具有复杂结构特性与变化过程的空间层区。其基本特性如下：

（1）电中性。电离层是自由电子和各种离子集合的等离子体，在自洽电场的库仑力约束下，处于电离与复合的动态平衡过程。当其受迫成为非中性状态时，其库仑力引起的势能比粒子的热能大得多，从而引起粒子振荡运动并趋于恢复中性状态。

（2）少量成分。例如，中低纬白天，对应于 50 km，250 km 和 2000 km，电子密度分别为 10^6 个/m^3，10^{12} 个/m^3 和 10^4 个/m^3 量级，相应的大气电离度约为 10^{-16}，10^{-3} 和 10^{-2}。因此，在整个电离层范围电离成分是紧密耦合于中性大气的少量成分。

（3）各向异性。由于地磁场对带电粒子运动的影响，使电离层成为各向异性的媒质，同时因为地磁极与地理极不重合，使空间特性变得很复杂。

（4）有耗媒质。由于电离成分在外场作用下运动形成电子、离子与中性分子间的碰撞，从而引起能量损耗。因受地磁场和电子及中性气体随高度分布的影响，不同高度损耗特性极不相同，并与外场频率有关。

（5）色散媒质。由于带电粒子的有限质量，存在一个表征其极化状态建立速度的特征频率（等离子体频率），当外加电磁场的时间变化加快，媒质响应跟不上场的变化而不满足瞬时关系，即称为时间色散媒质，在带电粒子具有一定温度而存在热运动的情况下，场与媒质的相互作用不满足局域关系，则称为空间色散。

（6）有源媒质。在太阳辐射能流不断输入的同时，地球总是带着自己的磁场旋转，从而在电离层中蕴藏着巨大的以背景电流体系和密度梯度等形式存在的自由能源，使其成为一种有源的强非线性等离子体介质。表 5-4 列出各层电子浓度的变化。

表 5-4　电离层电子浓度

层	N/(个电子/cm^3)	H/km	附　注
D	$10^3\sim10^4$	70～90	此层夜间消失
E	2×10^5	100～120	此层电子浓度白天大，夜间小
F1	3×10^5	160～180	此层多在夏季白天存在
F2	1×10^6	300～450	
	2×10^6	250～350	

当爆心在电离层中，R. Latter 指出由于地球上空电离层的存在，信号的低频成分被阻挡，高频部分又在电离层中发生色散，若地面探测点距离爆点越近，测得的信号越容易与雷电信号区分开来。但若探测点远至 1000 km 以上，则测得的信号基本是传播路径的函数，反映源区信号的特征很少，不容易与雷电信号区分开[2]。

卫星能观测到所有的地球表面，且 F 层的等离子体频率高达几十兆赫，一般雷电信号不容易穿透全部电离层，监测全球的空中核爆炸比地面更容易。

本书采用数值模拟的方法得到爆高为 20～100 km 核爆炸向爆心上方激励电磁脉冲的波形特征，并用频域分析的方法，得到卫星轨道被电离层色散的核电磁脉冲的峰值、时间波形。数值模拟结果表明，即使在 3.6 万 km 高度的卫星轨道上，20～100 km 爆高、千吨级以上的核爆电磁脉冲都是可以监测到的。

5.3.1 爆心附近核电磁脉冲环境

计算百千米爆高、百万吨级核爆在爆心附近激励的电磁脉冲波形。[17]

在爆心附近场强高达几万伏/米，即使在水平方向上由于空气密度的缓慢变化，也存在着万伏/米的场。垂直向下场的半宽度小于水平方向及垂直向上的场，这与空气密度的变化率有关。垂直向下方向上波形半宽度在 100 ns 左右，水平方向在 200 ns 左右，而垂直向上方向上波形半宽则介于二者之间。上升前沿接近，在 20 ns 左右。$\varphi=180°$的计算结果见图 5-16。第 4 章给出距爆心下方电磁脉冲场强峰值的变化规律是先增强、再减弱，对 100 km 爆高，爆心上方及水平方向的核电磁脉冲波形则是从强到弱变化的。这和空间大气密度的变化密切相关。在向上传播方向上，空气密度逐渐稀薄，γ 射线康普顿散射电子的数目减少，康普顿电流变小，激励电磁脉冲的场强就有变弱的趋势。

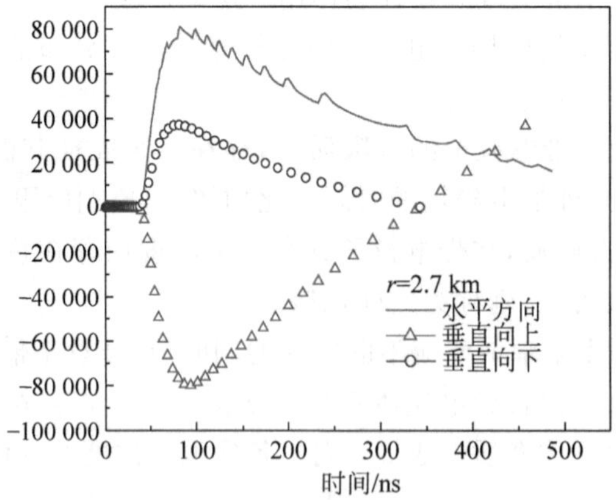

(a)

图 5-16 爆心附近核电磁脉冲波形

(a) 距爆心 2.7 km 处；(b) 距爆心 3.4 km 处；(c) 距爆心 4.1 km 处；(d) 距爆心 4.9 km 处

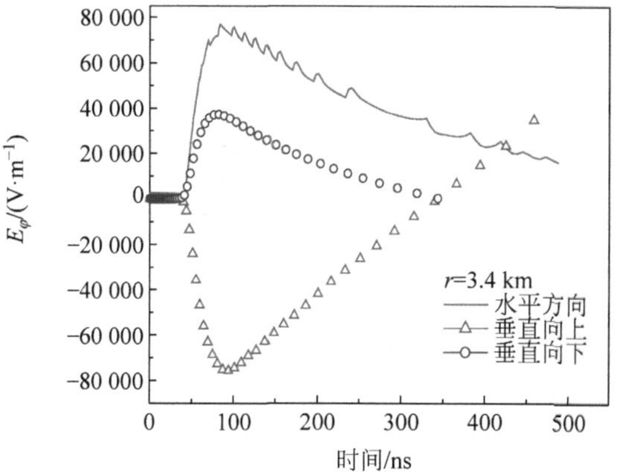

(b)

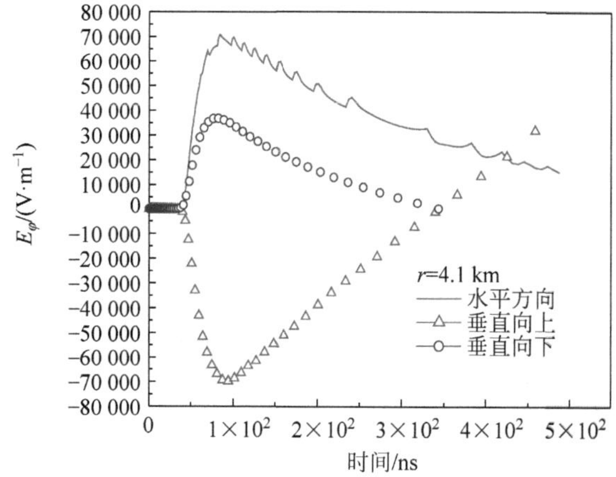

(c)

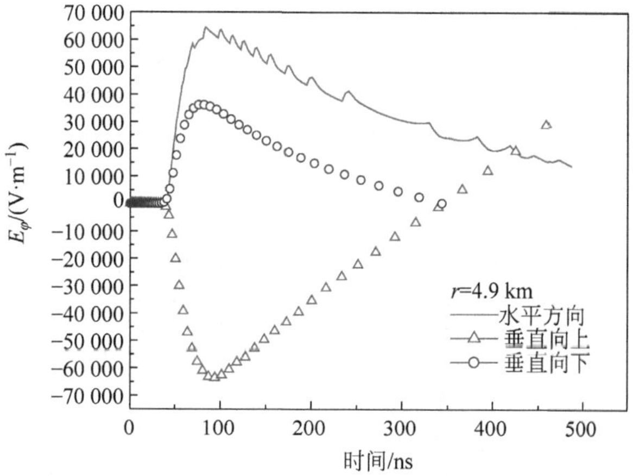

(d)

图 5-16(续)

5.3.2　爆高的影响

计算了 20～100 km 爆高，100 万 t TNT 当量的爆炸。从峰值场强的分布看，爆高 85 km 左右核爆炸的场强最强，达到了 75 000 V/m。对不同爆高，我们定义达到场强峰值的点的半径为导电区半径，峰值场强与爆高及导电区半径的关系见表 5-5。可见不论爆高是多少，在爆心向上方向，场强达到最大的区域都是在距地面 80～100 km 高度处。

表 5-5　向上传播的 HEMP 电场强度峰值及“导电区”与爆高关系表
（100 万 t TNT 当量）

爆心高度/km	导电区半径 r_0/km	R_0处电场强度峰值/(V/m)
20	65.0	650.0
25	75.0	2400.0
30	70.0	7100.0
35	70.0	7100.0
40	55.0	10 500.0
45	55.0	10 800.0
50	50.0	12 000.0
55	49.0	14 050.0
60	30.0	17 000.0
65	25.0	20 000.0
70	22.0	25 000.0
75	10.0	32 000.0
80	5.0	75 000.0
90	4.0	70 000.0
100	2.0	48 000.0

5.3.3　爆炸当量的影响

通过数值模拟发现，电场峰值随威力的增大而升高，但关系也是非线性的（图 5-17～图 5-20），图 5-19 给出 60 km 爆高的计算结果。10 万 t 与 100 万 t 核爆炸相比，威力下降了 10 倍，峰值场强仅下降 2.5 倍；50 万 t 与 100 万 t 相比，威力下降 1 倍，而峰值场强仅下降了 15%。随着威力的增大，由于 γ 射线与空气分子作用激励的康普顿电子流增大，同时空气导电率也增加，而空气导电率是电场的阻尼项，二者互相制约使电场进入饱和区，因而场强与当量不会呈线性变化。这一规律与向爆心下方激励电磁脉冲的规律相同。[17]

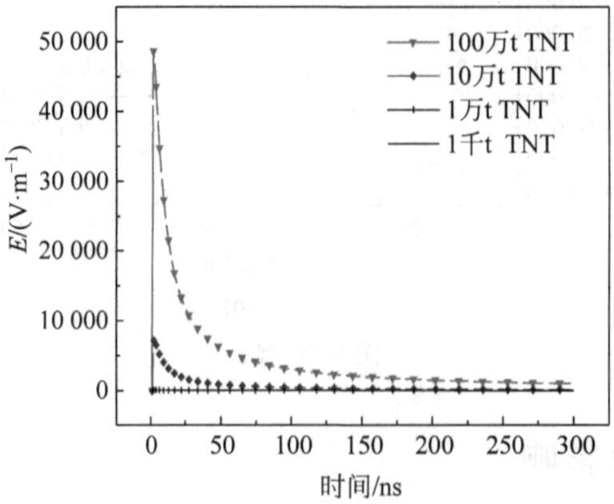

图 5-17　爆高 100 km，距爆心 150 km 处电场时间波形

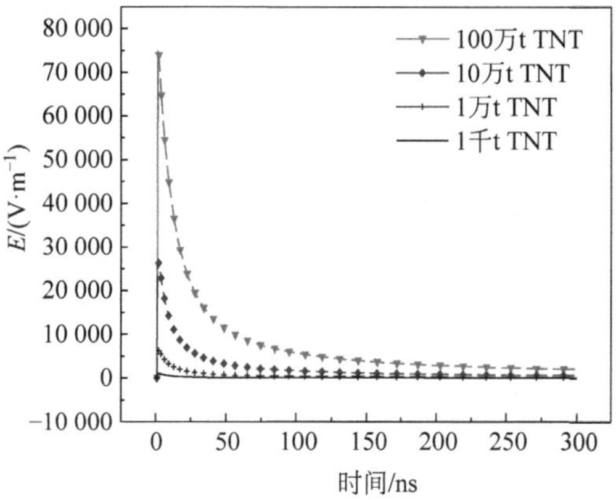

图 5-18　爆高 80 km，距爆心 150 km 处电场时间波形

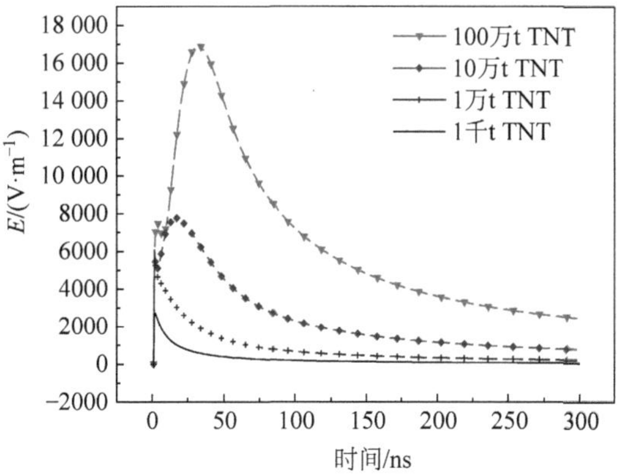

图 5-19　爆高 60 km，距爆心 150 km 处电场时间波形

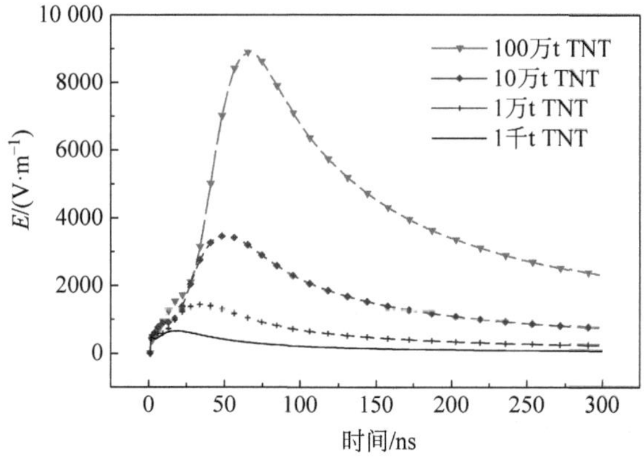

图 5-20　爆高 40 km，距爆心 150 km 处电场时间波形

5.3.4　电离层对电磁脉冲信号的影响

通过上述计算表明爆心上方的 NEMP 信号具有快上升前沿、慢下降后沿的特性，选取下述解析表达式代表该信号：

$$E(r,t) \approx E_s \frac{r_s}{r} \frac{1}{2}(1+\tanh \alpha\tau)\mathrm{e}^{-\delta\tau} \tag{5-25}$$

其中，E_s、r_s 和 δ 随爆高而变化，α 是表征 γ 射线增长速率的量，$\tau = t - r/c$ 为推迟时间；δ 是表征 HEMP 波形衰减的时间量，波形见图 5-21(b)，图 5-21(a)是本文数值计算的爆高 100 km 向上传播至距爆心 50 km 的波形。

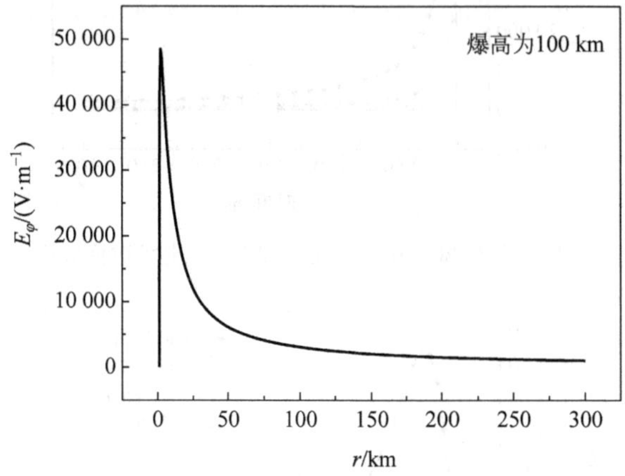

(a)

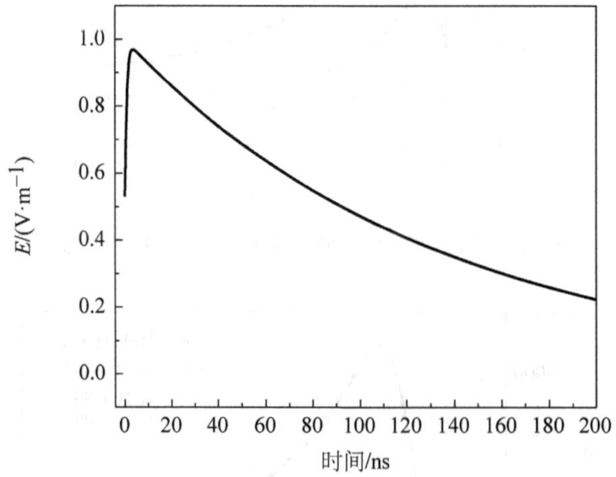

(b)

图 5-21　爆高与距爆心不同距离的波形

(a) 爆高 100 km，距爆心 150 km 处电场时间波形；(b) 进入电离层之前的原始波形

为了估计电离层对核爆炸信号的影响，我们假定电离层的厚度与爆点到卫星的距离相比很小。这就可以将信号穿过电离层到达卫星的距离看作是常数。这样，穿过电离层后的信号可以表示为

$$E_0(r,t) = \int \mathrm{d}\omega \mathrm{e}^{\mathrm{i}\omega\tau} \mathrm{e}^{-\mathrm{i}\int \frac{\mathrm{d}x}{c}\left[\sqrt{\omega^2-\omega_p^2(x)}-\omega\right]} \widehat{E}(\omega,r) \tag{5-26}$$

其中(单位为高斯单位制)

$$\omega_p^2(x) = \frac{4\pi e^2}{m} n_e(x) \tag{5-27}$$

$$\widehat{E}(\omega,r)=\frac{1}{2\pi}\int_{-\infty}^{+\infty}\mathrm{d}\tau\,\mathrm{e}^{-\mathrm{i}\omega\tau}E(r,t) \tag{5-28}$$

其中 $E(r,t)$ 由方程(5-25)给出，$n_e(x)$ 为沿爆点与观察点连线上 x 点处的电离层电子浓度。积分值可以用最速下降法估算出。近似认为电离层路径 L 的电子浓度为常数，这样就可以假定

$$\left(\sqrt{\omega^2-\omega_p^2}-\omega\right)\frac{L}{c}=\int\frac{\mathrm{d}x}{c}\left(\sqrt{\omega^2-\omega_p^2(x)}-\omega\right) \tag{5-29}$$

由电离层电子浓度为常数的近似，发现可以采用最速下降法得到

$$E_0(r,t)=\left(\frac{2\pi c}{\omega_p^2L}\right)^{\frac{1}{2}}(z^2-\omega_p^2)^{\frac{3}{4}}2\mathrm{Re}\{\widehat{E}(z,r)\mathrm{e}^{\mathrm{i}\frac{\pi}{4}}\mathrm{e}^{\mathrm{i}\frac{\omega_p^2}{c}(z^2-\omega_p^2)^{-1/2}}\} \tag{5-30}$$

其中，

$$z=\omega_p\frac{1+\frac{c\tau}{L}}{\left[\frac{2c\tau}{L}\left(1+\frac{c\tau}{2L}\right)\right]^{\frac{1}{2}}} \tag{5-31}$$

方程(5-25)的傅里叶变换为

$$\widehat{E}(\omega,r)=E_s\frac{r_s}{r}\frac{1}{4\mathrm{i}\alpha}\mathrm{csch}\left[\frac{\pi}{2\alpha}(\omega-\mathrm{i}\delta)\right] \tag{5-32}$$

于是得到

$$E_0(r,t)=\frac{E_sr_s}{r}\left(\frac{\pi c}{2\omega_p^2L}\right)^{\frac{1}{2}}\frac{1}{\alpha}\frac{(z^2-\omega_p^2)^{\frac{3}{4}}}{\left[\sinh^2\frac{\pi z}{2\alpha}+\sin^2\frac{\pi\delta}{2\alpha}\right]^{\frac{1}{2}}}\cdot$$

$$\cos\left[\frac{\omega_p^2L}{c}(z^2-\omega_p^2)^{-\frac{1}{2}}+\arctan\left(\tan\frac{\pi\delta}{2\alpha}\coth\frac{\pi z}{2\alpha}\right)-\frac{\pi}{4}\right] \tag{5-33}$$

如果信号延滞速率 δ 与上升速度 α 相比较小(通常如此)的话，那么上式可以简化为

$$E_0(r,t)=\frac{E_sr_s}{r}\left(\frac{\pi c}{2\omega_p^2L\alpha^2}\right)^{\frac{1}{2}}(z^2-\omega_p^2)^{\frac{3}{4}}\mathrm{csch}\frac{\pi z}{2\alpha}\cos\left[\frac{\omega_p^2L}{c}(z^2-\omega_p^2)^{-\frac{1}{2}}-\frac{\pi}{4}\right] \tag{5-34}$$

该式代表通常的色散波——缓慢变化的波包内有快速的振荡。波包的峰值出现在时刻

$$\frac{3}{2}\tanh y=y-a^2/y$$

其中

$$y=\pi z/2\alpha \tag{5-35}$$

$$a^2=(\pi\omega_p/2\alpha)^2 \tag{5-36}$$

色散电场的峰值为

$$E_{\mathrm{peak}}=E_s\frac{r_s}{r}\frac{2}{\pi}\left(\frac{3}{2}\right)^{\frac{3}{4}}\left(\frac{\alpha c}{\omega_p^2L}\right)^{\frac{1}{2}}y^{\frac{3}{4}}\mathrm{sech}y(\tanh y)^{-\frac{1}{4}} \tag{5-37}$$

图 5-22 给出电离层电子浓度随高度的变化。假设 L 为 600 km，电子浓度为 $10^6/\mathrm{cm}^3$，则 $\omega_p=3.0\times10^7$ Hz，取 $\alpha=3\times10^8\ \mathrm{s}^{-1}$ 代入式(5-37)，不考虑 E_sr_s/r 项，得到经电离层传播后的波形如图 5-23、图 5-24 所示。

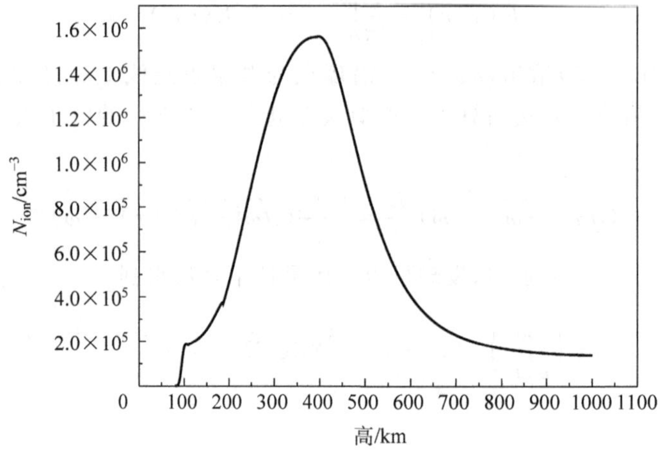

图 5-22　电离层电子浓度图

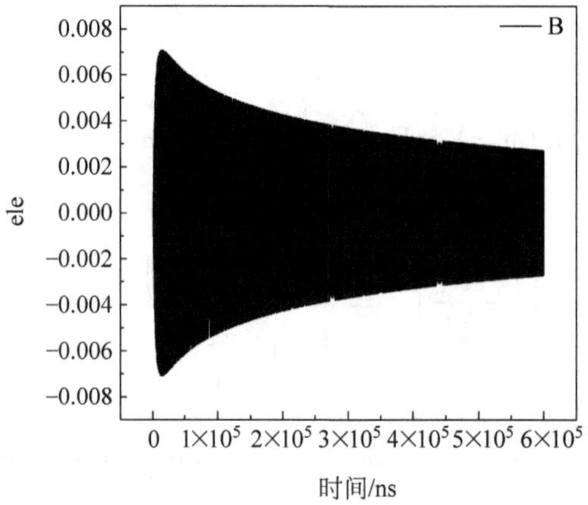

图 5-23　经电离层传播后的时间波形

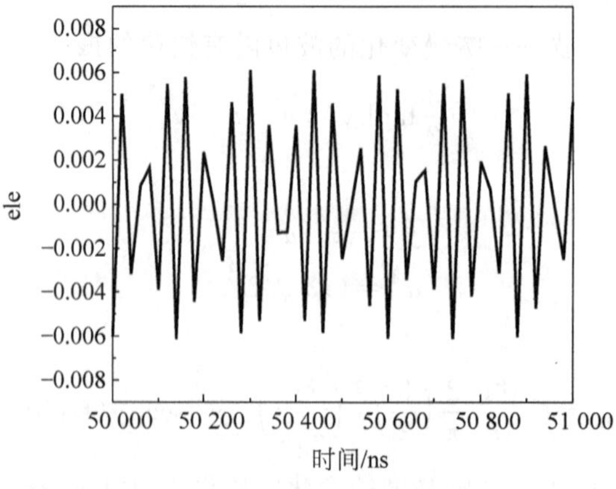

图 5-24　部分放大的时间波形

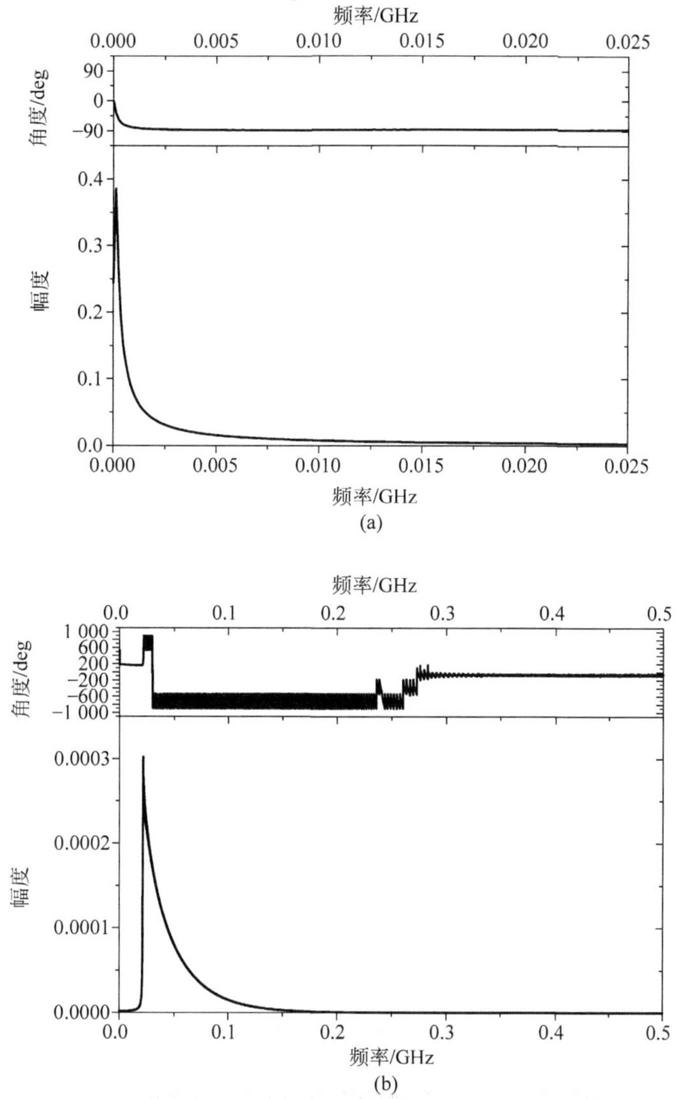

图 5-25　频谱图

(a) 原始波形频谱图；(b) 经电离层传播后的频谱图

图 5-25(a)给出进入电离层前原始波形的频谱，核电磁脉冲的频谱从低频一直到几百兆赫兹，图 5-25(b)给出了经电离层后的频谱图，明显看出电离层的高通特性：只有高于电离层本征频率的波才能透过电离层。图 5-25(b)的截止频率为 30 MHz，与所选择的电离层本征频率相吻合，频率上限为 150 MHz。为验证这一点，本文人为将电离层电子浓度下降一个量级，取 $10^5/\mathrm{cm}^3$，则 $\omega_p=3.0\times10^6$ Hz。图 5-26 和图 5-27 给出计算结果。图 5-27 截止频率也下降了一个量级，为 3 MHz。

由以上计算结果看到，经过电离层后，源信号由于低频部分被反射、高频部分被电离层色散，频率高的群速度高、频率低的群速度低，色散后的电场成为一个衰减振荡波形，从振荡看，高频部分出现时刻早于低频出现时刻，即振荡周期随时间增长而变长。图 5-28 所做的时-频分析证明了这一点。从幅度的衰减看，峰值与原来的峰值都有量级的变化。从源的频谱看，超过 10^6 Hz 的面积肯定比超过 10^7 Hz 的面积大，这也就是图 5-26 的峰值大于图 5-23 的峰值的原因。

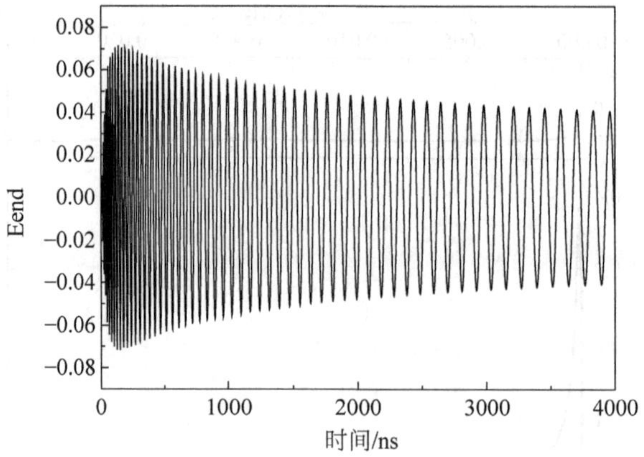

图 5-26 经电离层传播后的时间波形

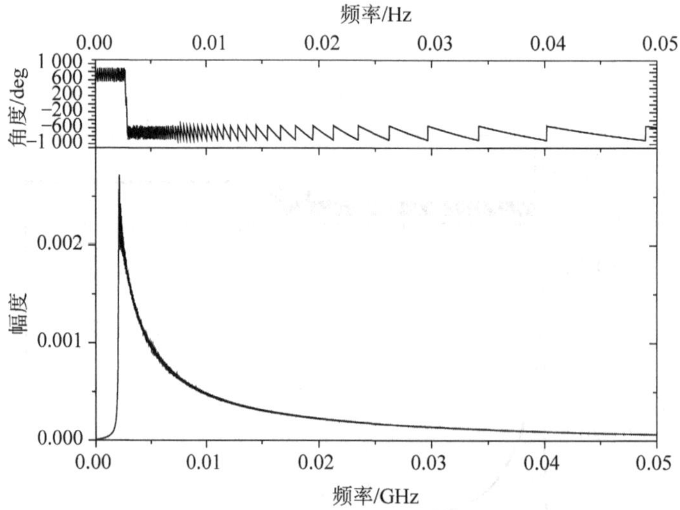

图 5-27 经电离层传播后的频谱

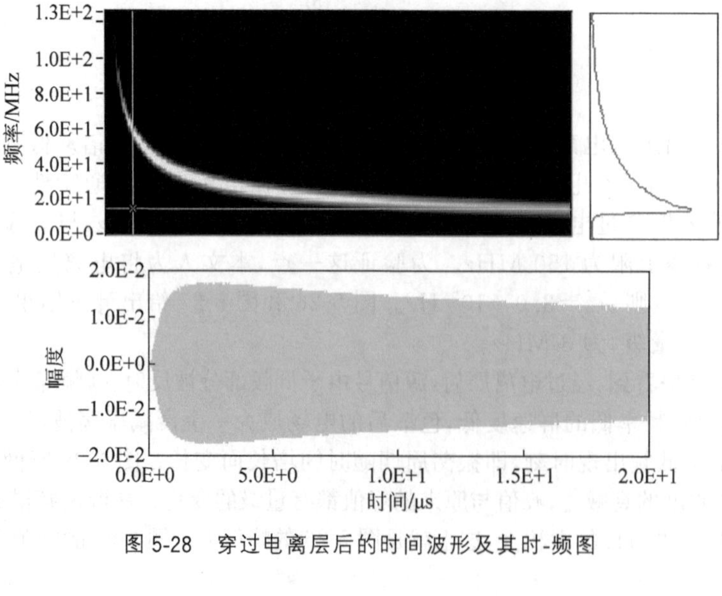

图 5-28 穿过电离层后的时间波形及其时-频图

而且我们发现电离层对信号有明显的展开效果，信号持续时间加大。这与文献的结论相符合。

经电离层传播后的频谱也都反映了所选取电离层的等离子体特征频率，即只有超过这一特征频率的波才能穿过电离层。

5.3.5　高频电磁波通过电离层的衰减

电磁波在通过电离层时，由于电子与中性成分的碰撞，电离层对电磁波有吸收作用。衰减常数：

$$\beta=\frac{60\pi\sigma_e}{\sqrt{\varepsilon'_e}}=\frac{60\pi Ne^2\nu}{\sqrt{\varepsilon'_e}m(\omega^2+\nu^2)} \tag{5-38}$$

可见频率越高，衰减常数越小。如果电磁波功率很大，将出现电磁波与电离层的非线性相互作用，电离层对电磁波产生非线性吸收，吸收幅度与电磁波的功率有关。假设地面天线定向发射，表 5-6 给出 100 V/m 的不同频率电场通过电离层到达 GPS 卫星轨道的峰值。

表 5-6　电离层对不同频率波的衰减

电场的频率/MHz	电离层透过率/%	电离层吸收后的峰值/(V/m)	20 000 km 高空的峰值/mV
20	88.34	88.34	4.45
22	90.3	90.3	4.52
24	91.8	91.8	4.59
26	92.99	92.99	4.65
28	93.94	93.94	4.70
30	94.71	94.71	4.74
40	97.00	97.00	4.85
42	97.28	97.28	4.86
126	99.695	99.69	4.98
130	99.71	99.71	4.99
199	99.88	99.88	4.994

当电磁波频率达到 30 MHz 时，电离层的透过率达到 95%，因此在后面的计算中，认为 30 MHz 以上的电磁波 100%透过电离层。

5.3.6　卫星轨道电场峰值[17,18]

1. 不同轨道高度上核电磁脉冲的场强峰值

对百千米高，100 万吨的核爆炸，爆心上方偏东 30°角，150～1400 km 不同轨道高上的场强峰值表 5-7 所示。

表 5-7　不同轨道高度的电场峰值

轨道高度/km(距爆心距离)	场强峰值/(V/m)
150(90)	3416
250	29
350	20.5
450	15.7
550	14.7
650	12.1
750	11.8
800(1150)	0.92
900(1300)	0.82
1000(1450)	0.73
1100(1600)	0.66
1200(1730)	0.61
1300(1870)	0.57
1400(2000)	0.53

2. 1400 km 及 3.6 万 km 轨道高度上不同爆高、100 万 t 核爆炸电场的场强峰值

考虑 r_s/r 等因素，源信号如图 5-20 所示，估计出卫星轨道 1400 km 上，不同爆高的 100 万 t 的核爆炸电场的场强峰值的变化如表 5-8 所示。信号频率超过 30 MHz，信号持续时间约为几百微秒。

表 5-8　1400 km 轨道上电场峰值与爆高的关系(当量 100 万 t)

爆高/km	距爆心 150 km 处场强峰值/(V/m)	1400 km 电场峰值/(V/m)
20	347.23	2.8
40	4504.0	3.4
50	4868.47	3.6
60	4770.0	3.55
70	4316.2	3.2
80	3710.8	2.8
90	3000.0	2.2
100	2035.0	1.5

表 5-9　地球同步轨道电场峰值与爆高的关系(当量 100 万 t)

爆高/km	距爆心 150 km 处场强峰值/(V/m)	36 000 km 电场峰值/(V/m)
20	347.23	0.011
25	1472.0	0.042 68
30	2889.0	0.083 78
35	3926.0	0.114
40	4504.0	0.131
45	4764.5	0.138
50	4868.47	0.1412

续表

爆高/km	距爆心 150 km 处场强峰值/(V/m)	36 000 km 电场峰值/(V/m)
55	4835	0.1402
60	4770.0	0.1383
65	4512.5	0.1309
70	4316.2	0.12516
75	3966.6	0.11503
80	3710.8	0.1076
90	3000.0	0.087
100	2035.0	0.059

从表 5-9 中不难得到，从 20～100 km 的 100 万 t 高空核爆炸，其 HEMP 传播至 36 000 km 卫星轨道后，场强峰值在 10～100 mV/m 变化，而那里的背景噪声仅有 10 μV/m 量级，应该完全能够监测到。1000 t TNT 当量的场强峰值在百 μV/m 到几 mV/m 变化，所以千吨级以上的核爆炸都应能够监测到。在上述估算中，每一步的近似所考虑的都是最坏情况，所以真实的峰值可能会比上面计算出的大 2～3 倍。

参考文献

[1] 乔登江. 核爆炸物理概论[M]. 北京：原子能出版社，1988.

[2] 周璧华，陈彬，石立华. 电磁脉冲及其工程防护[M]. 北京：国防工业出版社，2003.

[3] 孟萃. 高空核爆炸电磁脉冲的产生、传播及耦合的理论和数值研究[D]. 西北核技术研究所. 2003.

[4] Latter R，Karzas W J. Electromagnetic Radiation from a Nuclear Explosion in Space[J]. Phys Rev，1962，126(6)：40.

[5] John R. Lillis，Theory of the High Altitude Electromagnetic Pulse[R]. AD-777846，1974.

[6] Karzas W J，Latter R. Detection of the Electromagnetic Radiation from Nuclear Explosions in Space [J]. Physical Review，1965，137(5B)：43.

[7] Latter R，Herbst R F，Watson K M. Detection of Nuclear Explosions[J]. Annual Review of Nuclear Science，1958，127(1)：805-806.

[8] Latter R，Lelevier R E. Detection of ionization effects from nuclear explosions in space[J]. Journal of Geophysical Research，1963，68(6)：1643-1666.

[9] DOD MIL-STD-2169，HIGH-ALTITUDE ELECTROMAGNETIC PULSE (HEMP) ENVIRONMENT[S]. 1985.

[10] Institution B S. Electromagnetic compatibility (EMC). Environment. Description of HEMP environment. Radiated disturbance. Basic EMC publication[J].

[11] Meng C，Chen Y S，Liu S K，et al. Numerical simulation of the early-time high altitude electromagnetic pulse[J]. Chinese physics，2003，12(12)：1378-1382.

[12] Meng C. Numerical Simulation of the HEMP Environment [J]. IEEE Transactions on Electromagnetic Compatibility，2013，55(3)：440-445.

[13] 孟萃，陈雨生，周辉. 爆炸高度及威力对空间核电磁脉冲信号特性影响的数值分析[J]. 计算物理，2003，20(2)：173-177.

[14] Karzas W J，Latter R. Satellite-Based Detection of the Electromagnetic Signal from Low and Intermediate Altitude Nuclear Explosions[R]. AD616701，1965.

[15] Dvorak S L, Dudley D G. Propagation of Ultra-Wide-Band Electromagnetic Pulses Through Dispersive Media[J]. IEEE Transactions on Electromagnetic Compatibility,1995,37(2): 192-200.

[16] Schuster J W,Luebbers R J. An accurate FDTD algorithm for dispersive media using a piecewise constant recursive convolution technique [C]//Antennas & Propagation Society International Symposium. IEEE,1998.

[17] 孟萃,陈雨生,周辉.电离层对核电磁脉冲传播特性影响的分析[J].核电子学与探测技术,2004,24(4): 369-406.

第 6 章

腔体系统电磁脉冲的物理机理与规律

瞬态 X 射线辐照电子设备和系统的金属外壳时，会发生以光电效应为主的复杂反应。壳体的外表面会向外部空间发射出背散射电子。当光子能量较高或者外壳较薄时，一部分的 X 射线可以穿透外壳，而壳体的内表面也会向系统内部空间中发射出前向光电子。这些发射电子的运动会形成空间电流，激励出瞬态强电磁场。由于激励麦克斯韦方程组的电流源来自系统本身而不是天线，这类问题被称为系统电磁脉冲(system generated electromagnetic pulse，SGEMP)。反向光电子在外部空间激励出的电磁场称为外部系统电磁脉冲(external-SGEMP)，而前向光电子在内部空间激励出的电磁场称为腔体系统电磁脉冲(cavity-SGEMP)。

6.1 研究背景与现状

从 20 世纪 70 年代开始，美国军方就将系统电磁脉冲问题作为卫星核辐射效应研究的一个重要内容，开展了大量理论仿真和实验测量工作。

从 1973—1989 年，以空军武器实验室为主的各研究单位先后开发了多种能够在不同情形下模拟腔体 SGEMP 的计算程序，例如：DYNACYL 适用于求解 X 射线注量较低时圆柱腔体中的 SGEMP[1]，而 SEMP 中的仿真模型则是基于 X 射线注量很大的情况[2]；DYNA2CYL 采用了两个同心圆柱腔体的模型，而 DYNASPHERE 针对的是两个同心圆球腔体问题[3]；ABORC 能够对任意轴对称几何结构的腔体 SGEMP 进行二维计算[4]，MEEC-3D 不仅具备了三维数值模拟能力，还在多次更新中升级了图形用户界面等功能[5,6]。Higgins 等[7-10]阐述了 SGEMP 产生过程中的基本物理过程及其求解方法，包括：光子传输过程中入射 X 射线注量以及发射电子产额、能谱和角分布的描述，表面电流和电磁场的计算方法，电子运动的准静态近似和全动态模型，以及空间电荷层的理论公式等。Woods 等[11-13]总结了表面电流密度和电场强度的峰值与 X 射线注量、脉冲持续时间、发射电流和发射电子能谱等重要参数之间的变化规律。Wenaas 等[14]研究了发射电子到达腔壁后产生的背散射电子对 SGEMP 的影响，发现空间电磁场的最大值会增加 20%。

尽管条件有限，在仿真之外仍然开展了不少实验研究。dePlomb 等[15]用 DPF(density plasma focus，DPF)装置测量了小腔体内的 SGEMP 响应对电路的耦合，该装置能够输出中心能量 60 keV、剂量率 10^8 rad/s 的 X 射线。Fisher 等[16]介绍了用 SPI 5000 装置分别输出

40 keV 和 60 keV 电子束进行的实验，发现在超过 10 kA 的发射电流下腔体内的磁场强度可以达到 10 A/m。Fromme 等[17-19]在 OWL Ⅱ光源下对卫星模型 SKYNET 开展了多次试验，不仅获取了空间电流和电磁场的数据，还研究了电子充电和自发放电等现象的影响（该装置产生的瞬态 X 射线上升时间小于 10 ns，但是光子平均能量不足 2 keV）。Price 等[20]建立了包含多个腔体的卫星共振模型 RESMOD，并对比了理论计算和 OWL Ⅱ光源得到的 SGEMP 响应。Keyser 等[21]基于卫星模型 TINKSAT 用 PIMBS IA 光源检验了 ABORC 软件的仿真结果，该装置产生的 X 射线光子能量可以达到 75 keV，不过注量仅有 10^{-5} cal/cm^2。在 HURON KING 地下核试验中，研究人员用特制管道引导爆炸产生的 X 射线辐照加固后的卫星，证实了其对 SGEMP 的防护能力有效[22]。

近年来，随着计算机仿真性能和实验室试验能力的提升，SGEMP 研究取得了显著的进展。美国 ASC(Advanced Simulation and Computing)项目支持的多尺度、多物理建模与仿真能力就包含了对 SGEMP 的数值模拟。有报道称，2014 年以来，美军在 W78/88 项目中通过实验数据验证了腔体 SGEMP 的三维仿真模型。圣地亚国家实验室(Sandia National Laboratories，SNL)在官网上提到了要研究系统对极端 X 射线环境的响应，SGEMP 正是其中的重点。针对腔体 SGEMP 现象中大部分电子位于发射表面附近的特点，SNL 提出了一种名为 Automated Monte Carlo Biasing 的算法。为了更准确地建立 SGEMP 仿真模型，SNL 在 Z 箍缩辐射源实验中用新的光谱诊断技术观测到了临界电子的温度和密度。2007 年起，英国原子武器实验室(Atomic Weapons Establishment，AWE)在 OMEGA 激光装置中进行了三次有关 SGEMP 效应的实验。2015 年，SNL 与 AWE 在国家点火装置(National Ignition Facility，NIF)中开展了三轮 SGEMP 验证实验，分别用 7 keV、13 keV 和更高能量的 X 射线源照射其研发的 SGEMP 诊断装置。2017 年，AWE 在 Z 装置上进行了 23 次 SGEMP 实验，获得了能够验证其 X 射线传输代码和匹配的电磁场代码的高质量数据。2020 年，科学家们在 NIF 中联合开展了系统电磁脉冲代码验证实验，设置了不同气压的 4 个小腔体和一个大体积的复杂腔体，在 48 h 内一共进行了 7 次试验；在 Z 装置中也进行了相似的腔体 SGEMP 实验。

国内对腔体 SGEMP 问题也有一定的研究基础，很早就从理论上推导了圆柱腔体内的电磁场响应公式[23]，随后又进行了二维数值模拟，在不同量级的 X 射线注量下计算了表面电流和电磁场的波形，发现其饱和值分别在 1800 A、5 MV/m 和 1000 A/m 以上，并总结出了腔体 SGEMP 的空间分布规律[24-26]。最近几年来，腔体 SGEMP 问题的仿真能力提升到了三维[27]，关于空间电荷限制效应的研究取得了显著进展[28,29]，清华大学团队则开展了高功率激光惯性约束聚变装置靶室内腔体 SGEMP 问题的研究[30-33]。此外，实验方面也取得了一些进展，包括在高注量 X 射线环境下记录到了真空试验腔内的电磁脉冲响应[34]，在“闪光二号”加速器中的测量结果证实了仿真模型的可行性[35]等。

6.2 腔体内 SGEMP 仿真模型

在大部分的 SGEMP 数值模拟研究中，求解麦克斯韦方程组的电磁粒子模拟方法是简单而有效率的[36]，并且可以采用一个金属圆柱腔来代替各种结构复杂的腔体[37]。由于圆柱腔体的对称性，早期的仿真研究大多进行了一定程度上的简化，在轴对称坐标系下建立二维仿真模型。随着计算机运算能力的提升，直角坐标系下的三维仿真模型被提出，以获得更加准确的仿真结果。

6.2.1　二维仿真模型

在大多数情况下，都可以近似认为X射线是均匀辐照在腔体外表面的。当X射线垂直辐照圆柱腔体的底面时，假设发射电子是均匀地从内底面垂直进入到计算空间，那么腔体SGEMP的产生过程就具有环向的对称性，可以采用轴对称坐标系将问题简化为一个二维模型，将包含对称轴的截面的一半作为计算区域，如图6-1所示。计算空间是一个长方形区域，z轴所在的边是圆柱的轴线，而其他三条边界都采用理想导体边界条件。圆柱腔体的半径$R=25$ cm，长度$L=50$ cm，腔壁材料为铝，厚度是1 mm。以受辐照位置X射线注量为1 J/cm^{2}的情况为例，通过蒙特卡罗方法可以仿真X射线与腔壁的相互作用过程，得到发射电子的初始参数为：电子总数是2.38×10^{12}，仿真中建立的宏粒子总数则是3×10^5，所有电子都以10 keV的能量沿$+z$方向从底面进入计算空间，某个时间步长内发射的电子数量$N(t)$满足高斯分布：

$$N(t)/\mathrm{d}t=N_0\frac{1}{\sqrt{2\pi}\sigma}\mathrm{e}^{-\frac{(t-\tau)^2}{2\sigma^2}} \tag{6-1}$$

其中，达到峰值的时刻$\tau=0.5$ ns，同时取$\sigma=\tau/4$。

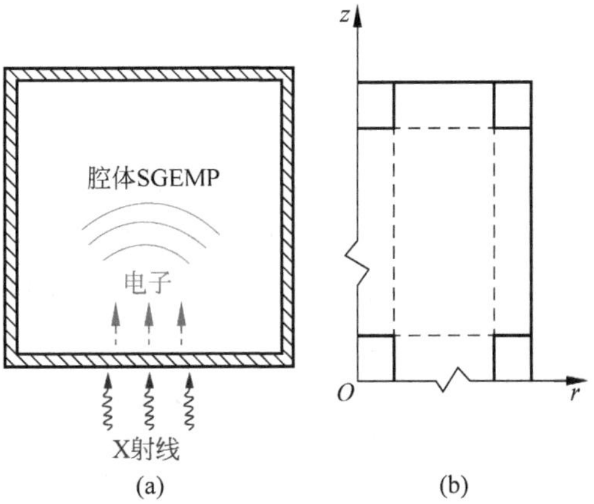

图6-1　腔体SGEMP二维仿真模型
(a) 物理模型；(b) 坐标系与网格

6.2.2　三维仿真模型

三维仿真模型在直角坐标系下划分正六面体网格，建立起圆柱腔体的模型，如图6-2所示。腔体的材料及尺寸、X射线的辐照参数都与二维仿真模型完全相同。此时，整个计算区域就是圆柱的内部空间，模型边界可以全部使用理想导体边界条件，电子直接被吸收，而电磁场则会被完全反射回去。值得注意的是，圆柱的侧面是一个曲面，在经典的FDTD方法中一般采用“阶梯近似”的解决方案，用多个平面来代替这个不规则边界，在图6-3中用黑色加粗的实线表示，它与红色圆弧实线表示的真实边界存在一定的差异；为了提高建模的精度和计算结果的准确性，共形网格技术被提出并应用到了腔体SGEMP仿真当中，它采用的部分填充网格是更加接近实际物理问题的，在图 6-3 中用深色区域表示。

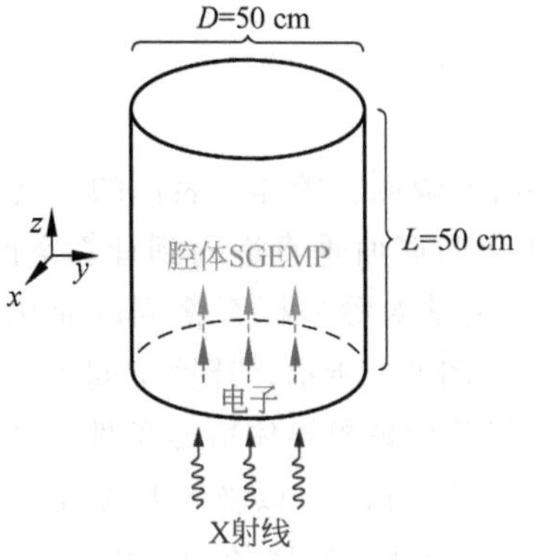

图 6-2　腔体 SGEMP 三维仿真模型

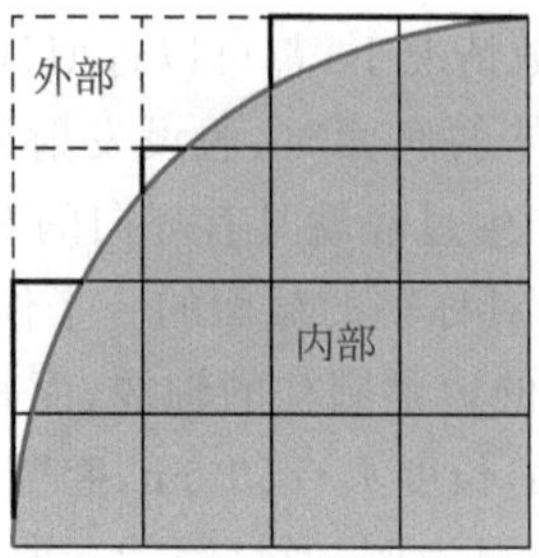

图 6-3　"共形网格"示意图

6.3　二维模型的仿真结果及规律

清华大学团队编写了 LASER—SGEMP 代码，在二维模型下开展数值模拟工作，以轴向电场分量 E_z 为例，探索了腔体内 SGEMP 的特性[30,32,38]。

6.3.1　典型的时域波形

选择距离发射面 9 cm 的平面上、距离腔体轴线 9 cm 的位置作为输出点，得到 E_z 的时域波形，如图 6-4 所示。由于 X 射线的脉冲宽度很短，而注量又非常高，在发射表面附近的区域内，电场会急剧增加到很强的幅值，对发射电子的前向运动造成巨大阻碍，最终会形成一个很薄的空间电荷限制层。只有少量的电子能够穿过这个电荷层而到达距离发射面 9 cm 的平面，它们的运动会在此处形成一个负极性的脉冲。由于腔体的尺寸并不大，电磁场在几纳秒内就会传播到边界并被完全反射回计算区域，因此电场的时域波形中还会出现很多个脉冲，甚至形成稳定的谐振。从图中可以看出，10 ns 的时间里电场的时域波形就出现了很多个脉冲。将其中的第一个负极性脉冲定义为腔体内 SGEMP 主脉冲，它的峰值是 70.77 kV/m。

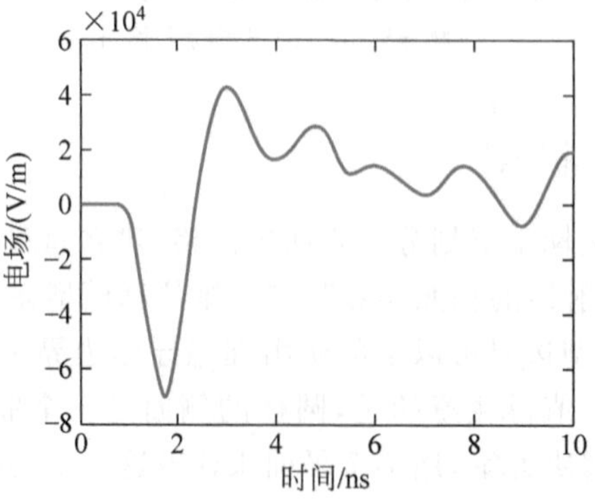

图 6-4　二维仿真下典型的电场波形

6.3.2 X 射线能注量的影响

保持其他条件不变，分别设置 X 射线的能注量为 1×10^{-3} J/cm^2、0.01 J/cm^2、0.1 J/cm^2、1 J/cm^2 和 10 J/cm^2，经过仿真计算得到了相应的电场峰值，如图 6-5 所示。当 X 射线的能注量增加时，发射电子数量会同比例地增大，空间电流密度会变大，因此电场强度的峰值也是在不断地升高。从图中可以看出，当 X 射线的能注量比较低（例如 0.1 J/cm^2 以下）时，电场峰值是随着能注量线性增加的，电场波形的时域变化特性保持不变；当 X 射线的能注量很高（例如 1 J/cm^2 以上）时，电场峰值不再是线性增加，呈现出饱和的趋势，而电场波形的时域变化特性也会发生改变，例如上升时间会缩短。考虑到电场会阻碍发射电子的前向运动，电场强度的升高会加强电子运动与电磁场之间的相互影响，当电场强度很大时电子运动受到的约束变强，空间电流密度不能无限制地变大，因此电场的峰值在继续增加的过程中就出现了逐渐饱和的现象。

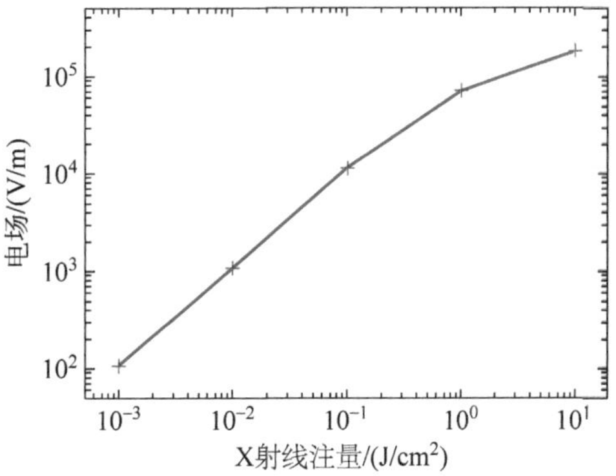

图 6-5　不同 X 射线能注量下的电场峰值

6.3.3 X 射线脉冲宽度的影响

保持其他条件不变，分别设置 X 射线的脉冲宽度为 1 ns、2 ns、3 ns、4 ns 和 5 ns，经过仿真计算得到了相应的电场波形与峰值，如图 6-6 所示。电场的强度受发射电子速度的影响，

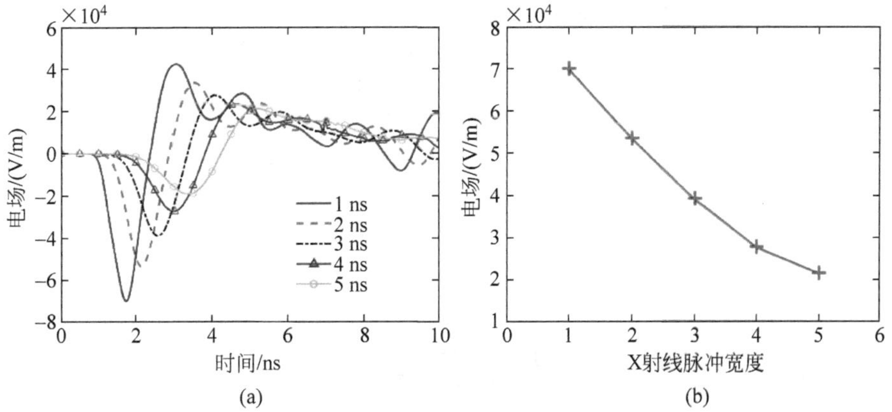

图 6-6　不同 X 射线脉冲宽度下的电场

(a) 波形；(b) 峰值

电子发射速度快的时候，电荷密度更大，空间电流更高，激发的电磁场自然也就更强。所以，电场的波形会随着脉冲宽度的变化而发生显著的变化，电场的峰值与发射电子的峰值几乎同时出现，腔体内 SGEMP 主脉冲的波形也与 X 射线的脉冲波形基本一致。同时，在 X 射线的能注量一定的情况下，发射电子速度的峰值受到 X 射线脉冲宽度的制约，脉冲宽度增加意味着空间电荷密度的峰值会减小，因此电场峰值随之降低。不过，从图中可以看出，电场峰值的下降趋势是非线性的：脉冲宽度越小，对电场峰值的影响越显著；反之，脉冲宽度越大，电场峰值受到的影响就越小。

6.3.4 X 射线能量的影响

在腔体内 SGEMP 的产生过程中，X 射线能量的影响是非常复杂的，会改变 X 射线与腔壁作用过程中的反应截面，从而影响发射电子的产额和初速度，进而改变空间电流密度。在 X 射线的能注量一定的情况下，X 射线的能量还会影响光子的数量，从而改变发射电子的总数。考虑到发射电子数量变化对腔体内 SGEMP 响应的影响已经在改变 X 射线能注量的情况下讨论过了，这里假设发射电子的初始能量和 X 射线光子相同，而总数并不发生变化，关注发射电子初速度对电场峰值的影响。

分别设置 X 射线的能量为 10 keV、30 keV、50 keV、75 keV 和 100 keV，经过仿真计算得到了相应的电场波形与峰值，如图 6-7 所示。当 X 射线的能量比较低时，例如从 10 keV 增大到 50 keV，电场波形会经历从负极性到双极性再到正极性的过程，在 0~3 ns 内的时域特性可能发生非常大的变化，导致峰值的变化情况很复杂，没有呈现出明显的规律性。这是因为 X 射线的能量升高时，发射电子初速度增大并且能够运动到距离发射表面更远的地方，所以空间电荷层变厚，输出点位置受空间电荷限制效应的影响不断增强，导致波形的极性出现转换。当 X 射线的能量比较高时，例如从 50 keV 增大到 100 keV，电场波形的时域特性基本上就保持不变了，只是峰值会有所增加，并且随着能量的升高，电场峰值变大的趋势是逐渐平缓的。

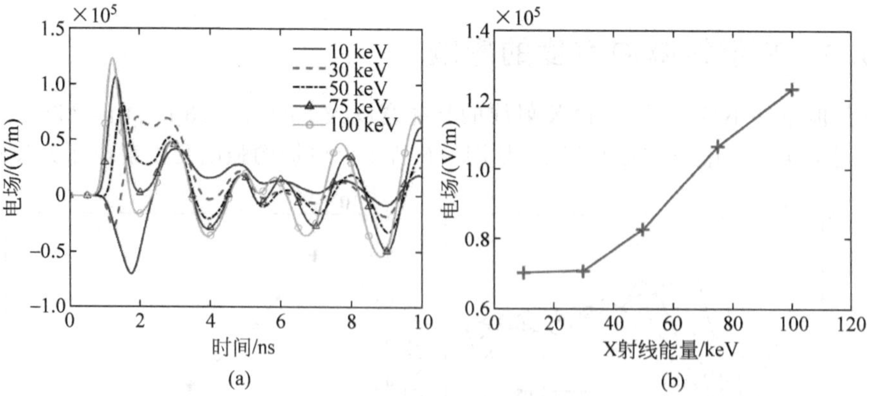

图 6-7　不同 X 射线能量下的电场

(a) 波形；(b) 峰值

6.4 三维模型的仿真结果及规律

清华大学团队编写了 3D cavitySGEMP 代码，在三维模型下开展数值模拟工作，以轴向电场分量 E_z 为例，探索了腔体内 SGEMP 的特性[31,33,39]。

6.4.1 典型的时域波形

选择距离发射面 9 cm 的平面上、距离腔体轴线 9 cm 的位置作为输出点，得到 E_z 的时域波形，如图 6-8 所示。在二维仿真中，腔体内 SGEMP 主脉冲的峰值是 70.77 kV/m，上升时间是 0.55 ns，脉冲半高宽是 0.75 ns；在三维仿真中，它的峰值是 72.88 kV/m，上升时间是 0.57 ns，脉冲半高宽是 0.72 ns。对于波形在主脉冲之后的部分，在二维仿真中，第二个峰的幅值为 42.23 kV/m、第三个峰的幅值为 28.30 kV/m；在三维仿真中，第二个峰的幅值为 58.57 kV/m、第三个峰的幅值为 35.93 kV/m。从时间上来看，两种模型下腔体内 SGEMP 的变化规律几乎是一模一样的，波形变大和变小的时间点对应得很好。从幅值上看，主脉冲峰值之间的差异仅仅只有 2.98%，一致性非常好，而后面两个峰的差异则会稍大一些，都超过了 25%。考虑到三维模型比二维模型更复杂，也更符合实际情况，这样的差异也是合理的。

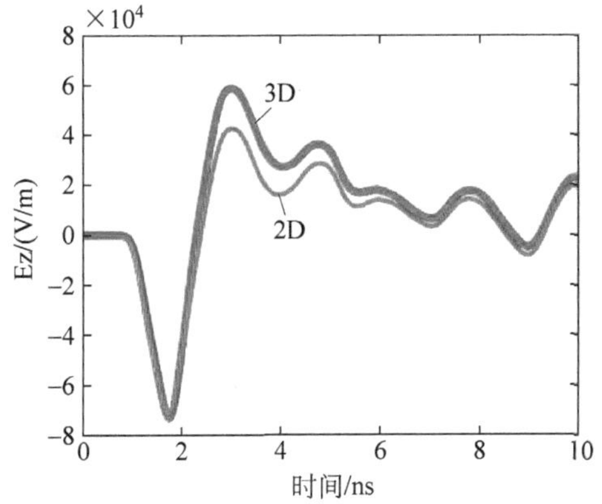

图 6-8　二维和三维仿真下的电场波形

6.4.2 腔体内 SGEMP 的空间分布

设置两组不同位置的输出点，分别观察腔体内 SGEMP 沿轴向和径向的空间分布规律。

图 6-9 给出了腔体内 SGEMP 沿轴向的空间分布规律。在距离腔体轴线 9 cm 的曲面上，选择距离发射面 1～40 cm 的 7 个不同位置，分别输出轴向电场的时域波形。靠近发射表面的区域，受到空间电荷限制效应的影响，轴向电场会迅速形成一个正极性的脉冲，峰值非常高，在发射面上电场是最强的，有 208 kV/m。从图中可以观察到，此条件下空间电荷层的厚度约为 3 cm，相较于腔体的尺寸而言是很小的。少量电子能够穿过电荷层，继续向前运动并激励负极性的电场，但是峰值会明显减小。例如，在 9 cm 处的电场峰值为 72.88 kV/m，降低到了发射面上的 34.68%。从峰值的轴向分布图可以发现，在靠近发射表面的区域电场峰值变化很剧烈，而远离发射表面的区域电场峰值变化很缓慢。因此，腔体内 SGEMP 沿轴向的空间分布规律为：随着距离发射表面越来越远，电场的幅值越来越小，但是减小的趋势越来越平缓，并且电场会由正极性变为负极性。

图 6-10 给出了腔体内 SGEMP 沿径向的空间分布规律。在距离发射面 9 cm 的平面上，选择距离腔体轴线 0～24 cm 的 5 个不同位置，分别输出轴向电场的时域波形。在腔体

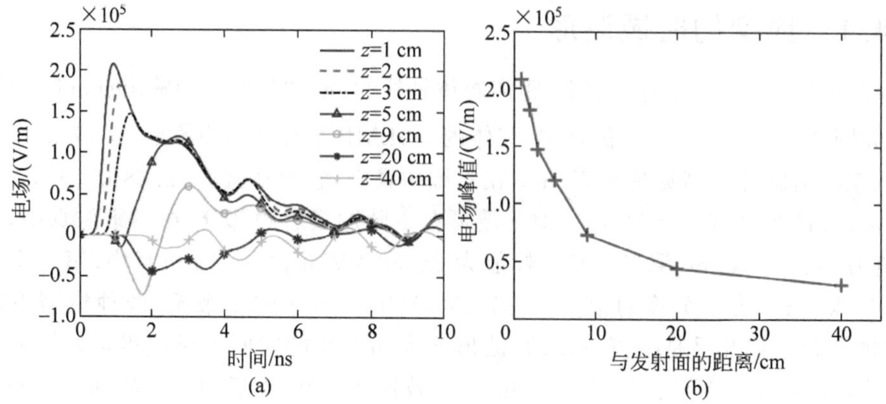

图 6-9 腔体内 SGEMP 的轴向分布

(a) 波形的轴向分布；(b) 峰值的轴向分布

内的大部分区域，随着与轴线距离的增加，电场峰值较为缓慢地减小，在轴线上电场是最强的，有 73.9 kV/m，在距离 9 cm 的位置场强峰值仅仅降低了 4.24%。但是，在理想导体边界条件作用下，靠近腔体壁的区域电场会迅速地衰减到 0。例如，从距离轴线 20 cm 的位置到 24 cm 的位置，电场峰值就从 53.58 kV/m 减小到了 20.97 kV/m，在 4 cm 长度内的变化达到了 60.86%，场强衰减的速度非常快。从峰值的径向分布图可以更清晰地看到，电场峰值的衰减规律与轴向分布的情况是正好相反的，呈现出先慢后快的趋势。

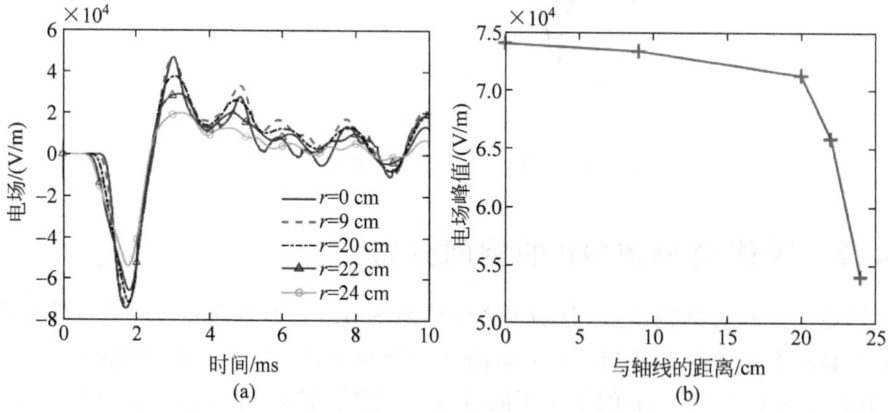

图 6-10 腔体内 SGEMP 的径向分布

(a) 波形的径向分布；(b) 峰值的径向分布

6.4.3 腔体内 SGEMP 的频率特性

在经过腔体壁的多次反射后，电磁场会形成稳定的谐振，主导了腔体内 SGEMP 的频率特性。圆柱波导的谐振频率可以通过如下公式进行计算：

$$f=\frac{c}{2}\cdot\sqrt{\left(\frac{x_{mn}}{\pi R}\right)^{2}+\left(\frac{p}{L}\right)^{2}} \tag{6-2}$$

其中，x_{mn} 表示 m 阶贝塞尔函数的第 n 个零点，p 表示沿 $+z$ 方向的半驻波数。

为了获取腔体内 SGEMP 的频率特性，建立两个不同尺寸的三维仿真模型。模型 A 就是前述仿真中所采用的模型。模型 B 则是一个更小一些的圆柱腔体,直径和长度都是模型 A 的一半,只有 25 cm,选择距离发射面 9 cm 的平面上、距离腔体轴线 9 cm 的位置作为输出点。

图 6-11 给出了两个模型下 50 ns 时间内轴向电场的原始波形和归一化波形,模型 A 的计算结果用实线表示,模型 B 的计算结果用虚线表示。在原始波形中,模型 A 得到的电场强度峰值是 72.88 kV/m,而模型 B 得到的电场强度峰值则是 40.71 kV/m。这里我们更关注的是谐振情况,因此画出了归一化波形,在图中可以清楚地看到:在相同的时间长度内,模型 A 和模型 B 中电场都进入了很稳定的谐振状态,但是模型 B 的电场波形中包含的脉冲个数明显多于模型 A,因此单个谐振脉冲的持续时间更短,对应的谐振频率更大。通过电场波形可以初步判断,腔体的尺寸越小,SGEMP 的时域波形就越复杂,对应的谐振频率就越大。

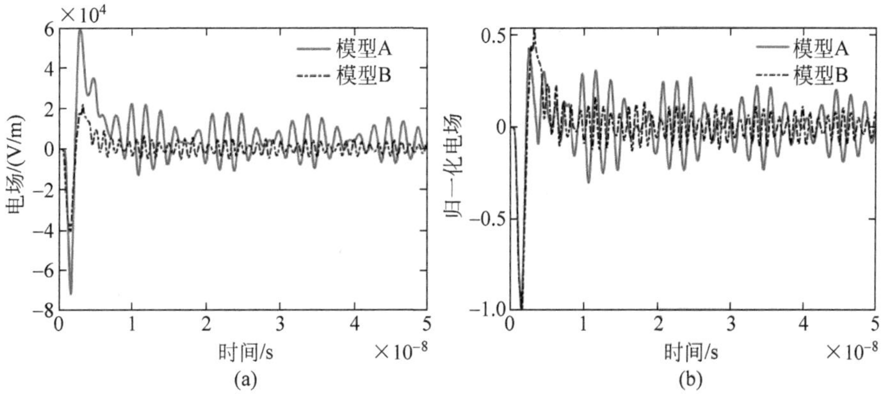

图 6-11 模型 A 和模型 B 中的电场波形

(a) 原始波形;(b) 归一化波形

图 6-12 给出了两个模型下轴向电场的原始频谱和归一化频谱,模型 A 的计算结果用实线表示,模型 B 的计算结果用虚线表示。由于电场波形的幅值差异较大,在原始频谱中两条线的幅值差异也很大,模型 B 的频谱中比较高频的分量被掩盖了。为了更好地展现两种模型在频率特性上的差异,画出了归一化频谱,可以清楚地看到在 0～3 GHz 范围内出现了

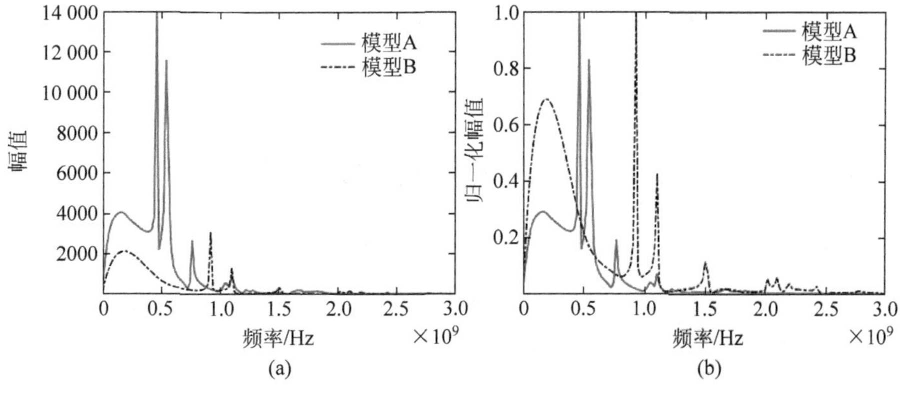

图 6-12 模型 A 和模型 B 中的电场频谱

(a) 原始频谱;(b) 归一化频谱

多个频率中心，它们对应着不同模式下的谐振频率，而模型 B 的频率中心是明显高于模型 A 的。为了更好地说明腔体内 SGEMP 的频率特性，在表 6-1 和表 6-2 中分别给出了两种模型中根据理论公式和数值模拟得到的不同模式下的电磁场谐振频率。令人欣喜的是，在所有的对比中，理论值和模拟值的一致性都非常好，相对差异不超过 0.7%，完全在仿真误差的允许范围之内，而模型 A 和模型 B 通过仿真得到的电磁场频率恰好相差了一倍，完全符合公式(6-2)所描述的频率关于腔体尺寸的变化规律。因此，对于圆柱腔体内的 SGEMP 问题，其频率特性主要由腔体的谐振特性决定，可以通过公式(6-2)来描述，一般情况下仅仅和腔体的半径及长度有关。

表 6-1　模型 A 的谐振频率

谐振模式	理论频率/GHz	计算频率/GHz	相对差异/%
TM_{010}	0.459	0.456	0.65
TM_{011}	0.549	0.548	0.18
TM_{012}	0.755	0.756	0.13
TM_{020}	1.054	1.048	0.57
TM_{021}	1.096	1.100	0.37

表 6-2　模型 B 的谐振频率

谐振模式	理论频率/GHz	计算频率/GHz	相对差异/%
TM_{010}	0.918	0.920	0.22
TM_{011}	1.097	1.100	0.32
TM_{012}	1.510	1.500	0.68
TM_{013}	2.019	2.020	0.05
TM_{020}	2.107	2.100	0.33
TM_{021}	2.191	2.200	0.43
TM_{022}	2.425	2.420	0.21

最后，在两种模型中都还存在着一个相对较小的低频中心，在模型 A 中是 164 MHz，在模型 B 中是 180 MHz，二者的差异是很小的。分析认为，这个低频中心很可能体现了腔体内 SGEMP 主脉冲的频率特性，应该是不变的，但是它又受到谐振形成阶段波形的影响而稍稍增大，最终导致中心对应的频率增加了 16 MHz。在实际问题中，考虑到反射和散射等原因造成的能量损失，这个介于 150～200 MHz 的电磁场分量可能会成为更值得电磁兼容工作者注意的问题。

6.5 腔体外部 SGEMP 的仿真结果及规律

目前，相关学者对圆柱和球模型的腔体外部 SGEMP 都开展了一定的仿真工作，对电子的空间分布、电磁场的时域波形等特性进行了研究。

6.5.1 研究现状

孙会芳等[40-42]在 2.5 维全电磁粒子模拟程序中对金属平板进行了仿真，随后开发了三维程序，并添加采用 Monte Carlo 随机抽样方法实现电子发射的余弦角分布和指数能谱分布的功能模块，对不同发射条件下的圆柱腔体外部SGEMP进行了仿真。

当电子从半径1 cm的金属平板上发射时，金属板上留下等量的正电荷。随着金属板上正电荷的积累对后续发射电子的作用力不断增大，电子沿 z 轴展开范围越来越大。在平行于金属板的观测线上，$z=1.0$ cm处测得电流近似等于发射电流，最大值约为90 A，脉宽约为2 ns，电子沿 z 轴运动逐渐分散开，时间展宽，电流峰值减小，最终呈多峰值分布。这是因为发射电子束的能量分立，即速度分立，导致电子束在空间运动过程中逐渐展宽，甚至变为一簇簇的，由于发射电子后金属板上留下了正电荷，会使电流随时间进一步展宽。在空间靠近外层的位置有一条以原点为中心的圆环带，其场强明显高于其他部分，达到甚至超过kV/m的量级，此部分场应为超辐射场，是由于短脉冲强流电子束（脉宽约2 ns）从金属板发射过程中电子被突然加速产生的。超辐射场空间宽度约为15 cm，对应脉宽约为0.5 ns，越靠近 z 轴辐射越强，同一方位角内场的强度和场点到原点的距离 r 成反比，强度通常超过kV/m量级。超辐射圆环以内的辐射场是电子束在空间运动过程中产生的，其中前半空间中的电场存在明暗相间的干涉条纹，是不同能量电子束辐射场的相干叠加造成的，表现为空间场分布有强有弱，一般在几十V/m～kV/m。超辐射场和辐射场都具有一定的方向性：越靠近 z 轴辐射越强，在 z 轴附近超辐射场以 E_r 为主，辐射场以 E_z 为主，都达100 kV/m量级。各点的电磁场由直流场和辐射场叠加而成，其中直流场是由金属板上的正电荷和空间电子共同激发所得。金属板上的正电荷产生的场与 $1/r^2$ 成正比，导致直流场随距离的增大迅速衰减。辐射场由超辐射场和电子在空间运动产生的辐射场两部分组成：前端尖脉冲为超辐射场，与 $1/r$ 成正比；尖脉冲后端为电子在空间运动产生的辐射场，频谱较宽，频率为100 MHz的辐射较强。

当电子从圆柱的一个底面发射时，电场和磁场的波形如图6-13所示，其中底面电场的最大值为21 kV/m，侧面磁场的最大值为 9.0×10^{-7} T，因此电流的最大值为0.45 A。在发射电子的时间内发射面附近电场最大，当电子发射结束时仍有电场存在，说明由于电荷密度较大，空间形成虚阴极振荡，产生了非线性效应。圆柱体为孤立导体，发射电子的同时导体上留下了等量的正电荷，空间电场由空间电子和导体上的正电荷共同激发。为了保证导体为等势体，导体上的电荷需重新分布，因此电荷的流动形成了电流，也会影响空间磁场的分布。当电子从圆柱的半个侧面发射时，电流分布比较复杂，重点对空间电磁场进行分析，如图6-14所示。当时间为43 ns时，电场的幅度都达到了10 kV/m量级，端面和侧面交界

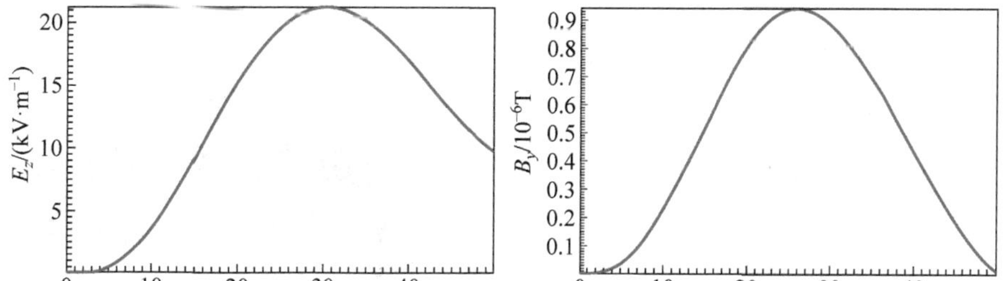

图6-13　底面发射时电磁场的时域波形

(a) 发射面中心的垂直电场；(b) 侧面中心的切向磁场

处电场最大，为 56 kV/m。实际上，电场在 40 ns 后才达到最大值，并且法向电场和轴向电场的峰值都在 10 kV/m 量级，由于两侧电荷产生的电场会相互抵消，最终切向电场的幅度只有 100 V/m 量级。当时间为 25 ns 时，磁场的幅度都达到了 10^{-6} T 量级，端面和侧面交界处磁场最大，为 3.0×10^{-6} T。实际上，电流和磁场在 25 ns 时达到最大值，并且三个方向的磁场分量都在 10^{-6} T 量级，当发射电流结束时磁场也会随之消失。

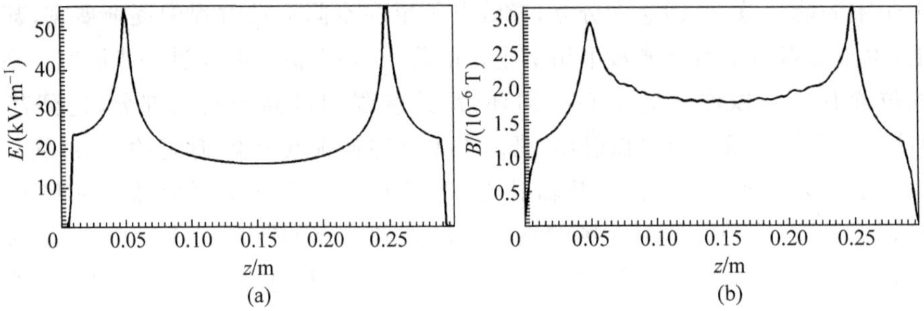

图 6-14　半个侧面发射时电磁场的空间分布

(a) $t=43$ ns 时 $y=0$，$x=10.2$ cm 线上的电场分布；(b) $t=25$ ns 时 $x=0$，$y=10.2$ cm 线上的磁场分布

陈剑楠等[27]采用基于共形网格技术的三维全电磁粒子模拟程序 UNIPIC-3-D，对球模型的腔体外部 SGEMP 进行了计算，其仿真模型和粒子向量的分布如图 6-15 所示，其中 X 射线的能量为 2 keV、球的半径为 100 cm。当电子从半个球面发射时，在距离球心 1.0 m 的位置，收敛条件下的电场峰值是 79.78 kV/m，磁场峰值是 6.2 A/m，而电流峰值是 −72.11 A。在网格尺寸相同时，共形网格技术和传统的阶梯近似处理所消耗的内存和计算时间是几乎一样的，但是电磁场和电流的计算结果有很大的差异。图 6-16 给出了不同网格条件下的电磁场波形，共形网格技术下的计算结果在波形的峰值、上升时间等方面都比阶梯近似处理更加准确。当网格尺寸为 20.00 cm 时，两种方法的计算结果都与收敛条件下相差很大，但是共形网格技术的误差明显更小；当网格尺寸为 9.08 cm 时，共形网格技术下的计算结果与收敛情况非常接近，而阶梯近似处理的计算结果虽然也有明显的改善，但还是存在不可忽视的误差。同时，两种方法的计算结果在网格尺寸足够小时都会趋于收敛，但是共形网格技术的收敛速度远远快于阶梯近似处理速度。例如，要求误差不超过 25%，前者需要的网格尺寸是 20.00 cm，消耗的内存为 2.64 GB、计算时间为 1365.78 s，而后者需要的网格尺寸则是 11.10 cm，消耗的内存为 5.88 GB、计算时间为 3543.34 s。

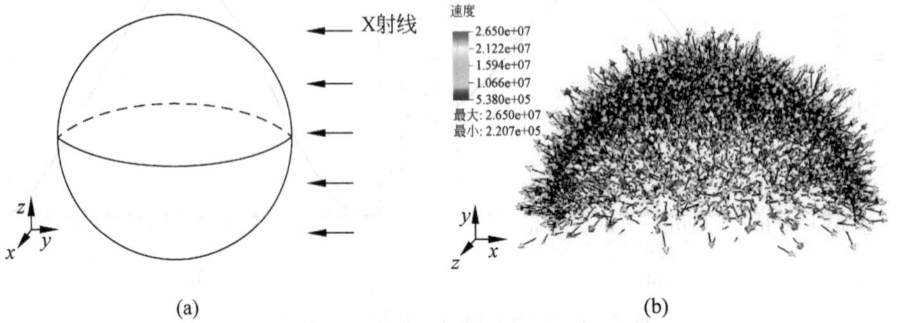

图 6-15　球模型的腔体外部 SGEMP 仿真示意图

(a) 仿真模型；(b) 粒子向量分布

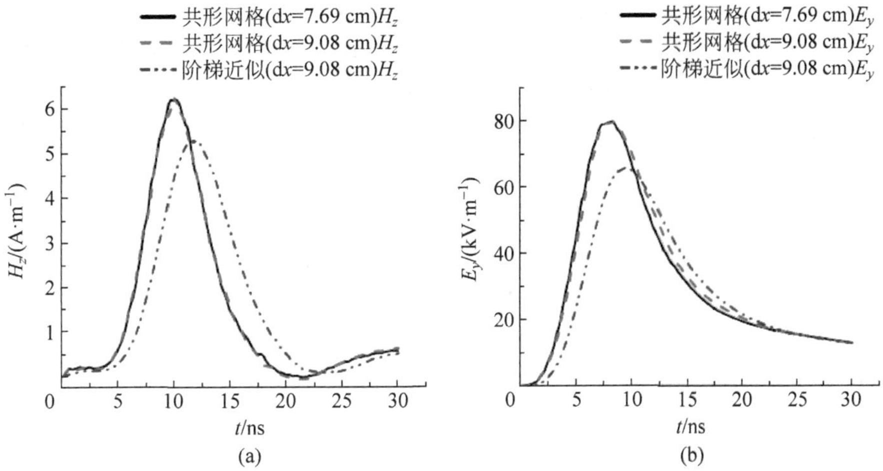

图 6-16　不同网格条件下的电磁场波形

(a) 磁场波形；(b) 电场波形

6.5.2　三维仿真结果及规律

本书在直角坐标系下划分正六面体网格，建立起圆柱腔体外部 SGEMP 的三维仿真模型，如图 6-17 所示。腔体的材料、尺寸及 X 射线的辐照参数都与图 6-1 和图 6-2 所示的腔体 SGEMP 仿真模型完全相同。不同的是，计算区域是圆柱外部的空间，内边界是金属腔壁，可以使用理想导体边界条件，电子直接被吸收，而电磁场则会被完全反射；外边界采用完全匹配层吸收边界条件，截断计算区域，电子直接被吸收，而电磁场则会无反射地通过。此外，X 射线注量为 10 mJ/cm^2，通过蒙特卡罗方法仿真可以得到反向电子总数是 1.78×10^{13}。

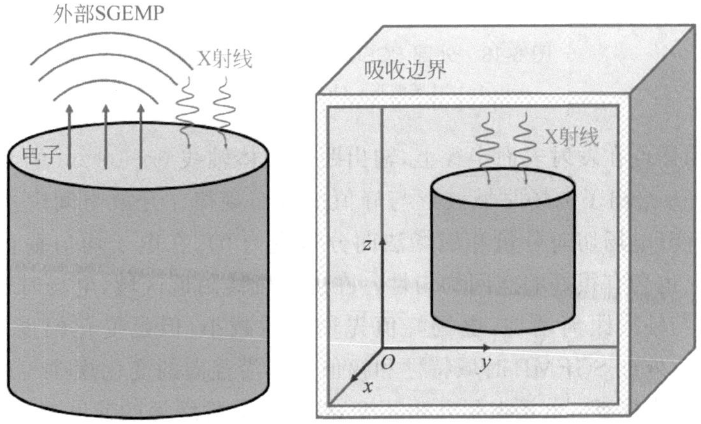

图 6-17　外部 SGEMP 三维仿真模型

设置两组不同位置的采样点，分别观察 External SGEMP 沿轴向和径向的空间分布规律。

对于轴向，采样点在腔体轴线上，输出距离发射表面 0～10 cm 的 5 个不同位置的轴向电场。图 6-18 给出了电场时域波形与峰值的分布规律。在腔体 SGEMP 问题中，从内表面产生的前向发射电子最终会被腔体自身吸收，腔体表面累积正电荷后会迅速恢复到守恒状态，而腔体壁则会多次反射电磁脉冲形成稳定的谐振波形。在外部 SGEMP 问题中，从外表面产生的电子向外运动后在截断边界处被吸收，腔体表面累积正电荷并且一直保持，在空间中形成静电场，而电磁脉冲则不会被反射。随着腔体表面正电荷不断积累，静电场逐渐增加，在发射电子全部被吸收后达到最大并保持不变。因此，外部 SGEMP 的电场波形中没有明显的反射，但是不会恢复到零的位置。发射面附近区域存在很强的空间电荷限制效应，电场波形是一个正极性单脉冲，峰值很大，约 1.56 MV/m。随着与发射面距离增加，电场波形中开始出现电子运动本身激励的负极性脉冲，而正极性脉冲则在不断减小。两种机理的相互影响决定出电场波形，导致 $z=2.5$ cm 位置出现两个连续的正极性脉冲，而 $z=5$ cm 以及更远的位置出现先负后正的双极性脉冲。同时，电场峰值随着距离增加而迅速降低，在 $z=10$ cm 位置电场峰值只有 0.14 MV/m，下降幅度超过 90%。可见，外部 SGEMP 时域特性和幅值大小沿轴向的变化规律与腔体 SGEMP 轴向分布规律类似：电场波形从正极性单脉冲逐渐变为先负后正的双极性脉冲，峰值以先快后慢的速度减小。

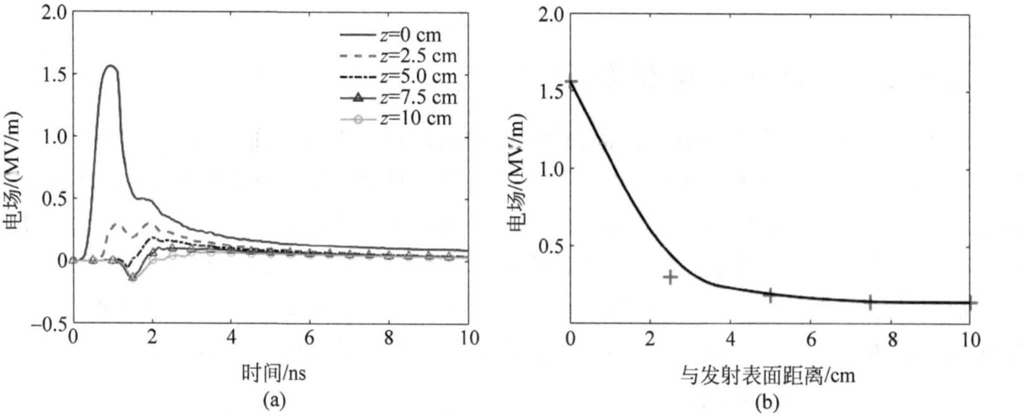

图 6-18　外部 SGEMP 的轴向分布规律

(a) 时域波形；(b) 电场峰值

对于径向，采样点在发射表面半径上，输出距离腔体轴线 0～10 cm 的 5 个不同位置的轴向电场。图 6-19 给出了电场时域波形与峰值的分布规律。开放空间中不存在金属边界导致的场特性改变(电场切向分量和磁场法向分量变为 0)，在电子均匀垂直发射的模型假设下，电磁场响应也会有很好的空间均匀性。在腔体轴线附近区域，电场时域特性几乎没有发生改变。随着与轴线距离增加，电场峰值先增大后减小，但是变化幅度非常小，不超过 3.9%。可以认为，外部 SGEMP 时域特性和幅值大小沿径向的变化规律与远离腔体壁区域的腔体 SGEMP 非常接近：电场波形几乎不变，峰值以非常缓慢的速度减小。

选择发射表面中心($z=0$ cm，$r=0$ cm 位置)的电场波形进行傅里叶变换，得到外部 SGEMP 的频谱，如图 6-20 所示。电场频率集中在 400 MHz 以下的部分，直流分量比例最高，符合时域上正极性单脉冲波形的特点。由于开放空间不会产生腔体谐振现象，频谱没有出现分立的频率中心，1 GHz 以上的高频分量占比非常低。从物理上分析，外部 SGEMP 波形与腔体 SGEMP 的主脉冲都与 X 射线波形联系密切，因此图中的电场频谱和腔体 SGEMP 主频率也是比较接近的。

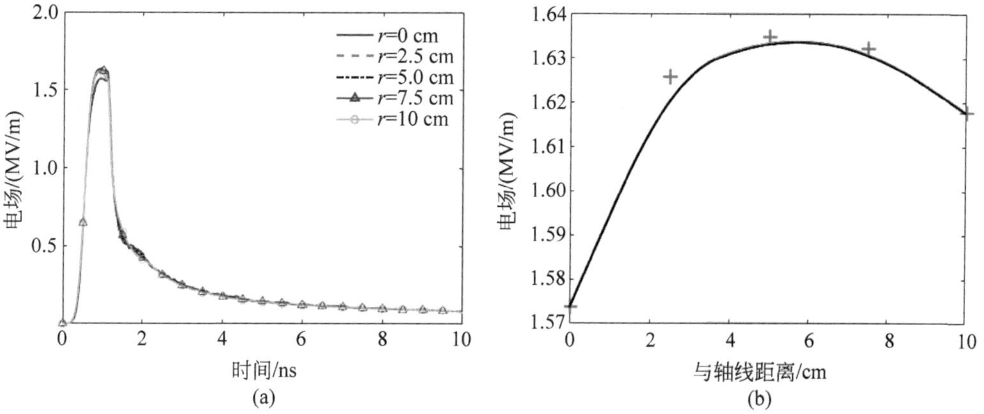

图 6-19　外部 SGEMP 的径向分布规律

(a) 时域波形；(b) 电场峰值

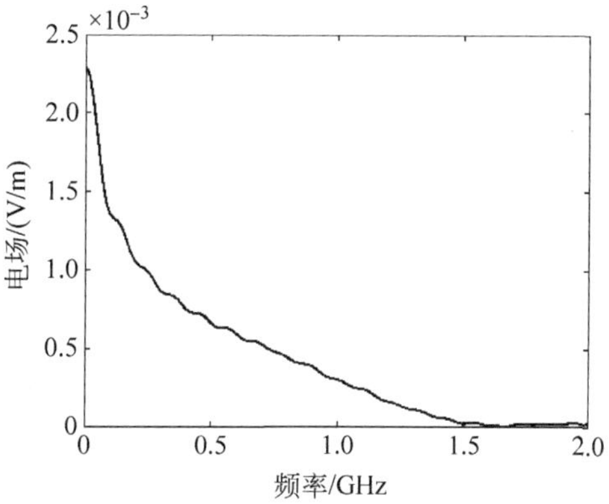

图 6-20　外部 SGEMP 的频谱

参考文献

[1] Osborn D C, Stahl R H, Delmer T N. Large-area electron-beam experiments on space-charge neutralization in a cavity[J]. IEEE Transactions on Nuclear Science, 1977, 23(6): 1964-1968.

[2] Stettner R, Longley H J. Description of the SGEMP computer code SEMP[R]. MRC-R-144, 1975.

[3] Delmer T N, Wenaas E P, dePlomb E P, et al. SGEMP phenomenology and computer code development[R]. DNA 3653F, 1974.

[4] Woods A J, Delmer T N. The arbitrary body of revolution code (ABORC) for SGEMP/IEMP[R]. DNA 4348T, 1976.

[5] Tumolillo T A, Wondra J P. MEEC-3D: A computer code for self-consistent solution of the Maxwell-Lorentz equations in three dimensions[J]. IEEE Transactions on Nuclear Science, 1977, 24(6): 2449-2455.

[6] Walters D, Wondra J, Nunan S, et al. Graphical interface for the physics-based generation of input to 3D MEEC SGEMP and SREMP[R]. UCRL-JC-132762 Rev 2, 1999.

[7] Higgins D F, Lee K S H, Marin L. System-generated EMP[J]. IEEE Transactions on Electromagnetic

Compatibility,1978,20(1): 14-22.

[8] Longmire C L. State of the art in IEMP and SGEMP calculations[J]. IEEE Transactions on Nuclear Science,1975,22(6): 2340-2344.

[9] Wenaas E P, Woods A J. Comparisons of quasi-static and fully dynamic solutions for electromagnetic field calculations in a cylindrical cavity[J]. IEEE Transactions on Nuclear Science, 1974, 21(6): 259-263.

[10] Carron N J, Longmire C L. Scaling behavior of the time-dependent SGEMP boundary layer[J]. IEEE Transactions on Nuclear Science,1978,25(6): 1329-1335.

[11] Wenaas E P, Rogers S, Woods A J. Sensitivity of SGEMP response to input parameters[J]. IEEE Transactions on Nuclear Science,1975,22(6): 2362-2367.

[12] Longmire C L, Higgins D F. Scaling of SGEMP phenomena[R]. AFWL Theoretical Note TN-202,1974.

[13] Woods A J, Wenaas E P. Scaling laws for SGEMP[J]. IEEE Transactions on Nuclear Science,1976, 23(6): 1903-1908.

[14] Wenaas E P, Woods A J. Effects of backscattered electrons on SGEMP response[J]. IEEE Transactions on Nuclear Science,1976,23(6): 1921-1926.

[15] DePlomb E P, Fitzwilson R, Beemer P. Analytical modeling and experimental testing of pressure effects in small cavities coupled to circuitry[J]. IEEE Transactions on Nuclear Science,1974,21(6): 302-307.

[16] Fisher R J, Duval J S, Rich W F. Experimental SGEMP results using electron beam injection[J]. IEEE Transactions on Nuclear Science,1975,22(6): 2392-2396.

[17] Fromme D A, Stettner R, Lint V A J V, et al. SGEMP response investigations with exploding-wire photons[J]. IEEE Transactions on Nuclear Science,1977,24(6): 2371-2388.

[18] Fromme D A, Lint V A J V, Stettner R, et al. Exploding-wire photon testing of SKYNET satellite [J]. IEEE Transactions on Nuclear Science,1978,25(6): 1349-1357.

[19] Lint V A J V, Fromme D A, Rutherford J A. Spontaneous discharges and the effect of electron charging on SKYNET SGEMP response[J]. IEEE Transactions on Nuclear Science, 1978, 25(6): 1293-1298.

[20] Price M L, Lint V A J V, Fromme D A, et al. Electrical and photon tests of a resonant satellite shape [J]. IEEE Transactions on Nuclear Science,1978,25(6): 1358-1364.

[21] Keyser R, Swift D. Analysis and tests of a satellite model in a photon environment[J]. IEEE Transactions on Nuclear Science,1977,24(6): 2440-2444.

[22] Conrad E E, Gurtman G A, Kweder Glen, et al. Collateral damage to satellites from an EMP attack [R]. DTRA-IR-10-22,2010.

[23] Chen Y, Qiao D. A numerical study of the IEMP generated in a cylindrical cavity[J]. IEEE Transactions on Nuclear Science,1986,33(2): 1042-1044.

[24] 周辉,李宝忠. 不同注量X射线系统电磁脉冲响应的数值计算[J]. 计算物理,1999,16(2): 157-161.

[25] 李宝忠,周辉,郭红霞,等. 圆柱模型在金属腔体内的系统电磁脉冲响应[J]. 原子能科学技术,2004, 38(5): 448-451.

[26] 程引会,周辉,李宝忠,等. 光电子发射引起的柱腔内系统电磁脉冲的模拟[J]. 强激光与粒子束, 2004,16(08): 1029-1032.

[27] Chen J, Wang J, Tao Y, et al. Simulation of SGEMP using Particle-in-Cell method based on conformal technique[J]. IEEE Transactions on Nuclear Science,2019,66(5): 820-826.

[28] Chen J, Wang J, Chen Z, et al. Calculation of characteristic time of space electron limited effect of SGEMP[J]. IEEE Transactions on Nuclear Science,2020,67(5): 818-822.

[29] Chen J, Zeng C, Deng J, et al. A modified steady-state method for space charge-limited effect of SGEMP[J]. IEEE Transactions on Nuclear Science, 2020, 67(11): 2353-2362.
[30] Meng C, Xu Z, Jiang Y, et al. Numerical simulation of the SGEMP inside a target chamber of a laser inertial confinement facility[J]. IEEE Transactions on Nuclear Science, 2017, 64(10): 2618-2625.
[31] Xu Z, Meng C, Jiang Y, et al. 3D Simulation of cavity SGEMP interference generated by pulsed X-rays[J]. IEEE Transactions on Nuclear Science, 2020, 67(2): 425-433.
[32] 徐志谦，孟萃，刘以农. 用粒子模拟方法研究 SG-Ⅲ装置的腔体 SGEMP[J]. 太赫兹科学与电子信息学报，2018，16(6)：193-197.
[33] 徐志谦，孟萃，吴平，等. 神光-Ⅲ装置腔体系统电磁脉冲的 3 维电磁粒子模拟[J]. 现代应用物理，2019，10(3)：18-23.
[34] 周辉，钟玉芬，程引会，等. 高注量 X 光环境 SGEMP 试验研究[C]. 全国核电子学与核探测技术学术年会，大连，1998.
[35] 李进玺，吴伟，郭景海，等. "闪光二号"环境中系统电磁脉冲计算模型的验证[J]. 现代应用物理，2016，7(3)：24-28.
[36] Holland R. Comparison of FDTD particle pushing and direct differencing of Boltzman's equation for SGEMP problems[J]. IEEE Transactions on Nuclear Science, 1995, 37(3): 433-442.
[37] Woods A J, Wenaas E P. SGEMP geometry effects[J]. IEEE Transactions on Nuclear Science, 1975, 22(6): 2374-2380.
[38] Xu Z, Meng C. Numerical simulation of EMP environment radiated by X-rays inside a high-power laser facility[C]. 2018 International Applied Computational Electromagnetics Society Symposium, Denver, 2018.
[39] Xu Z, Meng C. 3D electromagnetic particle-in-cell simulation of EMP generated by pulsed x-rays[J]. Applied Computational Electromagnetics Society Journal, 2020, 35(11): 1400-1401.
[40] 孙会芳，张芳，董志伟. 圆柱体外 SGEMP 的三维数值模拟[J]. 计算物理，2016，33(4)：434-440.
[41] 孙会芳，董志伟，张芳. 圆柱体的外系统电磁脉冲模拟[J]. 太赫兹科学与电子信息学报，2016，14(5)：742-745.
[42] 孙会芳，董志伟，张芳. 光电子发射引起的系统电磁脉冲模拟研究[J]. 强激光与粒子束，2014，26(9)：093201.

第7章 线缆系统电磁脉冲的物理机理与规律

系统电磁脉冲(system-generated electromagnetic pulse, SGEMP)是X射线照射系统表面激励出光电子,进而产生的电磁脉冲现象[1]。当X射线照射到线缆上,会与线缆的金属材料发生相互作用产生光电子,电子的发射及感应会在线缆介质层产生电磁场,该效应称为线缆系统电磁脉冲(Cable-SGEMP)。线缆系统电磁脉冲会在线缆芯线和屏蔽层产生感应电流,对传输信号造成失真并对线缆所连接的设备产生干扰,轻则影响设备的正常工作,重则直接损坏设备。

本章主要针对线缆系统电磁脉冲的物理机理、数学模型及耦合规律等展开讨论。

7.1 研究背景与现状

20世纪七八十年代美国开始开展SGEMP研究。针对高空核爆对导弹、卫星的影响,美国利用DPF(dense plasma focus)装置、电激励技术等试验装置,利用粒子模拟方法等进行仿真,开展了一系列系统SGEMP的模拟仿真和实验研究,得到了关于线缆、卫星、腔体等的SGEMP计算模型以及实验数据。

国外对于线缆SGEMP效应的研究起步较早。1968年,Van Lint等开展了电离辐射的瞬态效应实验,被测设备包括线缆和电路等[2],于1970年建立了同轴线缆受电离辐射后的耦合计算模型,由此展开了线缆SGEMP研究[3]。

1973年Bernstein对微型同轴线缆的SGEMP响应进行仿真和实验,发现屏蔽层与介质层之间的间隙会影响到SGEMP大小[4]。1977年Francis等对不同材料、不同尺寸和不同阻抗的几种半刚性线缆的SGEMP响应进行研究[5],主要利用了MCCABE代码仿真和DPF装置中照射实验,进一步验证了Bernstein的观点。

1978年D. M. Clement和R. A. Lowell对各种线缆进行了SPI-PULSE 6000装置X射线源照射下的SGEMP响应实验[6],得到了不同屏蔽结构(编织屏蔽、半刚性屏蔽等)、不同芯线和屏蔽层材料(铜、铝等)、不同介质材料(聚三氟氯乙烯、聚乙烯等)、不同线缆类型(同轴线缆、多芯线缆等)的SGEMP数据。后续有许多人也进行了不同线缆的辐照实验,目前已经建立了丰富的线缆SGEMP效应数据库,并随着计算技术的进步和对物理机制的更深入理解而不断完善着。

国内对线缆 SGEMP 的研究起步晚于美国。1992 年，周辉等对线缆的 SGEMP 响应进行二维粒子模拟[7]，并随之开展线缆的 X 射线照射实验，后续国内西北核技术研究院和中国工程物理研究院等单位不断完善 SGEMP 算法，在不同的模拟装置下进行了多种线缆照射实验。

对线缆 SGEMP 的数值模拟方法有多种：比如美国圣地亚实验室（sandia national laboratories，SNL）利用有限元方法，开发了 CEPTRE 和 CABANA 代码来计算芯线的电流响应[8]；Higgins 等发现线缆屏蔽层被 X 射线照射后会向介质层发射电子，形成电流，通过确定线缆单位长度的分布电容和等效电流源等参数，建立传输线模型，利用有限差分方法（FD）解出芯线 SGEMP 响应[9]；在国内，李进玺等利用蒙特卡罗方法分析芯线及介质层电荷沉积情况，并利用时域有限差分方法（FDTD）计算芯线 SGEMP 响应[10]；马良等利用蒙特卡罗方法和有限元方法计算线缆 SGEMP[11]。激光惯性约束装置靶室内激光打靶会激励 X 射线，打到线缆上会激发线缆 SGEMP，清华大学 2015 年开始针对激光惯性约束装置中的线缆 SGEMP 开展研究[12,13]。

7.2　线缆系统电磁脉冲的物理机理

典型的单层屏蔽线缆结构为金属芯线，金属屏蔽层以及中间的绝缘电介质层，当受到 X 射线照射时，如图 7-1 所示，线缆材料与 X 射线相互作用发射光电子。由于芯线和屏蔽层为金属材料，介质层通常为低原子序数塑料材料，金属材料的光电产额更大，总体上介质中沉积负电荷，从而在介质层产生电磁场，在芯线导体产生响应电流。

具体物理方程及仿真方法在 7.3 节和 7.4 节详细列出。

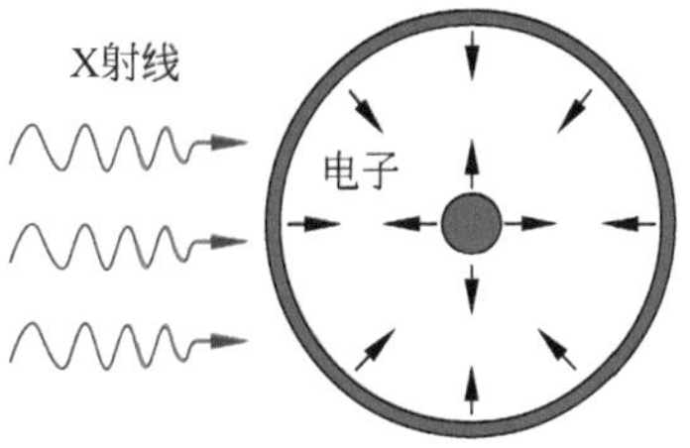

图 7-1　线缆系统电磁脉冲产生机理

7.3　时域有限差分法的仿真结果与规律

7.3.1　时域有限差分方程[13]

时域有限差分（finite difference time domain，FDTD）方法是 K. S. Yee 于 1966 年提出的基于时域对电磁场进行计算的一种数值模拟方法[12]，基本思想是通过网格划分，将麦克斯韦旋度方程从微分形式转化为差分形式，对时间进行离散，并对各个时间离散点进行递推求解，从而计算出电磁场分布的时域下的解[14]。

首先列出麦克斯韦旋度方程：

$$\begin{cases} \nabla\times H = \dfrac{\partial D}{\partial t} + J \\ \nabla\times E = -\dfrac{\partial B}{\partial t} - J_{\mathrm{m}} \end{cases} \tag{7-1}$$

式中，E 表示电场强度，单位是 V/m；H 表示磁场强度，单位是 A/m；D 表示电通量密度，单位是 C/m^2；B 表示磁通量密度，单位是 Wb/m^2；J 代表电流密度，单位是 A/m^2；J_m 代表磁流密度，单位是 V/m^2。

对于均匀各向同性介质，有以下等式：

$$D = \varepsilon E, \quad B = \mu H \tag{7-2}$$

式中，ε 是介质的介电常数；μ 是介质的磁导系数。所以旋度方程在三维情况下可写成如下形式：

$$\begin{aligned}
&\frac{\partial H_z}{\partial y} - \frac{\partial H_y}{\partial z} = \varepsilon \frac{\partial E_x}{\partial t} + \sigma E_x \\
&\frac{\partial H_x}{\partial z} - \frac{\partial H_z}{\partial x} = \varepsilon \frac{\partial E_y}{\partial t} + \sigma E_y \\
&\frac{\partial H_y}{\partial x} - \frac{\partial H_x}{\partial y} = \varepsilon \frac{\partial E_z}{\partial t} + \sigma E_z \\
&\frac{\partial E_z}{\partial y} - \frac{\partial E_y}{\partial z} = -\mu \frac{\partial H_x}{\partial t} - \sigma_m H_x \\
&\frac{\partial E_x}{\partial z} - \frac{\partial E_z}{\partial x} = -\mu \frac{\partial H_y}{\partial t} - \sigma_m H_y \\
&\frac{\partial E_y}{\partial x} - \frac{\partial E_x}{\partial y} = -\mu \frac{\partial H_z}{\partial t} - \sigma_m H_z
\end{aligned} \tag{7-3}$$

根据 Yee 的三维网格划分，将空间划分为若干个立方体，称为元胞，三边分别为 Δx，Δy，Δz，即为空间步长，时间步长设为 Δt，根据 courant-friedirichs-levy（CFL）稳定性条件，计算时应当满足下面不等式：

$$\Delta t \leqslant \frac{1}{c\sqrt{\dfrac{1}{(\Delta x)^2} + \dfrac{1}{(\Delta y)^2} + \dfrac{1}{(\Delta z)^2}}} \tag{7-4}$$

在 Yee 元胞中，电磁场的各分量并不是处于元胞顶点处，电场分量处于元胞棱边中点，磁场分量处于元胞侧面的中点，利用此划分形式将麦克斯韦旋度方程组转化为一组差分方程，进一步进行计算。Yee 元胞及电磁场各分量节点位置如图 7-2 所示，并列于表 7-1 中。

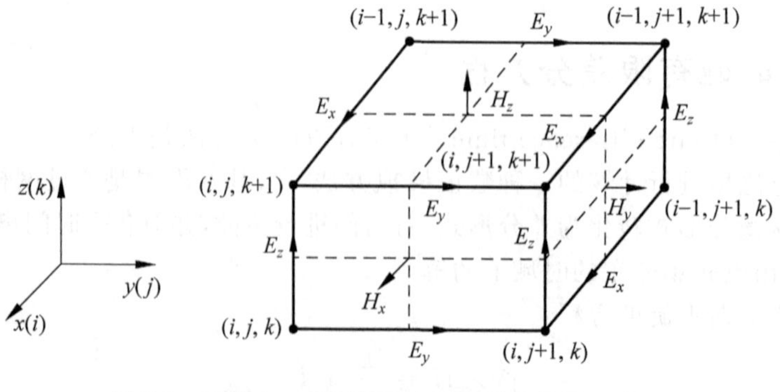

图 7-2 三维 Yee 氏元胞及电磁场分量位置示意图

表 7-1　Yee 元胞中的电磁场各分量节点位置

电磁场各分量	x 坐标	y 坐标	z 坐标	时间节点
E_x	$i+\frac{1}{2}$	j	k	n
E_y	i	$j+\frac{1}{2}$	k	
E_z	i	j	$k+\frac{1}{2}$	
H_x	i	$j+\frac{1}{2}$	$k+\frac{1}{2}$	$n+\frac{1}{2}$
H_y	i	j	$k+\frac{1}{2}$	
H_z	$i+\frac{1}{2}$	$j+\frac{1}{2}$	k	

在时间和空间域中的离散取以下符号：

$$f(x,y,z,t)=f(i\Delta x,j\Delta y,k\Delta z,n\Delta t)=f^n(i,j,k) \tag{7-5}$$

由导数的定义可以得到对任意可导函数 $f(x)$ 在 x_0 处的一阶差分形式：

$$f'(x_0)\approx\frac{f(x_0+\Delta x)-f(x_0-\Delta x)}{2\Delta x} \tag{7-6}$$

在 FDTD 方法中采用中心差分形式，如下式所示：

$$\left.\frac{\partial f(x,y,z,t)}{\partial t}\right|_{x=i\Delta x}\approx\frac{f^n\left(i+\frac{1}{2},j,k\right)-f^n\left(i-\frac{1}{2},j,k\right)}{\Delta x}$$

$$\left.\frac{\partial f(x,y,z,t)}{\partial t}\right|_{t=i\Delta t}\approx\frac{f^{n+\frac{1}{2}}(i,j,k)-f^{n+\frac{1}{2}}(i,j,k)}{\Delta t} \tag{7-7}$$

由于考虑同轴线缆，属于轴对称二维结构，所以可以使用柱坐标进行差分计算。此时各分量如图 7-3 所示。

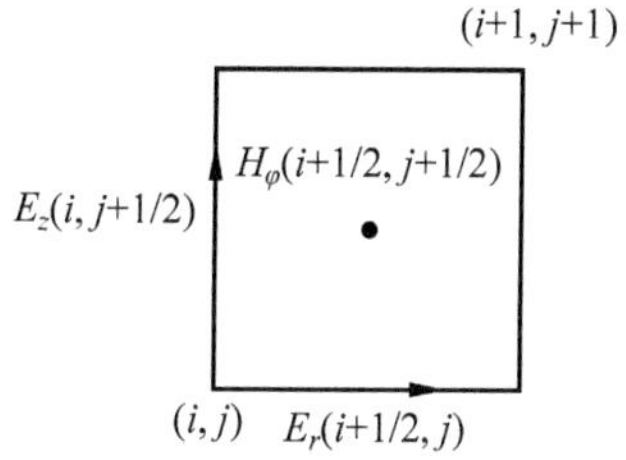

图 7-3　柱坐标中电磁场分量和网格划分

柱坐标下麦克斯韦旋度方程如下：

$$\begin{cases}\dfrac{\partial H_r}{\partial t}=-\dfrac{1}{\mu}\left(\dfrac{1}{r}\dfrac{\partial E_z}{\partial \phi}-\dfrac{\partial E_\phi}{\partial z}\right)\\[2ex]\dfrac{\partial H_\phi}{\partial t}=-\dfrac{1}{\mu}\left(\dfrac{\partial E_r}{\partial z}-\dfrac{\partial E_z}{\partial r}\right)\\[2ex]\dfrac{\partial H_z}{\partial t}=-\dfrac{1}{\mu}\left(\dfrac{1}{r}\dfrac{\partial (rE_\phi)}{\partial r}-\dfrac{1}{r}\dfrac{\partial E_r}{\partial \phi}\right)\end{cases} \tag{7-8}$$

$$\begin{cases}\dfrac{\partial E_r}{\partial t}=\dfrac{1}{\varepsilon}\left(\dfrac{1}{r}\dfrac{\partial H_z}{\partial \phi}-\dfrac{\partial H_\phi}{\partial z}-\sigma E_r\right)\\[2ex]\dfrac{\partial E_\phi}{\partial t}=\dfrac{1}{\varepsilon}\left(\dfrac{\partial H_r}{\partial z}-\dfrac{\partial H_z}{\partial r}-\sigma E_\phi\right)\\[2ex]\dfrac{\partial E_z}{\partial t}=\dfrac{1}{\varepsilon}\left(\dfrac{1}{r}\dfrac{\partial (rH_\phi)}{\partial r}-\dfrac{1}{r}\dfrac{\partial H_r}{\partial \phi}-\sigma E_z\right)\end{cases} \tag{7-9}$$

对于同轴线缆和圆柱腔体，使用简化模型，其中 H_r、H_z、E_φ 和磁流 J_m 均假设为 0，又有 $\sigma E=J$，所以可得下面方程组：

$$\begin{cases}\varepsilon_0 \dfrac{\partial E_r}{\partial t}=-J_r-\dfrac{\partial H_\phi}{\partial z}\\ \varepsilon_0 \dfrac{\partial E_z}{\partial t}=-J_z+\dfrac{1}{r}\dfrac{\partial (rH_\phi)}{\partial r}\\ \mu_0 \dfrac{\partial H_\phi}{\partial t}=-\dfrac{\partial E_r}{\partial z}+\dfrac{\partial E_z}{\partial r}\end{cases} \tag{7-10}$$

将式(7-10)代入 Yee 元胞并转化为差分格式得到下式：

$$\begin{aligned}
E_r^{n+1}\left(i+\frac{1}{2},j\right)=&E_r^{n}\left(i+\frac{1}{2},j\right)-\frac{\Delta t}{\varepsilon_0}\cdot\\
&\left[\frac{H_\phi^{n+\frac{1}{2}}\left(i+\frac{1}{2},j+\frac{1}{2}\right)-H_\phi^{n-\frac{1}{2}}\left(i+\frac{1}{2},j+\frac{1}{2}\right)}{\Delta z}+\right.\\
&\left.\frac{J_r^{n+\frac{1}{2}}(i,j)-J_r^{n+\frac{1}{2}}(i+1,j)}{2}\right]\\
E_z^{n+1}\left(i,j+\frac{1}{2}\right)=&E_z^{n}\left(i,j+\frac{1}{2}\right)+\frac{\Delta t}{\varepsilon_0}\cdot\\
&\left[\frac{r\left(i+\frac{1}{2}\right)H_\phi^{n+\frac{1}{2}}\left(i+\frac{1}{2},j+\frac{1}{2}\right)-r\left(i-\frac{1}{2}\right)H_\phi^{n-\frac{1}{2}}\left(i+\frac{1}{2},j+\frac{1}{2}\right)}{r(\mathrm{i})\Delta z}-\right.\\
&\left.\frac{J_z^{n+\frac{1}{2}}(i,j)-J_z^{n+\frac{1}{2}}(i,j+1)}{2}\right]\\
H_\phi^{n+\frac{1}{2}}\left(i+\frac{1}{2},j+\frac{1}{2}\right)=&H_\phi^{n-\frac{1}{2}}\left(i+\frac{1}{2},j+\frac{1}{2}\right)-\frac{\Delta t}{\mu_0}\cdot\\
&\left[\frac{E_r^{n}\left(i+\frac{1}{2},j+1\right)-E_r^{n}\left(i+\frac{1}{2},j\right)}{\Delta z}-\right.\\
&\left.\frac{E_z^{n}\left(i+1,j+\frac{1}{2}\right)-E_z^{n}\left(i,j+\frac{1}{2}\right)}{\Delta r}\right]
\end{aligned} \tag{7-11}$$

$$\begin{aligned}
&E_r^{n}\left(i+\frac{1}{2},j\right)=E_r\left(\left(i+\frac{1}{2}\right)\Delta r,j\Delta z,n\Delta t\right)\\
&E_z^{n}\left(i,j+\frac{1}{2}\right)=E_z\left(i\Delta r,\left(j+\frac{1}{2}\right)\Delta z,n\Delta t\right)\\
&H_\phi^{n+\frac{1}{2}}\left(i+\frac{1}{2},j+\frac{1}{2}\right)=H_\phi\left(\left(i+\frac{1}{2}\right)\Delta r,\left(j+\frac{1}{2}\right)\Delta z,\left(n+\frac{1}{2}\right)\Delta t\right)
\end{aligned} \tag{7-12}$$

7.3.2 仿真结果与规律

对于 X 射线激励产生的 SGEMP 响应，首先用 MCNP5 计算电荷沉积数量，再代入已有算法计算耦合电流大小。根据线缆的电离辐射耦合机理，芯线耦合电流大小与 X 射线脉冲持续时间、能量、注量等有关，也与线缆结构、材料、尺寸等因素有关，所以展开了不同线缆对于不同 X 射线照射的 SGEMP 响应研究。[15]

7.3.2.1　线缆屏蔽层数

针对单层屏蔽线缆和双层屏蔽线缆讨论，建立物理模型如图 7-4 所示。

图 7-4　X 射线照射线缆模型

(a) 单层屏蔽线缆；(b) 双层屏蔽线缆

芯线均采用铜制，半径为 0.5 mm，屏蔽层均采用铝制，介质层材料均使用聚乙烯，为了计算方便每一层屏蔽和介质厚度均假设为 0.5 mm，由于芯线电流峰值大小与受照射线缆长度成正比，为方便计算取 1 cm，使用 100 J/Sr 的 10 keV 单能 X 射线垂直照射，芯线和介质层沉积电荷产额及芯线电流计算结果如表 7-2 所示。

表 7-2　不同屏蔽层数芯线电流计算

线缆屏蔽层数	单层屏蔽线缆	双层屏蔽线缆
芯线沉积电荷产额	1.33×10^{-4}	1.9×10^{-6}
介质沉积电荷产额	-1.89×10^{-4}	-2.3×10^{-6}
芯线电流峰值/mA	14.7	0.02

可见单屏蔽线缆芯线沉积电荷介质层沉积电荷绝对值少一些，因为经过 X 射线照射，芯线、介质和屏蔽层都会发射光电子，根据光电效应截面与原子序数的关系 $\sigma_r \propto Z^5$，由于芯线和屏蔽层都是金属材质，一般来说原子序数比介质层要大，光电子产额比介质大，发射出去的电子会在绝缘介质中沉积，总的来说就会使芯线带正电，介质带负电，由于介质同时沉积了芯线和屏蔽层的发射电子，所以沉积电荷绝对值比芯线沉积正电荷要大。

可见仅加了一层屏蔽，就使得双层屏蔽线缆照射到芯线的射线减少，电荷沉积相比单层屏蔽减少一个数量级。

7.3.2.2　线缆外屏蔽层材料

考虑外屏蔽层对 X 射线的阻挡作用，使用双层屏蔽模型，芯线使用铜，内外介质使用聚乙烯，内屏蔽层使用铝，外屏蔽层分别采用铝、铜、铅，每一层厚度均为 0.5 mm，使用 100 keV 单能 X 射线垂直照射，能量注量为 100 J/Sr，仿真结果列于表 7-3 中。

表 7-3　不同屏蔽结构芯线电流计算

外屏蔽材料	铝	铜	铅
芯线沉积电荷产额	5.43×10^{-4}	4.71×10^{-5}	2.4×10^{-6}
介质沉积电荷产额	-5.97×10^{-4}	-5.16×10^{-5}	-4.0×10^{-6}
芯线电流峰值/mA	20.1	1.6	0.07

由仿真结果可以看出，外屏蔽使用原子序数高的材料可以有效降低芯线和介质层的沉积电荷。

7.3.2.3 线缆芯线材料

根据所使用的计算模型，线缆芯线产生的光电子越少，沉积电荷就会随之减少，SGEMP响应也会越小，所以建立单屏蔽线缆模型，芯线材料分别为铝和铜，其他条件均一致。假设10 keV的单能X射线垂直照射线缆，能量注量为100 J/Sr，仿真结果列于表7-4中。

表7-4 不同芯线材料时芯线电流计算

芯线材料	铝	铜
芯线沉积电荷产额	6.4×10^{-5}	8.94×10^{-4}
介质沉积电荷产额	-1.89×10^{-4}	-9.78×10^{-4}
芯线电流峰值/mA	1.26	31.2

由仿真结果可以看出，使用原子序数更小的金属材料会使电子发射量减少，进而减少沉积电荷数，使X射线激励的SGEMP响应降低，但是还要综合考虑其他因素，之前也讨论过，铝的电导率比铜低，只使用铝制屏蔽层和芯线的话其电磁脉冲的耦合响应会较大，并且传输损耗也较大。

7.3.2.4 线缆长度

被X射线照射的线缆长度也可能对导体的电流响应产生影响。表7-5为计算得到的不同线缆长度下的峰值电流响应，图7-5为峰值电流与线缆长度的关系。随着线缆长度的增加，沉积电荷的数量增加，导致电流响应的增加。[16]

表7-5 不同线缆长度时芯线电流计算

线缆长度/cm	1	2	10
芯线峰值电流/mA	12.6	25.1	125.6

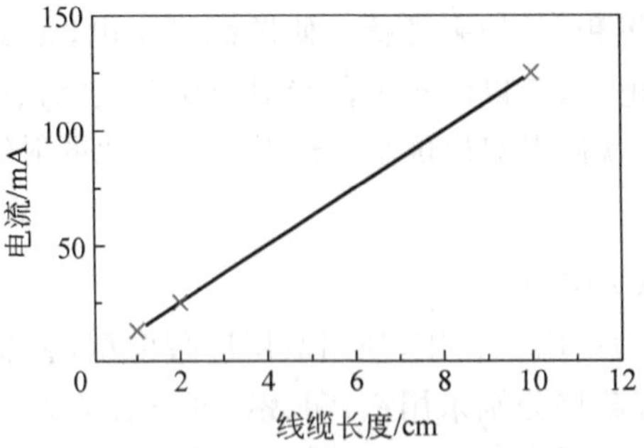

图7-5 峰值电流随线缆长度变化

7.4 传输线+有限元方法仿真结果及规律

传输线理论最早应用在通信领域，通过求解传输线方程分析信号在传输过程中的规律。其基本模型如图7-6所示，对于双导体传输线系统上的任意微分小段，在高频下可以看作由分布电阻、分布电感、分布电导、分布电容组成的网络。这种电路叫作分布参数电路(Distributed Constant Circuit)。

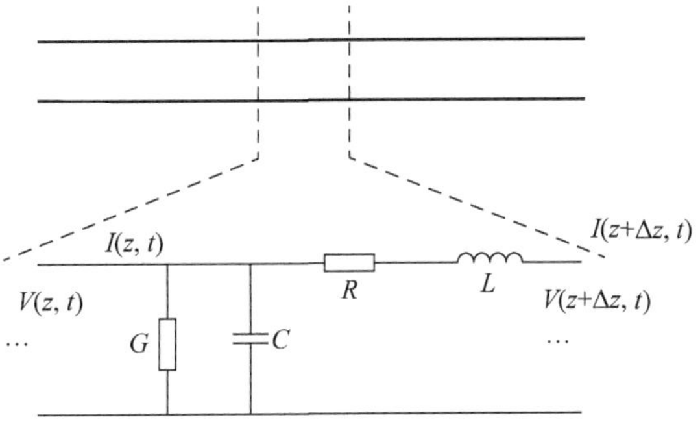

图 7-6　传输线分布参数电路模型

设时刻 t 在位置 z 处电压和电流分别为 $V(z,t)$,$I(z,t)$,在位置 $z+\Delta z$ 处电压和电流分别为 $V(z+\Delta z,t)$,$I(z+\Delta z,t)$。对于很小的 Δz,由基尔霍夫定律得

$$\begin{aligned} V(z+\Delta z,t)-V(z,t) &= R\Delta z I(z,t)+L\Delta z\frac{\partial I(z,t)}{\partial t} \\ I(z+\Delta z,t)-I(z,t) &= G\Delta z V(z+\Delta z,t)+C\Delta z\frac{\partial V(z+\Delta z,t)}{\partial t} \end{aligned} \tag{7-13}$$

整理并忽略高阶小量得到式(7-14),即传输线方程(transmission line function),也称电报方程。

$$\begin{aligned} \frac{\partial V(z,t)}{\partial z} &= RI(z,t)+L\frac{\partial I(z,t)}{\partial t} \\ \frac{\partial I(z,t)}{\partial z} &= GV(z,t)+C\frac{\partial V(z,t)}{\partial t} \end{aligned} \tag{7-14}$$

传输线方法对场线耦合问题也同样适用,即在等效电路中加入分布电流源和分布电压源,假设为无损传输线,即忽略电阻电导,得到如图 7-7 所示电路。

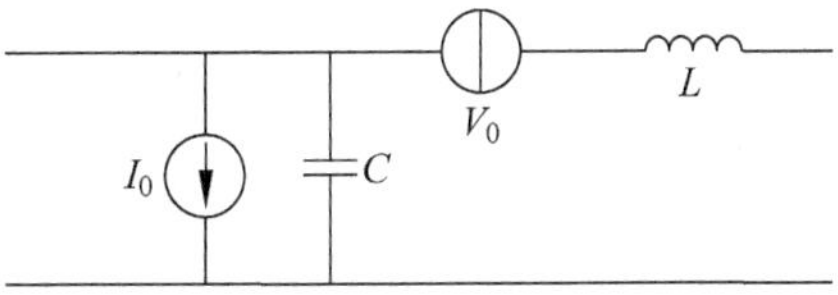

图 7-7　有源无损分布参数模型

电流源由电场激励,电压源由磁场激励,代入式(7-14)得有源传输线方程[17]为

$$\begin{aligned} \frac{\partial V(z,t)}{\partial z} &= L\frac{\partial I(z,t)}{\partial t}+V_0 \\ \frac{\partial I(z,t)}{\partial z} &= C\frac{\partial V(z,t)}{\partial t}+I_0 \end{aligned} \tag{7-15}$$

当 X 射线照射线缆时,射线与线缆的金属材料发生相互作用产生光电子,相当于电场激励,此时只有光电子运动产生的电流源,而没有电压源。

当传输线长度小于信号波长的 1/10 时,可将传输线看作电小尺寸,此时,这种电路称为集总参数电路(Lumped Constant Circuit),一般用 T 型集总电路或 Π 型集总电路表示,如图 7-8 所示。

对于同轴线缆,分布电容 C 和分布电感 L 表示如下,单位分别为 F/m 和 H/m。

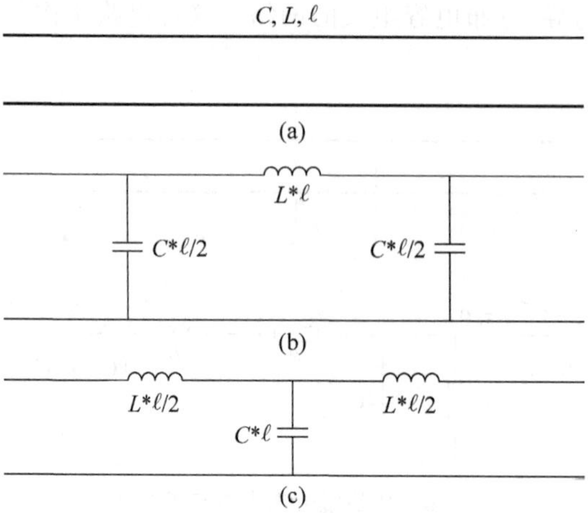

图 7-8　集总参数电路模型

(a) 双导体传输线；(b) Π 型集总电路；(c) T 型集总电路

$$C=\frac{2\pi\varepsilon}{\ln\left(\frac{R}{r}\right)} \tag{7-16}$$

$$L=\frac{\mu_0}{2\pi}\ln\left(\frac{R}{r}\right) \tag{7-17}$$

其中，ε 为介质层介电常数；r、R 为芯线半径和屏蔽层半径，μ_0 为真空磁导率。

下面只需要求解最重要的分布电流源，可以用简化模型近似计算或有限元法精确解出。

7.4.1　简化模型

考虑图 7-9 所示的简单平行板几何结构，它由被介质材料隔开的导体和两个宽度为 d_1 和 d_2 的间隙组成。从左边入射的光子产生了单能电子（能量 e），$-Q_1(e)$ 和 $-Q_2(e)$ 分别从表面 1 和 2 发射。这些电子穿过间隙并穿透距离 $S_1(e)$ 和 $S_2(e)$ 进入电介质[18]。

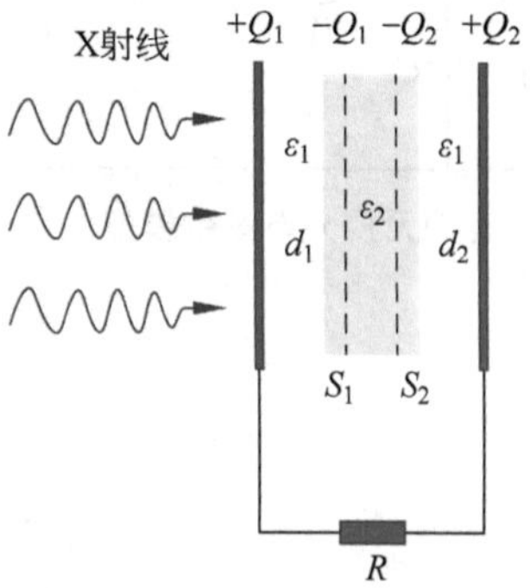

图 7-9　平板沉积电荷模型

假设左、右电荷片分别带有负电荷 $-Q_1(e)$ 和 $-Q_2(e)$。每个电荷层在导体上留下一个相反的相等电荷。由四层辐射诱导电荷引起的右手导体相对于左手导体的电位为

$$V_C=\frac{-Q_2}{C_2}+\frac{-Q_1}{C_1}+\frac{Q_1}{C_0} \tag{7-18}$$

式中，C_1 为 q 电荷片与右边导体之间的电容；C_0 为表面 1 和表面 2 之间的总电容。所有电荷表对右手导体的像电荷贡献为

$$Q_{\text{image}}=C_0V_C=Q_1\left(1-\frac{C_0}{C_1}\right)-Q_2\frac{C_0}{C_2} \tag{7-19}$$

其中，有效的“镜像效应”是由于（从导体发出）沉积在电介质中的像电荷产生。

总电荷转移由三个源项组成：

$$Q_{\text{total}}=Q_{\text{image}}+Q_{\text{dielectric}}+Q_{\text{direct}} \tag{7-20}$$

其中介质电荷为由于在电介质表面附近产生的电荷而从电介质转移的净电荷。这一项可以忽略,因为光子与介质的相互作用相对较低,直接电荷为由于电子完全通过电介质而产生的净电荷转移。

脉冲宽度为 Δt 的光子源在系统中产生的电流为

$$I=\frac{\partial Q_{\text{total}}}{\partial t} \tag{7-21}$$

同轴线缆被建模为同轴圆柱体,在导体之间有介电绝缘材料。一般的方案非常类似于平行板模型的几何形状,在圆柱电容关系中包含了间隙效应。图 7-10 为典型线缆截面。

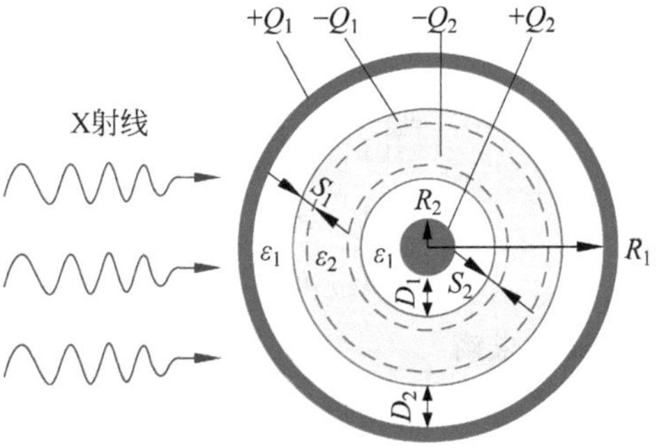

图 7-10　线缆沉积电荷模型

柱面电容为

$$\frac{1}{C_0}=\frac{1}{2\pi\varepsilon_1}\left[\ln\left(\frac{R_1}{R_1-D_1}\right)+\frac{\varepsilon_1}{\varepsilon_2}\ln\left(\frac{R_1-D_1}{R_2+D_2}\right)+\ln\left(\frac{R_2+D_2}{R_2}\right)\right] \tag{7-22}$$

$$\frac{1}{C_1}=\frac{1}{2\pi\varepsilon_1}\left[\frac{\varepsilon_1}{\varepsilon_2}\ln\left(\frac{R_1-D_1-S_1}{R_2+D_2}\right)+\ln\left(\frac{R_1+D_2}{R_1}\right)\right] \tag{7-23}$$

$$\frac{1}{C_2}=\frac{1}{2\pi\varepsilon_1}\left[\frac{\varepsilon_1}{\varepsilon_2}\ln\left(\frac{R_2+D_2+S_2}{R_2+D_2}\right)+\ln\left(\frac{R_2+D_2}{R_2}\right)\right] \tag{7-24}$$

其中,R_1 为屏蔽层的平均半径;R_2 为芯线导体的平均半径;D_1 为屏蔽层和介质层之间的间隙宽度;D_2 为芯线导体和介质层之间的间隙宽度;ε_1 和 ε_2 分别是真空和介质层的介电常数。

7.4.2　有限元法

7.4.2.1　有限元建模

有限元法相比其他算法的优势在于可以针对任意型号线缆进行精确建模,尤其针对多芯线缆、非均匀介质等情况,FDTD 方法或简化模型则无法建模[11]。

建立二维单芯无间隙同轴线缆横截面模型及进行后续计算,使用一阶三角形有限元网格将线缆介质层横截面剖分,剖分结果如图 7-11 所示。

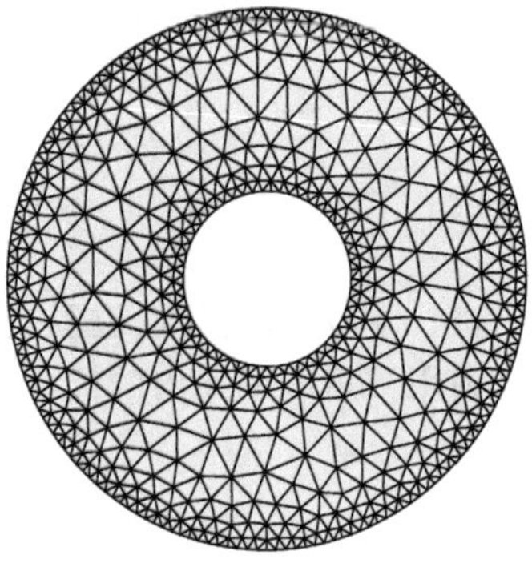

图 7-11　有限元网格划分结果

根据有限元理论,三角形单元网格内的电势函数可表示为

$$\varphi^{el}(x,y)=\sum_{j=0}^{2}N_j^{el}(x,y)\varphi_j^{el} \tag{7-25}$$

其中，φ_j^{el} 表示单元节点上的电势；$N_j^{el}(x,y)$为单元内的插值函数，表示为

$$N_j^{el}(x,y)=\frac{a_j+b_jx+c_jy}{2\Delta},\quad j=0,1,2 \tag{7-26}$$

其中，x_j，y_j 为单元节点 j 的空间坐标；Δ 为单元的面积。

$$\Delta=\frac{1}{2}\begin{vmatrix}1 & x_i & y_i\\1 & x_j & y_j\\1 & x_m & y_m\end{vmatrix} \tag{7-27}$$

$$\begin{aligned}
a_i&=\begin{vmatrix}x_j & y_j\\x_m & y_m\end{vmatrix},\quad a_j=-\begin{vmatrix}x_i & y_i\\x_m & y_m\end{vmatrix},\quad a_m=\begin{vmatrix}x_i & y_i\\x_j & y_j\end{vmatrix}\\
b_i&=-\begin{vmatrix}1 & y_j\\1 & y_m\end{vmatrix},\quad b_j=\begin{vmatrix}1 & y_i\\1 & y_m\end{vmatrix},\quad b_m=-\begin{vmatrix}1 & y_i\\1 & y_j\end{vmatrix}\\
c_i&=\begin{vmatrix}1 & x_j\\1 & x_m\end{vmatrix},\quad c_j=-\begin{vmatrix}1 & x_i\\1 & x_m\end{vmatrix},\quad c_m=\begin{vmatrix}1 & x_i\\1 & x_j\end{vmatrix}
\end{aligned} \tag{7-28}$$

7.4.2.2 泊松方程的有限元求解

假设沉积电荷在介质中均匀分布，电荷密度为 ρ，介质层的电势分布满足二维泊松方程为

$$\frac{\partial^2\varphi}{\partial x^2}+\frac{\partial^2\varphi}{\partial y^2}=-\frac{\rho}{\varepsilon} \tag{7-29}$$

其中，x、y 表示二维空间坐标；φ 表示电势；ρ 为电荷密度；ε 为介质介电系数。电磁学的有限元法与力学的有限元法计算本质完全一致，只不过场函数等稍有不同。泊松方程的求解按照最小势能原理可转化为求解整体刚度方程

$$K\Phi=F \tag{7-30}$$

其中，K 为整体刚度矩阵，由单元刚度矩阵组合而成；Φ 为整体节点电势列阵（相当于力学方程中的节点位移列阵）；F 为整体节点电荷列阵（相当于力学方程中的节点力列阵）。假设线缆芯线不施加偏压，即芯线电势为 0，整体刚度方程的边界条件为在芯线外表面和屏蔽层内表面的节点电势为 0，采用乘大数法处理。

7.4.2.3 介质层电场强度的有限元求解

根据前面公式可利用介质沉积电荷密度求出电势分布，然后使用偏导可求出介质内电场强度分布

$$E=-\nabla\Phi=-\nabla_x\Phi-\nabla_y\Phi \tag{7-31}$$

其中，∇_x，∇_y 分别表示对 x，y 方向求导。根据有限元理论，三角形单元网格内的电场函数可表示为

$$\begin{aligned}
E^{el}(x,y)&=-\nabla^{el}\Phi^{el}(x,y)\\
&=-\sum_{j=0}^{2}\frac{\partial}{\partial x}N_j^{el}(x,y)\Phi_j^{el}e_x-\sum_{j=0}^{2}\frac{\partial}{\partial y}N_j^{el}(x,y)\Phi_j^{el}e_y
\end{aligned} \tag{7-32}$$

其中，(x,y)表示空间点位置坐标；e_x，e_y 分别表示 x，y 方向单位向量。

利用三角形单元内的插值函数，x 偏导算子矩阵可表示为

$$\nabla_x=\frac{1}{2\Delta}\begin{pmatrix}b_i & b_j & b_m\\b_i & b_j & b_m\\b_i & b_j & b_m\end{pmatrix},\quad \nabla_y=\frac{1}{2\Delta}\begin{pmatrix}c_i & c_j & c_m\\c_i & c_j & c_m\\c_i & c_j & c_m\end{pmatrix} \tag{7-33}$$

式中各符号定义与式(7-28)中一致。

7.4.2.4　介质层电荷密度求解

介质内电荷密度并不是恒定不变的,因此利用动力学分析有限元中直接积分法,将每一时刻的状态近似为静电场,利用电荷守恒方程式计算出电荷密度变化量,从而代入下一个时间步的迭代,得到电势、电场、芯线电流的时域波形图。

$$\frac{\partial \rho}{\partial t} = -\nabla \cdot J - \nabla \cdot (\sigma E) \tag{7-34}$$

式中,J 为 X 射线形成的光电流密度;σ 为介质电导率;E 为介质内电场强度。绝缘介质电导率在辐照下会增大,即辐射感应电导率(RIC)效应,并且与辐射剂量率成正比,满足式(7-35)。

$$\sigma(t) = \varepsilon K_p \dot{D}(t) \tag{7-35}$$

其中,ε 为介质的介电常数;K_p 为常系数;$\dot{D}(t)$为吸收剂量率。

在线缆受 X 射线辐射过程中,$-\nabla \cdot J$ 实质上为介质层的沉积电荷生成率,因此可写为

$$(-\nabla \cdot J)^n = \frac{N_X^n [M_Q]}{\Delta t} \tag{7-36}$$

其中,N_X^n 为 n 时刻照射到单位长度线缆的 X 射线光子数;$[M_Q]$为在有限元网格节点处单个 X 射线光子形成的沉积电荷密度列向量;Δt 为时间间隔。

电荷守恒方程式中的第二项可表示为

$$(-\nabla \cdot (\sigma E))^n = -\nabla_x((\sigma)^n \times (E_x)^n) - \nabla_y((\sigma)^n \times (E_y)^n) \tag{7-37}$$

其中,上标 n 表示第 n 个时间步长;E_x,E_y 分别表示电场的 x,y 方向分量。

综上,电荷守恒方程可表示为

$$(\Delta\rho)^n = N_X^n[M_Q] - \Delta t \times [\nabla_x((\sigma)^n \times (E_x)^n) + \nabla_y((\sigma)^n \times (E_y)^n)] \tag{7-38}$$

7.4.2.5　线缆 X 射线辐照响应求解

线缆 X 射线辐照响应的计算过程主要包含 3 个步骤:①光子-电子联合输运模拟,求得电子发射和介质层沉积电荷、沉积剂量输运参数,作为诺顿等效电流源计算的输入条件;②诺顿等效电流源的求解,该过程是利用有限元方法将静态输运参数转换为动态诺顿等效电流源,作为传输线求解的激励源,在此过程中,包含了线缆介质层 RIC 效应;③采用传输线模型求解线缆负载响应电流。

1. 光子-电子联合输运模拟

X 射线照射线缆(图 7-12)后,与芯线的金属材料发生光电效应,发射出光电子,同时芯线失去电子带正电,产生一部分响应电流;由于光电子射程仅几十微米,所以在介质层中沉积形成沉积电荷,这部分电荷会在介质层中激励起电场(即线缆 SGEMP),电场也会在芯线产生感应电荷,从而产生感应电流。

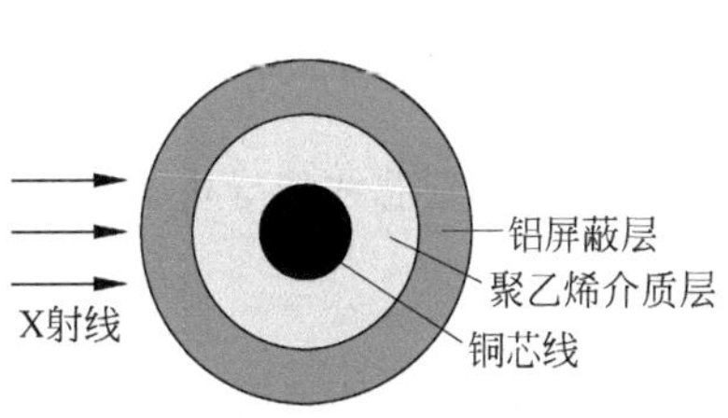

图 7-12　X 射线照射线缆模型[13]

2. 诺顿等效电流源的求解

诺顿等效电流源是指在 X 射线辐照下,单位长度线缆的芯线短路电流,代表线缆 X 射线辐照响应的基本特征,并直接决定负载响应,是求解线缆 X 射线辐照响应的关键。

根据线缆内部电子输运的物理过程，诺顿等效电流源 I_D 由三部分组成[11]：芯线受透射 X 射线照射而发射光电子引起的芯线发射电流 I_{em}；介质中的沉积电荷在芯线产生感应电荷而引起的芯线感应电流 I_{in}；介质中因电场强度分布产生传导电流而引起的芯线传导电流 I_{co}。满足式(7-39)。

$$I_D = I_{em} + I_{in} + I_{co} \tag{7-39}$$

对芯线发射电流 I_{em}：根据 n 时刻芯线发射电子数除以时间间隔即得 n 时刻发射电流

$$I_{em}^n = C \times \frac{N^n}{\Delta t} \tag{7-40}$$

其中，C 为芯线材料的光电发射系数；N^n 为 n 时刻照射到线缆的 X 射线光子总数；Δt 为时间间隔。

对芯线感应电流 I_{in}：利用格林函数互易性定理，可得介质层沉积电荷在芯线的感应电荷为

$$Q_i = -\int \rho \times \Psi \mathrm{d}^2 r \tag{7-41}$$

其中，ρ 为介质层沉积电荷密度；Ψ 为芯线的格林函数，是式(7-52)Laplace 方程的解。

$$\nabla^2 \Psi = 0, \Psi_i |_{S_j} = \delta_{ij}, \quad j = 0, 1 \tag{7-42}$$

其中，S_0 表示屏蔽层内表面；S_1 表示芯线外表面；δ_{ij} 为 delta 函数。

所以综合式(7-41)和式(7-42)，n 时刻芯线感应电流表示为

$$I_{in}^n = -\int \frac{\partial \rho}{\partial t} \times \Psi \mathrm{d}^2 r \tag{7-43}$$

采用有限元矩阵形式，表达为

$$I_{in}^n = -\frac{1}{\Delta t} \sum_{e=0}^{N_e - 1} \{D((\Delta\rho)^n. \times \Psi)\}_e \tag{7-44}$$

其中，N_e 为有限元三角形网格单元数；N_u 为有限元网格节点数；D 为 $N_e \times N_u$ 的矩阵，矩阵第 e 行表示为

$$[D]_{e,j} = \frac{\Delta^{el}}{3}, \quad j = n(i, e), i = 0, 1, 2 \tag{7-45}$$

其中，Δ^{el} 为三角形单元面积，$0 \leqslant e \leqslant N_e$，$0 \leqslant j \leqslant N_u$，$n(i, e)$ 表示第 e 个三角形网格的第 i 个节点的全局编号。

对芯线传导电流 I_{co}：根据电流密度 J 与电场强度 E 和电导率 σ 的关系

$$J = \sigma E \tag{7-46}$$

可得 n 时刻芯线传导电流为

$$I_{co}^n = \oint \sigma E \mathrm{d} S_1 \tag{7-47}$$

其中，S_1 表示芯线外表面。

采用有限元矩阵形式，可表达为

$$I_{co}^n = \Delta l \times \sum_{j=0}^{N_{S_1} - 1} \{((\sigma E_x)^n. \times [n_{ix}]) + ((\sigma E_y)^n. \times [n_{iy}])\}_j \tag{7-48}$$

式中，N_{S_1} 为芯线表面 S_1 上的节点总数，$\Delta l = 2\pi R / N_{S_1}$，$R$ 为芯线半径，$[n_{ix}]$，$[n_{iy}]$为 S_1

表面节点的法向单位向量矩阵，$(\sigma E_x)^n$，$(\sigma E_y)^n$ 是 σE^n 在 S_1 表面节点处的列阵。

3. 传输线模型求解负载电压

当得到等效电流源及分布电容、分布电感等参数后，可根据图 7-7 所示的等效电路，对式(7-15)进行求解，可以对式(7-15)改写为以下 FDTD 形式：

$$\begin{cases} I_k^{n+\frac{3}{2}} = I_k^{n+\frac{1}{2}} - \dfrac{\Delta t}{\Delta z} L^{-1}(V_{k+1}^{n+1} - V_k^{n+1}) \\ V_k^{n+1} = V_k^n - \dfrac{\Delta t}{\Delta z} C^{-1}(I_k^{n+\frac{1}{2}} - I_{k-1}^{n+\frac{1}{2}} - I_0 * \Delta z) \end{cases} \tag{7-49}$$

式中，Δt 为计算时间步长，Δz 为计算空间步长，需要满足 Courant 稳定条件：

$$\Delta t \leqslant \frac{\Delta z}{v} \tag{7-50}$$

其中，v 为电流在传输线中的传输速度。

设线缆两端所接电阻分别为 R_S 和 R_L，其中 R_L 两端电压为所测量的负载电压，则式(7-49)需要满足边界条件

$$\begin{cases} V_1^{n+1} = \left(\dfrac{\Delta z}{\Delta t} C R_S + 1\right)^{-1} \left\{ \left(\dfrac{\Delta z}{\Delta t} C R_S - 1\right) V_1^n - 2 R_S I_1^{n+\frac{1}{2}} + (V_S^{n+1} + V_S^n) \right\} \\ V_{NDZ+1}^{n+1} = \left(\dfrac{\Delta z}{\Delta t} C R_L + 1\right)^{-1} \left\{ \left(\dfrac{\Delta z}{\Delta t} C R_L - 1\right) V_{NDZ+1}^n - 2 R_L I_{NDZ}^{n+\frac{1}{2}} + (V_L^{n+1} + V_L^n) \right\} \end{cases} \tag{7-51}$$

其中，V_1^{n+1} 和 V_{NDZ+1}^{n+1} 分别为 $n+1$ 时刻的 R_S 和 R_L 两端电压，V_S 和 V_L 分别为在 R_S 和 R_L 两端外加的偏压，在线缆 SGEMP 的计算模型中 $V_S = V_L = 0$。[19]

对式(7-49)和式(7-51)迭代计算即可得到 V_{NDZ+1}^{n+1}，即所测量的负载电压。

7.4.3 仿真结果与规律

采用有限元方法，以 SYV50-3-1 型线缆为研究对象，计算同轴线缆的 I_D。X 射线时间波形是半高宽为 20 ns 的高斯波形，X 射线光子能量为 50 keV。线缆介质材料为聚乙烯，聚乙烯相对介电常数为 2.2～2.3，辐射感应电导率(RIC)常数 K_p 取 5.4×10^{-6}/rad，I_D 正方向为由屏蔽层流向芯线。设 X 射线能量注量为 4.2 J/cm^2，计算得介质层电势分布如图 7-13 所示。

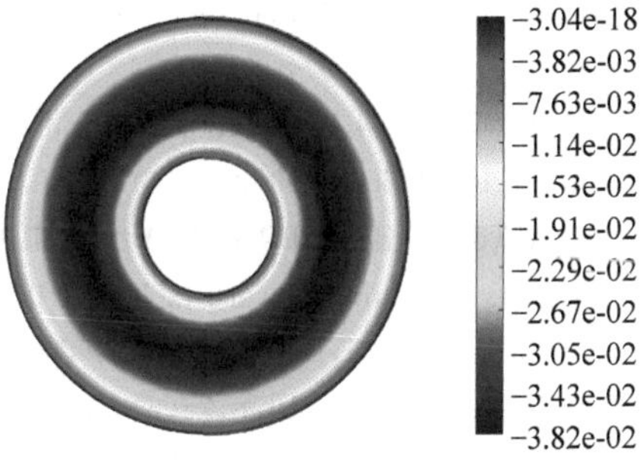

图 7-13　介质层电势分布

由于介质沉积负电荷，边界条件为芯线表面和屏蔽层内表面零电势，得到的电势分布与预期一致。

根据诺顿等效电流源形成的物理过程，X 射线能量注量越大，芯线感应电流 I_{in} 越大，芯线传导电流 I_{co} 越小，芯线发射电流 I_{em} 绝对值也越大；按照前面所述步骤，分别取 X 射线能量注量为 0.42 J/cm^2、4.2 J/cm^2、21 J/cm^2、126 J/cm^2，计算诺顿等效电流源及其三个分量，结果如图 7-14 所示。

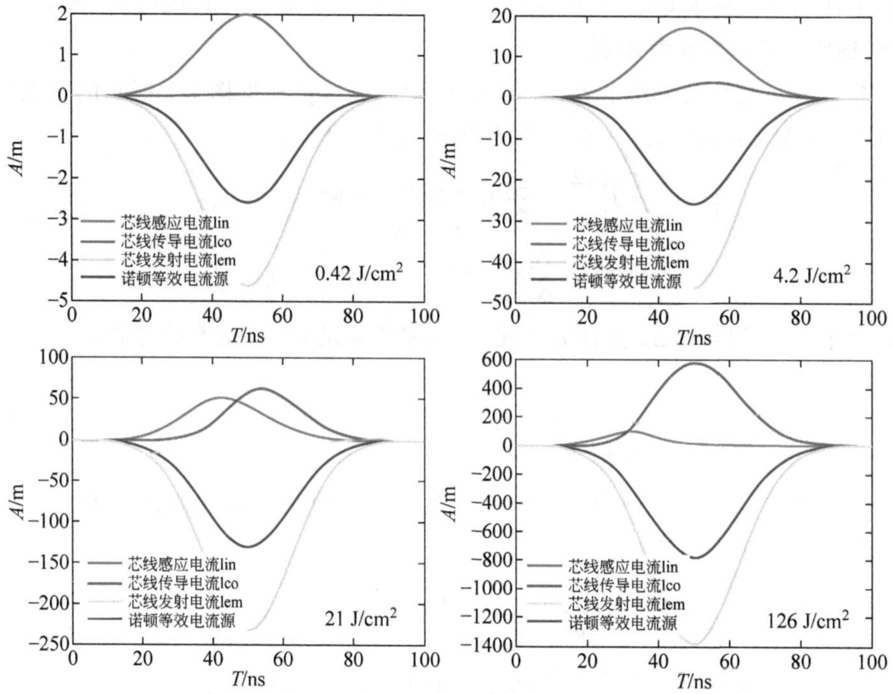

图 7-14　诺顿等效电流源各部分在不同 X 射线注量下的时域波形

参考文献

[1] HIGGINS D,LEE K,MARIN L. System-generated EMP[J]. IEEE Transactions on Antennas and Propagation,1978,26(1): 14-22.

[2] FLANAGAN T M,HARRITY J W,VAN LINT V A J. Scaling law for ionization effects in insulations[J]. IEEE Transactions on Nuclear Science,1968,15(6): 194-204.

[3] VAN LINT V A J. Radiation-induced currents in coaxial cables[J]. IEEE Transactions on Nuclear Science,1970,17(6): 210-216.

[4] BERNSTEIN M J. Radiation induced currents in subminiature coaxial cables[J]. IEEE Transactions on Nuclear Science,1973,20(6): 58-63.

[5] FRANCIS H,BEEMER P A,WULLER C E,CLEMENT D M. Measured and predicted radiation-induced currents in semirigid coaxial cables[J]. IEEE Transactions on Nuclear Science,1977,24(6): 2435-2439.

[6] CLEMENT D M,LOWELL R A. The hardening of satellite cables to X-rays* [J]. IEEE Transactions on Nuclear Science,1978,25(6): 1391-1398.

[7] 周辉,陈雨生,华鸣. 系统电磁脉冲的数值模拟技术[J]. 计算物理,1992(S2): 663.

[8] LISCUMPOWELL J L,BOHNHOFF W J,TURNER C D. A cable SGEMP tutorial: running CEPXS,CEPTRE and EMPHASIS/CABANA to evaluate the electrical response of a cable[R]. Office of Scientific & Technical Information Technical Reports. 2007.

[9] HIGGINS D F. SGEMP leakage through satellite cable shields: the importance of transfer admittance coupling and its implications on testing* [J]. IEEE Transactions on Nuclear Science,1980,27(6): 1589-1595.

[10] 李进玺，程引会，周辉，等. 用传输线和时域有限差分法计算线缆 X 射线响应[J]. 强激光与粒子束，2007(12)：2079-2082.

[11] 马良. 屏蔽线缆 X 射线辐照响应的有限元计算[J]. 现代应用物理，2017，8(3)：1-8.

[12] 张茂兴. 激光惯性约束聚变装置靶室内部线缆防护设计研究[D]. 清华大学，2019.

[13] 徐志谦. 激光装置辐射环境及 SGEMP 数值模拟[D]. 清华大学，2017.

[14] 葛德彪，闫玉波. 电磁波时域有限差分方法[M]. 西安：西安电子科技大学出版社，2005.

[15] Zhang M，Meng C. Research on the coupling response and shielding design of cable in compound electromagnetic environment[J]. 2020 International Symposium on Electromagnetic Compatibility-EMC EUROPE，Rome，Italy，2020，pp. 1-3.

[16] Xu Z，Meng C. Evaluation of cable SGEMP response using monte carlo and finite-difference time-domain methods[J]. IEEE Transactions on Nuclear Science，2017，64(11)：2829-2836.

[17] HIGGINS D F，BARBARA S. Time-domain calculation of the leakage of SGEMP transients through braided cable shields[J]. IEEE Transactions on Nuclear Science，1989，36(6)：2042-2049.

[18] FITZWILSON R L，BERNSTEIN M J，ALSTON T E. Radiation induced currents in shielded multi-conductor and semirigid cables[J]. IEEE Transactions on Nuclear Science，1974，21(6)：276-283.

[19] TIGNER J E，CHADSEY W L，FREDERICK D，MILLER R J，SMITH P. A laboratory experimental technique for determining satellite cable response to SGEMP-comparisons between CXR and FXR data[J]. IEEE Transactions on Nuclear Science，1981，28(6)：4256-4261.

第 8 章

源区电磁脉冲的物理机理与规律

8.1 研究背景与现状

源区电磁脉冲(source region electromagnetic pulse,SREMP)是指地面或靠近地面的区域发生核反应后释放的γ射线在核爆“源区”激励出的电磁脉冲。尽管以瞬发γ射线形式释放的能量只占总能量的1‰～1%,但是光子的平均能量在几百 keV～1 MeV,上升时间仅在10～100 ns,因此能够引起很强的电磁效应。SREMP会在电力线或传输线上感应出非常高的电流,从而沿着这些金属线缆从爆炸区域向远距离发送极大的能量,可能在这些线缆与其他设备连接的地方引发火灾,也可能导致上百千米以外的以太网电缆、电话线以及电源线发生损坏,严重影响电力、通信和其他关键基础设施的正常工作[1]。

对于地面或地表附近的核爆炸,在地表面以上,核反应释放的瞬发γ射线会与空气发生康普顿散射,产生大量高速运动的反冲电子并形成很强的康普顿电流 J,空间电流就会在地表面附近激励出径向电场 E_r(也被称为水平电场)。在地表面以下,γ射线迅速衰减,电子的射程很短,康普顿电流 J 就会非常小,而大地的电导率又远大于空气,因此大地会成为空气中自由电子的回流通道,从而感应出一个与地表面上方电流方向相反的“镜向电流”。地表面上、下两侧方向相反的电流会在地表面附近感生较强的横向磁场 B_φ(也被称为水平磁场),变化的横向磁场又会在垂直方向激励出横向电场 E_θ(也被称为垂直电场),形成电磁脉冲。可见,大地的存在造成了空间电流的非中心对称分布,从而感生出向外传播的电磁脉冲,如图8-1所示。因为这一物理过程只会发生在γ射线能够到达的“源区”范围(通常是一个半径几千米的区域)内,所以被称为源区电磁脉冲。源区之外的范围被称为辐射区,电磁场随着距离的增加快速衰减,其幅值相比于源区要小很多,不过SREMP还是可以通过在源区内的传输线上耦合等方式作用到很远的区域,可以导致距离爆点较远而不会被力学效应损坏的电子系统受到严重的干扰[2]。

由于物理过程的复杂性,大部分的研究工作是用计算机数值求解麦克斯韦方程组和化学反应动力学方程,试图得到电磁脉冲的波形等特性,并进一步研究SREMP对各种长距离传输线的耦合规律。在源区内,γ射线、康普顿电流、空气电导率与电磁场共同存在,给耦合计算带来了很大的困难。为此,Longmire 等[3]建立了基于麦克斯韦方程组的SREMP耦合

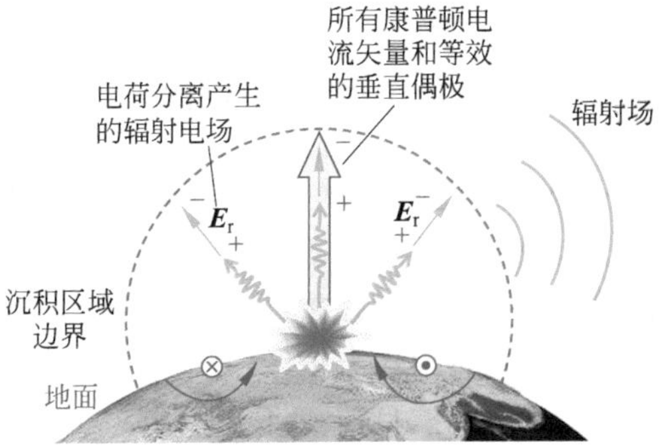

图 8-1　地面 SREMP 的物理机理

模型，能够求解出各种埋地电缆、架空电缆和垂直天线上的响应，在相关研究中被广泛采用。莫锦军[4]仿真了 5 kt 当量、60 km 爆高下感应电场和辐射电场的时间波形，并进一步研究了 SREMP 对距离爆心 500～1000 m 外高超声速飞行器周围等离子体流场的耦合。周颖慧等[5]运用数字滤波与 FDTD 混合方法计算了 10 kt 当量下 SREMP 对埋地电缆的耦合规律：埋地深度相同时，感应电流和感应电压峰值随传输线的长度增加而增大，上升时间变长；传输线长度相同时，感应电流和感应电压峰值随埋地深度的增加而减小，上升时间变长。Higgins 等[6]用 FDTD 方法（PRES-3D 代码）和传输线模型仿真了 SREMP 对长线缆的耦合：对于早期波形，如果计算 10 m 高、1 km 长的架空电缆，FDTD 方法得到了比较准确的结果，电流峰值会超过 10 kA；如果计算 10 m 长的埋地电缆，两种方法取得了比较接近的结果，电流峰值超过了 1 kA；对于后期波形，传输线模型更适合处理这么长的时间尺度，如果计算 2 km 长的埋地电缆，负载情况会显著影响电流响应，将一端的阻抗从 1 Ω 减小为 0.1 Ω 时，电缆中心位置的峰值电流从 25 kA 增大到了 60 kA。Stettner 等[7]采用一维的传输线方法和三维的有限差分算法计算了 20 m 高架空长电缆上的 SREMP 耦合，两种模型得到的线电流波形差异很小，在距离爆心 1200 m 远的位置电流峰值超过了 14 kA。Carson 等[8]基于传输线模型和格林函数对埋地裸线上的 SREMP 耦合进行了计算，通过与 SWEAT 实验的对比，发现电缆上的电流响应随着距离的增加不断减小，并且三个结果在一定范围内的一致性非常好。

如果对复杂的物理方程进行一定的简化，可以得到电磁场的解析解，不过这只能估计出量级的大小，而无法得到非常准确的结果，适用于工程领域中的应用。王闽等[9]在三维直角坐标系下推导了地面核爆炸源区早期电磁脉冲波形的近似解析解，发现在 20 kt 当量的核爆炸条件下解析解和数值解在大部分时候的差异都不超过 10%，它们不仅有着相似的随时间指数上升的规律，也都反映出场强随离地面距离指数下降等空间分布特性。王泰春等[10]根据 γ 光子的时间特性分三个阶段推导了电场的近似解析解：在上升阶段，电场和康普顿电流一样随着 γ 射线通量指数增加；在饱和阶段，电场维持不变，称其为饱和场，它是电场脉冲的峰值，能够达到 10^5 V/m；在下降阶段，电场随着时间的增加按指数减小。可见，SREMP 的上升沿、峰值等特性是由瞬发 γ 射线的强度和时间特性决定的。王金全[11-13]则将整个 SREMP 问题分为早期波过程、中期扩散过程和后期准静态过程三个阶段来处理，在三维球坐标系下分别推导出了各阶段电磁场的近似解析公式，为工程防护设计提供了可靠的理论依据。

8.2 地面核爆炸 SREMP 理论分析

“γ-康普顿电子”模型被公认为是地面核爆炸 SREMP 的产生机理，因此可以通过解析的方法进行理论分析，有助于工程上快速地实现对电磁脉冲强度的估计。整个 SREMP 可以分为早期波过程、中期扩散过程和后期准静态过程三个阶段来处理。从爆炸后 γ 射线到达该点开始，直至该点的电场达到动态饱和为止，这段电场上升的时间就是早期波过程。在 1 Mt 级核爆炸当量、距离爆点 500 m 处，早期波过程只持续 20 ns 左右，极为短暂。随着 γ 射线剂量率的上升，由于电离作用引起空气电导率大大增加，径向电场 E_r 趋于饱和后，电磁场渗入地下的深度 δ 不断增加，这就是饱和扩散过程。在该期间内，场量变化缓慢，扩散深度 δ 不断增加，持续时间较长，将对地下系统产生严重威胁。当扩散深度 δ 与 γ 射线能够传播到的距离 r 相当后，进入到后期准静态过程。此时，γ 射线剂量率的变化非常缓慢，因此空间电荷的变化可以忽略不计，近似认为康普顿电流和传导电流保持一致，形成了准静态平衡。

8.2.1 早期波过程[11]

首先，在球坐标系中引入式(8-1)中的变换。

$$\begin{cases}\tau = ct - r \\ F = r(E_\theta + cB_\varphi) \\ G = r(E_\theta - cB_\varphi)\end{cases} \tag{8-1}$$

其中，r 对应于光子在空气中的自由程，大小为几百米；τ 是用距离表示的推迟时间，对应于康普顿电子在空气中的平均射程，大小只有几米；F 是辐射场；G 是内逸场。将上述变换代入到球坐标系下的麦克斯韦方程组，得到式(8-2)。

$$\begin{cases}\dfrac{\partial F}{\partial r} + \dfrac{c\mu_0\sigma}{2}F = \dfrac{\partial E_r}{\partial \theta} - \dfrac{c\mu_0\sigma}{2}G \\ \dfrac{\partial G}{\partial \tau} + \dfrac{c\mu_0\sigma}{4}G = \dfrac{1}{2}\dfrac{\partial G}{\partial r} - \dfrac{c\mu_0\sigma}{4}F - \dfrac{1}{2}\dfrac{\partial E_r}{\partial \theta} \\ \dfrac{\partial E_r}{\partial \tau} = -c\mu_0 J + \dfrac{1}{2r^2\sin\theta}\dfrac{\partial}{\partial \theta}[\sin\theta(F-G)]\end{cases} \tag{8-2}$$

辐射场 F 与康普顿电流 J 以及 γ 射线同向，内逸场 G 则与康普顿电流 J 反向，辐射场 F 会随着 J 的增大而不断叠加，但是内逸场 G 却没有这一效应。从场方程组中也可以看到，辐射场 F 是对 r 的积分，而内逸场 G 则是对 τ 的积分，G 显然是远小于 F 的。因此，在早期波过程中，可以直接忽略内逸场 G，同时考虑在地表面上 $\theta=\pi/2$，$\sin\theta=1$，从而得到简化的场方程组。

$$\begin{cases}\dfrac{\partial F}{\partial r} + \dfrac{c\mu_0\sigma}{2}F = \dfrac{\partial E_r}{\partial \theta} \\ \dfrac{\partial E_r}{\partial \tau} = -c\mu_0 J + \dfrac{1}{2r^2}\dfrac{\partial F}{\partial \theta}\end{cases} \tag{8-3}$$

再经过变换之后，可以得到扩散方程(8-4)。

$$\frac{\partial}{\partial \tau}\left(\frac{\partial F}{\partial r}+\frac{c\mu_0\sigma}{2}F\right)=-c\mu_0\frac{\partial J}{\partial \theta}+\frac{1}{2r^2}\frac{\partial^2 F}{\partial \theta^2} \tag{8-4}$$

显然，在地面处康普顿电流沿垂直方向的变化率 $-c\mu_0\dfrac{\partial J}{\partial \theta}$ 是激励场的源。可以认为，辐射场 F 被限定在地-空界面附近的一个小角度范围 $\Delta\theta$ 内，并且能够近似成式(8-5)所示的单色平面波。

$$\begin{cases}\boldsymbol{E}_\theta=\boldsymbol{E}_0\mathrm{e}^{\mathrm{j}(\omega\tau-\boldsymbol{k}\cdot\boldsymbol{r})}\\ \boldsymbol{B}_\varphi=\boldsymbol{B}_0\mathrm{e}^{\mathrm{j}(\omega\tau-\boldsymbol{k}\cdot\boldsymbol{r})}\end{cases} \tag{8-5}$$

其中，$\boldsymbol{E}_0$ 和 $\boldsymbol{B}_0$ 是常矢量，分别代表辐射场 F 中垂直电场和水平磁场的振幅与方向；ω 是波动频率；$\boldsymbol{r}$ 是地表面上距离爆点的位置矢量；$\boldsymbol{k}$ 是波矢。将式(8-5)代入到麦克斯韦方程组中，经过一系列的变换和近似后，可以得到电磁场量之间的关系。

$$E_\theta\approx cB_\varphi \tag{8-6}$$

空气电导率 σ 的存在会造成电磁波的衰减，在 0～10 ns 的时间范围内，$\sigma\leqslant 2\times 10^{-5}\ \Omega^{-1}\cdot\mathrm{m}^{-1}$，可以将辐射场 F 近似看作是不衰减的，忽略 σF 这一项，从而对式(8-4)进行简化。

$$\frac{\partial}{\partial \tau}\frac{\partial F}{\partial r}=-c\mu_0\frac{\partial J}{\partial \theta}+\frac{1}{2r^2}\frac{\partial^2 F}{\partial \theta^2} \tag{8-7}$$

上式表明辐射场 F 和康普顿电流 J 具有相同的时间变化规律。一般认为，康普顿电流 J 和 γ 射线具有相同的指数上升规律，因此 $J\sim\mathrm{e}^{\alpha\tau}$，$F\sim\mathrm{e}^{\alpha\tau}$。其中，$\alpha=2\times 10^8\ \mathrm{s}^{-1}$。同时，结合式(8-3)的第二个式子，可以发现径向电场 E_r 和康普顿电流 J 也具有相同的时间变化规律，满足 $E_r\sim\mathrm{e}^{\alpha\tau}$。

随着时间的推移，γ 射线会使得空气电导率不断增加，电场达到饱和状态需要 20 ns，此时 $\sigma=2\times 10^{-3}\ \Omega^{-1}\cdot\mathrm{m}^{-1}$。那么，在 10～20 ns 的时间范围内，$2\times 10^{-5}\ \Omega^{-1}\cdot\mathrm{m}^{-1}<\sigma\leqslant 2\times 10^{-3}\ \Omega^{-1}\cdot\mathrm{m}^{-1}$，辐射场 F 在传播过程中会被大大衰减，因此可以忽略 $\partial F/\partial r$ 这一项，从而对式(8-4)进行简化。

$$\frac{\partial}{\partial \tau}(\sigma F)=-2\frac{\partial J}{\partial \theta}+\frac{1}{c\mu_0 r^2}\frac{\partial^2 F}{\partial \theta^2} \tag{8-8}$$

分析上式可以发现，在这个阶段辐射场 F 仍然是按照指数规律增加的，并且满足 $F\sim\mathrm{e}^{\alpha\tau/2}$。

综上所述，早期波过程可以按照两个阶段来进行分析。在 0～10 ns 的时间内，空气电导率不高，$\sigma\leqslant 2\times 10^{-5}\ \Omega^{-1}\cdot\mathrm{m}^{-1}$，辐射场 F 的增加规律是 $F\sim\mathrm{e}^{\alpha\tau}$；在 10～20 ns 的时间内，空气电导率处于 $2\times 10^{-5}\ \Omega^{-1}\cdot\mathrm{m}^{-1}<\sigma\leqslant 2\times 10^{-3}\ \Omega^{-1}\cdot\mathrm{m}^{-1}$ 的范围，辐射场 F 在传播过程中被大大衰减，其上升的规律变为 $F\sim\mathrm{e}^{\alpha\tau/2}$。在整个波过程中，径向电场 E_r 都满足 $E_r\sim\mathrm{e}^{\alpha\tau}$，场量之间存在着 $E_\theta\approx cB_\varphi$ 的关系，同时电磁场渗入地下的深度是很小的。

8.2.2　饱和扩散过程[12]

在早期波过程结束后，γ 射线的剂量率达到了很高的程度，导致空气电导率很大，强烈抑制了电磁场的辐射。横向的感应电场 E_θ 与径向的饱和场 E_s 保持相当，近地空间电荷在二者的作用下受力近似相等。按照就近原则，电荷会经过大地返回爆心，形成地电流。地电流感应的水平磁场 B_φ 按相同规律由近地空间向远地空间扩散，形成了饱和扩散阶段。

在饱和扩散阶段，传导电流与康普顿电流达到动态平衡，空间电场随时间变化缓慢，位移电流可以忽略。假设爆炸具有轴对称特性，那么地表面上各场量的径向变化率会远小于垂直变化率，因此在球坐标系下的麦克斯韦方程组中，可以忽略与$\partial/\partial r$有关的项，同时考虑在地表面上$\theta=\pi/2$，$\sin\theta=1$，从而得到式(8-9)。

$$\begin{cases}\dfrac{\partial B_{\varphi}}{\partial \tau}=\dfrac{1}{r}\dfrac{\partial E_r}{\partial \theta}\\[2ex]\mu_0\sigma E_r=\dfrac{1}{r}\dfrac{\partial B_{\varphi}}{\partial \theta}-\mu_0 J\end{cases} \tag{8-9}$$

用变量$\mathrm{d}z=r\mathrm{d}\theta$替换垂直变量，代入上式并进行适当的变化，得到关于水平磁场B_{φ}的扩散方程。

$$\frac{\partial B_{\varphi}}{\partial \tau}=-\frac{\partial}{\partial z}\left(\frac{J}{\sigma}\right)+\frac{1}{\mu_0\sigma}\frac{\partial^2 B_{\varphi}}{\partial z^2} \tag{8-10}$$

显然，在地表面处康普顿电流沿垂直方向的变化是激励水平磁场B_{φ}的源。随着时间τ的增加，水平磁场B_{φ}会不断向界面的上、下两侧扩散。

在界面上方的空气中，康普顿电流沿垂直方向几乎是不变的，因此可以对式(8-10)进行简化。

$$\frac{\partial B_{\varphi}}{\partial \tau}=\frac{1}{\mu_0\sigma}\frac{\partial^2 B_{\varphi}}{\partial z^2} \tag{8-11}$$

经过求解，得到了水平磁场B_{φ}的表达式。

$$B_{\varphi}=B_{\varphi_0}\mathrm{e}^{\int_{\tau'}^{\tau}\frac{1}{\mu_0\sigma\delta^2}\mathrm{d}t} \tag{8-12}$$

其中，B_{φ_0}是地表面处的磁场，δ是磁场扩散的趋肤深度。

假设水平磁场B_{φ}向空中扩散的最大高度为$Z_{\max}$，那么沿地-空界面单位径向长度内的磁通量ϕ可以由式(8-13)来计算。

$$\phi=\int_0^{Z_{\max}}B_{\varphi}\mathrm{d}z \tag{8-13}$$

那么，将式(8-10)的两边依次对z和τ积分，考虑扩散期内$E_S=J/\sigma$，整理后可以得到磁通量ϕ随时间的变化规律。

$$\phi=-E_S(\tau-\tau') \tag{8-14}$$

结合上述公式，可以得到如下的近似关系。

$$\delta B_{\varphi_0}\mathrm{e}^{\int_{\tau'}^{\tau}\frac{1}{\mu_0\sigma\delta^2}\mathrm{d}t}\approx E_S(\tau-\tau') \tag{8-15}$$

如果扩散开始时γ射线剂量率尚未达到峰值，空气电导率可以近似为$\sigma=\sigma_0\mathrm{e}^{\alpha\tau}$，代入上式后得到式(8-16)。

$$\delta B_{\varphi_0}\mathrm{e}^{\int_{\tau'}^{\tau}\frac{\mathrm{e}^{-\alpha\tau}}{\mu_0\sigma_0\delta^2}\mathrm{d}t}\approx E_S(\tau-\tau') \tag{8-16}$$

上式在较大时间范围内成立，必须消去左边的指数函数，经过一系列推导后能够求解出扩散深度δ和水平磁场B_{φ}的表达式。

$$\delta=\sqrt{\frac{2}{\mu_0\sigma\alpha}} \tag{8-17}$$

$$B_{\varphi}=E_{S}(\tau-\tau')\sqrt{\frac{\mu_0\sigma\alpha}{2}} \tag{8-18}$$

当 γ 射线剂量率从峰值开始下降后，空气电导率近似按时间反比规律变化：$\sigma=\sigma_P\tau_P/\tau$。代入式(8-15)后得到式(8-19)。

$$\delta B_{\varphi_0}\mathrm{e}^{\int_{\tau_P}^{\tau}\frac{1}{\mu_0\sigma_P\tau_P}\frac{\tau}{\delta^2}\mathrm{d}t}\approx E_S(\tau-\tau_P) \tag{8-19}$$

同样地，需要消去左边的指数函数，经过一系列推导后能够求解出扩散深度 δ 和水平磁场 B_{φ} 的表达式。

$$\delta=\sqrt{\frac{\tau}{\mu_0\sigma}} \tag{8-20}$$

$$B_{\varphi}=E_S\sqrt{\mu_0\sigma\tau} \tag{8-21}$$

值得注意的是，当空气电导率大于大地电导率时，空气限制场量扩散比大地更严重，所以大地是限制地电流的主要因素，计算扩散深度 δ 和水平磁场 B_{φ} 时应该采用大地电导率 σ_g。

最后，空间电荷经过大地返回爆心形成地电流 J'，会激励出水平电场 E_r，如图 8-2 所示。显然，环流 J' 受到串联起来的空气电阻和大地电阻的限制，由此可以得到水平电场 E_r 的计算公式。

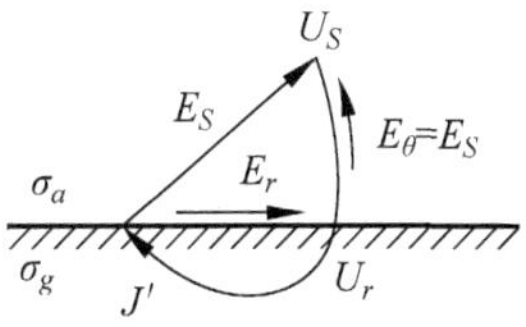

图 8-2　地电流形成示意图

$$E_r=\frac{\sqrt{\sigma_a}}{\sqrt{\sigma_a}+\sqrt{\sigma_g}}E_S \tag{8-22}$$

8.2.3　后期准静态过程[13]

饱和扩散过程结束后，SREMP 进入到后期准静态过程，满足如下关系。

$$\delta=\sqrt{\frac{\tau}{\mu_0\sigma}}=r \tag{8-23}$$

在准静态阶段，空气电导率以离子导电为主，电子的贡献可以忽略，因此采用式(8-24)进行计算。

$$\sigma(r)=\frac{\sigma_0}{4\pi r\lambda}\mathrm{e}^{-r/2\lambda} \tag{8-24}$$

此时空气电导率小于大地电导率，并且会随着 γ 射线剂量率的减小继续降低，所以大地被近似为良导体，空间电位只与距离大地的高度有关，即：$\varphi\approx\varphi(\theta)$。

在准静态阶段，所有对时间的微商都可以直接置为 0，所以法拉第电磁感应定律可以简化为如下形式。

$$\nabla\times\boldsymbol{E}=0 \tag{8-25}$$

由此可以得到式(8-26)。

$$\boldsymbol{E}=-\nabla\varphi(\theta)=E_\theta\boldsymbol{\theta} \tag{8-26}$$

可见，径向电场 E_r 应该是远小于垂直电场 E_θ 而可以忽略的。同理，对于康普顿电流只需要考虑其径向分量，可以通过式(8-27)来计算。

$$J_r = J_0 \frac{e^{-r/\lambda}}{4\pi r^2} \tag{8-27}$$

其中，J_0 是爆点处的康普顿电流，由核爆当量所决定。

电流连续性方程可以写为如下形式。

$$\nabla \cdot (\boldsymbol{J} + \sigma \boldsymbol{E}) = 0 \tag{8-28}$$

在准静态阶段，上式可以简化为式(8-29)。

$$\frac{\sigma}{r\sin\theta}\frac{\partial}{\partial\theta}(\sin\theta E_\theta) = \frac{J_r}{\lambda} \tag{8-29}$$

解之可得垂直电场 E_θ 的表达式。

$$E_\theta = \frac{J_0}{\sigma_0} e^{-r/2\lambda} \tan\frac{\theta}{2} \tag{8-30}$$

对于水平磁场 B_φ，考虑安培环路定律，将所有对时间的微商直接置为 0，得到如下形式。

$$\nabla \times \boldsymbol{B} = \mu_0 (\boldsymbol{J} + \sigma \boldsymbol{E}) \tag{8-31}$$

考虑 r 方向上的分量，由于水平电场 E_r 可以忽略，可以将上式简化为式(8-32)。

$$\frac{1}{r\sin\theta}\frac{\partial}{\partial\theta}(\sin\theta B_\varphi) = \mu_0 J_r \tag{8-32}$$

解之可得水平磁场 B_φ 的表达式。

$$B_\varphi = \mu_0 r J_r \tan\frac{\theta}{2} \tag{8-33}$$

计算证明，在非爆点 100～3000 m 范围内，采用上述计算电磁场的误差不超过 50%，能够满足工程技术人员的抗 SREMP 加固设计需求。

8.3 靶室房间 SREMP 数值模拟

在激光惯性约束聚变装置中，高功率激光打靶后会释放出很强的 X 射线。如果靶丸压缩内爆后形成可控核聚变，靶室内的辐射环境会更加恶劣。当 X 射线辐照靶室壁时，部分高能光子能够深入甚至穿透靶室壁，导致靶室壁的外表面向靶室房间中发射自由电子。这些电子在空气中运动形成瞬变电流，进而激发出源区电磁脉冲。

8.3.1 靶室房间 SREMP 仿真模型

激光装置的靶室大多是球结构，靶室壁采用铝合金材料，厚度为几厘米。显然，只有能量较高的 X 射线光子能够穿过靶室壁，从而产生发射电子，也只有 X 射线注量足够高的时候 SREMP 才是必须考虑的影响。光学系统和诊断装置对靶室内的辐射环境会造成一定的影响，例如吸收一部分 X 射线。但是这些实验仪器和设备的数量及安置方式在不同次试验中是不一样的，导致靶室内的辐射环境也是各不相同的，因此不可能通过一次数值模拟就进行准确的估计。源区电磁脉冲的激发过程主要包括电子运动形成空间电流源和电流源激发空间电磁场，需要通过时域有限差分算法和 PIC 粒子模拟算法进行耦合求解。因此，在本节中，仿真模型如图 8-3 所示，仅考虑一个空的正方体靶室，边长为 6 m，在 X 射线的作用下，假设电子仅以单一能量从靶室壁的六个外表面均匀垂直发射。靶室房间是一个边长 20 m 的正方体区域，根据电磁兼容和辐射防护的要求，它的六面墙壁必须包括金属隔离板，因此在计算模型中可以视为金属边界。由于靶室房间很大，可能被分为好几层，地板由混凝土建造，对电磁场的影响较小，在计算模型中可以忽略。靶室内是真空环境，但靶室房间中充满了标准大气压的空气，在透射 X 射线和出射电子等辐射的作用下，空气分子发生电离，使得空气具有一定的电导率。实际上，一些仿真实验表明空气的存在对电磁场计算的影响是可以忽略的，仍然可以近似认为靶室房间也是真空环境。

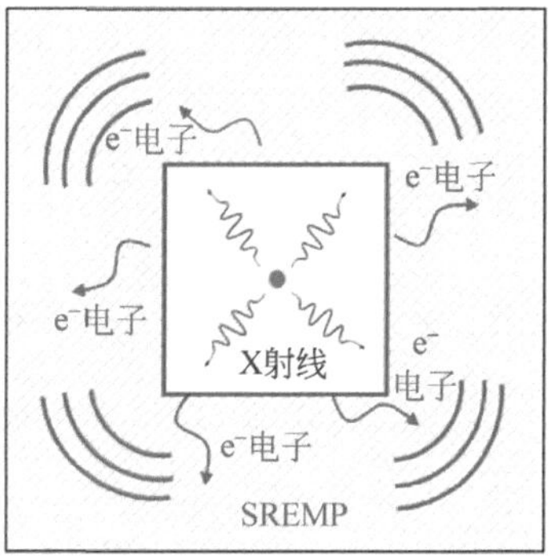

图 8-3　靶室房间 SREMP 仿真模型

激光惯性约束装置打靶时可能会在 1 ns 的脉冲持续时间内共计向外释放出约 10 kJ 的 X 射线总能量，在能谱上以软 X 射线为主。采用蒙特卡罗仿真软件对不同能量 X 射线光子在靶室壁上的输运过程进行仿真，初步估计出能够穿透靶室壁的 X 射线光子能量在 30～120 keV 范围，占 X 射线总能量的 5%，即 0.5 kJ。用这些光子的平均能量 50 keV 来替代能谱分布，可以计算出发射电子总数为 $N_e=2.53\times10^{12}$。

8.3.2　靶室房间 SREMP 仿真结果及规律

清华大学团队编写了三维电磁粒子模拟仿真代码 3D SREMP，对激光惯性约束装置靶室房间 SREMP 的峰值和频率等特性进行了估计。

首先，观察靶室最上方发射面中心处正上方距离 1 m、3 m 和 5 m 位置的电场波形，如图 8-4 所示。以正方体靶室的中心为原点，建立三维直角坐标系，那么发射电子的端面就位于平面 $z=3$ m 上，而三个取样点的坐标可以表示为(0,0,4)、(0,0,6)、(0,0,8)。三个位置处波形的峰值依次为 1211 V/m、691 V/m 和 511 V/m，峰值出现的时刻依次为 10.2 ns、26.5 ns 和 42.8 ns。可见，距离靶室的中心越远，源区电磁脉冲出现得就越晚，并且幅值就越小。考虑到诊断设备一般都会放置在距离靶室壁 3 m 以内的地方，在这个区域里源区电磁脉冲的峰值基本上是超过 700 V/m 的，在靠近靶室壁的地方甚至会超过 1000 V/m，对人体以及诊断设备的影响应该都是不可忽略的。同时，不同位置处电场的波形也发生了很大的变化，在发射面中心处正上方 1 m 的位置(U1)，电场波形近似是一个正极性的单脉冲，上升沿很快，仅为 1.2 ns，下降沿比较缓慢，半高宽约为 12 ns；而在发射面中心处正上方 3 m 和 5 m 的位置(U3，U5)，电场波形首先会出现一个负极性的脉冲，并且越远的位置负极性的峰值就越大，随后继续出现一个正极性的脉冲，并且越远的位置正极性的峰值就越小。与 X 射线的波形相比，源区电磁脉冲波形在时域上的响应会更慢一些，无论是上升时间还是半高宽都会增加，而且距离靶室越远，波形的差异就越大。实际使用中，靶室房间还会放置许多电子设备和实验器材，可以预想到不同位置处电场的波形和幅值是有很大差异的，放置在不同位置处的诊断设备所面临的干扰和要求的防护也是各不相同的，需要研究人员特别留意。

接着，观察靶室最上方发射面中心点正上方 1 m 处、距离中心线 0 m、1 m、3 m 和 7 m

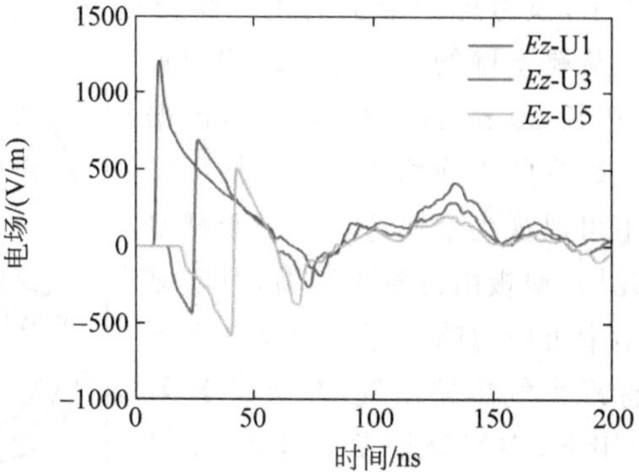

图 8-4 靶室表面中心线上不同位置的电场波形

位置的电场波形，如图 8-5 所示。将这四个取样点分别标记为 R0、R1、R3 和 R7，它们的坐标可以依次表示为(0,0,4)、(1,0,4)、(3,0,4)和(7,0,4)。从 R0 到 R3，电场波形的变化规律几乎是完全相同的，都是一个正极性的单脉冲，峰值分别为 1203 V/m、1103 V/m 和 633 V/m，而峰值出现的时刻依次为 10.2 ns、10.1 ns 和 10.2 ns。可见，从 R0 到 R1 时电场波形的幅值变化是很小的，而从 R1 到 R3 时电场波形的幅值变化明显加剧了。因此，在横向分布中，距离靶室的中心越远，源区电磁脉冲的幅值就越小，而且幅值减小的趋势也越显著。而在 R7 的位置，电场波形变得相当平缓，幅值不会超过 100 V/m，说明在远离靶室、靠近靶室房间墙壁的位置，源区电磁脉冲是非常小的，其影响差不多可以忽略了。考虑到 R3 就是在靶室端面棱边的正上方，可以认为源区电磁脉冲主要作用于正对着发射端面、距离在 3 m 以内的那一片区域，其波形以正极性的单脉冲为主、在较远的位置会逐渐变化为先负后正的双极性脉冲，电场峰值都超过了 600 V/m。在这个区域内工作的诊断设备和电子仪器，都应该考虑针对强电磁脉冲的防护措施。

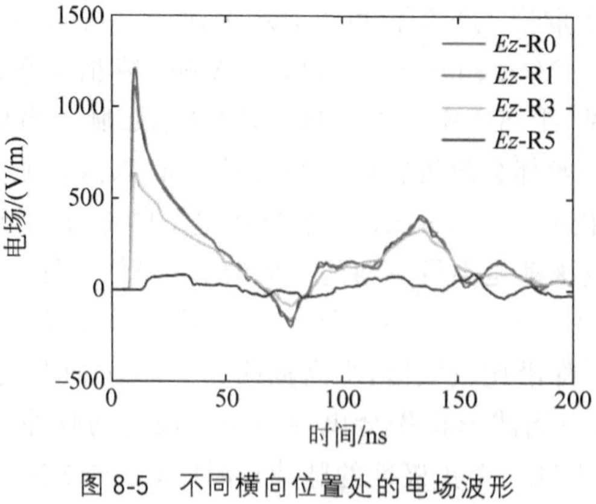

图 8-5 不同横向位置处的电场波形

最后，对靶室中心上方 4 m(U1)和 6 m(U3)位置处的电场波形进行了傅里叶变换，得到电场的频谱，如图 8-6 所示。通过对时域波形的分析可以发现，U1 和 U3 处的波形恰好可以代表源区电磁脉冲主要作用区域内的两种典型电场波形，即正极性的单脉冲和先负后正的双脉冲，分析它们的频谱就可以获取比较全面的源区电磁脉冲的频率特性。尽管发射电子的波形是一个比较快的脉冲，持续时间仅为 1 ns，但是靶室房间中的电磁场变化会更加缓慢，所以源区电磁脉冲的频率是相对比较低的，主要是分布在 100 MHz 以下的频段，并且存在多个 MHz 量级的谐振峰。对于蓝色曲线代表的 U1 处波形，直流分量占据了最多的比例，频谱比较接近发射电子波形的频率成分，但是在 8.39 MHz 的位置存在一个很显著的频率中心；对于红色曲线代表的 U3 处波形，直流分量仍然占据了最多的比例，但是在频谱中所占的比重明显减少了，而 10.53 MHz 和 21.36 MHz 的两个频率中心附近的成分所占据的比重则是大大增加了，此外高频分量的比例也会比 U1 处稍大一些。

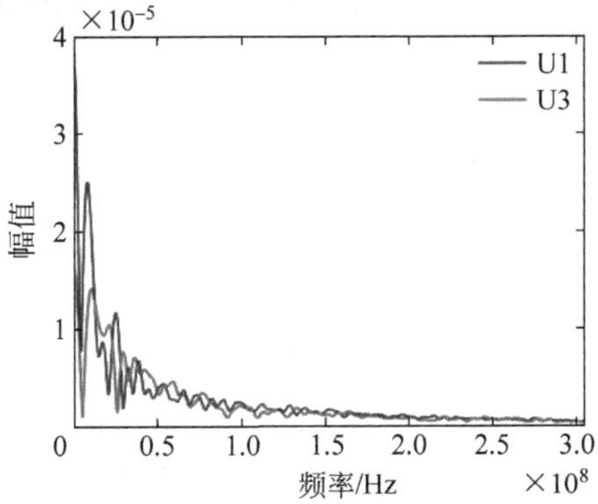

图 8-6　靶室房间 SREMP 的频率特性

参考文献

[1] https://www.dhs.gov/news/2012/09/12/written-testimony-nppd-house-homeland-security-subcommittee-cybersecurity.

[2] 孟萃. 瞬态电离辐射激励强电磁脉冲[R]. 中国电子学会复杂电磁环境效应 2019 年会.

[3] Longmire C L, Gilbert J L. Theory of EMP coupling in the source region[R]. DNA 5687F, 1980.

[4] 莫锦军. 临近空间中核爆源区电磁脉冲与等离子体流场耦合[J]. 微波学报, 2010, S2: 91-94.

[5] 周颖慧, 石立华. 基于 DF 与 FDTD 混合方法的埋地导体耦合规律分析[J]. 解放军理工大学学报(自然科学版), 2011, 12(4): 341-345.

[6] Higgins D F, Tumolillo T A, Radasky W A, et al. Source region EMP coupling to long lines[J]. IEEE Transactions on Nuclear Science, 1981, 28(6): 4440-4445.

[7] Stettner R, Dancz J, Gilbert J, et al. Comparison of a one-dimensional and a three-dimensional SREMP model for an overhead line[J]. IEEE Transactions on Nuclear Science, 1982, 29(6): 1868-1873.

[8] Carson R S, Eddleman J R, Farmer V R, et al. Simulation of SREMP coupling to buried cables[J]. IEEE Transactions on Nuclear Science, 1987, 34(6): 1515-1520.

[9] 王闽, 赵凤章, 兰马群. 核爆炸源区早期电磁脉冲的一种近似解析解[J]. 国防科技大学学报, 1983, 4: 33-40.

[10] 王泰春, 王玉芝. 低空核爆炸在源区产生的电磁脉冲的近似估计[J]. 计算物理, 1987, 4(2): 63-70.

[11] 王金全. 关于地面核爆炸 SREMP 早期波过程的工程分析理论[J]. 工程兵工程学院学报, 1989, 1: 55-60.

[12] 王金全. 地面核爆炸 SREMP 饱和扩散过程的工程计算[J]. 工程兵工程学院学报, 1989, 3: 31-35.

[13] 王金全. 地面核爆炸 SREMP 后期准静态过程的工程分析[J]. 工程兵工程学院学报, 1990, 3: 81-85.

第 9 章 激光惯性约束装置的强电磁脉冲

激光惯性约束核聚变是国际核物理重要的前沿研究领域之一，在清洁能源以及天体物理等的研究中占有重要地位。激光与靶相互作用过程中伴随着强电磁场脉冲辐射，不仅对测试设备和信号产生干扰，甚至会导致诊断设备的损坏。研究认为电磁脉冲的产生与激光打靶产生的超热电子有关，但还不清楚其产生的完整机制和电磁特性。研究激光装置中的电磁脉冲问题，有助于对激光等离子体相互作用物理规律的深入理解，也为惯性约束聚变相关物理实验诊断和电磁防护提供指导。

9.1 激光惯性约束装置强电磁脉冲的分类

惯性约束聚变是依靠热核燃料的惯性对高温高密度热核燃料进行约束，实现热核聚变的方法。自从 20 世纪 60 年代巴索夫和王淦昌等提出利用激光作为热核反应驱动源以来，随着激光核聚变物理以及啁啾脉冲放大技术的发展，激光惯性约束聚变研究取得了巨大进展。

激光惯约装置的发展大致分为两条路线：一条路线是根据中心聚变方案而发展起来的高能量(千焦耳级)、长脉冲(纳秒级)激光器，最具代表性的大型激光装置有美国的国家点火装置(national ignition facility，NIF)、法国的兆焦激光装置(laser megajoule，LMJ)和中国的神光系列激光装置等(图 9-1)；另一条路线是根据快点火聚变方案发展起来的短脉冲(皮秒级以下)、高功率(太瓦级和拍瓦级)、超短超强激光器，具代表性的是美国劳伦斯·利弗莫尔国家实验室(lawrence livermore national laboratory，LLNL)的短脉冲激光装置 TITAN、日本激光工程能源研究(high power laser energy research，HIPER)的装置和中国的星光-Ⅲ激光装置等。

激光惯性约束装置的强电磁脉冲按照区域可以分为靶室内的强电磁脉冲、靶室房间的强电磁脉冲以及能库的强电磁脉冲。

靶室内的电磁脉冲按照激励的源可以分为超热电子电磁脉冲、X 射线产生的系统电磁脉冲，见图 9-2；靶室房间的电磁脉冲主要分为靶室法兰孔缝泄露的电磁脉冲以及从靶室壁出射的 X 射线激励的源区电磁脉冲，见图 9-3。系统电磁脉冲以及源区电磁脉冲的数值模拟方法在第 6、7、8 章分别进行了详细介绍，本章不再赘述，本章重点讲述靶室内的超热电子-电磁脉冲以及能库开关动作产生的强电磁脉冲。

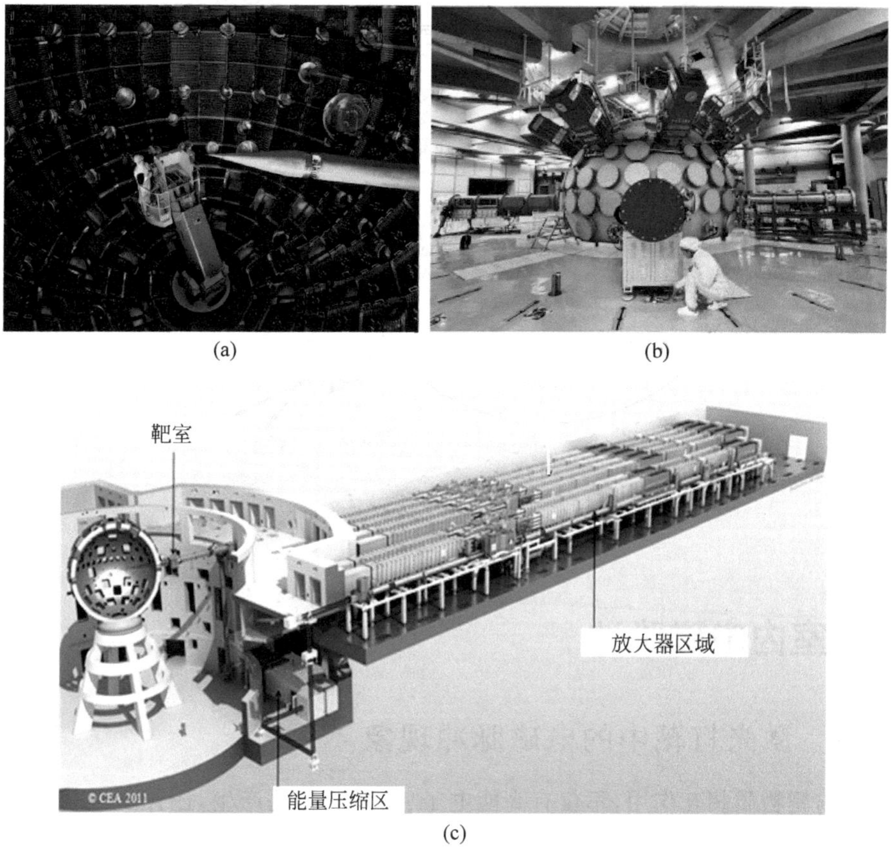

图 9-1　大型激光装置

(a) NIF 靶室内部；(b) 神光-Ⅲ靶室；(c) LMJ 激光装置

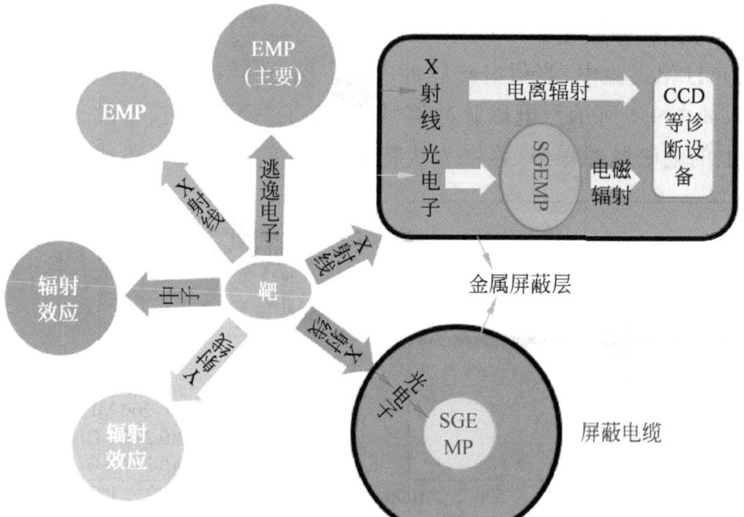

图 9-2　靶室内电磁脉冲分类

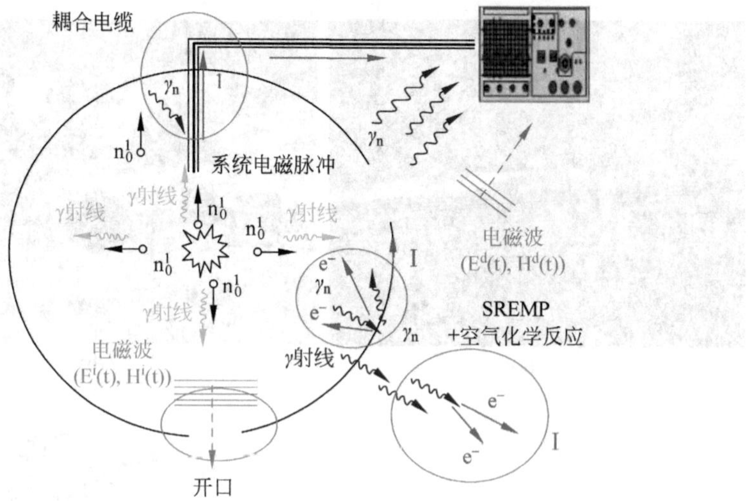

图 9-3　靶室房间的电磁脉冲

9.2 靶室内电磁脉冲

9.2.1 激光打靶中的电磁脉冲现象

强激光与靶物质相互作用，不仅有高能电子、高能离子的产生，还伴随着复杂的电磁辐射效应，包括 γ 射线、X 射线、太赫兹波以及射频辐射等。其中，靶室中产生的高场强、宽频带电磁脉冲极易对靶室内外的诊断设备(如示波器、分幅相机和条纹相机等)产生电磁干扰，影响控制信号和测量数据的准确性，严重时可能导致设备短暂失效甚至永久损毁。随着激光装置的发展和功率的提升，随之而来的电磁脉冲问题也将越来越严峻。

LLNL 分别对长脉冲激光器 NIF 和短脉冲激光器 TITAN 产生的电磁脉冲开展了研究。在 NIF 激光打靶实验中，测得电磁脉冲电场峰值强度达 10 kV/m，频率范围很宽，最高达 5 GHz 以上，如图 9-4 所示。电磁脉冲信号持续时间很长，远长于激光的持续时间。在靶室内测到电缆上的电磁脉冲噪声，强度为伏特量级，它们可通过电缆或孔缝耦合影响测量设

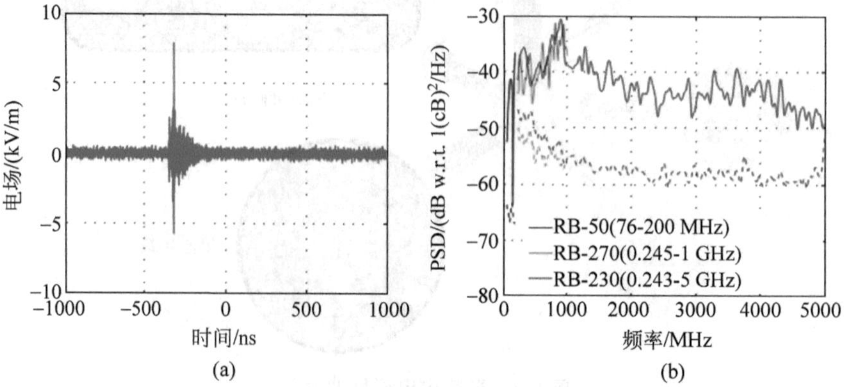

图 9-4　NIF 靶室内测量的电磁脉冲信号[1]

备。在 TITAN 激光装置中，测得电磁脉冲电场峰值强度超过 100 kV/m，持续时间长达几百纳秒，频率覆盖范围超过 5 GHz，如图 9-5 所示。进一步分析得到电磁脉冲约有一半的能量分布在频率高于 2 GHz 的信号中。在靶室外测得的电磁脉冲强度较靶室内显著降低，频率最高只到 1 GHz。研究发现，在短脉冲激光器中测得的电磁脉冲强度和频率明显高于长脉冲激光器，电磁脉冲强度随激光能量增加而明显增强，在激光能量不变的情况下，改变激光脉冲持续时间，电磁脉冲强度无明显变化[1]。

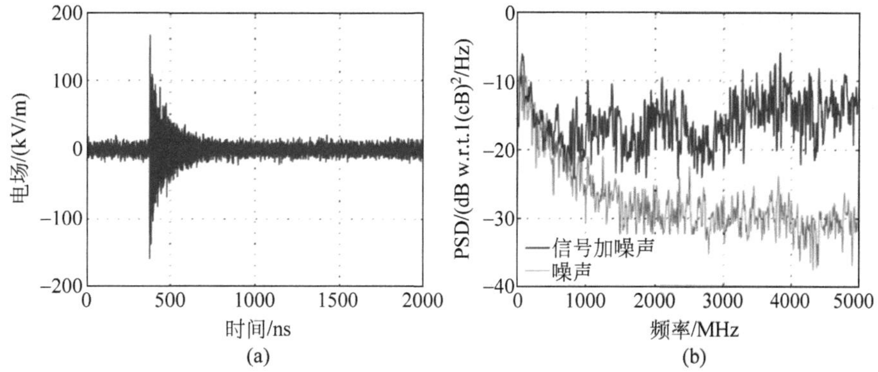

图 9-5　TITAN 靶室内测量的电磁脉冲信号[1]

不同大型激光装置中的电磁脉冲测量结果汇总如图 9-6 所示，图中假设电磁脉冲强度与距靶心距离成反比，将不同激光装置的电磁脉冲测量结果归一化为距离靶心 1 m 处的电场强度值。图中分别用蓝色和红色区域表示纳秒级和皮秒级激光装置。其中，ABC 激光器和星光-Ⅲ激光器的测量数据分别为距离靶 85 mm 和 400 mm 位置处测得，归一化结果可能会偏高几倍。可以看出，纳秒级激光装置和皮秒级激光装置之间有明显的区别，前者电磁脉冲信号始终稳定在 10 kV/m 量级，而后者的电磁脉冲信号强度与激光强度正相关，当激光脉冲能量达千焦时，电磁脉冲场强高达 300 kV/m[2]。

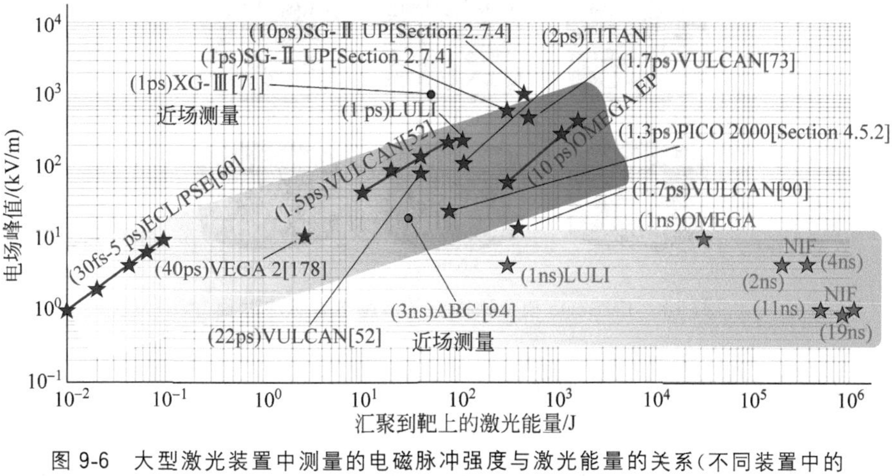

图 9-6　大型激光装置中测量的电磁脉冲强度与激光能量的关系（不同装置中的电磁脉冲强度已归一化处理，电场强度均为距靶 1 m 处的值）[2]

激光装置靶室中的电磁脉冲的产生与核爆炸产生电磁脉冲有相似之处，但更加复杂。激光打靶伴随着 γ 射线、X 射线和超热电子的产生，γ 射线、X 射线打在电缆和电子器件的金属外壳会激励系统电磁脉冲，这与核爆炸中的系统电磁脉冲产生机理一致，而与超热电子有关的电磁脉冲产生机理则很复杂。到目前为止，研究表明激光打靶产生的超热电子是靶室内电磁脉冲的主要激励源，X 射线与物质作用激励的电磁脉冲比之小 1～2 量级，但是关于超热电子产生的电磁脉冲的机理与物理过程尚不十分明确。

9.2.2 超热电子产生电磁脉冲的主要机制

9.2.2.1 逃逸电子出射产生的电磁脉冲

美国 LLNL 提出激光打靶产生的并从靶面出射的高能电子，我们称之为逃逸电子，是电磁脉冲的主要来源。逃逸电子在靶室中运动，撞击金属靶室壁，这一物理过程持续时间短，会产生一个非常大的瞬态电流和强电磁脉冲。激光打靶辐射(X 射线、γ 射线等)与电缆等产生光电子激励的系统电磁脉冲，是电磁脉冲的另一个来源，但与逃逸电子产生的电磁脉冲相比而言，系统电磁脉冲的贡献较小[3]。

利用电子能谱仪、热释光探测器、成像板、法拉第杯等探测逃逸电子的能谱、空间分布和数目，发现各方向都有电子出射，主要集中在法线方向，逃逸电子总数约为 5×10^{12} 个。研究人员将已知数目和能量分布的逃逸电子作为输入量，利用三维电磁程序 EMSolve 模拟逃逸电子在靶室中运动、撞击金属靶室壁形成瞬态电流的过程，计算得到的电磁脉冲强度和频谱与实验结果吻合，如图 9-7 所示。为确认逃逸电子是电磁脉冲的主要来源，LLNL 测量了不同靶尺寸实验条件下电磁脉冲和逃逸电子信息。测量结果表明，随着靶尺寸的增大，电磁脉冲强度增大，逃逸电子的数目明显增加，能量升高，而 γ 射线等其他辐射强度并无明显变化。靶尺寸效应的原因是，强激光与靶作用产生高能电子，电子从靶面出射，在靶面形成电荷分离静电场。对于小靶，靶面将产生较高的电势，阻止电子进一步出射。而对于大靶，表面电荷分离电势相对较小，能使更多的电子从靶面逃逸，逃逸电子能量也更高。用厚铝球壳围住靶，阻挡逃逸电子向空间运动，所测电磁脉冲减弱近 3 倍[4]。

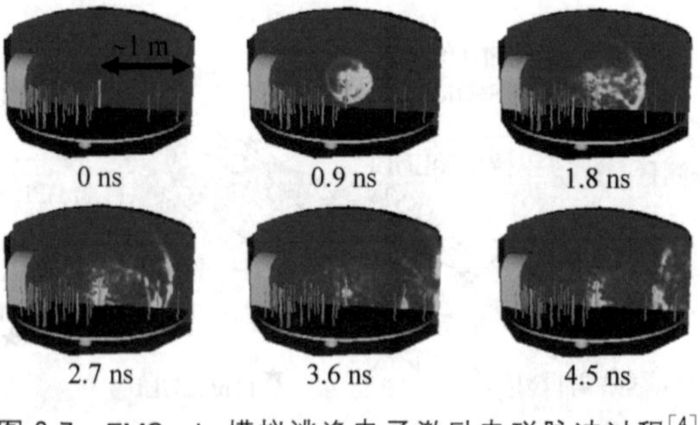

图 9-7 EMSovle 模拟逃逸电子激励电磁脉冲过程[4]

9.2.2.2 中和电流产生的电磁脉冲

法国 CEA 实验室利用飞秒级激光装置 ECLIPSE，研究了超短超强激光与靶作用产生的逃逸电子和电磁脉冲效应，提出了偶极子天线的电磁辐射模型。研究认为，激光与等离子体相互作用产生超热电子，部分超热电子逃逸离开靶后，使靶带正电，为保持靶电中性，接地的金属靶杆会产生瞬态电流以中和靶上正电荷，该电流像天线一样向外辐射电磁场[5](图 9-8)。

在实验中，靶通过金属靶杆连接到接地平面，实验中测量到流过靶杆的电流频谱与辐射点电磁脉冲频谱，两者的峰值频率均在 1 GHz 附近，如图 9-9 所示[5]。将靶、靶杆及地面镜像看作偶极子天线，天线的辐射频率理论值 1.2 GHz，与测得的峰值频率一致。

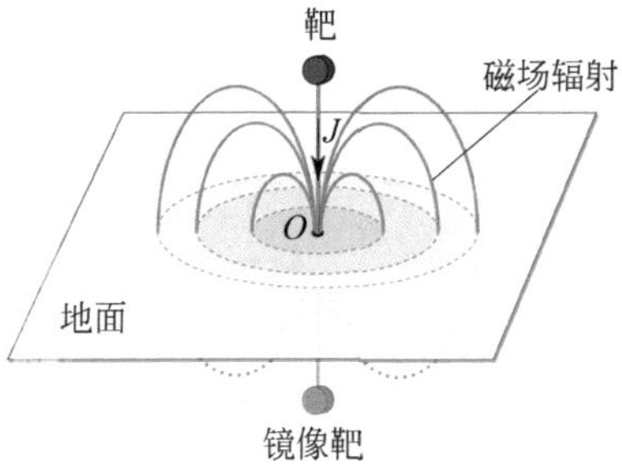

图 9-8　靶以及支架作为天线辐射的示意图

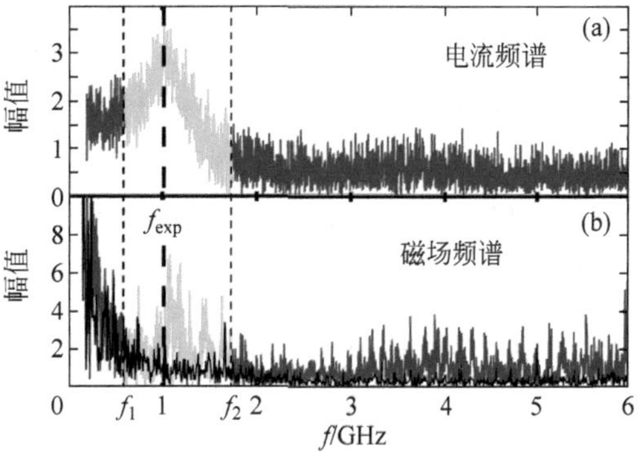

图 9-9　靶杆上测得的电流频谱和电磁脉冲磁场频谱

CEA 实验室通过理论分析和实验测量，研究了不同激光能量、激光脉宽和靶尺寸情况下，逃逸电荷量与中和电流的变化，发现电磁脉冲强度与逃逸电荷量线性相关。研究认为，中和电流引起的辐射主要发生在皮秒级短脉冲激光装置中，因为此时电子逃逸的时间比靶上的中和电流形成时间短。在 ns 级激光装置中，电子逃逸的时间长于靶上中和电流形成的时间，靶上将不会积累电荷，产生的电磁脉冲辐射将很弱。

2018 年，Consoil 等在捷克布拉格的 PALs(prague asterix laser system)激光装置中，测量了能量 500 J、脉宽 0.35 ns 的纳秒级激光与靶作用产生的中和电流和电磁脉冲。实验表明，在长脉冲激光装置中，靶杆也存在较大的中和电流，且电磁脉冲波形与中和电流波形一致，如图 9-10 所示[6]。这与 CEA 的理论模型不符。目前研究可以明确靶上中和电流会产生电磁脉冲辐射，也说明了辐射强度与逃逸电子数目的正相关性，但其机制待进一步研究和验证。

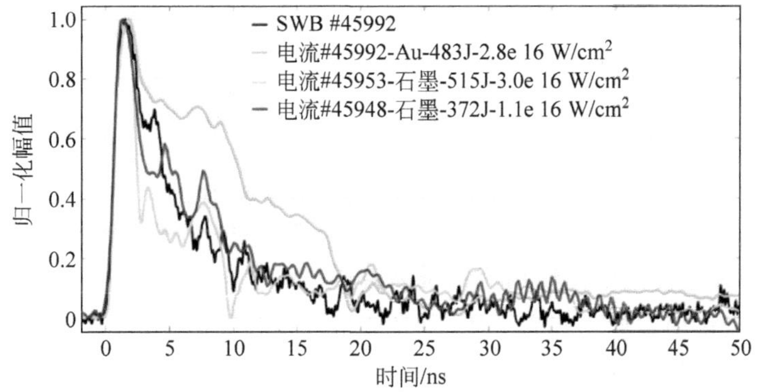

图 9-10　不同靶材和激光参数条件下，靶杆上的中和电流波形和 SWB 天线测得的典型电磁脉冲波形

9.2.2.3　靶室谐振产生的电磁脉冲

2003 年，英国原子能武器机构(atomic weapons establishment，AWE) Mead 等在 Valcunn 拍瓦激光器内测量产生的电磁脉冲，得到了中心频率 63 MHz、最大磁场强度 4.3 A/m

的信号。研究人员提出了谐振腔模型，来解释电磁脉冲的产生。从靶发射出的电子脉冲打在靶壁上，使整个金属靶室像电容器那样充放电，并产生谐振腔本征频率的电磁振荡。特别是当电子以电子束的方式，从一个方向出射，打在靶壁一侧时，产生的电磁脉冲最强。通过建立 Vulcan 激光装置的矩形强模型和 Orion 激光装置的球形强理论模型，估算电磁脉冲强度大小，得到 Orion 靶室中心电场强度最大值为 6.98 kV/m，磁场强度最大值为 11.8 A/m[7]。2016 年，Consoil 等在 Valcunn 激光装置实验中，利用脉宽 1.7 ps、功率约 4.8×10^{20} W/cm^2 的激光与固体厚靶相互作用，测量得到电磁脉冲电场峰值约 40 kV/m。电磁脉冲频谱包含靶室腔谐振基频 76 MHz 和 101 MHz，与 Mead 研究结果一致[8]。

9.2.3 超热电子激励电磁脉冲模拟

为进一步理解激光装置中超热电子产生电磁脉冲的现象，清华大学团队开展研究，本节将详细介绍激光打靶产生超热电子并激励电磁脉冲的数值模拟工作[9]。由于该物理过程的时间尺度从 fs 量级到 ns 级，空间尺度从 μm 量级到 m 量级，全过程模拟是难以实现的。考虑其中主要的物理现象，将整个过程分为三个阶段进行分析和模拟，物理模型如图 9-11 所示。第一阶段，激光与靶面等离子体作用产生超热电子，可通过粒子模拟得到超热电子能量分布等信息；第二阶段，超热电子向靶内外扩散，只有少部分能量足够高的电子能逃脱靶表面强电场，即逃逸电子。该过程采用靶充电动态模型计算；第三阶段，逃逸电子在靶室中运动激励强电磁脉冲，通过粒子模拟程序进行数值模拟，将逃逸电子作为输入，计算靶室内的电磁脉冲。

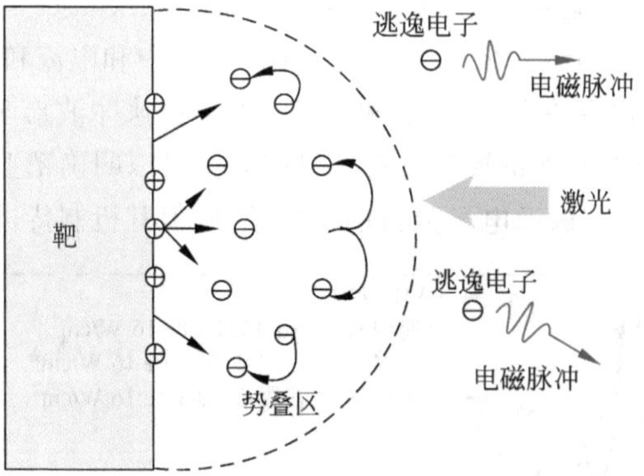

图 9-11　激光打靶激励电磁脉冲物理模型

9.2.3.1 激光与等离子体作用产生超热电子

固体靶在激光作用下形成等离子体，激光能量沉积到等离子体中，部分电子吸收能量转化为超热电子。产生超热电子的吸收机制主要包括逆韧致吸收、真空加热、共振吸收和有质动力等。带电粒子（主要是电子）在外加强电磁场的作用下被加速的过程，可采用粒子模拟程序计算。

计算模型如图 9-12 所示，采用二维直角坐标系，计算区域为 $a\times b$ 的平面，激光从左边界垂直于 Y 轴入射，经过一段真空区域后打在等离子上。入射激光为 P 偏振激光，电场方向平行于 Y 轴，即激光场分量为 (E_y, B_z)。计算条件参数为：P 偏振激光波长 800 nm，峰值强度 2×10^{18} W/cm^2，脉宽 50 fs，焦斑直径 8 μm；激光的空间分布和时间分布都满足高斯分布；模拟区域为 30 μm×30 μm 的二维空间，等离子体空间分布在水平方向上满足 0～4 μm 为真空，4～25 μm 等离子体密度从 $0.006n_c$ 指数增长至 $2.86n_c$，25～30 μm 等离子体密度为 $2.86n_c$（n_c 为临界密度，是指等离子体频率等于激光频率时的等离子体密度）。电磁场边界条件在 X 方向为吸收边界，Y 方向为周期性边界，粒子边界条件为吸收边界。

计算结果显示，等离子体吸收激光能量后产生的超热电子最高能量可达 5 MeV。对电子能量做统计，得到超热电子能谱如图 9-13 所示。超热电子能量分布近似于指数分布，拟合温度 $E_n \approx 236$ keV。

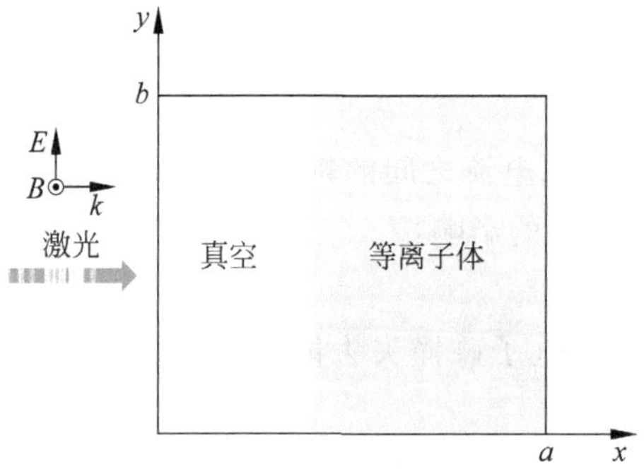

图 9-12　激光等离子体作用计算模型

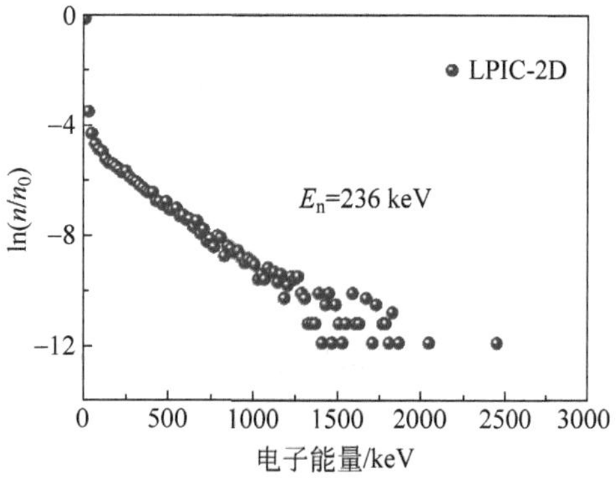

图 9-13　超热电子能谱

为了探究激光强度对超热电子的影响，保持其他参数不变（激光脉宽 50 fs，激光波长 1.06 μm），模拟不同激光强度条件下产生的超热电子的情况。激光强度值分别为 2×10^{18}～10×10^{18} W/cm^2，得到超热电子拟合温度与激光强度关系如图 9-14 所示。超热电子温度随着激光强度的增强而上升。

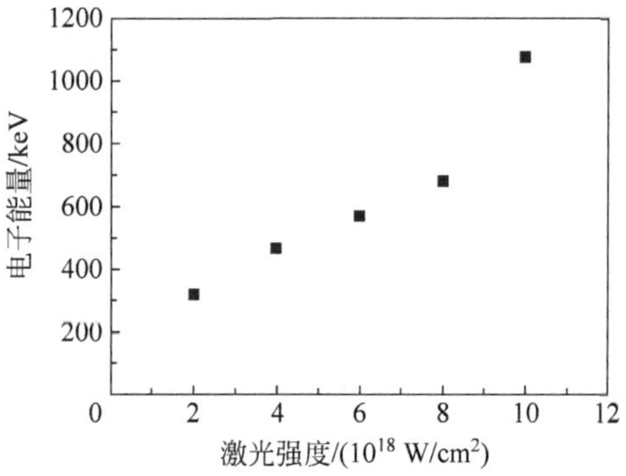

图 9-14　超热电子温度与激光强度关系

保持激光总能量、波长不变，激光脉宽取 50～250 fs，计算不同脉宽下的超热电子温度。由于激光能量不变时，激光脉宽越宽，激光强度相应越低，模拟计算时增加一组对比组，条件为激光脉宽保持 50 fs 不变，激光强度与原始组一一对应，两组结果见表 9-1。相同的激光强度下，即使激光脉宽不同，超热电子温度差距也不大。因此，超热电子能量主要与激光强度有关，激光脉宽对超热电子的影响较小。

表 9-1 超热电子温度与激光脉宽的关系

原始组	激光脉宽/fs	50	100	150	200	250
	激光强度/(10^{18} W/cm^2)	10.0	5.0	3.3	2.5	2.0
	超热电子温度/keV	1074	506	413	405	373
对比组	激光脉宽/fs	50	50	50	50	50
	激光强度/(10^{18} W/cm^2)	10.0	5.0	3.3	2.5	2.0
	超热电子温度/keV	1074	490	402	374	318

9.2.3.2 逃逸电子计算

Dubios 等针对 fs-ps 级激光脉冲与固体靶作用，建立了靶充电动态模型，描述电磁脉冲主要来源的逃逸电子产生过程，并通过专门设计的试验进行验证，能够较为准确地预测逃逸电子数目和能量[10]。

靶充电动态模型主要包含超热电子、靶面电势和逃逸电流之间的耦合计算。激光与靶相互作用时，超热电子的动态变化主要受到三个物理过程的影响：

(1) 激光入射，电子吸收激光能量产生超热电子；

(2) 超热电子碰撞冷却，超热电子扩散运动与周围电子碰撞失去能量，超热电子温度降低；

(3) 高能电子逃逸，从靶面向外出射且能量高于靶面势垒的高能电子逃离靶，超热电子数目减少、温度降低。靶面势垒由电荷分离势和静电势决定，电荷分离势是由靶表面正负电荷分离形成的，静电势是逃逸电子使靶面带净正电荷而产生的电势。计算流程如图 9-15 所示[10]。

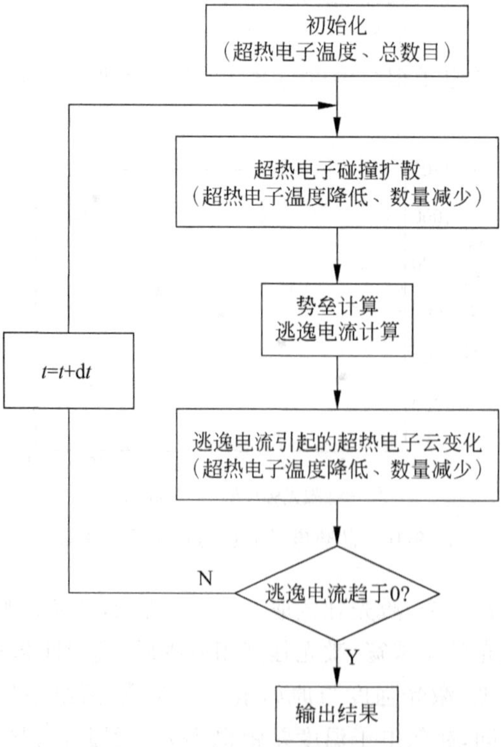

图 9-15 靶充电动态模型计算流程

将上一节的激光和超热电子参数作为靶充电动态模型的输入条件，计算得到靶面势垒和逃逸电子平均能量随时间的变化如图 9-16 所示。激光等离子体作用的超热电子平均温度为 236 keV，而靶面势垒一开始高于 1 MeV，因此只有极少部分能量达 MeV 的高能电子能够逃离靶。随着高能电子不断逃逸，靶面净正电荷不断积累，静电势升高，但另一方面超热电子数量减少、温度降低，使得电荷分离势减弱，且电荷分离势的效应高于静电势，因此势垒降低，电子逃逸所需能量也逐渐降低。计算得到总逃逸电荷量为 11.8 nC，即约 7.2×10^{10} 个逃逸电子从靶面出射。

9.2.3.3　逃逸电子激励电磁脉冲模拟

逃逸电子是产生电磁脉冲的主要原因，但其机制尚不明确。它可能由逃逸电子在空间运动辐射产生，也可能来自靶支架的中和电流辐射。基于激光打靶产生的逃逸电子信息，本节将利用粒子模拟方法，研究这些逃逸电子在靶室中运动激励的电磁脉冲。

计算模型如图 9-17 所示，靶室为半径 1 m、高 2 m 的圆柱体，固体靶在靶室中心位置，逃逸电子在靶面产生(橙色区域)。采用二维 $r-z$ 圆柱坐标系，假设物理量在环向对称，电磁场分量取(E_r, E_z, B_φ)，电子速度分量为(v_r, v_z)。逃逸电子可能从各方向射出靶面，模拟中采取简化，假设逃逸电子均沿正 z 方向出射，单位时间出射的逃逸电子数目随时间的变化服从高斯分布。

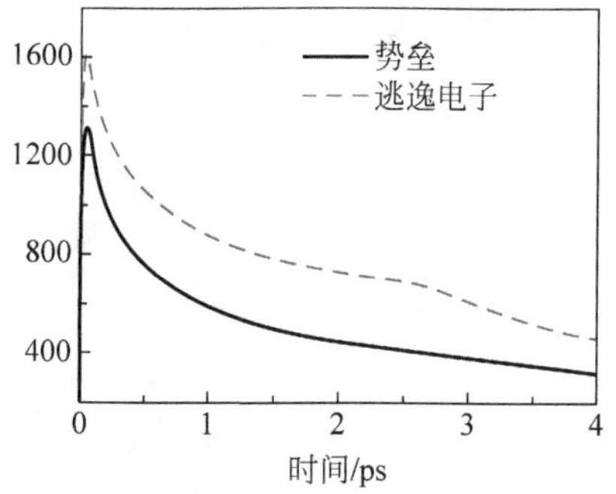

图 9-16　靶面势垒和逃逸电子平均能量随时间的变化

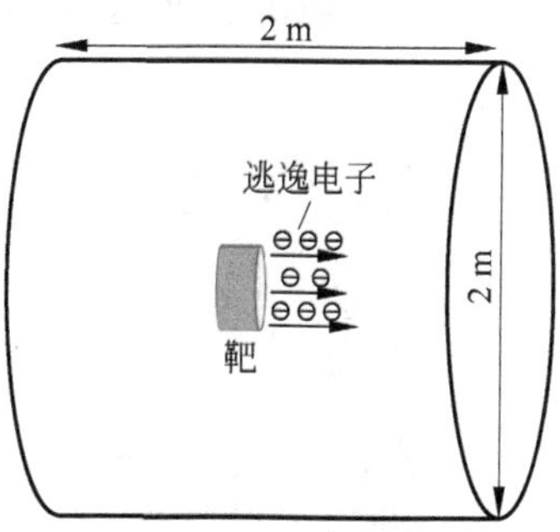

图 9-17　逃逸电子激励电磁脉冲计算模型

根据上一节分析，飞秒级高功率激光(激光强度 2×10^{18} W/cm^2，脉宽 50 fs，波长 800 nm)与固体靶作用后，大约有 7.2×10^{10} 个逃逸电子产生，离开靶向靶室出射。将这些逃逸电子作为电磁脉冲计算程序的输入量，模拟逃逸电子在靶室中运动的过程。计算得到不同时刻靶室内的电磁脉冲空间分布，如图 9-18 所示。可以看出，逃逸电子的出射过程激励一个强场，以靶为球心向外传播。同时运动的逃逸电子周围也存在着强电磁场，电子运动方向的场强明显强于其他方向。电磁场传播到靶室壁后，被金属壁反射形成震荡。

在 $r=0.5$ m、$z=1.5$ m 处设置采样点，得到轴向电场的时域波形如图 9-19 所示，经过傅里叶变换得到电场频域波形如图 9-20 所示。电磁脉冲峰值强度约 3 kV/m，电磁脉冲频率范围很广，信号从低频一致延伸到 5 GHz 以上，峰值频率约 135 MHz。吉赫兹的高频信号，可能与逃逸电子出射携带的瞬态电流有关。百兆赫兹的低频信号，则与靶室的谐振有关。靶室最低的几个本征频率为 116 MHz 和 164 MHz，与电场峰值频点相一致。

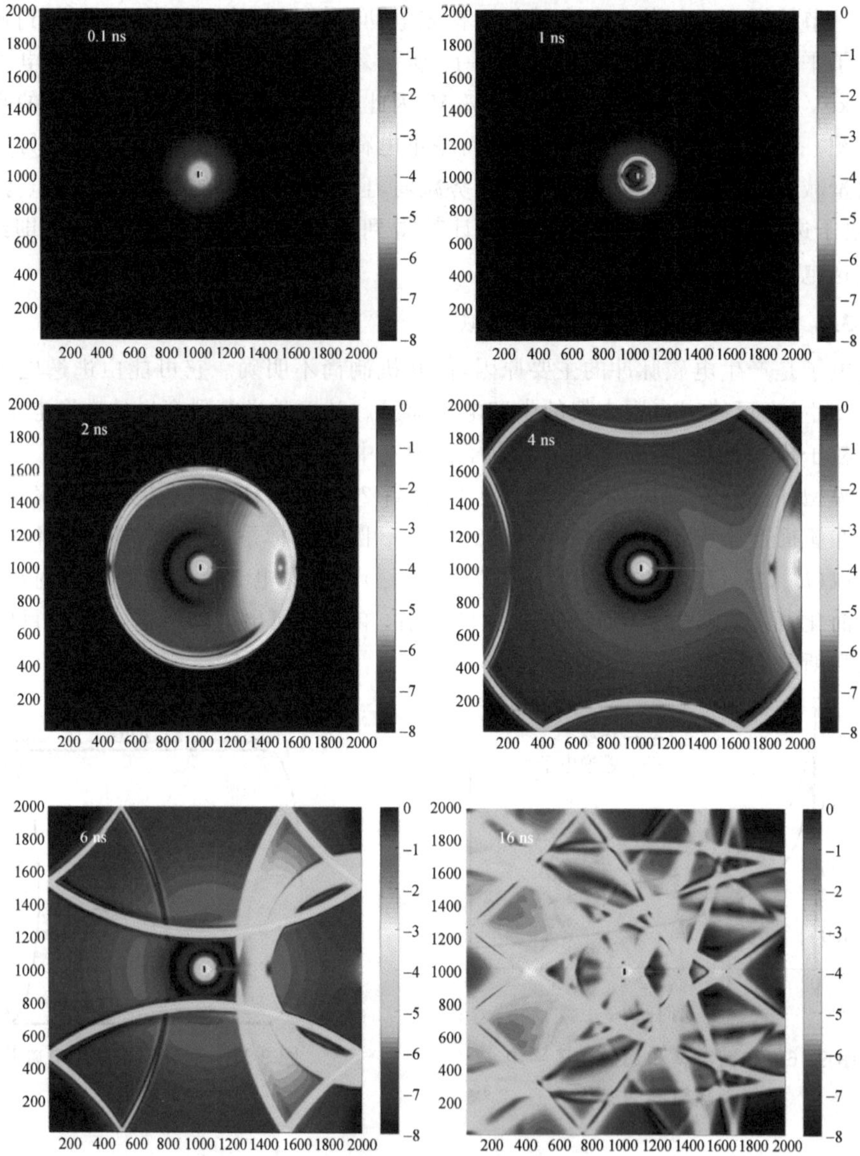

图 9-18　靶室内的电磁场演化过程

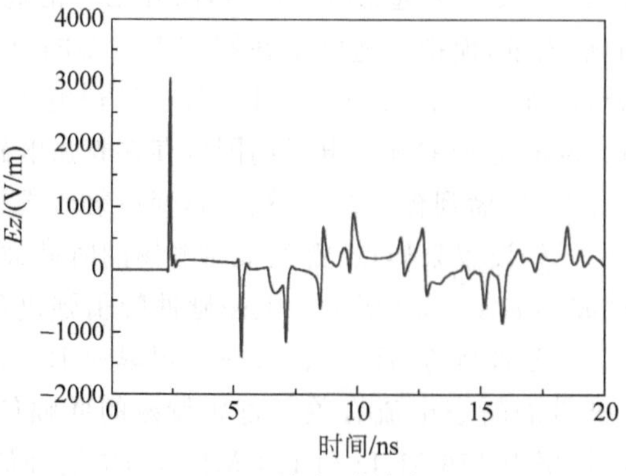

图 9-19　电场时域波形

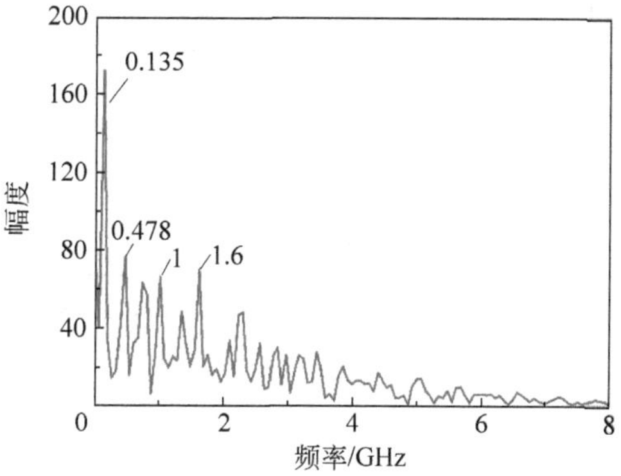

图 9-20　电场频域波形

9.2.3.4　激光打靶条件对电磁脉冲的影响

基于上述对超热电子激励电磁脉冲全过程的数值模拟方法，进一步分析不同激光打靶条件下产生的电磁脉冲规律。

CEA 实验室在 Eclipse 装置中研究了不同激光打靶条件对电磁脉冲的影响，测量了距靶中心 $r=10$ mm，$z=335$ mm 出射的磁场强度[11]。采用相同的参数进行数值模拟，保持激光脉宽为 40 fs 不变，改变激光能量(0.02～0.12 J)，即改变激光功率密度。计算得到相应的逃逸电子信息见表 9-2，磁场峰值强度与激光能量关系如图 9-21 所示。可以看出，激光强度越高，产生的超热电子温度越高，逃逸电子产生的电磁脉冲越强。

表 9-2　激光强度的影响

激光强度/(10^{18} W/cm^2)	超热电子温度/keV	逃逸电荷量/nC	逃逸电子能量/keV
0.64	161	4.83	191
1.29	203	7.64	246
1.94	232	9.87	285
2.59	256	11.80	316
3.23	320	14.00	373

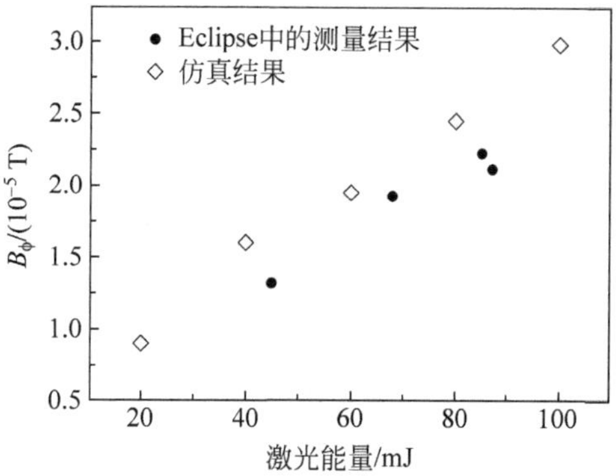

图 9-21　激光强度对电磁脉冲的影响[11]

保持激光能量为 90 mJ,改变激光脉宽。计算得到相应的逃逸电子信息见表 9-3,电磁脉冲磁场峰值与激光能量关系如图 9-22 所示[11]。可以看出,激光能量不变时,持续时间越长,激光强度减小,超热电子温度下降,进而导致逃逸电子温度和数目降低,电磁脉冲强度减弱。

表 9-3 激光持续时间的影响

激光脉宽/fs	超热电子温度/keV	逃逸电荷量/nC	逃逸电子能量/keV
40	274	12.84	340
100	196	10.90	242
300	136	8.07	168
500	114	6.94	141
800	98	6.20	120

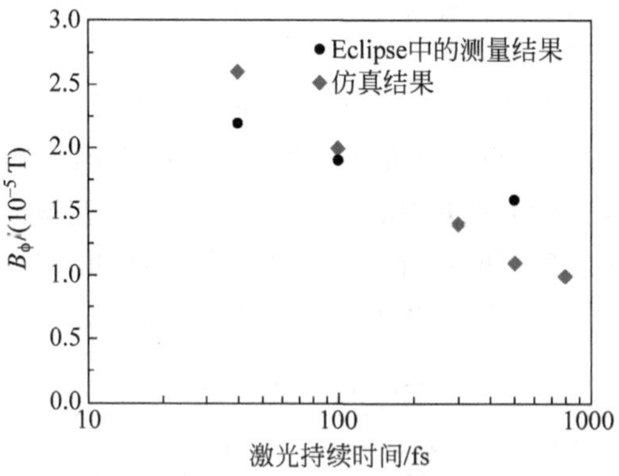

图 9-22 激光持续时间对电磁脉冲的影响

众多实验研究发现,靶尺寸对电磁脉冲强度有很大的影响,相同实验条件下,靶越大电磁脉冲越强。可能的原因是,靶面积越大,靶面的电势越小,能够逃脱靶面电势的电子也就越多。LLNL 在 TITAN 装置中,测量了不同直径靶的电场峰值强度[3]。模拟采用相同的参数:激光能量 200 J、持续时间 20 ps、脉宽 1050 nm、焦半径 10 μm,铝靶直径 0.1～10 mm,模拟得到相应的逃逸电子信息见表 9-4,电磁脉冲电场峰值与靶直径的关系如图 9-23 所示。模拟结果与 TITAN 测量结果的量级和规律符合。

表 9-4 靶尺寸的影响

靶尺寸/mm	逃逸电荷量/nC	逃逸电子能量/keV
0.1	11.6	360
0.4	38.8	377
1.0	90.1	380
3.0	223.0	392
10.0	323.8	400

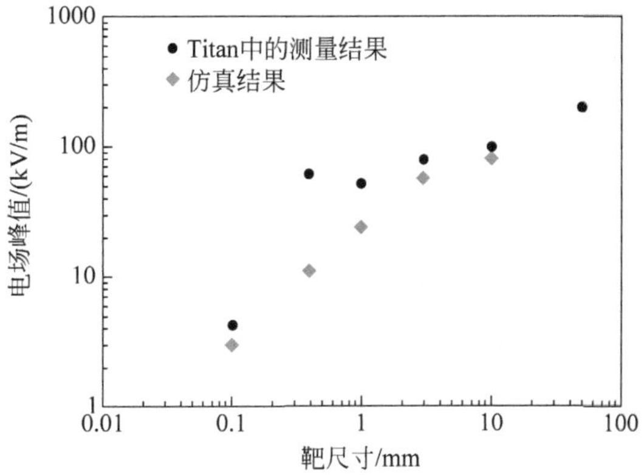

图 9-23　靶尺寸对电磁脉冲的影响

9.3　能库电磁脉冲的实验研究

能库的开关、接地等装置有大电流流过时，会向空间辐射电磁场。清华大学团队用自主研制的电磁场传感器在神光-Ⅲ装置开展了实验测量，得到结果如下：

（1）能库电磁干扰主要来源于开关动作及放电，测量得到的最大场强值为 561 V/m，属于相关标准下的安全范围内，频带范围集中在 200 MHz 以下，见图 9-24，图 9-25。

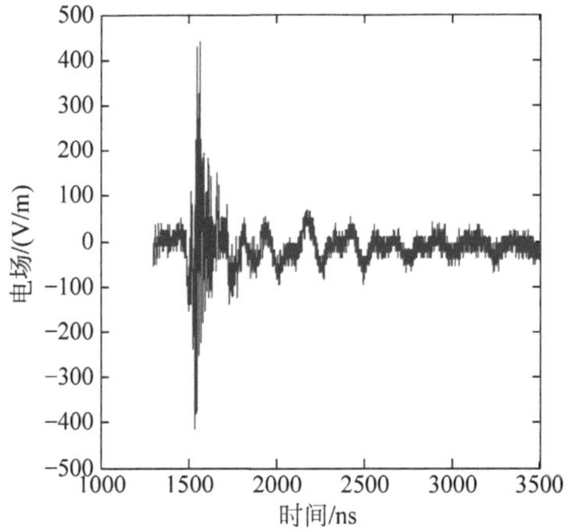

图 9-24　能库的电场时域波形

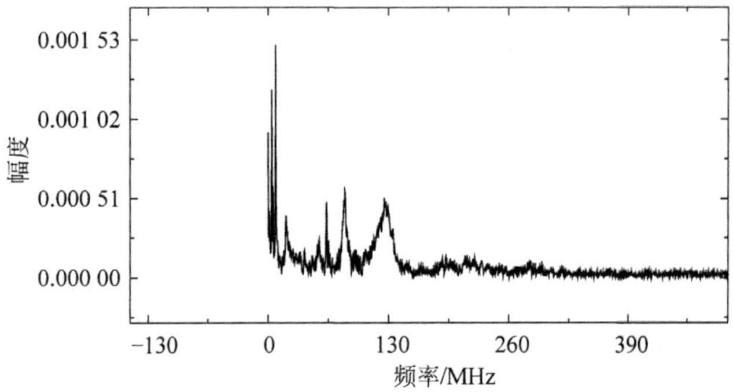

图 9-25　能库电场频谱图

(2) 测量时对双层屏蔽线缆性能进行了测试,一组是纯双层屏蔽电缆,另一组是双层屏蔽电缆加 1 m 单层电缆,结果显示,单层线缆耦合明显更为严重,图 9-26 和图 9-27 为对比图。

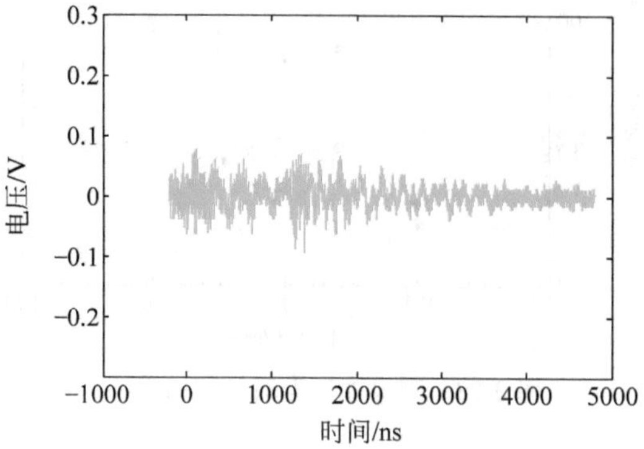

图 9-26　双层线缆耦合电流

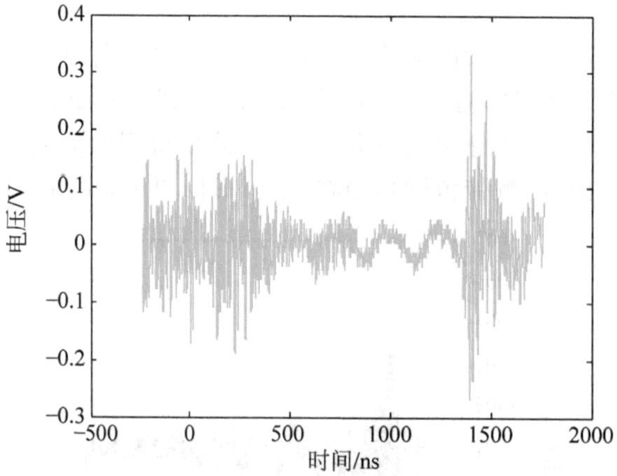

图 9-27　单层线缆耦合电流

(3) 从测量结果看,靠近高压地线附近的场强相对更大。

以上结果对于能库电气设备的电磁兼容设计具有参考价值。

参考文献

[1] BROWN JR C,BOND E,CLANCY T,et al. Assessment and mitigation of electromagnetic pulse (EMP) impacts at short-pulse laser facilities; proceedings of the Journal of Physics: Conference Series,F,2010 [C]. IOP Publishing.

[2] CONSOLI F,TIKHONCHUK V T,BARDON M,et al. Laser produced electromagnetic pulses: generation,detection and mitigation [J]. High Power Laser Science and Engineering,2020,8.

[3] EDER D,THROOP A,BROWN JR C,et al. Lawrence Livermore National Lab. (LLNL), Livermore,CA (United States),2009.

[4] BROWN JR C,THROOP A,EDER D,et al. Electromagnetic pulses at short-pulse laser facilities; proceedings of the Journal of Physics: Conference Series,F,2008 [C]. IOP Publishing.

[5] POYé A, HULIN S, BAILLY-GRANDVAUX M, et al. Physics of giant electromagnetic pulse generation in short-pulse laser experiments [J]. Physical Review E,2015,91(4): 043106.

[6] CONSOLI F,DE ANGELIS R,DE MARCO M,et al. EMP characterization at PALS on solid-target experiments [J]. Plasma Physics and Controlled Fusion,2018,60(10): 105006.

[7] MEAD M J,NEELY D,GAUOIN J,et al. Electromagnetic pulse generation within a petawatt laser target chamber [J]. Review of scientific instruments,2004,75(10): 4225-4227.

[8] ROBINSON T, CONSOLI F, GILTRAP S, et al. Low-noise time-resolved optical sensing of electromagnetic pulses from petawatt laser-matter interactions [J]. Scientific reports, 2017, 7(1): 1-12.

[9] 金晗冰.强激光-靶作用激励电磁脉冲粒子模拟研究 [D].清华大学,2018.

[10] DUBOIS J-L,LUBRANO-LAVADERCI F,RAFFESTIN D,et al. Target charging in short-pulse-laser-plasma experiments [J]. Physical Review E,2014,89(1): 013102.

[11] RACZKA P,DUBOIS J,HULIN S,et al. Strong electromagnetic pulses generated in high-intensity laser-matter interactions; proceedings of the Journal of Physics: Conference Series,F,2018 [C]. IOP Publishing.

第10章

瞬态强电磁脉冲测量

瞬态强电磁脉冲(high power electromagnetic pulse，HPEM)，特点是场强幅度动态范围大，频段低但频带宽。具有这类特点的电磁脉冲测量有较大难度。场强幅度动态范围大意味着传感器能够测量的动态范围大，若不考虑采集系统的动态范围(由于采集系统可以通过增加预放或者调整衰减等方式增大或减小信号)。动态范围大对于测量传感器提出很高的要求，包括在高场强高功率下不能出现击穿、熔毁等问题。频段低频带宽则意味着传感器的相对带宽高。根据美国联邦通信委员会(federal communications commission，FCC)的规定，相对带宽定义为信号带宽与中心频率之比，使用公式表示为 $f_{\mathrm{foc}}=2(f_{\mathrm{H}}-f_{\mathrm{L}})/(f_{\mathrm{H}}+f_{\mathrm{L}})$，其中 f_{H} 和 f_{L} 分别表示上限和下限频率。若按照上限频率 1 GHz，下限频率 1 MHz，则可以得到其相对带宽 f_{foc} 约为 200%。根据 FCC 规定，当 $f_{\mathrm{foc}}>25\%$ 时即可认定为超宽带(ultra-wideband，UWB)，可见这种强电磁脉冲已远远超过超宽带的认定标准。相对带宽高对测量传感器的设计提出苛刻的要求。

常用的通信天线、喇叭天线、反射面天线等通常采用的是窄带或宽带天线($f_{\mathrm{foc}}<25\%$)，所以其相对带宽很难满足要求。此外，由于普通的 EMC 接收天线工作在低幅值、连续波(CW)模式，所以普通的 EMC 测量天线很难达到 HPEM 的测量需求。

国内外相关研究机构都开展瞬态强电场和磁场测量传感器方面的研究。例如 Agry 等设计制作用于同时测量电场和磁场的 EM-Dot 传感器[1]，然而由于带宽较窄限制其应用；Rao 等于 1999 年研制出基于 $\mathrm{LiNbO_3}$ 晶体的电磁传感器[2]，目前日本的 SEIKOH GIKEN 公司[3]、法国的 Kapteos 公司[4]以及中国的森馥公司都已经有类似的产品上市，由于光电晶体类传感器在不同温度、环境下的稳定性仍需改进，需要在现场进行校准等烦琐工作，目前并没有广泛用于强场测量中；基于无源结构的 D-Dot 电场传感器和 B-Dot 磁场传感器[5,6]具有宽频带、高稳定性等特性一直在 HPEM 测量中具有重要地位，美国的 EG&G 公司和 Prodyne 公司自 20 世纪 60 年代起一直生产 D-Dot 电场传感器和 B-Dot 磁场传感器提供给美国军方，但对中国禁运。目前美国 Prodyne 公司仍在制造该类传感器并向欧美国家销售，瑞士的 Monneta 公司也生产类似产品。

中国在这方面的发展研究相对滞后，但目前在瞬态强电磁场测量领域也有多家单位开展相关研究，相关机构有清华大学、西北核技术研究院、东南大学、军械工程学院等[7-11]，并有较好进展，清华大学团队也成功研制高稳定性的基于光纤传输的 E-field 电场传感器[12,13]，B-Dot、D-Dot 传感器并用于实际测量。

瞬态强电磁场传感器作为一种特殊的天线具备以下几个特点[6]：

(1) 是一种将被测电磁场转换为驱动负载阻抗终端上的电压或者电流的仪器，被驱动的负载阻抗通常是与传输线特征阻抗匹配的常值电阻；

(2) 是一种被动接收天线；

(3) 具备将场转换为电压和电流的基本准则，其特定几何外形的灵敏度是已知的，其灵敏度可以通过理论计算或实际校准得出；

(4) 传感器的传递函数在一个宽带频谱上应当是简洁的。其传递函数对场强或者场强的时间微分可能是“平坦的”，或者是某种可以用几个常量描述的简单的数学形式，以便于对被测场强的恢复；

(5) 在宽频带、高场强的电磁场中能够正常工作，并能够保证上述性能。

针对上述瞬态强电磁场传感器的必备性质，我们采用相对带宽大、结构相对简单、传递函数理论可解、系统稳定性高的 B-Dot 磁场传感器和 D-Dot 电场传感器分别用于磁场和电场的测量。另外，由于远距离传输过程中，同轴电缆引起的插损较大、受干扰的可能性大等问题，清华大学团队又研制了基于光纤传输的 E-field 电场传感器。下面对这三种电磁场传感器分别进行具体介绍。

10.1 D-Dot 传感器

10.1.1 D-Dot 电场传感器原理

在电磁学和电动力学的学习中我们知道，高斯定理的形式为

$$\oint_S \boldsymbol{D} \cdot \mathrm{d}\boldsymbol{S} = \int_V \rho \mathrm{d}V \tag{10-1}$$

其中，D 是电位移矢量；S 是包含全部电荷的闭合曲面；$\mathrm{d}S$ 是该表面上的一个面积微元；V 是 S 所包含的体积；$\mathrm{d}V$ 是该体积内的体积微元；ρ 是体电荷密度。式(10-1)表明，通过等式右侧的电荷的积分，可以通过附加条件计算得到某闭合表面内的电场情况。我们将 S 限定在一个均匀电场空间的封闭面，由于被测空间内除电场探头外没有其余自由电荷，所以 V 也可以等效为测量空间内探头的体积。

D-Dot 传感器[14]即是这样的一类传感器，这种传感器将一个探头放置在地平面之上，将探头上由于电场照射产生的电荷量输出到外电路，用以实现对入射电场的测量，传感器的示意图如图 10-1 所示。这类传感器目前广泛地应用于欧美国家的高功率瞬态电磁参数实验测量的研究中。

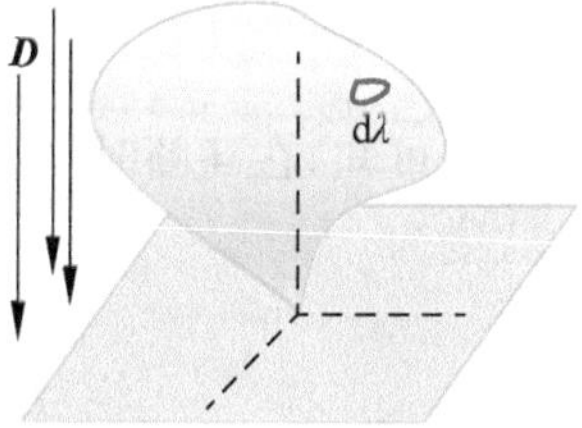

图 10-1　D-Dot 探头示意图

对式(10-1)进行积分，容易得到

$$A'D = \rho V = Q \tag{10-2}$$

其中，A' 是具有面积单位的常数；V 是整个面包含的金属的体积；Q 是金属表面的总电荷。式中 D 的系数 A' 称为探头的灵敏度，它是由探头的等效面积 A_{eq} 决定，因此，我们可以重写式(10-2)为

$$A_{eq}D = Q \tag{10-3}$$

对式(10-3)左、右两边对时间求导，可以得到

$$\frac{\mathrm{d}}{\mathrm{d}t}A_{eq}D = \frac{\mathrm{d}Q}{\mathrm{d}t} = I \tag{10-4}$$

该式表明，若将 D-Dot 传感器的探头与地之间直接短接，电流 I 与场量 D 之间存在差分关系。然而，由于输出信号需要被示波器等设备记录下来以供分析，需要在探头与地之间接入示波器负载 R 用以测量和记录传感器的输出信号。故 D-Dot 传感器的等效电路图如图 10-2 所示。其中，C 是探头与地之间的等效电容，而探头在电路中的表现则是一个电流强度为 I 的电流源。

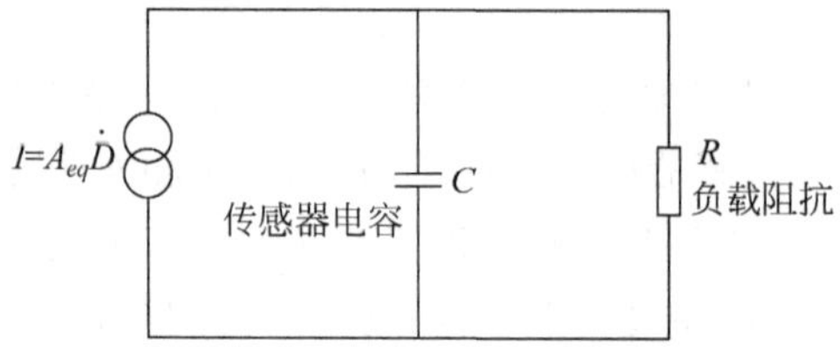

图 10-2　D-Dot 等效电路图

对图 10-2 所示的电路图进行分析，很容易得到如下等式：

$$I = A_{eq}\dot{D} = C\frac{\mathrm{d}V}{\mathrm{d}t} + \frac{V}{R} = C\dot{V} + \frac{V}{R} \tag{10-5}$$

其中，V 表示负载两端的负载电压，变量上面的圆点则代表对该变量进行时间微分。进一步地，将式(10-5)作 Laplace 变换至频域，可以得到

$$A_{eq}sD(s) = CsV(s) + \frac{V(s)}{R} \tag{10-6}$$

其中，$s=j\omega$。将式(10-6)简化后，输出的负载电压 V 可以解为

$$V(s) = \frac{A_{eq}sD(s)R}{RCs+1} \tag{10-7}$$

根据式(10-7)可以看出，在低频时，$RCs(=RCj\omega) \ll 1$，可以直接忽略这一项，此时传递函数在频域和时域分别变为

$$\text{频域：} V(s) = A_{eq}sD(s)R \tag{10-8}$$

$$\text{时域：} V = A_{eq}\dot{D}R \tag{10-9}$$

同理可知，在高频时，$RCs(=RCj\omega) \gg 1$，分母可以忽略 1，此时传递函数在频域和时域表达式变为

$$\text{频域：} V(s) = \frac{A_{eq}sD(s)R}{RCs} = \frac{A_{eq}D(s)}{C} \tag{10-10}$$

$$\text{时域：} V = A_{eq}\frac{\dot{D}}{C} \tag{10-11}$$

那么自然会考虑到当 $RCs(=RCj\omega)=1$ 的情况，可以很容易发现，此时 $V(s)$ 的值与式(10-8)和式(10-10)的误差恰好是 ±3 dB，这时的低频到高频段就是 D-Dot 传感器的 3 dB 带宽范围，$RCs=1$ 时对应的频率就是传感器的转折频率，图 10-3 给出了 D-Dot 传感器转折

频率示意图。

$$RC|s|=RC|j\omega|=RC\omega_t=1 \tag{10-12}$$

$$\omega_t=\frac{1}{RC}\Rightarrow f_t=\frac{1}{2\pi RC} \tag{10-13}$$

其中，R 是探头的特征阻抗；C 为探头的等效电容。

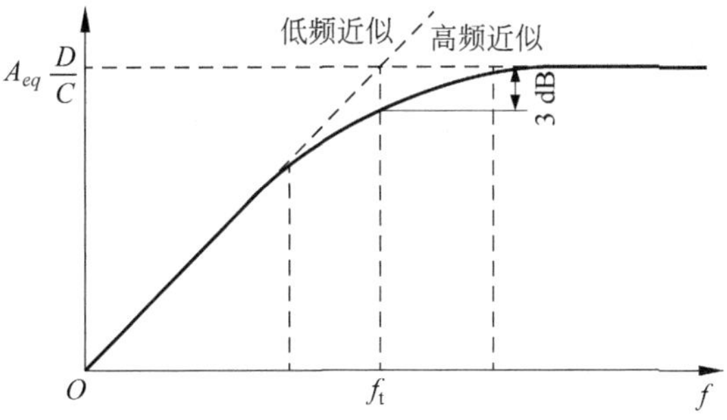

图 10-3　D-Dot 传感器转折频率图

从上面的分析可以看出，D-Dot 电场传感器在低频段线性度良好，传感器的转折频率主要取决于传感器的特征阻抗和等效电容。探头的形状参数可以决定传感器的特征阻抗和等效电容，所以通过对探头几何形状的设计可以满足不同的带宽和灵敏度需求。

10.1.2　等效电荷法用于 D-Dot 探头形状设计

一般情况下，要精确计算响应纳秒级上升前沿脉冲电场传感器探头的电容、等效面积等物理参数，利用传统的麦克斯韦方程组求解比较困难，通常是采用一定的方式进行简化。由唯一性定理，只要边界条件确定，那么满足该边界条件的拉普拉斯方程的解是唯一的，利用这一特点，在设计电场传感器探头时计算过程可以得到大大简化。

假定空间中存在静态电荷密度分布 ρ_{eq}，$\boldsymbol{r}$ 为空间中计算点的位置矢量，$\boldsymbol{r}'$ 为 ρ_{eq} 电荷分布所在的位置矢量，则可以计算电势分布：

$$\Phi=\int_{V'}\frac{\rho_{eq}(\boldsymbol{r}')\,dV'}{4\pi\varepsilon_0|\boldsymbol{r}-\boldsymbol{r}'|} \tag{10-14}$$

假设电荷所在区域的材料参数为真空，ε_0 为真空介电常数，V' 为完全包含电荷分布的空间区域体积，同时，限定等效电荷密度满足条件式(10-15)，即满足净电荷总量为零。

$$\int_{V'}\rho_{eq}(\boldsymbol{r}')\,dV'=0 \tag{10-15}$$

定义 $\Phi=\Phi_+$ 和 $\Phi=\Phi_-$ $(\Phi_+>\Phi_-)$ 的两个等电位面 S_+、S_-，如图 10-4 所示，包含的体积分别为 V_+、V_-，限定空间电荷包含在这两个体积内，将这两个面换成理想导体，则内部电荷分布将不受外场干扰，此时边界条件与之前假定条件一致，由唯一性定理可知，此时拉普拉斯方程的解唯一，式(10-1)可以用电荷分布进行计算。电位移矢量可以表示为

$$\boldsymbol{D}=-\varepsilon_0\nabla\Phi \tag{10-16}$$

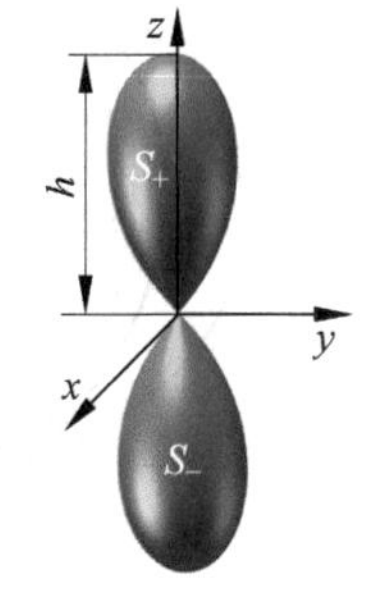

图 10-4　等效电荷法原理图

通过式(10-1)和高斯定律，我们可以计算电位移 $\boldsymbol{D}$ 的表面积分，面 S_+ 表面的电荷为

$$Q_a = \int_{S_+} \boldsymbol{D} \cdot \boldsymbol{n} \mathrm{d}S = \int_{V_+} \rho_{eq}(\boldsymbol{r}') \mathrm{d}V \tag{10-17}$$

其中 $\boldsymbol{n}$ 为外侧指向的方向矢量，同理可以得到面 S_- 表面电荷为 $-Q_a$，定义探头的电压 $V_a = \Phi_+ - \Phi_-$，探头的电容可以表达为

$$C_a = \frac{Q_a}{V_a} = \frac{1}{\Phi_+ - \Phi_-} \int_{V_+} \rho_{eq}(r') \mathrm{d}V' \tag{10-18}$$

此时，利用前面的电荷分布，即可计算探头的电容大小、等效面积等参数。

为了设计纵向轴对称的天线探头，假定空间中存在一组 z 方向等效线电荷 Γ，其中 $\Gamma_0 > 0$，$h > 0$，h 为传感器的物理高度，Γ_0 为单位长度电荷量，

$$\begin{cases} \Gamma(z) = \Gamma_0, & 0 < z < h \\ \Gamma(z) = -\Gamma_0, & 0 < -z < h \\ \Gamma(z) = 0, & \text{其他} \end{cases} \tag{10-19}$$

容易得到，任意一点 $p(r,\theta,\varphi)$ 的电位分布为

$$\begin{aligned} \phi &= \frac{1}{4\pi\varepsilon} \int_{-\infty}^{\infty} \frac{\lambda(z')}{\sqrt{(z-z')^2 + r^2}} \mathrm{d}z' \\ &= \frac{\Gamma_0}{4\pi\varepsilon} \ln \frac{\left(z + \sqrt{z^2 + r^2}\right)}{\left[z + h + \sqrt{(z+h)^2 + r^2}\right]\left[z - h + \sqrt{(z-h)^2 + r^2}\right]} \end{aligned} \tag{10-20}$$

通过数学变换简化为极坐标形式：

$$V_p = \frac{\Gamma_0}{4\pi\varepsilon_0} \left[\ln \frac{(h - r\cos\theta)(1 + \cos\theta)}{(h + r\cos\theta)(1 - \cos\theta)} \right] \tag{10-21}$$

选取等势面，设 V_p 为一个常数 k，可以得到轮廓面方程：

$$r = h \left[\frac{(1+k)\cos\theta + (1-k)}{(1+k)\cos\theta + (1-k)\cos^2\theta} \right] \tag{10-22}$$

由 r 的取值范围 $0 < r < h$，可以得到锥角的取值范围为

$$|\cos\theta| \geqslant |(1-k)/(1+k)| \tag{10-23}$$

天线高度 h 固定，改变 k 值时探头的形状变化如图 10-5 所示。

同样地，当选择 k 值固定时，改变不同的天线高度 h 时对应的天线探头形状如图 10-6 所示。

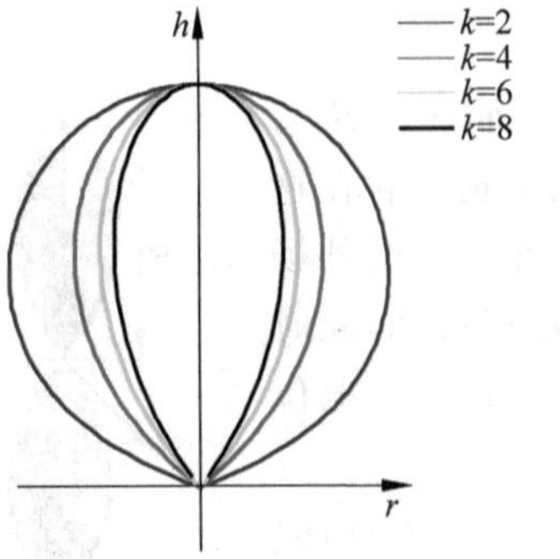

图 10-5　不同 k 值下的探头形状

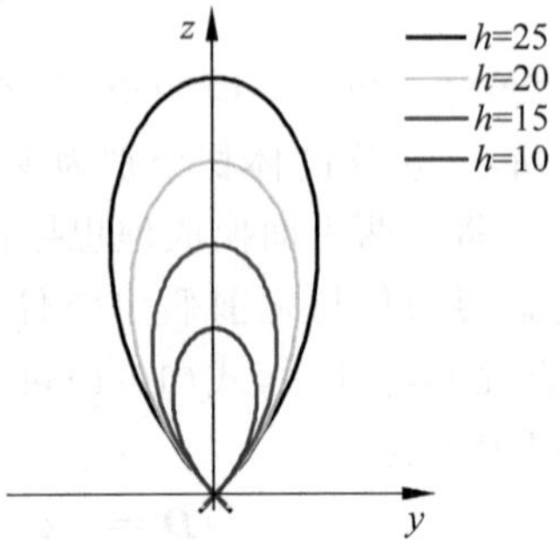

图 10-6　不同天线高度下的探头形状

10.1.3　D-Dot 传感器尺寸设计

对于理想的无限长锥形探头，沿线各点的特性阻抗都是由锥角决定，表达式如下：

$$Z_c = \frac{1}{2\pi}\sqrt{\frac{\mu_0}{\varepsilon_0}}\ln\left(\cot\frac{\theta_0}{2}\right) \tag{10-24}$$

其中 θ_0 是锥形与垂直方向的最大锥角；ε_0 为真空介电常数；μ_0 为真空中的磁导率。实际传感器后端一般采用同轴电缆进行信号传输，同轴电缆阻抗一般为 50 Ω，考虑到匹配问题，因此取 $Z_C=50\ \Omega$，选取半锥角的数值约为 46.96 °。

利用电容、有效长度和有效面积定义，可以计算出传感器的电容和有效面积分别为

$$C = \frac{Q}{U} = \frac{\int_0^h \lambda(z')\,\mathrm{d}z'}{2\varphi_s} = -\varepsilon_0 \pi h \frac{1-\left(\tan\frac{\theta}{2}\right)^2}{\ln\tan\frac{\theta}{2}} \tag{10-25}$$

$$A_{eq} = \frac{C_s}{\varepsilon_0} h_{eq} = \frac{1}{\varepsilon_0}\frac{Q}{U}\frac{P}{Q} = -\frac{h^2\pi\left[1-\left(\tan\frac{\theta}{2}\right)^2\right]}{\ln\tan\frac{\theta}{2}} \tag{10-26}$$

D-Dot 传感器的带宽主要由传感器探头的特征阻抗及等效电容决定，其上限截止频率如式(10-27)所示。选定特征阻抗为 50 Ω，则带宽主要取决于传感器探头的电容。式(10-25)给出探头与地面之间的电容计算表达式，选择不同的天线高度，即可选择探头的不同上限频率。

$$f_t = \frac{1}{2\pi RC} \tag{10-27}$$

表 10-1 给出了不同探头尺寸下的电磁学参数，可以看到上限频率随着探头尺寸的减小而增大。理论上，D-Dot 传感器可以达到几十吉赫兹的上限频率。但在实际应用中，考虑现有的加工能力、加工精度以及组装难度，会限制上限截止频率的无限增长。

表 10-1　探头参数选择

探头高度 h/mm	等效电容 C/pF	转折频率 f_t/GHz	等效面积 A_{eq}/m^2
25	0.676	2.3	1.9×10^{-3}
50	0.734	1.2	7.6×10^{-3}
75	1.102	0.8	1.72×10^{-2}
100	1.469	0.6	3.0×10^{-2}

从上面的分析中可以看出，D-Dot 电场传感器与一般的无源传感器一样，本身不存在测量的电场强度的上限。如果受到后面其他的有源连接设备饱和条件的限制，可以通过对天线传出的输出信号添加适当倍数的衰减器来消除该饱和现象，只要对最后得到的结果进行相应倍数的还原即可得到衰减前的信号大小。

10.2 E-field 传感器

高功率电磁环境中，任何电子设备、传输线都要考虑其电磁兼容性，测量系统本身也需要考虑电磁兼容性。一般来说，测量系统的终端是示波器，示波器本身抗干扰性较差，需要放置在比较“干净”的环境中，如屏蔽室或者远离该环境的控制室内，而从测量设备到示波器的信号传输过程的电磁防护就极为重要，若是用电缆传输，需要的防护成本很高，一般需要专用通道或者接地布置线缆。光纤传输可以避免这个问题，光纤的抗电磁干扰性好，轻便，信号衰减小，易布置，适合用于这种复杂电磁环境下的场测量系统中。

使用光纤传输的 E-field 电场传感器[15]主要包含以下几个部分：单极子电场探头，传感器信号接收电路，电光调制电路，信号传输所用的光纤以及光接收机。其中单极子电场探头用于电场信号转换为电压信号，传递给传感器信号接收电路。该接收电路将电压信号通过高阻测量得到能够输出给测量后端的输出电压信号。通过电光调节电路作为发射端，将输出电压信号转换为一定频率的光信号，信号电流强弱转换为光信号功率大小，通过光纤传输至远端的信号接收端。最后通过光接收机，将光信号转换回电信号，输出至示波器观察、记录。整个测量系统框图如图 10-7 所示。

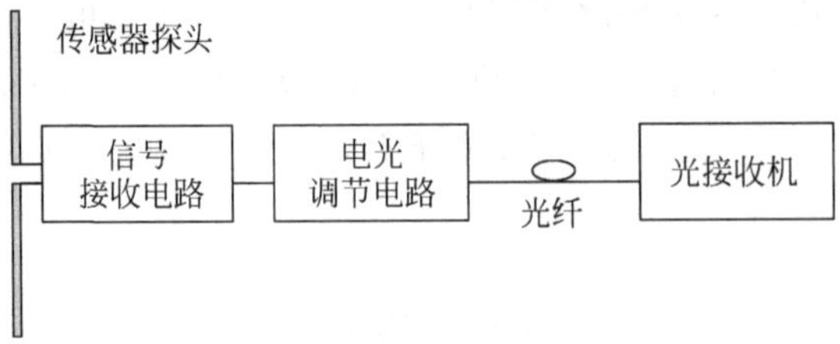

图 10-7　瞬态强电场测量系统结构框图

这样基于光纤传输的测量系统，其优点就是抗干扰性好。但也有缺点，增加了两个转换过程，容易在这两个过程中引入噪声，也使得测量系统的带宽受这两个模块的影响。但以目前电子技术，这两个模块最高达数千赫兹至数吉赫兹带宽，已能达到传感器的带宽上限，能满足测量需要。

10.2.1 E-field 电场传感器原理

我们采用长度远远小于电场波长的天线，也就是常说的电小天线(天线长度小于波长的1/10)来测量外界电场。

对于长度为 h 的单极天线，假设周围电场 E 在其上产生的感应电动势为 e_E，则

$$e_E = \int_0^h \boldsymbol{E}\,\mathrm{d}\boldsymbol{h} \tag{10-28}$$

根据上式我们可以得到这样的结论，只有平行于单极天线的电场分量才能够在其上面感应出电流。所以单个天线只能够测量一维的电场分量，如果要测量三维的电场，需要三个相互垂直的单极天线。在外界电场与单极天线的方向平行的条件之下，由式(10-28)，天线

长度越长，对外界电场就越敏感。所以在考虑系统敏感度的情况之下，选择使用的单极天线的长度又不能够太短。当然太长也是不合适的，一来会影响到上面所介绍的电小天线的特性，另外强电场在较长的天线上会感应很强的电流信号。而一般的天线接收电路的运放等元器件对于输入的信号有一定的最大值的要求，过大的信号输入会使其烧毁。综上所述，在选择单极天线长度的时候，一方面要考虑到强场情况下的最大可测量电场值的问题，另一方面又不能够使系统的敏感度过低。当然二者是一个相互矛盾的关系，需要在周全考虑和实验基础上进行折中的选择。

单极天线在满足 $\beta h \ll 1$ 的情况下（其中 $\beta = 2\pi/\lambda$，称为波数，λ 是接收信号的波长，h 是天线的长度），单极天线可以等效成一个与频率无关的电容 C_a。因为根据镜像原理，单极天线也可以等效成偶极子天线，所以其等效的电路图与图 10-8 的戴维南等效电路类似，在接一个类似 FET 的电容性负载（高输入电阻）的情况之下，输出电压与外界电场成正比，这也是利用电小单极子天线进行瞬态电场测量的基本原理。此时传感器输出信号幅度正比于电场强度 E 及天线长度 L。

$$V = k \cdot L \cdot E \tag{10-29}$$

10.2.2 传感器信号接收电路

对于上面提到的单极子天线，我们考虑图 10-8 所示的戴维南等效电路，假设天线接收电路输入阻抗（天线负载）Z_o 是输入电阻 R_{in} 和输入电容 C_{in} 的并联形式，天线的等效电容为 C_a。

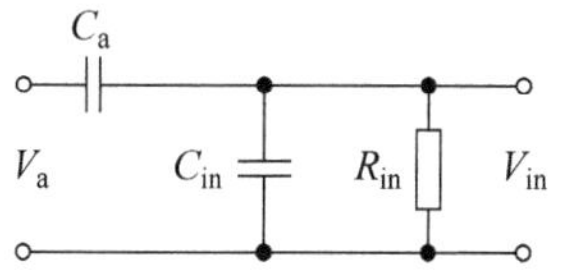

图 10-8 单极天线等效电路详细形式[18]

图 10-8 中，V_a 表示天线感应电压，V_{in} 表示天线接收电路输入电压，根据上面的等效电路形式，二者有如下的关系：

$$(V_a - V_{in})\, \mathrm{j}\omega C_a = \left(\mathrm{j}\omega C_{in} + \frac{1}{R_{in}}\right) V_{in} \tag{10-30}$$

进一步求得 V_{in} 的表达式为

$$V_{in} = \frac{\mathrm{j}\omega C_a}{\frac{1}{R_{in}} + \mathrm{j}\omega (C_a + C_{in})} V_a = \frac{\frac{C_a}{C_a + C_{in}}}{1 - \mathrm{j}\frac{1}{(C_a + C_{in}) R_{in}\omega}} (1+k)\cos\theta + (1-k) V_a \tag{10-31}$$

对于式(10-31)，在 $(C_a + C_{in}) R_{in}\omega \gg 1$ 的情况下，有

$$V_{in} = \frac{C_a V_a}{(C_a + C_{in})} \tag{10-32}$$

此时，天线接收电路的输入电压才能够和单极天线的感应电压成对应的线性关系，由于一般情况之下 C_a 和 C_{in} 的值都不可能太大，所以，为了满足上面的条件，必须要求天线接收电路具有足够高的输入电阻，且输入电阻的值越高，接收电路的低频特性越好。

单极天线电场传感器电路设计图如图 10-9 所示。

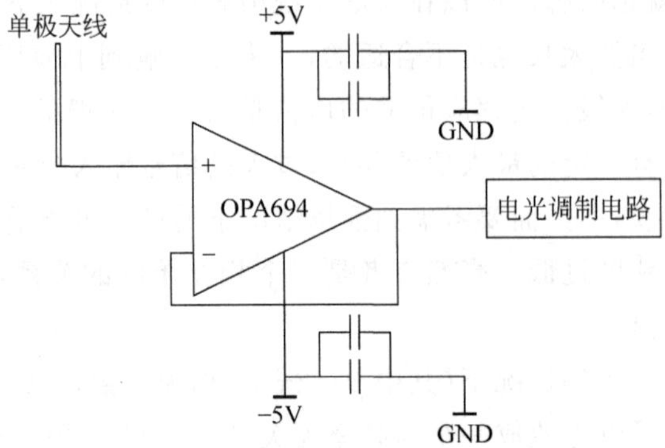

图 10-9 单极天线电场传感器接收电路

10.2.3 电光调制电路

一般来讲,电光调制电路都是利用 LD 管的电光特性,其大致的 P-I 曲线如图 10-10 所示。

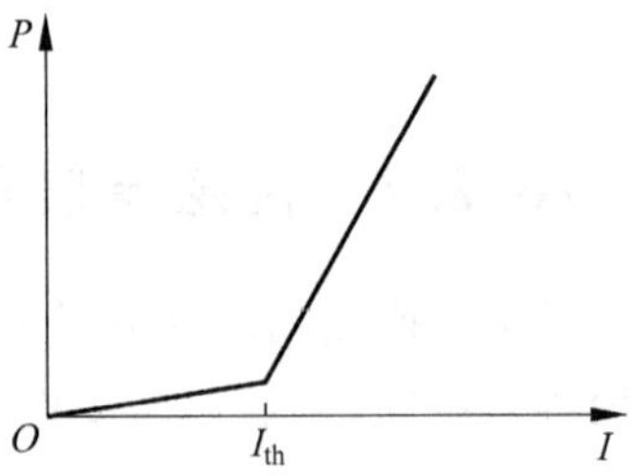

图 10-10 LD 管的输入发光功率-电流(P-I)曲线

通常的 LD 管需要一个阈值电流才能够工作在线性区。我们进行的电光调制是在 LD 管的线性区内进行的。所以,我们需要预先设计一个驱动电路为 LD 管提供合适的偏置电流,使其静态工作点在线性区内。一个最简单的驱动电路的形式就是利用工作在放大区的三极管的集电极来提供合适的稳定的电流。我们所使用的 LD 管和电光调制电路设计如图 10-11、图 10-12 所示。

在图 10-12 的电路中,右侧的电阻 R_4、R_5 和三极管 Q 构成了电光调制的驱动电路,在通过电感 L 把交流信号滤掉之后,为 LD 二极管提供合适恒定的偏置电流。与激光器并联的电阻电容和二极管能够在不同的条件下对其起到保护作用。

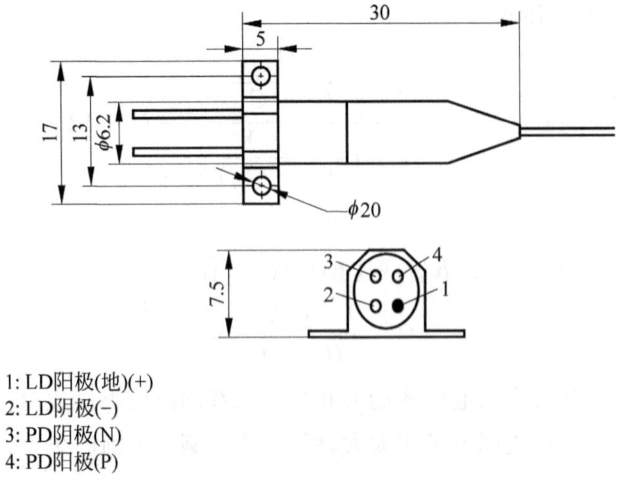

图 10-11 1310 nm 尾纤型 DFB 激光器

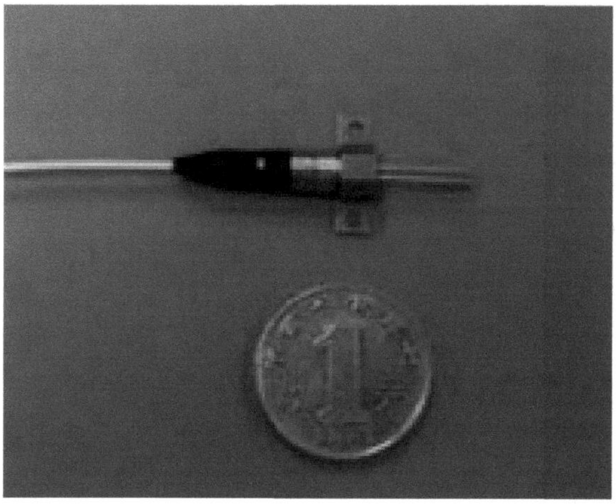

图 10-11（续）

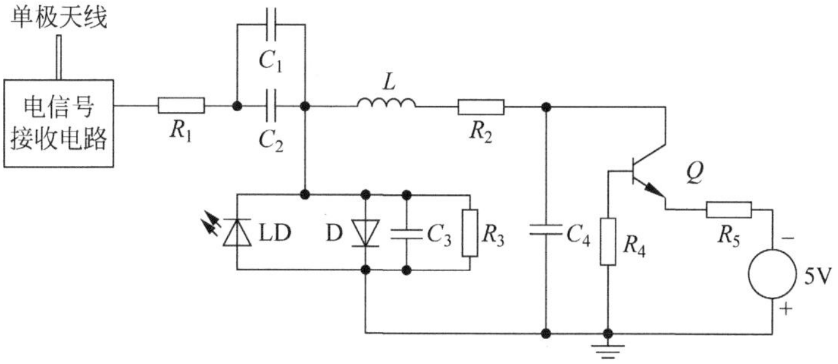

图 10-12　电光调制电路

10.2.4　光接收机

将光功率信号转换为电信号的设备就是光接收机。按照传输的信号类型不同，可将光接收机分为两类：数字光接收机和模拟光接收机。

数字光接收机现已广泛用于光纤通信领域，这类光接收机具有成熟的技术，其对于带宽要求不高，一般为窄带。而对于基于光纤传输的瞬态强脉冲场测量来说，由于其信号是快前沿脉冲信号，因而需要有匹配的宽带光接收机，这是一种模拟光接收机，其带宽覆盖数千赫兹至数百兆赫兹，甚至到数吉赫兹，测量脉冲前沿达几百皮秒。

光接收机的输入源为光功率信号，经光电二极管转换为弱电流信号，光接收机的功能在于将这个弱电流信号转化为具有一定幅度的电压信号，以便观测，同时尽量减小转换过程中的波形失真。要减小失真，就必须使其带宽尽量高，但是电路在高频情况下，会受到寄生参数的影响，这是电路设计中最大的困难。

如图 10-13 所示，为光接收机的基本电路。

电路图中 I_S 为电流源，代表光电二极管的输出电流。经过由运放 U_1 组成的跨导放大电路后转换为电压信号。电容 C 的容值较大，其作用是隔直，将光电二极管输出的直流偏置信号滤除。之后再经过运放 U_2 组成的第二级放大输出具有电压幅度的信号。

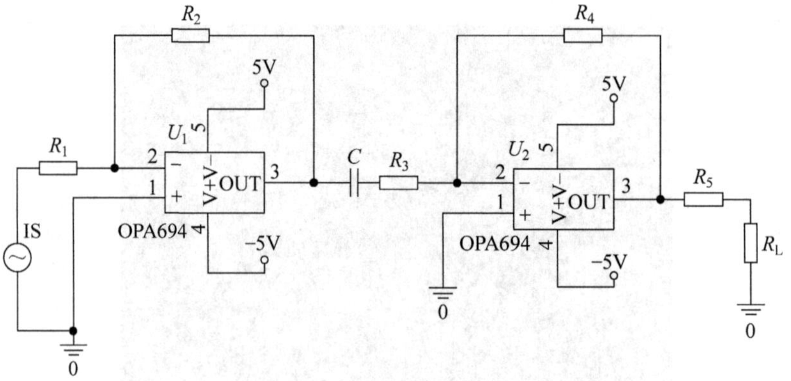

图 10-13　光接收机基本电路

经过运放 U_1 后，电压为

$$U_1 = I_S \cdot R_2 \tag{10-33}$$

再经过运放 U_2，电压为

$$U_2 = \frac{R_4}{R_3} U_1 = \frac{R_4 \cdot R_2}{R_3} I_S \tag{10-34}$$

一般来说，$R_5 = R_L$，则输出电压为

$$U_0 = \frac{1}{2} U_2 = \frac{R_4 \cdot R_2}{2R_3} I_S \tag{10-35}$$

最终利用矢量网络分析仪测量的实际研制的放大光接收机频率响应如图 10-14 所示。其－3 dB 带宽为 490 MHz，满足测量需要。

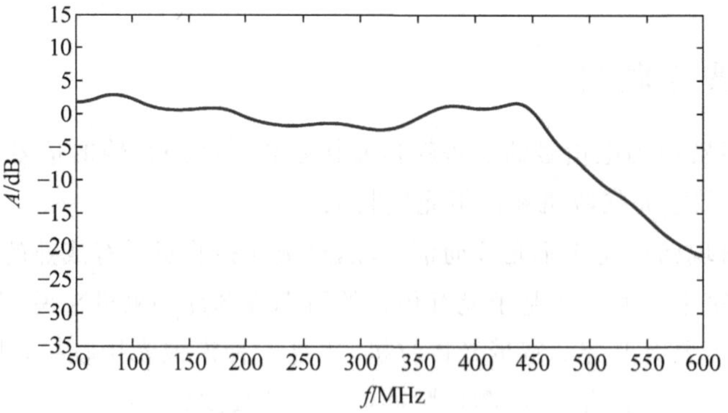

图 10-14　光接收机的频率响应曲线

10.3　B-Dot 磁场传感器

在电动力学中，时变的磁场与电场的旋度相关，即著名的法拉第电磁感应定律，考虑其积分形式：

$$\oint_L \boldsymbol{E} \cdot \mathrm{d}\boldsymbol{l} = -\oint_S \frac{\partial \boldsymbol{B}}{\partial t} \cdot \mathrm{d}\boldsymbol{S} \tag{10-36}$$

其中，L 为闭合曲线；S 为 L 所围成的一个曲面；$\mathrm{d}S$ 是 S 上的一个面元，同时规定 L 的围绕方向与 $\mathrm{d}S$ 的法线方向成右手螺旋关系。示意图如图 10-15 所示。将其积分进一步简化，则可以写成一个更简洁的形式：

$$\zeta(t)=-\frac{\mathrm{d}\phi(t)}{\mathrm{d}t} \tag{10-37}$$

法拉第定律表明：闭合线圈中的感应电动势与通过该线圈内部的磁通量变化率成正比。该关系显然给时变磁通量的测量提供了理论依据。

但是，前面的分析还不能说明法拉第电磁感应定律能用于某测量点上的磁场测量。因为式(10-37)是测量研究区域内磁通量的平均变化率，也就是该区域内的平均磁场强度，而不是区域内某个点的磁场强度。所以如果要测量空间某个点的磁场强度，还需要作进一步的分析假设。

可以证明，当所测磁场的最高频率分量对应的最短波长 $\lambda_{\min}$ 满足以下关系时，用圆环作为磁场天线测量磁场，其面域内的平均磁场强度可以作为圆中心点的磁场强度很好的近似。

$$\theta=\frac{\pi R}{\lambda_{\min}}\cdot 360^{\circ}<15^{\circ} \tag{10-38}$$

其中，θ 是圆环的半周长相对 $\lambda_{\min}$ 的电长度。上式的物理意义用图 10-16 简单说明。

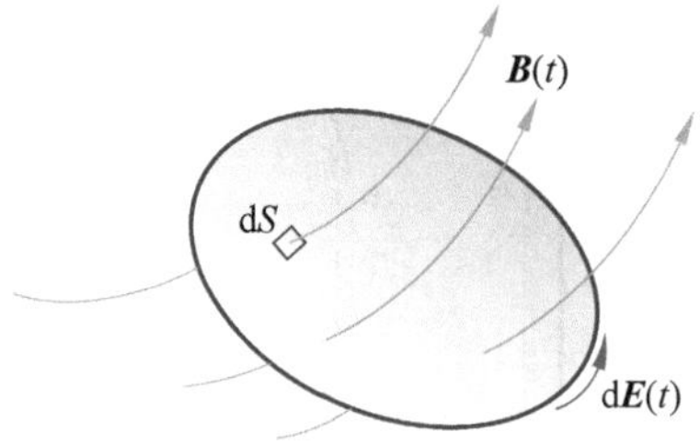

图 10-15　法拉第电磁感应定律示意图

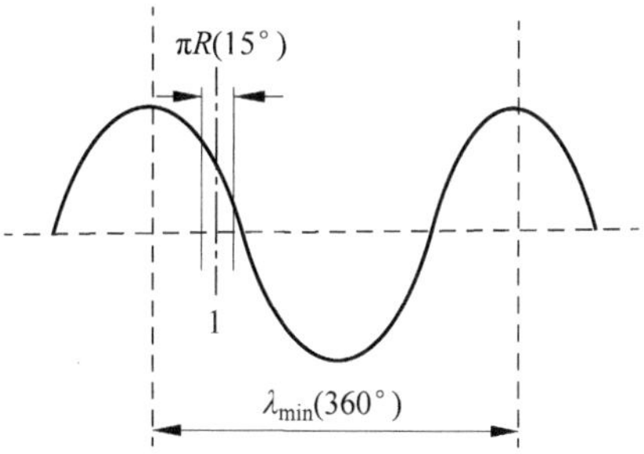

图 10-16　圆环磁场天线的电长度

图 10-16 中 1 表示圆环天线相对电磁波最短波长的正弦波某个时刻的位置。可以看出，如果式(10-38)能满足，则圆环在电磁波最短波长中只占很小部分，其圆心磁场强度可以用圆面内平均磁场近似。而对于频率更低的成分，其波长更长，则近似效果更好。之所以可以用正弦波来代表某个频率成分是因为任何电磁波都可以用傅里叶级数来表示。

综上，在满足式(10-38)条件时，式(10-37)可以简化为

$$\zeta(t)=-\frac{\mathrm{d}\phi(t)}{\mathrm{d}t}=-A\ \frac{\mathrm{d}B(t)}{\mathrm{d}t} \tag{10-39}$$

其中，$B(t)$表示环中心点处的磁感应强度。据此可以得出，线圈输出的感应电压 V 与磁感应强度 B 对时间的微分成正比，通过感应电压的波形即可得到磁场的波形特征，这样的传感器我们称之为 B-Dot 磁场传感器。

下面介绍几种不同结构的 B-Dot 传感器。

10.3.1 SSL 磁场传感器

Split Shielded loop(SSL)[16]结构如图 10-17 所示，是由同轴电缆构成的半径为 R 的圆环。R 表示同轴电缆的屏蔽外层半径，需满足 $R \gg r$ 的条件。左右同轴电缆关于竖轴线(OCD)对称分布，两个同轴电缆的内导体在顶端 O 处连接，顶端开的缝一般很狭小，近似认为不参与电磁场感应。而金属屏蔽层在底端 C 处连接在一起。最后给出两个平衡输出端口 E 和 F，用于连接负载，它们的金属屏蔽层也是相互连接的。

图 10-17 中的字母分别对应如下：A，B 点对应左右同轴电缆顶端的屏蔽层外层；A''，B''点对应顶端的屏蔽层内层，分别与 A，B 点等电势，但物理意义与 A，B 不一样；A_1，B_1 点对应左右同轴电缆顶端的内导体；E，F 点对应左右同轴电缆输出端的内导体；C，D 都是左右同轴电缆屏蔽层连接点。

在电磁场的频率足够高的情况下，金属表面产生趋肤效应的作用。如果同轴电缆的金属屏蔽层的导电性很好，使得其厚度 d 大于几个趋肤深度 δ，则高频电磁场仅对金属屏蔽层的外层产生影响，而对其内层和同轴电缆内导体没有作用。如图 10-18 所示，此时参与磁场感应的同轴电缆的屏蔽层外层与其内层电流分开，后者与内导体组成同轴传输线。

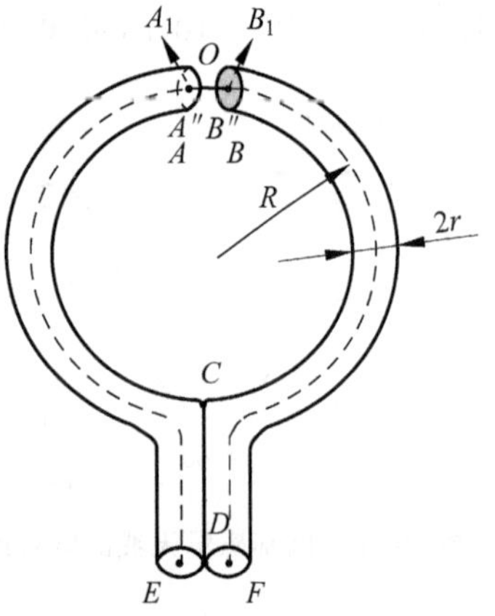

图 10-17　SSL 结构示意图

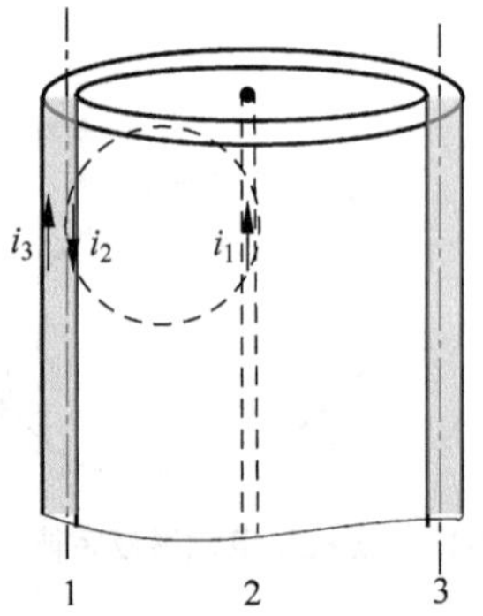

图 10-18　同轴电缆作磁场天线的电流分布

同轴电缆的示意图如图 10-18 所示。图中 1，3 表示金属屏蔽层，它们区域内的点划线表示屏蔽层内外两层的分界线，2 是内导体。i_1 和 i_2 组成同轴传输线的电流，i_3 则表示磁场变化感应出来的电流，也叫辐射电流。

此时，同轴电缆的屏蔽外层相当于一个磁场天线，如图 10-19 所示 $A \to C \to B$ 构成环状天线，得到磁感应电压 V_{AB}，对应有 $V_{A''B''}$，两者完全相等；可以看出，A_1 与 A''，B_1 与 B''分别是左右同轴电缆的信号输入端，信号经过左右半环的同轴电缆(信号在同轴电缆内导体和金属屏蔽层内层间传输)，再经过 C 和 D 点，到 E 和 F 端。假设 E 和 F 与它们的公共端 D 分别接负载 ZL_1 和 ZL_2。

其中 Z_1 和 Z_2 分别代表左、右两个半同轴电缆的金属屏蔽外层作为磁场天线产生的阻抗。如果左右严格对称，则 $Z_1 = Z_2 = 0.5Z$，Z 是总的阻抗。

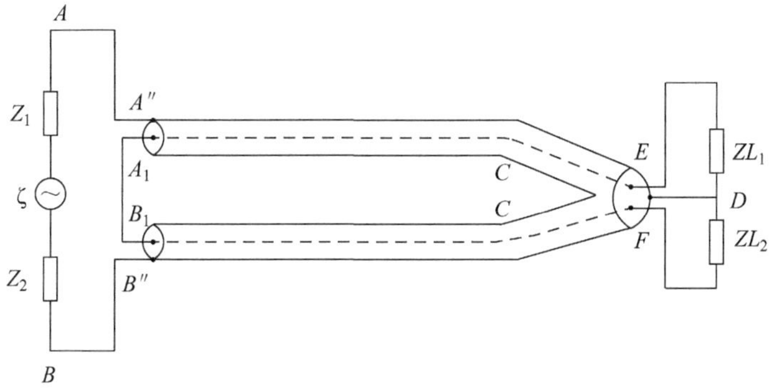

图 10-19　SSL 等效电路[10]

对于由圆管构成的磁场天线，Z 主要由两部分组成，分别是电感 L 和辐射电阻 R_r。当环半径 R 相比所测量电磁波中最高频率成分的波长 $\lambda_{\min}$ 足够小时，可以得到 L 的良好近似值：

$$L=\mu_0 R\left(\ln\left(\frac{8R}{r}\right)-2\right)(\mathrm{H}) \tag{10-40}$$

当然，该环状磁场天线也可以制作成其他形状，则该电感的计算方式也会有所不同。例如在围成形状为矩形的情况下，电感可以计算为

$$L=\frac{\mu}{\pi}\left(l_2\cosh^{-1}\frac{l_1}{2a}+l_1\cosh^{-1}\frac{l_2}{2a}\right) \tag{10-41}$$

对电感计算方式的简便性考虑，我们大多采用环状天线用于磁场传感器的设计。

对于电小的环天线，其辐射电阻可以表示为

$$R_r=31\,000\,\frac{A^2}{\lambda^4}(\Omega) \qquad A=\pi R^2 \tag{10-42}$$

由式(10-41)和式(10-42)，假设采用半径为 $r=1$ mm 的同轴电缆，环天线的半径为 $R=5$ mm，则 $R/r=5$。对比电感引起的感抗和辐射阻抗的关系，计算比值为

$$\frac{Z_L}{Z_{R_r}}=\frac{\omega L}{R_r}=\frac{\dfrac{2\pi c}{\lambda}\mu_0 R(\ln(40)-2)}{31\,000\,\dfrac{\pi^2 R^4}{\lambda^4}}=0.0131\left(\frac{\lambda}{R}\right)^3 \tag{10-43}$$

在瞬态电磁脉冲测量的低频段，如 1 MHz，其在真空中对应的波长 λ 为 100 m，相对环天线的尺寸，上面所述的比值显然可以达到很大。由此可见，在测量需要的频率范围内，电感所引起的感抗的重要程度要远远大于由于辐射阻抗造成的影响。为了简化计算，在满足 $Z_L/Z_{R_r}\gg 1$ 的条件下，辐射阻抗即可以从计算中删去，即 $Z\approx Z_L$。然而，需要注意的是，在高频的情况下，如几十 GHz 量级，需要更加小心地处理阻抗的计算。

进一步地，我们需要检验环天线的电小要求和上面所述的阻抗计算之间的自洽关系。根据前面所述的电小关系，可以得到被测最小波长与环半径之间的关系：

$$\theta=(l/2)/\lambda_{\min}*360^\circ<10^\circ\Rightarrow R/\lambda_{\min}<1/(36\pi)\Rightarrow\lambda_{\min}>36\pi R \tag{10-44}$$

在满足条件(10-44)的情况下,可以计算得到感抗和辐射阻抗的比值为 $Z_L/Z_{R_r}=19\,000\gg1$,表明这两种要求是自洽的。在此 $R/\lambda_{\min}$ 足够小的情况下,图 10-19 所示的等效电路可以简化为图 10-20 所示的简化电路。其中 $Z_1=Z_2=Z_L/2$,即阻抗可以用感抗的一半来表示。

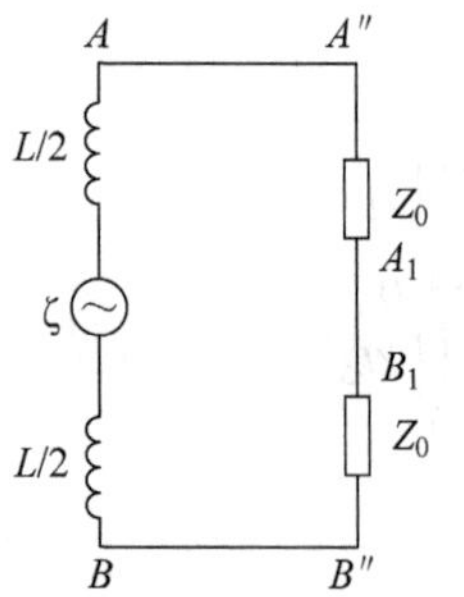

图 10-20　SSL 简化电路

结合图 10-19 和图 10-20,可以知道输出电压 $U=V_{EF}=V_{A''B''}$。对图 10-20 分析有:

$$U(\mathrm{j}\omega)=\zeta(\mathrm{j}\omega)\cdot\frac{2Z_0}{\mathrm{j}\omega L+2Z_0}=A\cdot\dot{B}(\mathrm{j}\omega)\cdot\frac{2Z_0}{\mathrm{j}\omega L+2Z_0}$$
$$=B(\mathrm{j}\omega)\cdot\frac{2A\mathrm{j}\omega Z_0}{\mathrm{j}\omega L+2Z_0}\tag{10-45}$$

我们称输出电压 U 与磁感应强度 B 之间的关系为传递函数。那么 SSL 传感器的传递函数为

$$H(\mathrm{j}\omega)=\frac{2AZ_0\mathrm{j}\omega}{\mathrm{j}\omega L+2Z_0}=\left(\frac{2AZ_0}{L}\right)\frac{1}{1+\dfrac{2Z_0}{\mathrm{j}\omega L}}=\left(\frac{2AZ_0}{L}\right)\frac{1}{\sqrt{1+\left(\dfrac{Z_0}{\pi Lf}\right)^2}}\mathrm{e}^{\mathrm{j}\phi}\tag{10-46}$$

$$\tan\phi=\frac{Z_0}{\pi Lf}=\frac{1}{f\Big/\left(\dfrac{Z_0}{\pi L}\right)}\tag{10-47}$$

当 $f\ll\dfrac{Z_0}{\pi L}$时,

$$\phi\approx90^\circ,\quad H(\mathrm{j}\omega)\approx\mathrm{j}A\omega\tag{10-48}$$

当 $f\gg\dfrac{Z_0}{\pi L}$时,

$$\phi\approx0^\circ,\quad H(\mathrm{j}\omega)\approx\frac{2AZ_0}{L}\tag{10-49}$$

考虑前文所述的阻抗简化条件和电小天线条件,B-Dot 磁场传感器的工作频率应当满足式(10-48)对应的条件。此时输出电压与磁感应强度之间满足如下频域关系:

$$U(\omega)=A\cdot\mathrm{j}\omega\cdot B(\omega)\tag{10-50}$$

其对应的时域表达式为

$$U(t)=A\cdot\frac{\mathrm{d}B(t)}{\mathrm{d}t}\tag{10-51}$$

即输出电压与磁感应强度对时间的微分成正比关系。需要注意的是,我们在这里推导得到的关系与前面所述的法拉第定律在形式上虽然是类似的,但是其代表的物理意义并不一致。此处得到的电压与磁感应强度之间的微分关系是在前述的若干前提条件下,通过计算得到的最终结果,请读者注意区分。由于 L 的表达式与 R 和 r 有关,所以通过合适选择 R,r 以及 Z_0 值就可以使式(10-48)对应的条件得到满足。

实际上,我们可以将式(10-48)中相位近似关系做进一步考虑。由于三角函数性质,

$$\tan(90^\circ-\phi)=\frac{1}{\tan\phi}=\frac{f}{\dfrac{Z_0}{\pi L}}\ll1\Rightarrow\phi\approx90^\circ-\frac{f}{\dfrac{Z_0}{\pi L}}\tag{10-52}$$

在此基础上，式(10-48)中的关系可以进一步表示为

$$H(\mathrm{j}\omega) \approx A\omega \mathrm{e}^{\mathrm{j}\phi} \approx A\mathrm{j}\omega \mathrm{e}^{-\frac{\mathrm{j}\omega L}{2Z_0}} \tag{10-53}$$

采用傅里叶逆变换，对应的时域关系可以表示为

$$U(t) = A\dot{B}\left(t - \frac{L}{2Z_0}\right) \tag{10-54}$$

与式(10-51)对比，可以发现除了微分关系，电压信号与磁场的微分信号之间，还存在一个时间长度为 $L/2Z_0$ 的时间延迟。这个时延在精细测量中可以用于判断时间关系。通过上面的分析，对 SSL 磁场传感器性能可以总结为输出信号 $U(t)$ 是输入磁场 $B(t)$ 加上 $\tau=\frac{L}{2Z_0}$ 延时的微分信号，而面积 A 就表示 SSL 磁场传感器的灵敏度。

10.3.2　MSL 磁场传感器

Moebius Strip loop(MSL)[17] 示意图如图 10-21 所示，对比 SSL 传感器示意图可以看出，其基本组成是相同的，即采用同轴电缆作为形成传感器的主体。信号输出端的处理是一致的，唯一的区别在于缝隙处的连接方式存在差异。相对于 SSL 传感器在缝隙处的芯线直接连接，MSL 传感器的连接方式相对复杂。MSL 传感器的缝隙处的连接是把一边同轴电缆顶端的屏蔽层 A(或 B)连到对边同轴电缆内导体 B_1(或 A_1)上。

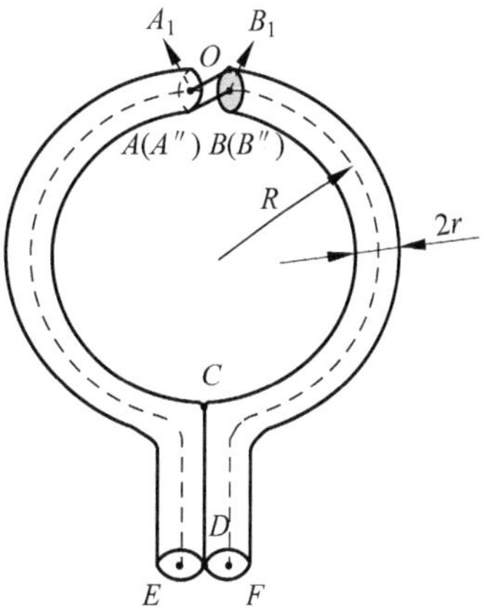

图 10-21　MSL 示意图

同样地，当电磁波的频率较高时，参考图 10-21，趋肤效应使得左右两半的同轴电缆的金属屏蔽层外层起磁场天线的作用，$A \to C \to B$ 构成环状天线，而内导体和金属屏蔽层内层起传输线作用，把信号从顶端输出到 E 和 F 端。由于顶端连接方式不同，导致即使输出端接相同负载时等效电路也不同于图 10-19，其等效电路如图 10-22 所示。其中 Z_1 和 Z_2 的分析与 SSL 传感器的分析相同。ZL_1 和 ZL_2 也代表负载阻抗。

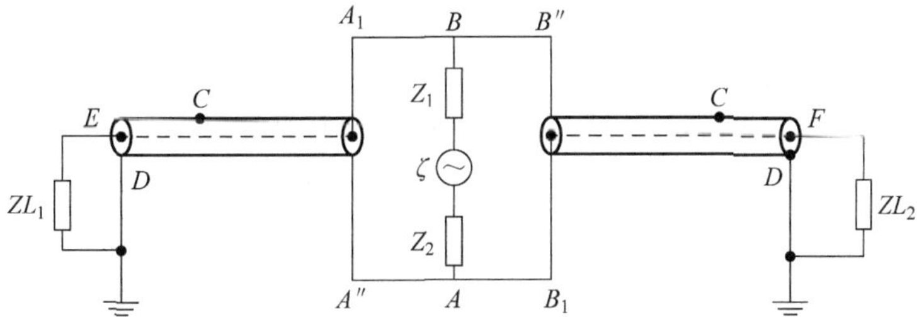

图 10-22　MSL 等效电路图

结合图 10-21 的示意图和图 10-22 中的等效电路，可以看出 B 和 A 两端由于磁场产生感应电压，并将电压分别传递到输出端 E 和 F。需要特别注意的是，C-A_1(或 C-A'')段的同轴电缆屏蔽层并不是等势的，因为这段屏蔽外层对应磁场天线的左半部分。而由于传感器的输出段没有环状结构，不参与磁场感应，所以 C-E(或 C-D)段的同轴电缆屏蔽层是等势

的，且电位与地电位相同。由于同轴电缆的屏蔽层内层和内导体传输信号，所以当屏蔽层电势从 $V_{A''}$ 逐渐变为接地端 $V_C=0$ 时，内导体电势从 V_{A1} 则逐渐变为 C 处的内导体电势，再经过 CE 等势阶段。从图 10-22 中可以看出，两个连接点处的电压分别为

$$U_{A_1A''}=U_{ED}=U_{BA} \tag{10-55}$$

$$U_{B''B1}=U_{DF}=U_{BA} \tag{10-56}$$

所以输出电压可以表示为

$$U=U_{EF}=U_{ED}-U_{FD}=U_{BA}-(-U_{BA})=2U_{BA} \tag{10-57}$$

与 SSL 传感器对比，在 MSL 传感器和 SSL 传感器围成的面积相同的情况下，MSL 传感器的输出电压是 SSL 传感器的两倍，即灵敏度高一倍。产生这种结果的原因在于，与 SSL 传感器相比，MSL 传感器等效电路中输出阻抗是并联的，而前者是串联的结构。即输出阻抗的连接方式的变化改变了传感器的灵敏度大小。

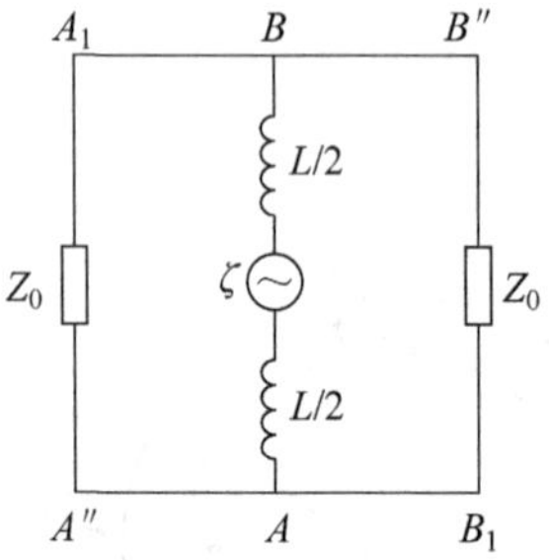

图 10 23　MSL 简化电路

与 SSL 传感器的电小要求类似，$R/\lambda_{\min}$ 需要足够小，以使得 Z_1 和 Z_2 的计算可以简化为感抗的计算。在此基础上，可以将图 10-22 中的等效电路继续简化，如图 10-23 所示。

由于环天线的电感仅由其半径和电缆的半径决定，所以等效电路中电感 L 的表达式与式(10-40)相同。

由式(10-57)知 $U=2U_{BA}$，则分析图 10-22 所示的等效电路，输出电压 U 可以表示为

$$U(\mathrm{j}\omega)=2\frac{Z_0/2}{\frac{Z_0}{2}+\mathrm{j}\omega L}\zeta(\mathrm{j}\omega)=A\dot{B}(\mathrm{j}\omega)\frac{Z_0}{\frac{Z_0}{2}+\mathrm{j}\omega L}=\frac{AZ_0}{L}\frac{1}{1+\frac{Z_0}{2\mathrm{j}\omega L}}B(\mathrm{j}\omega) \tag{10-58}$$

进一步整理，可以得到其传递函数为

$$H(\mathrm{j}\omega)=\frac{AZ_0}{L}\frac{1}{1+\frac{Z_0}{2\mathrm{j}\omega L}}=\left(\frac{AZ_0}{L}\right)\frac{1}{\sqrt{1+\left(\frac{1}{f/(Z_0/4\pi L)}\right)^2}}\mathrm{e}^{\mathrm{j}\phi} \tag{10-59}$$

$$\tan\phi=\frac{Z_0}{4\pi Lf}=\frac{1}{f/\left(\frac{Z_0}{4\pi L}\right)} \tag{10-60}$$

当被测场的频率 f 满足 $f\ll Z_0/4\pi L$ 时，相位可以近似表示为

$$\phi\approx 90^\circ-\frac{f}{\frac{Z_0}{4\pi L}}=90^\circ-\frac{2L}{Z_0}\omega \tag{10-61}$$

从而传递函数可以简化为

$$H(\mathrm{j}\omega)\approx 2A\mathrm{j}\omega\mathrm{e}^{-\mathrm{j}2L\omega/Z_0} \tag{10-62}$$

对 $U(\mathrm{j}\omega)=H(\mathrm{j}\omega)B(\mathrm{j}\omega)$ 做傅里叶逆变换得到其时域关系可以表示为

$$U(t)=2A\dot{B}\left(t-\frac{2L}{Z_0}\right) \tag{10-63}$$

通过上面的分析，对 MSL 磁场传感器性能可以总结为，输出信号 $U(t)$ 是输入磁场 $B(t)$

加上 $\tau=\frac{2L}{Z_0}$ 延时的微分信号，而 $2A$ 就是 MSL 传感器的灵敏度。

10.3.3　CML 磁场传感器

Cylinder Moebius Loop(CML)[18]传感器作为一种在 MSL 传感器基础上发展出来的磁场传感器，其基本结构与 MSL 传感器相同，采用同轴电缆形成环天线的主体部分；同轴电缆的连接方式也与 MSL 传感器的连接方式完全一致。但是与 MSL 传感器的区别在于 CML 传感器在同轴电缆形成的环天线的内侧连接一个沿轴向伸长的一个薄的金属圆筒，该金属圆筒与同轴电缆的屏蔽层紧密相连形成一个整体。从整体上来看，CML 传感器就是在轴向拉长的一种 MSL 磁场传感器，其正视示意图如图 10-24 所示，其中加粗线条表示内侧贴附的金属圆筒。

从图 10-21 所示的 MSL 传感器的示意图与图 10-24 所示的 CML 示意图可以看出，传感器的结构没有发生变化，因此 CML 传感器的等效电路图与图 10-22 所示的等效电路图相同。然而，由于加入了内侧金属圆筒，环天线的阻抗 Z_1 和 Z_2 的计算方式与 MSL 传感器不再相同。分析图 10-22 中的连接方式，考虑 $A(A'')\text{-}C\text{-}B(B'')$ 段的阻抗，由于环天线本身性质，其存在一个辐射阻抗 R_r；由于金属圆筒与同轴电缆并排连接，而同轴电缆和金属圆筒各自存在自身的电感 L_c 和 L_e，所以对应的感抗也是组成并联结构。因此，CML 的等效电路如图 10-25 所示。此处，为了方便表示我们把 Z_1 和 Z_2 合并成为一个总体阻抗 Z。

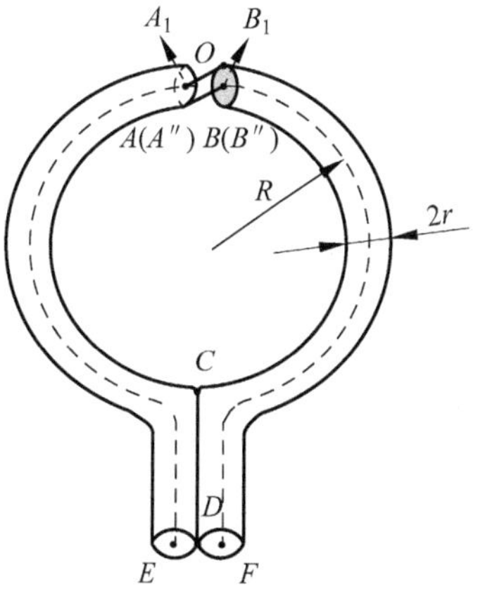

图 10-24　CML 传感器示意图

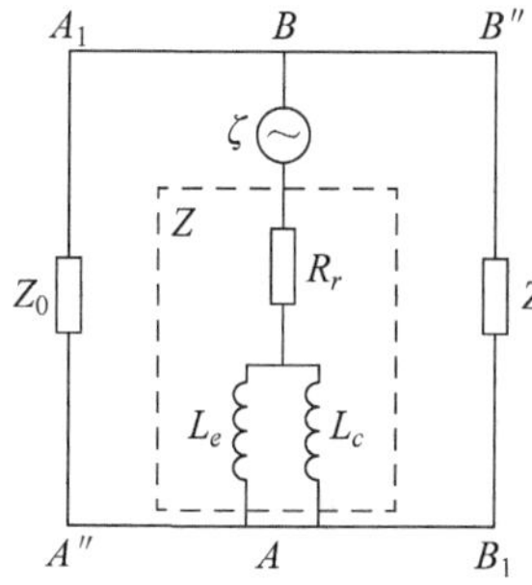

图 10-25　CML 传感器等效电路

其中同轴电缆围成小环形成的电感如式(10-40)所示，此处不再赘述。由于环天线采用的材料均为电导率高的材料，如铜等，所以其辐射阻抗仍以 R_r 为主，阻抗计算如式(10-42)所示。

圆筒形成的电感 L_e 可以表示为

$$L_e=\frac{\mu_0\pi R^2}{h} \tag{10-64}$$

其中，R 为圆筒半径；h 为金属圆筒的轴向高度。

为了继续简化该电路形式，首先比较由于金属圆筒引入的电感 L_e 和同轴电缆形成环状结构引入的电感 L_c 之间的大小关系。考虑两者造成的阻抗比为

$$\frac{Z_e}{Z_c}=\frac{\omega L_e}{\omega L_c}=\frac{\mu_0\pi R^2/h}{\mu_0 R(\ln(8R/r)-2)} \tag{10-65}$$

仍采用之前的假设，即 $R/r=5$，上式可以继续简化为

$$\frac{Z_e}{Z_c}=\frac{\pi R/h}{(\ln(40)-2)}\approx 1.86\,\frac{R}{h} \tag{10-66}$$

通常情况下，R/h 的值通常取为 0.1 以下。在此情况下，可以大致得到 $Z_e/Z_c<0.18$。在此情况下，我们可以近似认为 $Z_e//Z_c\approx Z_e$ 用以简化。此外，考虑电感 L_e 和辐射阻抗 R_r 之间的关系：

$$\frac{Z_e}{R_r}=\frac{\omega\mu_0\pi R^2/h}{31\,000\pi^2R^4/\lambda^4}=\frac{\sqrt{\mu_0/\varepsilon_0}\cdot\lambda^3}{15\,500R^2\cdot h} \tag{10-67}$$

可以看出，在兆赫兹的频率范围下，该项仍能够远大于 1。通过上面的两项近似，可以最终将阻抗 Z 简化为 Z_e，即由圆筒引入的感抗近似代替。

与上一节类似，其传递函数仍可以写作：

$$H(\mathrm{j}\omega)=\frac{AZ_0}{L}\frac{1}{1+\dfrac{Z_0}{2\mathrm{j}\omega L}}=\left(\frac{AZ_0}{L}\right)\frac{1}{\sqrt{1+\left(\dfrac{1}{f/(Z_0/4\pi L)}\right)^2}}\mathrm{e}^{\mathrm{j}\phi} \tag{10-68}$$

$$\tan\phi=\frac{Z_0}{4\pi Lf}-\frac{1}{f/\left(\dfrac{Z_0}{4\pi L}\right)} \tag{10-69}$$

但其中的电感 L 需要适用 L_e 代替。从上面的计算中可以发现，与 MSL 传感器相比，CML 传感器的上限频率仍需满足 $f\ll Z_0/4\pi L_e$。在终端阻抗 Z_0 不变的情况下，相对仅由同轴电缆构成的环天线电感 L_c 而言，CML 的电感 L_e 大幅度降低，其达到的结果即可以在保证原有性能的情况下提高传感器的上限频率，从而提高莫比乌斯形式的磁场传感器的带宽。

进一步地，我们考虑一种极端的情况，在 $h\to\infty$ 的情况下，$L_e\to 0$，此时 CML 传感器的上限频率 $f\to\infty$。但显然这种情况是不合理的，但在图 10-25 所示的电路图中不能给出任何解释。重新考虑 CML 传感器的三维结构，可以发现，在传感器的轴向高度 h 增大的同时，会引入一个时间延迟项，该项来源于传感器圆筒不同位置的电流流向信号连接点的时间差。如图 10-26 所示，将金属圆筒展开为一个二维矩形，其中沿 MN 方向为圆筒的轴线方向。MN 所在直线为矩形的对称轴。去 N 在矩形边缘处，M 在矩形中心，则 $|MN|=h/2$，M 距离连接点的距离 $|MA|=\pi R$，由此 N 和 A 之间的距离为

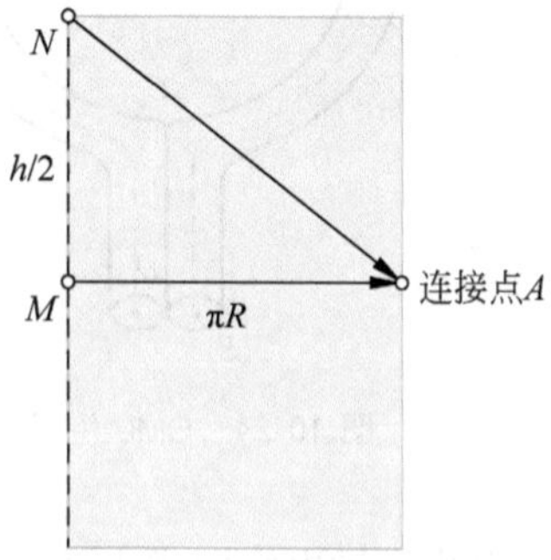

图 10-26　由于圆筒高度引入时延示意图

$$|NA|=\sqrt{(\pi R)^2+(h/2)^2} \tag{10-70}$$

理想情况下，考虑半个圆筒，我们认为电流收集到连接点 A 点所花费的时间为

$$\tau_0=\frac{\pi R}{c} \tag{10-71}$$

其中 c 为光速。所以其对应的频率为

$$f_0=\frac{1}{\tau_0}=\frac{c}{\pi R} \tag{10-72}$$

由于我们采用的环天线的半径 R 通常为厘米量级或者更小，所以由于电流收集的时间引入的频率上限通常在十吉赫兹量级，对我们考虑的频率范围并不存在实质上的限制。然而，在考虑由于圆筒高度引入的时延过程中，其由 N 点的电流收集到 A 点的时延引入的上限频率对应地可以表示为

$$f_r=\frac{c}{|NA|}=\frac{c}{\sqrt{(\pi R)^2+(h/2)^2}}=\frac{c}{\pi R\sqrt{1+\left(\frac{h}{2\pi R}\right)^2}}=\frac{f_0}{\sqrt{1+\left(\frac{h}{2\pi R}\right)^2}} \tag{10-73}$$

根据上式可以看出，随着 h 的不断增大，由于时延引入的上限频率逐渐降低，在 $h\to\infty$ 的情况下，$f_r\to 0$。所以综上所述，金属圆筒的高度虽然在一定范围内可以提高传感器的上限频率，但是该高度并不能无限增大。在高度较大时应当同时考虑由于时延带来的上限频率的限制，综合确定传感器的上限频率。

10.4 MGL 磁场传感器

前面介绍的磁场传感器具有一个共同的特点，其形成的环天线在原理电缆输出端口的一端有且只有一个缝隙，该缝隙称为信号引入点。这种传感器在已知入射方向的瞬态强磁场脉冲的测量中具有良好的性能，然而，在未知入射方向的情况下，这种单间隙的磁场传感器对不同方向入射的电磁场会产生不同的响应[19]。为了避免这种问题的出现，我们采用多间隙(multi gap loop，MGL)磁场传感器用于测量未知入射方向的磁场。本部分将介绍两种多间隙磁场传感器，这两种传感器以 2 个信号引入点的多间隙传感器为例，在此基础上，还可以进一步引入更多的信号引入点以提高磁场传感器的性能。

由于使用同轴电缆作为 MGL 传感器的组成部分会给传感器的加工带来很大的困难，所以此处介绍的 MGL 传感器采用柔性印制电路板(flexible printed circuit，FPC)用于加工。在接下来的介绍中，我们在介绍传感器结构时给出的是 FPC 的版图，以方便更好地描述 MGL 传感器的具体结构。

10.4.1　差模 MGL 传感器

差模 MGL 磁场传感器[20]的 FPC 版图如图 10-27 所示。其中，红色的部分代表底层覆铜，蓝色线条表示顶层走线。与前面的 CML 传感器进行类比，走线相当于同轴电缆的芯线，其与覆铜形成微带线用于信号的传输。此外，覆铜以其沿轴向的高度可以延伸，故同时对应为 CML 传感器的金属圆筒。作为一种平面结构，该 FPC 版图需要以 A_1-A_2 方向作为轴向，A_2-B_2 方向作为环向，弯折成圆筒状，并进行电连接才能形成一个完整的磁场传感器。作为一种多间隙磁场传感器，O_1 和 O_2 是传感器的两个感应电压产生的两个间隙，A_1 和 A_2 为 O_1 处的信号引入点，B_1 和 B_2 为 O_2 处的信号引入点。信号最后汇集到 E 和

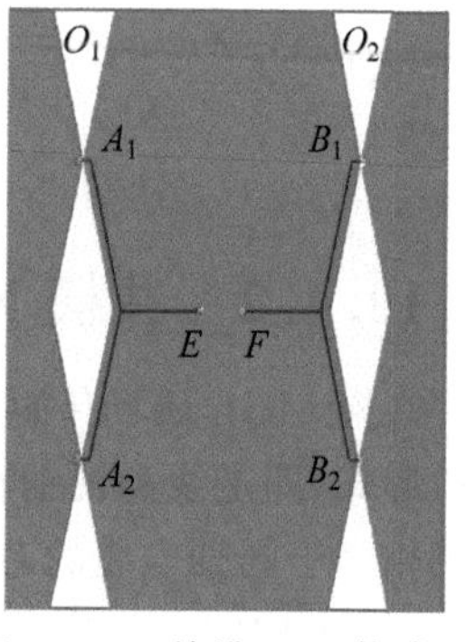

图 10-27　差模 MGL 传感器 FPC 版图

F 两点，通过同轴电缆输出到后端，并采用示波器进行输出信号采集。

对于该差模 MGL 磁场传感器，我们采用了两个信号引入点（O_1 和 O_2）和四个连接点（A_1, A_2, B_1, B_2）。这是在上一节中考虑圆筒高度带来的时延影响的基础上进行的改进。通过在每个信号引入点处将一个连接点改为两个连接点，对每个连接点都将电流收集的圆筒的高度从 h 变为 $h/2$，从而降低了由于圆筒高度引进时延带来的上限频率限制。所以虽然此处我们采用了四个连接点，但这种 MGL 传感器我们仍称之为二间隙的 MGL 传感器。

由图 10-27 可以简化得到如图 10-28 所示的等效电路图。其中两个信号引入点 O_1 和 O_2 的电压分别用 V_{O_1} 和 V_{O_2} 来表示，其中 $V_{O_1}+V_{O_2}=\xi$。与前面所述的传感器原理相对应，电路图中的电感 $L_{A_1}, L_{A_2}, L_{B_1}, L_{B_2}$ 分别为圆筒引入电感得到的阻抗。

分析如图 10-27 所示的 FPC 版图，由于传感器版图上下对称，我们在仅分析上半部分的情况下，可以看出 $L_{A_1}=L_{B_1}=L_e'/2$。此处的 L_e' 代表的则是高度为 $h/2$，半径为 R 的金属圆筒对应的电感值。参照式(10-64)给出的 L_e 的表达式，可以得出 $L_e'=2L_e$。所以即可计算得到等效电路中 $L_{A_1}=L_{B_1}=L_e$。对于下半部分的分析与此相同，所以最终可以得到

$$L_{A_1}=L_{A_2}=L_{B_1}=L_{B_2}=L_e=\frac{\mu_0\pi R^2}{h} \tag{10-74}$$

分析图 10-28 中的等效电路有

$$U(\mathrm{j}\omega)=\zeta(\mathrm{j}\omega)\cdot\frac{2Z_0}{\mathrm{j}\omega L_e+2Z_0}=A\cdot\dot{B}(\mathrm{j}\omega)\cdot\frac{2Z_0}{\mathrm{j}\omega L_e+2Z_0}=B(\mathrm{j}\omega)\cdot\frac{2A\mathrm{j}\omega Z_0}{\mathrm{j}\omega L_e+2Z_0} \tag{10-75}$$

将式(10-75)与式(10-45)对比可以发现，差模的 MGL 传感器与 SSL 传感器在灵敏度和上线频率的确定上具有相同的性质，但此处由轴向高度的增大，较 SSL 传感器而言可以提高测量上限频率。另外，差模 MGL 传感器的引入，不仅减小了不同入射方向对输出信号的影响，也给出了使用 FPC 制作磁场传感器的途径，使加工更加简便，也使加工误差更加可控。

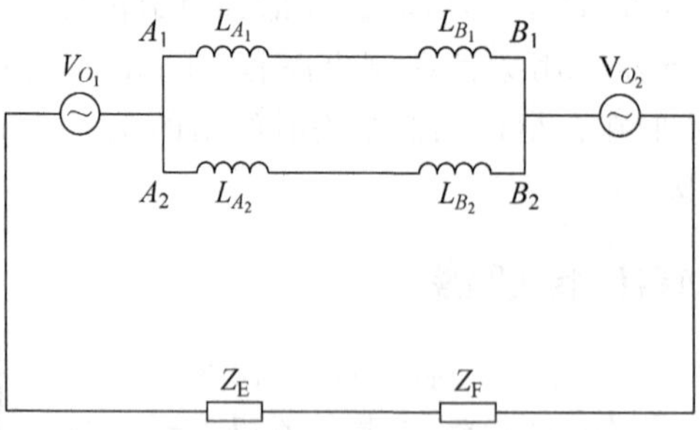

图 10-28　差模 MGL 传感器等效电路图

10.4.2　共模 MGL 传感器

共模 MGL 磁场传感器的 FPC 版图如图 10-29 所示。该传感器所对应的版图采用单面板的形式，即走线和覆铜在同一层，走线与对应的覆铜形成共面波导用于信号的传输。其中走线相当于同轴电缆的芯线，周围的覆铜相当于同轴电缆的屏蔽层。与差模的 MGL 传感器类似，该 FPC 版图需要以 A_1-A_2 方向作为轴向，A_2-B_2 方向作为环向，弯折成圆筒状，并进行电连接才能形成一个完整的磁场传感器。O_1 和 O_2 是传感器的两个感应电压产生的

两个间隙，A_1 和 A_2 为 O_1 处的信号引入点，B_1 和 B_2 为 O_2 处的信号引入点。信号最后汇集到 E 和 F 两点，EF 通过同轴电缆并联后单端输出到后端，并采用示波器进行输出信号采集。

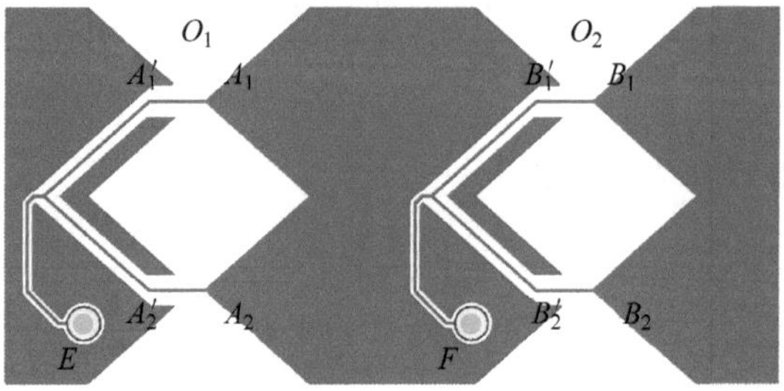

图 10-29　共模 MGL 传感器 FPC 版图

分析图 10-29 所示的 FPC 版图，得到共模 MGL 磁场传感器的等效电路如图 10-30 所示。其中 L_{O_1} 和 L_{O_2} 分别代表左右半传感器作为磁场天线产生的阻抗，即由于金属圆筒引入的感抗。图 10-30 中需要特别注意的是，A_1'-B_1（或 A_1-B_1'）段的同轴电缆屏蔽层并不是等势的，因为这段屏蔽外层对应磁场天线的半部分。由于在输出是 EF 两点并联，所以可以将图 10-30 中的电路图简化如图 10-31 所示。

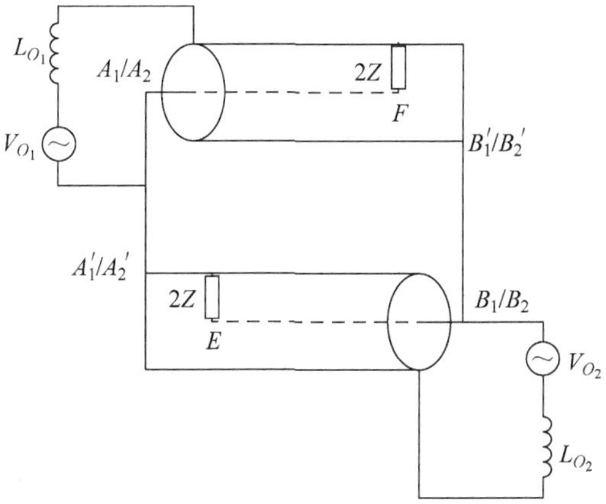

图 10-30　共模 MGL 传感器等效电路

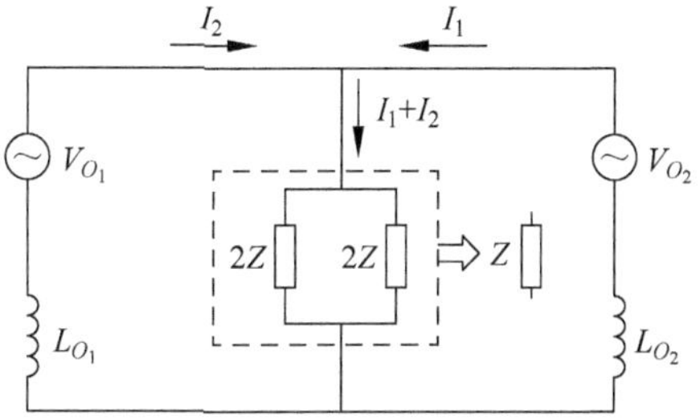

图 10-31　共模 MGL 传感器等效简化电路

其中 $L_{O_1}=L_{O_2}=L_e/2$，Z 即为输出信号的负载阻抗。分析图 10-31 所示的简化电路，可以计算出在 Z 上降落的负载电压。

$$\begin{cases} I_1 = \dfrac{V_{O_1} - V_0}{\mathrm{j}\omega L_e/2} \\ I_2 = \dfrac{V_{O_2} - V_0}{\mathrm{j}\omega L_e/2} \\ I_1 + I_2 = \dfrac{V_0}{Z} \end{cases} \tag{10-76}$$

从上述等式中，可以得到输出电压 V_0 的表达式为

$$V_0=\frac{(V_{O_1}+V_{O_2})\cdot Z}{\mathrm{j}\omega L_e/2+2Z} \tag{10-77}$$

而 $V_1+V_2=\mathrm{j}\omega A_{eq}B$。所以式(10-77)可以进一步简化为

$$V_0=\frac{\mathrm{j}\omega A_{eq}B(\omega)\cdot Z}{\mathrm{j}\omega L_e/2+2Z}=\frac{2A_{eq}Z}{L_e}\frac{1}{1+\dfrac{4Z}{\mathrm{j}\omega L_e}}B(\omega) \tag{10-78}$$

进一步整理,可以得到其传递函数为

$$H(\mathrm{j}\omega)=\frac{AZ}{L_e}\frac{1}{1+\dfrac{4Z}{\mathrm{j}\omega L_e}}=\left(\frac{AZ}{L}\right)\frac{1}{\sqrt{1+\left(\dfrac{1}{f/(2Z/\pi L_e)}\right)^2}}\mathrm{e}^{\mathrm{j}\phi} \tag{10-79}$$

$$\tan\phi=\frac{2Z}{\pi L_e f}=\frac{1}{f/\left(\dfrac{2Z}{\pi L}\right)} \tag{10-80}$$

在 $f\ll Z/\pi L$ 的情况下,传递函数可以简化为

$$H(\mathrm{j}\omega)\approx 2\frac{AZ}{L_e}\mathrm{j}\omega \tag{10-81}$$

对 $U(\mathrm{j}\omega)=H(\mathrm{j}\omega)B(\mathrm{j}\omega)$ 做傅里叶逆变换得到其时域关系可以表示为

$$U(t)=2\frac{AZ}{L_e}\dot{B}(t) \tag{10-82}$$

10.5 瞬态强电磁脉冲测量系统的组成

前面介绍了几类瞬态强电磁脉冲传感器的构成和基本原理。但在实际测量中,需要一整套测量系统完成测量任务。我们在下面的部分介绍瞬态强电磁脉冲测量系统的组成。

瞬态强电磁脉冲测量系统组成如图 10-32 所示(此处以采用 D-Dot 电场传感器为例)。整个测量系统可以分为三个部分:①传感器部分,这部分是采用上面介绍的传感器将电场/磁场信号转换为便于测量系统传输和记录的电压信号;②平衡-不平衡转换器巴伦(Balun),此处是将传感器的双端口输出转换为单端输出,同时起到差分作用;③信号传输和记录部分,这部分采用同轴电缆或者上面所提到的光电系统将巴伦输出的信号传递给信号记录装置,如示波器或者频谱仪等,最后将记录的数据交给用户进行数据处理。

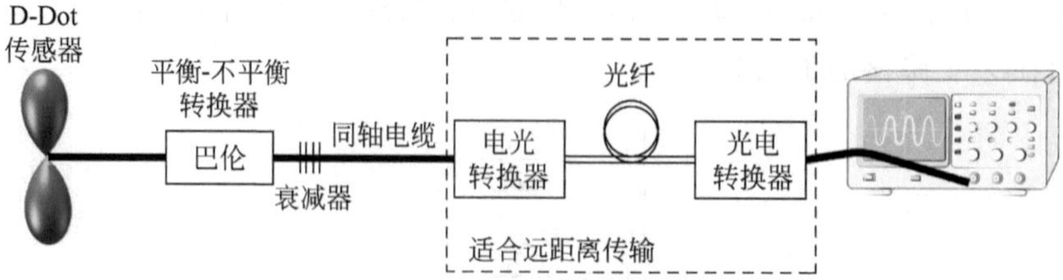

图 10-32　D-Dot 电场传感器测量系统

信号传输部分通常有两种信号传输方式:电缆和光纤。利用光纤传输时则需要加入电光转换和光电转换模块。两种传输方式各有利弊,利用电缆进行信号传输时,电缆对信号衰

减较大，不适用于远距离传输；光纤传输能最大限度地减少周围电磁环境的干扰，解决了信号衰减问题，适合远距离信号传输，但是由于加入了电光模块和光电模块，使得整个测量系统冗余，整体带宽也会受限于这两个模块，实际测量时应根据需要选择不同的信号传输方式。

下面将对每个环节进行具体分析。

1. 微分型电磁场传感器

从上面的分析中，由于我们在测量频段内采用的均为微分型传感器(E-field 电场传感器除外)，所以可以将电磁场传感器的两个输出端口的电压差 V_1-V_2 和入射场之间的关系写为

$$\begin{cases} V_1-V_2=K_E\cdot\dot{E} \\ V_1-V_2=K_B\cdot\dot{B} \end{cases} \tag{10-83}$$

其中，K_E 和 K_B 分别代表由场微分量到输出电压之间的转换系数。这个系数从上面的分析中很容易可以得到，在此不再赘述。

2. 平衡-不平衡转换器

巴伦(Balun)是 Balanced Unbalanced 的组合，是一种双-单端转换器，其示意图如图 10-33 所示。微分传感器输出的双端信号可以通过巴伦转换，用于消除共模电流，匹配天线阻抗。在巴伦的内部的阻抗匹配系统和合路电路会对传感器的输出信号产生一定程度的衰减，该衰减作用可以表现为衰减系数 K_1，因此从巴伦输出的信号 V_3 与输入的电压差 V_1-V_2 之间的关系为

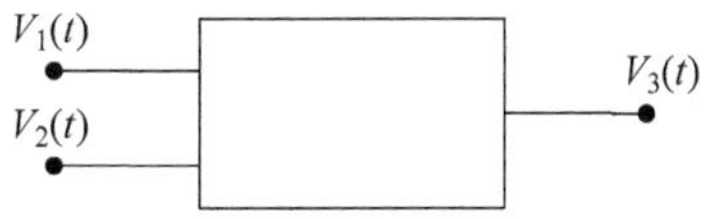

图 10-33　平衡-不平衡转换器巴伦(Balun)

$$V_3(t)=\frac{V_1(t)-V_2(t)}{10^{K_1/20}} \tag{10-84}$$

3. 信号传输和记录

微分型电磁场传感器用于测量强瞬态电磁场时，其信号的动态范围较大，有时需要在传输路径中加入一定值的衰减器以保护后端数据采集设备，而由于电缆传输的过程中也存在一定的衰减作用，这两种衰减可以采用衰减系数 K_2 来表示，如果采用的是光纤传输，还需要考虑电光模块、光电模块所引入的衰减，这部分衰减可以叠加在衰减系数 K_2 当中，最终输出到采集端的电压 V_4 可以表示为

$$V_4(t)=\frac{V_3(t)}{10^{K_2/20}} \tag{10-85}$$

根据前面的分析，得到在信号采集端观测到的电压 V_4 与入射电场之间的关系为

$$V_4=\frac{K_E\dot{E}}{10^{(K_1+K_2)/20}} \tag{10-86}$$

显然，入射磁场与上式具有相同的形式。将上式左右对时间进行积分，可以得到入射场与输出电压之间的关系为

$$E=\frac{10^{(K_1+K_2)/20}}{K_E}\int V_4\,\mathrm{d}t \tag{10-87}$$

据此，入射场信号波形可以很容易通过上式计算得出。

10.6 信号反演算法

在强电磁脉冲中测量得到的时域波形，需要对电压波形进行处理以恢复入射场强的波形。对于如 D-Dot 电场传感器和 B-Dot 磁场传感器这类微分型电磁场传感器而言，在理想情况下它们在测量频段范围内具有良好的微分关系，所以通常对输出电压信号进行积分即可恢复传感器所测量的入射波形。但是由于实际测量频段内平坦度的非理想性、加工时产生的某些频点的谐振、测量误差等因素的影响，直接积分的方式有时无法准确地恢复入射场信号，会产生波形的畸变，最常见的是在测量的脉冲波形尾部会出现一个非物理信号的抬升。而这种问题目前并没有很好的方法进行解决，本节给出一种实用有效的信号处理算法用于微分型传感器的信号恢复。

该信号反演算法是基于最大后验概率（maximum a posteriori，MAP）的一种反卷积算法，这种方法直接通过对传感器输出时域信号波形的处理计算得到输入信号的估计波形。所以避免了频域滤波方式所需的时-频转换过程，同时避免了频域方法对转换造成的影响。另一方面，由于该信号处理算法所使用的传感器的性质与传感器的微分关系并没有直接联系，仅依赖于传感器的单位冲击响应，所以该信号处理算法同时可以拓展传感器的可用频带，在一定程度上提高上限频率。进一步的，该方法也适用于各类双端口线性时不变系统的信号恢复问题[22]。

10.6.1 微分传感器的软硬件信号处理方式

针对电磁场传感器目前最常用的信号处理方式分为两类，一类是使用硬件方式，即在传感器与示波器之间连接一个积分器，使得记录下来的数据即为恢复后的波形；另一类是采用软件方式，即采用信号处理算法的方式，将输出电压信号储存并采用程序进行运算得到恢复波形的方式。

对于使用硬件的方式，目前市面上已有产品化的积分器可供使用，如瑞士 Montenna 公司的 ITR1U2-A 型号的积分器。这种积分器通常在内部采用 RC 电路对输入的模拟信号直接进行积分，并将积分后的信号输出到示波器进行记录和储存，这种方法的优势是排除了示波器对传感器直接输出的脉冲信号采样中出现的问题。但目前的硬件积分器通常也存在一系列问题，包括对传感器的输出信号有低通滤波作用。且目前通过常规的无源器件搭建的积分器存在频带较窄、上限频率较低、插损大等问题，这对上限频率在吉赫兹量级的超宽带的瞬态电磁脉冲信号的测量可能会造成错误。另外这类积分器通常涉及低阻变换到高阻的情况，对信号传输中原有的电感电容产生改变，这也对引出系统的阻抗匹配带来挑战。所以采用硬件积分的方法目前在实际测量中并没有被广泛采用。

而使用软件信号处理算法的方式进行信号恢复是目前对于微分电磁场传感器更普遍的一种信号处理方式。由于微分型电磁场传感器理论上频响与频率之间存在线性关系，在时域上表现为传感器的输出信号与入射信号的时间微分成正比。在这种特殊关系的约束下，通常使用数值积分的方式来处理微分型电磁场传感器的输出信号。这种方式由于其简便性，且在上升前沿能够很好地反映入射场的高频性质，使得数值积分的方法在实际应用中得到广泛应用。

基于上面微分传感器的原理可以看出，以 B-Dot 磁场传感器为例，在传感器的可用频带内，输出电压 V 与入射场强 B 之间的关系可以简化表示为

$$V(t) \propto \frac{\mathrm{d}B(t)}{\mathrm{d}t} \Rightarrow B(t) = K \cdot \int V(t)\,\mathrm{d}t \tag{10-88}$$

其中，K 为校准系数。在良好的设计和加工前提下，在实际情况中传感器的性能能够较好符合该等式关系。在实际应用中，由于采用数字示波器进行采样和记录，所以传感器的输出电压 $V(t)$ 在经过示波器离散后，可以表示为离散列向量：

$$V_{N\times 1} = [V_1 \quad \cdots \quad V_N]^{\mathrm{T}} \tag{10-89}$$

其中，N 是电压列向量中包含的元素格式，V_i 是在采样量化后 t_i 时刻记录得到的电压值。由于示波器是等间隔采样，所以相邻时刻之间满足关系：

$$t_j - t_i = \Delta t \,\big|_{0\leqslant i\leqslant N-1,\, j-i=1} \tag{10-90}$$

其中，Δt 表示固定采样时间间隔。在此基础上，式(10-88)中的关系采用矩形法的方式可以表示为离散化的积分关系：

$$B_j = K \cdot \sum_{i=1}^{j} V_i \cdot \Delta t \,\Big|_{1\leqslant j\leqslant N} \tag{10-91}$$

在采用梯形法的方式计算该数值积分时，式(10-88)可以表示为

$$B_j = K \cdot \sum_{i=1}^{j} \frac{V_i + V_{i+1}}{2} \cdot \Delta t \,\Bigg|_{1\leqslant j\leqslant N-1} \tag{10-92}$$

而在实际测量中，由于示波器的采样率要远高于信号的变化率，所以式(10-91)和式(10-92)中的计算方法具有几乎一样的积分结果。所以为了计算方便，实际操作中主要采用式(10-91)中的计算方式作为数值积分方法的计算方法。

然而，在实际应用中会出现很多非理想因素，例如频段内平坦度差、加工时产生的某些频点的谐振等因素会导致数值积分的方式并不能达到预期效果。另外在实际测试中通常还发现，在测量双指数脉冲时采用数值积分方法恢复的波形的下降沿与入射波形之间的符合性并不好。这种符合性差的特征通常表现为下降沿出现的波形畸变、尾部倾斜向上或者向下等与实际测量情况不符的特征。正由于这种问题的出现，限制了微分型传感器以及数值积分信号处理方法在整体波形分析中的应用。

10.6.2 基于 MAP 的信号处理算法

为了能够进一步提高传感器对入射场波形的恢复能力，同时也为了能够拓展传感器在高频上的测量能力，在超出理论频率上限的频率外仍旧能够恢复部分频段内的入射场波形信号，所以我们考虑研究一种不依赖微分关系的信号处理算法用于传感器的信号恢复。

由于所关注的传感器是 B-Dot 及 D-Dot 这类无源微分型电磁场传感器，其内部不包含任何有源器件。所以在进行电磁场测量过程中，这类电磁场传感器(下称传感器)可以看作是一种线性时不变系统。因此，传感器将电磁场转化为电压信号的性质可以用它的单位冲击响应来表示。为了表述方便，本章用 h 表示传感器的单位冲击响应，y 表示测量过程中传感器输出的电压信号，x 表示入射电磁场场强信号。则 y 和 x 之间的关系可以表示为

$$y = h * x \tag{10-93}$$

为了使该问题在表现形式上更加简单，采用矩阵的方式来表达上述卷积等式。其中采

用传递矩阵 $\mathbf{H}$ 表示式(10-93)中单位冲击响应 h 的作用。在此情况下,该方程可以重写为

$$y=\mathbf{H}x,\quad \mathbf{H}=\begin{bmatrix} h_1 & 0 & 0 & 0 \\ h_2 & h_1 & 0 & 0 \\ \vdots & \ddots & \ddots & 0 \\ h_N & \cdots & h_2 & h_1 \end{bmatrix} \tag{10-94}$$

其中,矩阵 $\mathbf{H}$ 由单位冲击响应 h 向量中的元素构成;y 和 x 分别表示输出和输入信号在相同的采样条件下得到数列的向量形式。使用 MAP 的思想,即估计的输入信号 x' 应当是在已知输入信号 y 的情况下,后验概率最大时得到的输入信号波形。即恢复的输入信号 x' 可以表示为

$$x'=x\big|_{\max p(x|y)} \tag{10-95}$$

由贝叶斯理论可知,后验概率可以分解为若干个先验概率和条件概率的乘积。而这些分解出来的概率应当包含对输出信号 y 有影响的项,这些项目包括入射信号 x 和测量中引入的噪声等。为了简化模型,在算法中目前只引入了高斯白噪声(white Gaussian noise, WGN)的概率模型。

首先考虑输入信号 x 的概率分布模型。由于 x 没有限制,且 x 应当是一个时域脉冲信号,所以 x 的分布的均值只需限制为一个有限的数值即可。假设输入信号 x 中的各个元素独立同分布,则可以令 $x_i \sim N(\mu,\sigma^2)$,即 x_i 符合正态分布。x 列向量的概率函数则可以表示为

$$p=\left(\frac{1}{\sqrt{2\pi}\sigma}\right)^m \exp\left(-\frac{1}{2\sigma^2}\sum_{i=1}^{m}(x-\mu)^2\right) \tag{10-96}$$

其中,σ 是该分布的标准差;μ 表示均值。但对于一个未知输入信号 x,这两项参数是未知的,所以在确定 x 所满足的正态分布前还需要对这两个参数进行估计。由先验知识可知,正态分布的方差 σ^2 应当是一个非负值。由于伽马分布的良好性质,可以令方差满足伽马分布,以确保解的唯一性。由此标准差 σ 也同时被确定。这两项服从的分布分别可以表示为

$$\varphi(\sigma^2)=\begin{cases} \dfrac{\beta_2^{\alpha_2}}{\Gamma(\alpha_2)}\sigma^{2(\alpha_2-1)}\exp(-\beta_2\sigma^2), & \sigma \geqslant 0, \\ 0, & \sigma < 0。\end{cases} \tag{10-97}$$

$$\varphi(\sigma)=\begin{cases} \dfrac{2\beta_2^{\alpha_2}}{\Gamma(\alpha_2)}\sigma^{2\alpha_2-1}\exp(-\beta_2\sigma^2), & \sigma \geqslant 0, \\ 0, & \sigma < 0。\end{cases} \tag{10-98}$$

其中涉及的 α_2,β_2 均为计算前在模型建立时确定的超参数,由人为确定。均值 μ 应当是一个有限的数值。此外,由于测量对象是脉冲信号,所以均值应当是一个距离 0“不远”的有限数值。可令均值 μ 服从一个均值为零的正态分布:

$$p(\mu)=\frac{1}{\sqrt{2\pi}\sigma_x}\exp\left(-\frac{\mu^2}{2\sigma_x^2}\right) \tag{10-99}$$

其中标准差为 σ_x,从上面的分析可以得出,该项可限定为一个较小的数值。

其次考虑测量噪声的问题。将噪声估计为 WGN,则噪声是独立同分布的。噪声的概

率分布函数可以表示为

$$p(y \mid x,\tau) \propto \tau^{\frac{N}{2}} \exp\left(-\frac{\tau}{2} \| \mathbf{H}x - y \|^2\right) \tag{10-100}$$

其中，τ 是噪声参数，由于其代表的是噪声的方差，所以该项值应为正值。因此，τ 的概率分布函数可以表示为

$$\varphi(\tau) = \begin{cases} \dfrac{\beta_1^{\alpha_1}}{\Gamma(\alpha_1)} \tau^{\alpha_1 - 1} \exp(-\beta_1 \tau), & \tau \geqslant 0, \\ 0, & \tau < 0。\end{cases} \tag{10-101}$$

与上面的假设类似，α_1，β_1 同样是计算前在模型建立时确定的超参数。应用贝叶斯等式，则式(10-95)中所示的后验概率可以分解为

$$\begin{aligned} p(x,\tau,\mu,\sigma \mid y) &= \frac{p(y \mid x,\tau,\mu,\sigma) p(x,\tau,\mu,\sigma)}{p(y)} \\ &\propto p(y \mid x,\tau,\mu,\sigma) p(x,\tau,\mu,\sigma) \\ &\propto p(y \mid x,\tau) p(x \mid \tau,\mu,\sigma) p(\tau,\mu,\sigma) \\ &\propto p(y \mid x,\tau) p(x \mid \mu,\sigma) p(\tau) p(\mu) p(\sigma) \end{aligned} \tag{10-102}$$

为了使后验概率表达方式更加简单，所以在上面的表达式中去除了常值以及与被求函数无关的量。进一步，为了便于求概率极值，将上式整理到自然指数 e 幂指数内可以表示为

$$p \propto \exp(-J(x,\tau,\mu,\sigma)) \tag{10-103}$$

其中，

$$\begin{aligned} J(x,\tau,\mu,\sigma) = {} & \frac{\tau}{2} \| \mathbf{H}x - y \|^2 + \frac{1}{2\sigma^2} \sum_{i=1}^{m} (x-\mu)^2 - \left(\alpha_1 - 1 - \frac{n}{2}\right) \ln\tau + \\ & \beta_1 \tau + m\ln(\sigma) - (2\alpha_2 - 1)\sigma + \beta_2 \sigma^2 + \frac{\mu^2}{2\sigma_x^2} \end{aligned} \tag{10-104}$$

因此，式(10-103)中后验概率的最大值即可表示为式(10-104)中泛函 J 的最小值。分别对式(10-104)四个随机变量求偏导可以得到：

$$\begin{cases} \dfrac{\partial J}{\partial x} = \tau \mathbf{H}^T \mathbf{H} x - \tau \mathbf{H}^T y + \dfrac{1}{\sigma^2} I(x - \mu I) = 0, \\ \dfrac{\partial J}{\partial \tau} = \dfrac{1}{2} \| \mathbf{H}x - y \|^2 - \dfrac{1}{\tau}\left(\alpha_1 - \dfrac{n}{2} - 1\right) + \beta_1 = 0, \\ \dfrac{\partial J}{\partial \mu} = -\dfrac{1}{\sigma^2} \sum\limits_{i=1}^{m} (x_i - \mu)^2 + \dfrac{\mu}{\sigma_x^2} = 0, \\ \dfrac{\partial J}{\partial \sigma} = \dfrac{m}{\sigma} - (2\alpha_2 - 1) + 2\beta_2 \sigma = 0。\end{cases} \tag{10-105}$$

通过上面的式子，可以采用迭代的方法得到各随机变量的最优解。

10.6.3　基于 MAP 算法的实验验证

为了检验反卷积算法的有效性，采用 D-Dot 微分电场传感器对信号恢复性能进行实验验证。分别采用数值积分方法和反卷积方法两种方法对传感器的输出信号进行处理，并通过与入射场信号之间的比较来确认信号处理算法的效果。通过上面的分析可以看出，采用

数值积分方法对 D-Dot 传感器的信号恢复仅需传感器的输出电压信号，并使用式(10-91)进行数值积分；采用反卷积算法需要 D-Dot 传感器的单位冲击响应和输出电压信号，并在式(4-18)的约束下进行迭代求解。为了达到反卷积算法的基本要求，接下来首先需要考虑如何获取 D-Dot 传感器的单位冲击响应。

由于在实际情况下无法获取理想的 Dirac 脉冲，所以 D-Dot 传感器的单位冲击响应很难通过单位冲击脉冲激励的方法直接获取。因此考虑使用频域方法得到传感器的单位冲击响应。由于时域的单位冲击响应与频域的正向传输系数 S_{21} 参数相对应，所以可以通过测量传感器的 S_{21} 参数并进行逆傅里叶变换得到传感器的单位冲击响应。将 D-Dot 传感器视为一个双端口网络，则输入端应当是入射电磁场，输出端为传感器输出的电压信号，其示意图如图 10-34 所示。

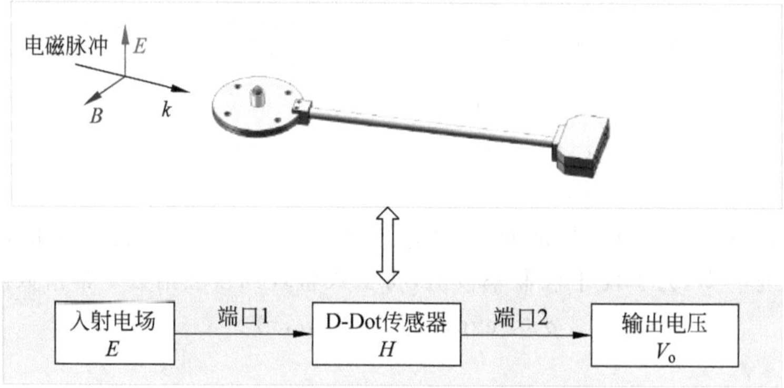

图 10-34　D-Dot 传感器作为双端网络示意图

从图 10-34 中可以看出，若将传感器视为一个双端网络，其 S_{21} 参数表示的是输出电压 V_o 与入射场强 E 之间的比值。由于输出电压可以通过测量仪器进行记录得到，所以要得到传感器的 S_{21} 参数，首先需要解决入射场强的产生问题。

为了保证足够高的带宽以及可以进行频域测量，GTEM 小室可以作为信号恢复测试中的电磁场环境产生装置使用。在此情况下，可以使用矢量网络分析仪(vector network analyzer，VNA)的 1 端口连接到 GTEM 小室的输入端口用于激励电磁场，2 端口连接到 D-Dot 传感器的输出端口用于测量传感器的响应。其测量连接示意图如图 10-35 所示。

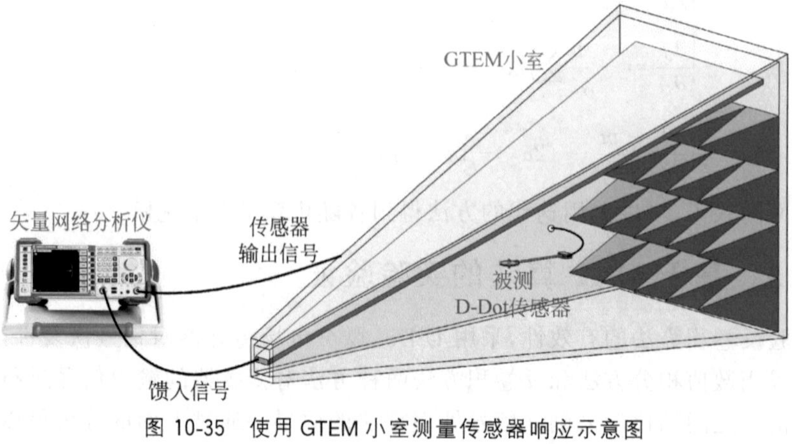

图 10-35　使用 GTEM 小室测量传感器响应示意图

但是从矢量网络分析仪的双端口测量来看，其测量得到的 S_{21} 参数表示的是 2 端口测量电压 V_o（即传感器的输出电压 V_o）与 VNA 在 1 端口的发射电压 V_i（即 GTEM 小室的激励电压）之间的关系，即：

$$S_{21}(\omega)=\frac{V_o(\omega)}{V_i(\omega)} \tag{10-106}$$

在 GTEM 小室内的电场强度可以计算为

$$E=k\,\frac{V_i}{d} \tag{10-107}$$

其中，d 是芯板与地板之间的距离；k 为修正系数。结合上面两个式子，则可以建立传感器的输出电压 V_o 与入射场 E 之间的关系：

$$V_o(\omega)=S_{21}(\omega)\cdot V_i(\omega)=\left(S_{21}(\omega)\cdot\frac{d}{k}\right)\cdot E(\omega) \tag{10-108}$$

将上式变换到时域可以表示为

$$V_o(t)=IFFT\left(S_{21}(\omega)\cdot\frac{d}{k}\right)*E(t) \tag{10-109}$$

对比式(10-93)和式(10-109)可以看出，$IFFT(S_{21}(\omega)\cdot d/k)$即为传感器的单位冲击响应 $h(t)$。从结果来看，采用的这种测量传感器频响的方式实际上是由 D-Dot 传感器在 GTEM 小室内总体的 S_{21} 参数乘以系数得到传感器的单位冲击响应。

在实际实验中，采用 Frankonia GTEM 小室作为电磁场产生装置完成 D-Dot 传感器的单位冲击响应的测量。该 GTEM 小室的最高频率可以达到 12 GHz。使用 VNA 测量的 S_{21} 参数范围为 9 kHz～5 GHz。测量得到的 D-Dot 传感器的 S_{21} 参数如图 10-36 所示。变换得到的单位冲击响应如图 10-37 所示。

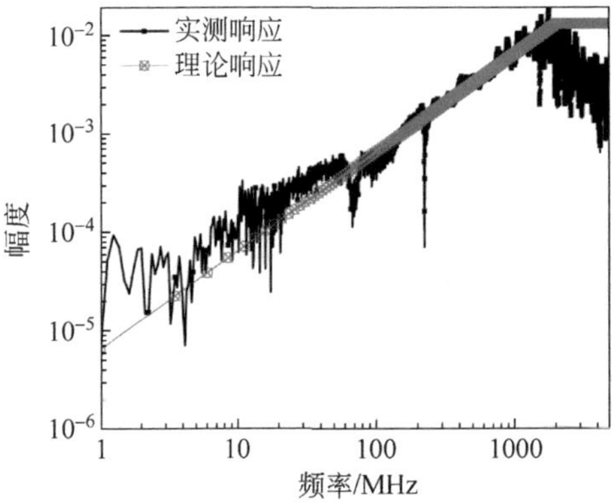

图 10-36　测量的 S_{21} 参数

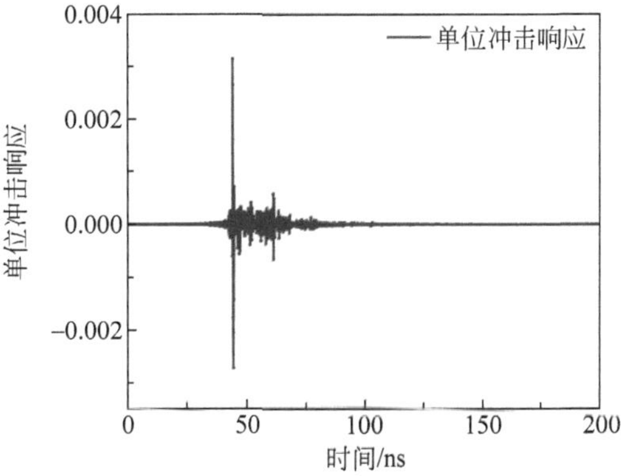

图 10-37　得到的冲击响应

由上面的测量结果即可建立传递矩阵 **H**。通过计算可以得到 **H** 的条件数可以达到 1.5175×10^{21}，可以看出此时的传输矩阵的病态问题十分严重。

在已经得到 D-Dot 传感器的单位冲击响应的情况下，只需得到传感器在入射波激励下的输出波形即可使用上述两种信号恢复算法进行信号恢复。为了保证测量到的传感器的单位冲击响应不会因为 GTEM 小室场的不均匀性而发生改变，D-Dot 传感器的位置不变。使用一个已知的双指数脉冲信号从 GTEM 小室的馈入端口输入，将传感器的输出连接到数字示波器测量输出波形。系统的连接框图如图 10-38 所示。使用数字示波器测量记录的传感器的输出波形如图 10-39 所示。

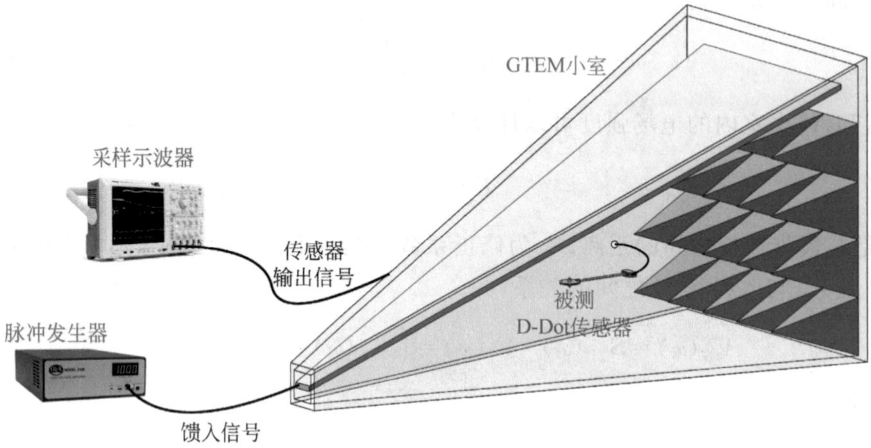

图 10-38　传感器信号恢复系统连接示意图

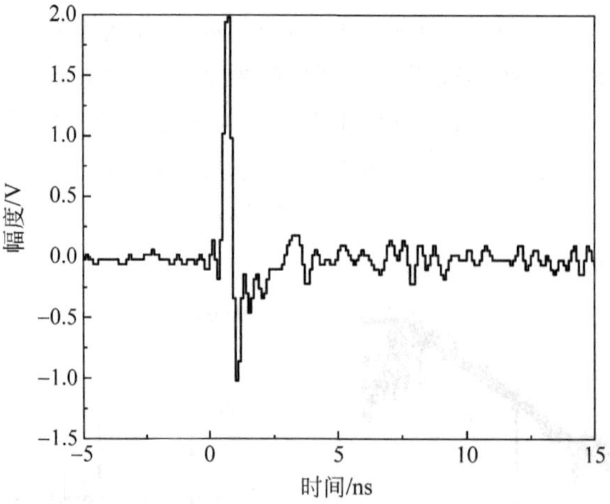

图 10-39　数字示波器测量得到的 D-Dot 传感器的输出波形

在开始运用反卷积方法进行信号恢复时，首先应当确定超参数的取值。在本次测试中超参数的取值分别为 $\alpha_1=2,\beta_1=1\times10^{-10},\alpha_2=2,\beta_2=1\times10^{-10},\sigma_x=1,\varepsilon=1\times10^{-5}$。使用共轭梯度法(CG)方法求解上述方程，恢复信号如图 10-40 所示。在该图中，同时将使用数值积分方式恢复得到的信号，以及入射电磁场波形同时绘制在内。

由于仅施加了一个单脉冲来激励该系统，因此恢复的信号应与源信号保持一致。对于该信号的恢复，考察信号处理方法效果的主要特征可以分为两个方面：一是主脉冲与源信号重合情况；二是恢复的信号应在主脉冲之前和之后归零。

从图 10-40 中可以看出，使用反卷积方法恢复得到的信号波形与入射场信号波形在全时间段上符合得更好。因此总体而言，反卷积方法的性能比积分方法好。从具体波形上来说，两种方法恢复的入射场信号在 0～2.5 ns 内的主脉冲与入射场符合情况很好。但是在主脉冲之后，这两种方法表现出不同的性能。

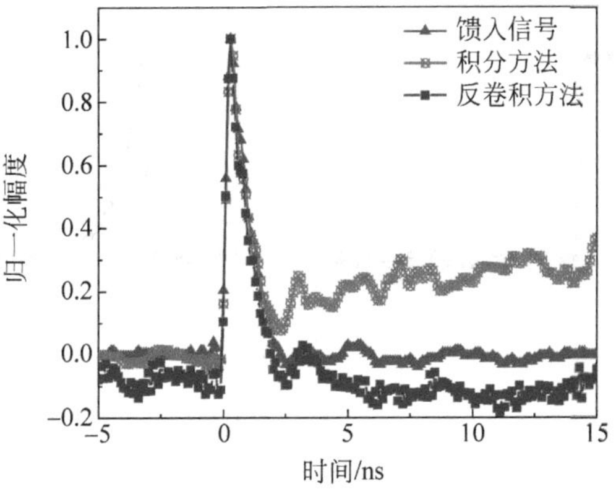

图 10-40　两种方式得到的恢复信号与入射波形之间的对比

对于数值积分方法，恢复的信号在主脉冲之后向上倾斜。在先前的研究中，信号中出现倾斜可以通过减去固定斜率来解决[21]。但是由于主脉冲前后的斜率并不相同，因此在上述测试结果中的倾斜不能通过这种简单的方式解决。然而，可以确定的是，由于入射电磁场在主脉冲之后不再包含任何激励信号，因此这种倾斜也是由噪声引起的。

对于反卷积方法，与数值积分方法相比，它在主脉冲后具有更好的性能，其没有明显的向上偏移，而是能够较好恢复到零值附近。但是其基线与入射场波形存在一定的差异，该差异与主脉冲信号前后的表现较为一致，因此该基线作为偏移量可以很容易地从信号中去除。

10.6.4　不同波形的适应性验证

在前面的测试实例中可以明显看出，反卷积方法在 D-Dot 的信号恢复上具有较好的能力。从该方法的原理上说，反卷积方法对于脉冲信号的恢复是不存在限制的。但是为了从实际测试中验证这种方法的普适性，还需要验证在不同波形上的适应能力。

在波形的适应性测试中，选取正弦波、高斯脉冲、方波信号以及标准的双指数波进行测试。在这四种波形下的比对如图 10-41 所示。

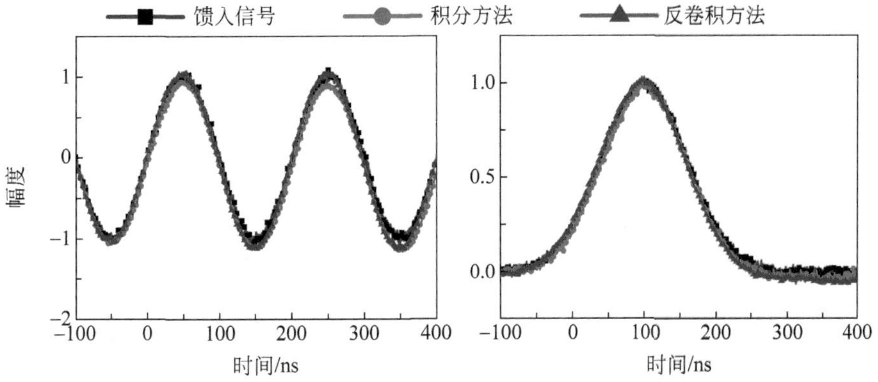

图 10-41　在不同波形下的适应性测试比较

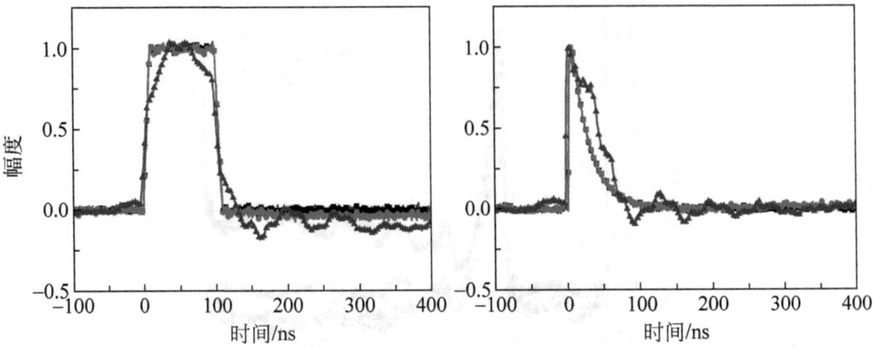

图 10-41（续）

从图中两种方法恢复得到的信号与入射信号之间的对比可以看出，反卷积方法对这四种波形均具有很好的性能。因此通过测试可以初步认为该反卷积方法对不同波形均具有较好的适应性。而由于传感器的响应不完全满足微分关系，所以数值积分方法在部分波形的恢复上存在一定的问题，例如在方波或者双指数脉冲波中并不能很好地还原入射波形。相比之下，反卷积方法则在各种情况下均具有更好的性能。

参考文献

[1] Agry A A，Schill R A，Garner S，et al. Electromagnetic dot sensor-calibration [C]//Proceeding of IEEE PPC，Washington，DC，USA，2009：1348-1353.

[2] Rao，Y. J，Gnewuch，et al. Electro-optic electric field sensor based on periodically poled $LiNbO_3$ [J]. Electronics Letters，1999，35(7)：596-597.

[3] Mechikazu K. Electric field sensor，US5781003[P]，US，1998.

[4] Consoli F，Angelis R D，Duvillaret L，et al. Time-resolved absolute measurements by electro-optic effect of giant electromagnetic pulses due to laser-plasma interaction in nanosecond regime[J]. Scientific Reports，2016，6(1)：27889.

[5] Air Force Weapons Laboratory，Maximizing Frequency Response of a B-Dot Loop，SSN 8[R]，1964.

[6] Baum C，Breen E，Giles J，et al.，Sensors for Electromagnetic Pulse Measurements Both Inside and Away from Nuclear Source Regions[J]，IEEE Transactions on Electromagnetic Compatibility，1978，EMC-20(1)：22-35.

[7] 刘卫东，胡小锋. 瞬态电场时域测试技术的研究现状与展望[J]. 高压电器，2014，50(7)：132-138.

[8] 程奇峰，倪建平，孟萃，等. 强脉冲电场测量技术研究[J]. 电子测试，2008 (9)：6-11.

[9] 孟萃，郭晓强，陈向跃，等. 脉冲电场传感器灵敏度响应系数一致性的实验研究[J]. 核技术，2007，30(1)：73-77.

[10] 王悦. 瞬态电场时域测试传感器的研制与测试[D]. 东南大学，2019.

[11] 刘卫东，胡小锋. 瞬态电场时域测试技术的研究现状与展望[J]. 高压电器，2014，50(07)：132-138.

[12] Zhang X，Cui M，Liu Y. Relationship between the shape of electric field probes and their measuring performances[C]//Asia-pacific International Symposium on Electromagnetic Compatibility，Beijing，China，2010，405-408.

[13] Cheng Q，Ni J，Meng C，et al.，Study of measurement techniques for strong pulsed electric field[J]. Electronic Test，2008，9：6-11.

[14] 杨超. 高功率电磁场测试技术及应用[D]. 清华大学,2016.
[15] 张晓明. 瞬态电场测试传感器的研制[D]. 清华大学,2011.
[16] 陈荣梅. 瞬态磁场传感器研制[D]. 清华大学,2012.
[17] 孟萃,陈荣梅,谭兆杰. 瞬态磁场微分传感器[P]. 北京:CN204116582U,2015-01-21.
[18] 孟萃,陈荣梅,杨超. 瞬态磁场微分传感器[P]. 北京:CN203930030U,2014-11-05.
[19] Whiteside H,King R. The loop antenna as a probe[J]. Antennas & Propagation IEEE Transactions on,1964,12(3): 291-297.
[20] 孟萃,姜云升. 一种多间隙瞬态磁场传感器[P]. 北京市:CN110531285A,2019-12-03.
[21] Yao L,Huang J,Kang N,et al. Implementation of a measurement system on field uniformity of transient electromagnetic field[J]. IEEE Electromagnetic Compatibility Magazine,2016,5(1): 43-49.
[22] Jiang Y,Meng C,Xu Z,et al. A Deconvolution Method for Signal Recovery of Electromagnetic Field sensors[J]. Measurement,2021(178): 109380.

第 11 章

瞬态强电磁脉冲传感器校准

第 10 章介绍了瞬态强电磁脉冲传感器的测量方法、采用的传感器的类型及基本原理。在传感器的理论推导过程中，瞬态强电磁脉冲传感器的输出电压与电场强度或者磁感应强度之间存在确定的数量关系。通过输出电压信号的积分乘以一个系数即可得到入射场强的大小。这个系数称之为校准系数。仅对于上一章所述的电磁脉冲传感器而言，在不考虑加工误差等客观因素的前提下，传感器的校准系数可以通过理论推导得到。如果考虑更多种类的电磁场传感器，这些传感器没有相应的理论校准系数；或者由于加工因素这种理论系数会有一定变化的情况下，需要实验方法测定其实际的校准系数。对传感器的校准系数进行测量和确定的过程，称为传感器的校准。对用于测量瞬态强电磁脉冲的传感器，其关注的重点频率范围大多在百兆赫兹范围内，上限频率最高可达几吉赫兹。所以针对这种应用需求，这类传感器的校准的频率上限可限制在 10 GHz 以内。校准的幅度下限则由瞬态强电磁脉冲的性质，应不小于 100 V/m。

针对瞬态电磁场传感器的校准，目前国内还没有相关标准颁布实施，国际上的相关标准也比较有限，包括 IEEE Std 1309—2013、IEC 61000-4-3 等。其中，IEEE Std 1309—2013 标准是针对一般的电磁场传感器的标准，在后面的内容中会进行详细的介绍。一方面由于标准涉及的幅值和频率范围与瞬态强电磁脉冲传感器的应用范围存在差别，另一方面由于在实际应用中，在符合标准要求的情况下，不同 TEM 小室校准实验室得出的结果差别可以达到 5 dB[1]，所以需要研究一种更加通用且准确的校准方法。

有许多学者进行了对测量瞬态强电磁脉冲的传感器的校准相关的测试和研究。在国际上，Shinobu Ishigami 对 TEM 小室和 GTEM 小室内的电场均匀性进行了分析，并对传感器进行校准测试[1]；Garn 使用 TEM 小室对 PRD 天线进行了校准测试和分析[2]；Matloubi 等在 TEM 小室中对传感器进行了校准测试[3]；美国空军武器实验室(air force weapon laboratory，AFWL)使用镜面单锥和喇叭天线对传感器进行校准[4]；美国国家标准局(national institute of standards and technology，NIST)把 TEM 小室作为标准校准装置用于传感器的校准[5]；韩国标准科学研究院(korea research institute of standards and science，KRISS)以及全俄光学物理测量研究院(the all-russian research institute for optical and physical measurements，VIINOF)均建有镜面单锥 TEM 小室用于传感器的校准[6,7]。国内有许多单位，如陆军工程大学、军事科学院系统工程研究院、解放军理工大学、北京防化研究院、清华大学、西北核技术研究院、北京无线电计量测量研究所、89970 部队计量测试站等都开展过相关仿真和实验研究，司荣仁等对有界波模拟器中的电磁场的均匀性进行了仿真分析[8]，李欣等对某特定情景下的传感器校准不确定度进行了分析计算[9]，谢彦昭等通过标准传感器在 TEM 小室下对传感器进行了时域和频域下的等效比对[10]，刘阳等使用核电磁脉冲标准波形对传感器进行了标定[11]等。然而，目前仍旧没有形成公开统一的标准和规范。

本章将对传感器的 IEEE Std 1309—2013 标准中的校准方法进行简要介绍，而后将介绍我们团队提出的一种针对瞬态强电磁脉冲传感器的时域联合校准方法。清华大学团队还就 TEM 小室与传感器相对尺寸进行量化研究，以满足准确度要求。

11.1　基本校准方法

IEEE Std 1309 标准给出了三种传感器校准的基本方法，分别是：标准传感器法（方法 A），标准场方法（方法 B）以及方法 C[12]。这三种方法的具体描述如表 11-1 所示。

表 11-1　三种基本校准方法

方法	方法描述
A	方法 A 使用传递标准传感器对待校传感器进行校准（被校准的电磁场传感器需与传递标准的场传感器类似），这种传递标准传感器的校准可追溯到国家标准实验室。该方法的核心在于传递标准传感器的使用，其作用是测量和校准用于校准待校场传感器的场
B	方法 B 使用参考电磁场对待校传感器进行校准。将待校准的传感器放置在一个参考电磁场中，该电磁场可以根据电磁场产生装置的几何形状和信号发生器的输入参数进行计算。该方法的核心在于参考电磁场的使用，该参考电磁场可以以计算形式直接给出，通过传感器的输出即可对传感器进行直接校准
C	方法 C 使用基础标准传感器对待校准传感器进行校准。该基础标准传感器不应包含任何有源或无源电子器件，其响应可以根据传感器的形状、尺寸和麦克斯韦方程式计算得出。因此该基础标准传感器的校准根据长度及其他物理量追溯到国家标准实验室。该方法的核心在于基础标准传感器的使用，其作用是确定用于校准待校传感器所处位置的场强

通过表 11-1 的描述可以看出，IEEE Std 1309 标准中给出的校准方法的核心思想在于：采用一个已知的电磁场获取传感器的实际响应，从而实现对传感器的校准。该思想的重点在于“已知电磁场”的获取。标准中将“已知电磁场”的获取方法主要分为两类。一类是用一种标准传感器（传递标准或者基础标准）来确定施加在待校准传感器上的电磁场（方法 A 和方法 C），其中方法 A 和方法 C 的不同主要在于对标准传感器校准的溯源之间的差别。另一类是采用一种能够直接计算得到场强的电磁场（方法 B）。

对比以上几种方法，方法 A 和方法 C 在利用标准传感器测量用于校准的电磁场之前，首先需要对标准传感器进行校准，其中方法 A 没有限定传感器的类型，所以在不确定度溯源时，需要对传感器整个校准过程进行溯源；方法 C 则对传感器有结构上的要求，要求可以通过结构参数计算传感器的响应，所以其溯源也归结为对加工长度的溯源。另外，由于方法 C 只能考虑传感器本身的响应，所以其连接件、电缆等引出设备带来的影响没有考虑在内，所以在校准过程中还需要将这些项也考虑在内。相比之下，方法 B 减少了对标准传感器的要求，变为对场强的计算，大大减小了操作难度，同时也避免了没有标准传感器所造成的问题。所以，目前方法 B 是一种最为通用的基本校准方法。本章内容的介绍也都是基于方法 B 所给出的针对传感器各项指标的具体校准方法。

参考表 11-1 中方法 B(标准场强法)的描述，其产生一个参考电磁场最主要的是标准电磁场产生装置和输入参数的性质的确定。下面先介绍标准电磁场产生装置。

11.2 标准电磁场产生装置

传感器的校准中，能够通过理论计算得到场强分布的标准电磁场产生装置有：TEM 小室(横电磁波小室)、亥姆霍茨线圈、GTEM 小室、平行板传输线、镜面单锥 TEM 小室等。为了校准过程的通用性和简便性，我们仅采用那些能够同时校准电场和磁场传感器的电磁场产生装置，包括 TEM 小室，GTEM 小室和镜面单锥 TEM 小室。下面我们对这些校准设备进行说明。

11.2.1 TEM 小室

TEM 小室(TEM cell)全称是 transverse electromagnetic cell，即横电磁波小室，在应用中也可称为封闭 TEM 波导(closed TEM waveguide)[13]。作为一种标准电磁场产生装置，它可以产生能够计算的已知的均匀电磁场，结合方法 B 即可对电磁场传感器进行校准。此外，TEM 小室也可以用于 EMC(electromagnetic compatibility，电磁兼容)的发射和敏感度测试[13-15]。由于 TEM 小室的变体很多，但是其基本结构和功能是相似的，所以在此部分仅讨论双端口上下对称的 TEM 小室，下述的 TEM 小室均指双端口的对称 TEM 小室。

TEM 小室是同轴传输电缆的一种变形结构，其两端是与信号源及测试设备连通的两个同轴接口，与同轴电缆相连。其内部结构较为简单，包括外屏蔽壳和芯板，其模型的剖视图如图 11-1(a)所示。如图 11-1(b)所示，其内部分为两个主要部分，一部分是过渡段，即从同轴电缆逐渐过渡到相对较大的校准空间的阶段，这部分内产生的电场并不易于计算，所以并不作为校准空间使用，只作为一段变换传输段；另一部分是平行段，即由芯线和屏蔽壳形成平行板传输线，在此空间形成一个均匀的电磁场，该段内的部分区域内的电磁场可以用于传感器校准。如图 11-1(c)所示，该横截剖面是 TEM 小室的中心截面，该面内的场强最均匀。

对于用于校准的 TEM 小室，需要确定的主要指标是：用于校准的区域大小、校准区域内的电磁场强度以及可以用于校准的频段范围。对于 TEM 小室的其他指标，如阻抗等，可以参考文献[16]。

1. 校准可用频段范围

确定 TEM 小室的可用频段范围即确定 TEM 小室使用的下限频率和上限频率。理论上来说，TEM 小室使用的下限频率可以达到 DC，所以在使用连续波激励 TEM 小室时，其频率下限可以低至 DC。但是对于瞬态测试，下限频率则不应低于 100 kHz[13]。

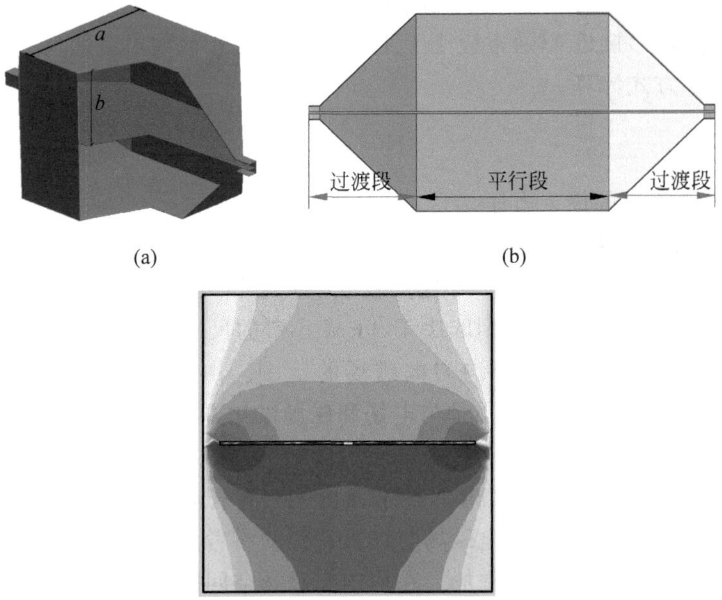

(a)　(b)　(c)

图 11-1　TEM 小室模型

(a) TEM 小室剖视图；(b) 侧视图；(c) 中间截面及电场分布

TEM 小室的上限频率受到两个方面的限制，包括 TEM 小室平行段的宽度和过渡段的长度。其中，平行段宽度与截止频率之间的关系可以表示为

$$f_c = \frac{c}{2a} \tag{11-1}$$

其中，a 表示 TEM 小室的宽度；c 表示光速。由于 TEM 小室是一个高 Q 腔体，所以在多个频率点上会产生共振。最低阶的共振主模是 TE_{01} 或者 TE_{10} 模式，所以，第一个共振频率为 $f_R(011)$ 或者 $f_R(101)$。对于一个 50 Ω 阻抗的 TEM 小室，其对应 TE_{01} 模的截止波长 $\lambda_{c(01)}$ 的经验公式可以表示为[17]

$$\frac{4a}{\lambda_{c(01)}} = 0.488\frac{a}{b} + 0.0626,\quad 0.5 < \frac{a}{b} < 2.5 \tag{11-2}$$

通常情况下，对于一个商用 TEM 小室，通常将共振模式对应的最低截止频率设置在式(11-4)所对应的频率之上，以保证在实际使用过程中能够尽量避免共振的出现。所以对于一个宽度 a 为 50 cm 的 TEM 小室，其用于连续波的带宽范围为 DC～300 MHz，用于脉冲的带宽范围为 100 kHz～300 MHz。

2. 电磁场计算方式

平行段内的均匀电磁场的计算方式如下：

$$E = \frac{\sqrt{P_n R_C}}{b} \tag{11-3}$$

$$H = \frac{E}{377} \tag{11-4}$$

其中，P_n 表示馈入 TEM 小室的净输入功率；R_c 表示 TEM 小室的输入阻抗；b 表示芯板

与外壁之间的距离；E 和 H 分别表示电场强度和磁场强度。如果 TEM 小室在使用频段上的电压驻波比(VSWR)接近 1(通常应小于 1.5：1)，这时在该频段上的反射可以忽略不计，电场可以通过以下方式计算：

$$E = \frac{V}{b} \tag{11-5}$$

其中，V 代表 TEM 小室的馈入电压。

3. 校准空间与被校传感器尺寸

校准传感器的最大尺寸与 TEM 小室的校准空间是相关的，对于不同的 TEM 小室需要区别考虑。TEM 小室的校准空间则取决于 TEM 小室的尺寸、结构和电磁场的空间分布。

TEM 小室的校准空间依赖于均匀电磁场的范围。由于在均匀电磁场传输空间内，TEM 模式的传输方式(称为 z 方向)是与电场和磁场极化方向确定的平面(称为 x-y 平面)垂直的，此时 z 方向的电场强度应当较电场主极化方向场强小 6 dB 以上。在此基础上，均匀电磁场的确定即为在一定 z 范围内 x-y 平面内均匀电磁场的确定。而平面内场的均匀性可以通过仿真确定，在平面内的电磁场与计算得到的参考值之间的偏差小于 0.6 dB 的情况下，可以认为在该范围是均匀电磁场。在均匀电磁场空间限制的基础上，被校传感器距离 TEM 小室的各个导体之间的距离应当不小于 0.05 b。TEM 小室的校准空间在 x-y 平面内的大小如图 11-2 所示。图中只给出了 TEM 小室下半空间内区域划分图，由于采用的是上下对称的双端口 TEM 小室，所以 TEM 小室的上半空间有同样的划分。

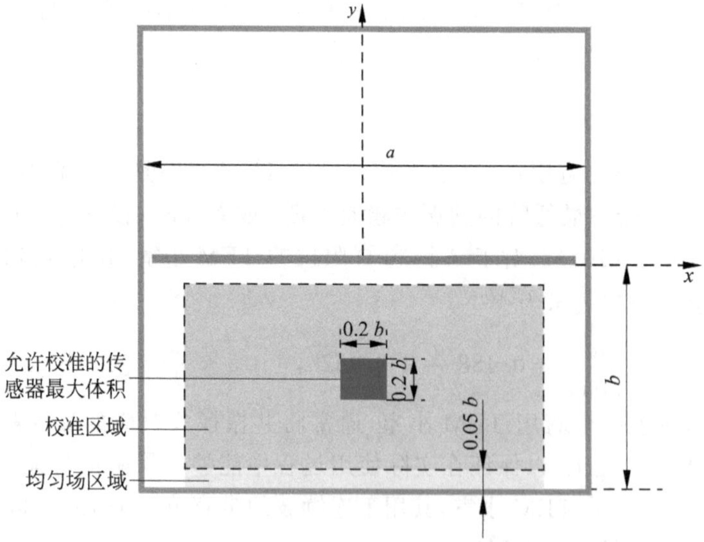

图 11-2　TEM 小室内校准区域示意图

对于被校传感器的尺寸要求，不同的标准之间目前存在差异。如在 IEEE Std 1309—2013 标准中给出，在被校传感器的尺寸不大于 1/3 倍芯板和外壳之间的距离 b 的情况下，传感器校准的不确定度可以控制在 10%以内；在 IEC 61000-4-20 中则给出，需要将传感器的探头部分尺寸控制在 10%b 以内，但未给出因探头的存在带来的不确定度的问题。我们参考方法 C 中描述的方法，使用上一章中介绍的 D-Dot 传感器，在不同的 TEM 小室内对相同的传感器进行校准，得到的结果如表 11-2 所示[18-21]。

表 11-2　D-Dot 传感器在不同 TEM 小室中的校准结果[18-21]

TEM 小室标称上限频率	芯板和外壳之间距离	相对尺寸	测量频带（$S_{11}<-15$ dB）	校准系数（$\times10^{12}$ $m^{-1}\cdot s^{-1}$）			相对误差	
				理论值	数值计算	实验值	数值计算	实验值
100 MHz	0.45 m	<1/5	100 kHz ~131 MHz	3.286	3.3696	3.489 (U=0.16 dB)	2.54%	6.2%
300 MHz	0.25 m	<1/3	100 kHz ~350 MHz		3.7875	3.757 (U=0.14 dB)	15.3%	14.3%
400 MHz	0.15 m	~1/3	100 kHz ~500 MHz		4.2516	4.789 (U=0.17 dB)	29.5%	31.4%

从表中可以得到以下几点结论：

(1) 传感器的放入对在 TEM 小室内的校准有非常明显的干扰，这个干扰是校准误差的主要来源；

(2) 仿真和实验之间具有较好的符合关系，在传感器的最大尺寸与芯板和外壳之间的距离的比值逐渐减小的情况下，校准系数逐渐向理论值靠近，相对误差减小；

(3) 在传感器的最大尺寸小于 1/5 倍芯板和外壳之间的距离 b 的情况下，传感器校准的不确定度可以控制在 10%以内。

所以据此可以确定被校传感器的尺寸，不应超过 TEM 小室的芯板和外壳之间距离的 1/5，以保证误差控制在 10%以内。允许校准的传感器的最大体积也在图 11-2 中得以体现。

11.2.2　GTEM 小室

GTEM 小室（GTEM cell）全称是 gigahertz transverse electromagnetic cell，即吉赫兹横电磁波小室，也可称为单端口 TEM 小室（one-port TEM cell）或者锥形 TEM 小室（tapered TEM cell）。与 TEM 小室相比，GTEM 小室具有更高的上限频率，所以 GTEM 小室更常用于 EMC 的发射和敏感度测试，同时也可作为生物电磁辐照实验的电磁场产生装置使用，在传感器校准中也得到大量应用。[22]

GTEM 小室也是一种封闭的传输线结构，其主要由倾斜的芯板和锥形屏蔽外壳组成，两者形成一个锥形非对称的同轴传输线，其示意图如图 11-3 所示，其形式与 TEM 小室的过渡段类似，但 GTEM 小室只有一个信号馈入端口，另一端可以保持开放使电磁场直接释放到自然空间，但这样的处理方式会造成外部电磁环境受到干扰，同时由于开放端口也更容易引入外部的电磁干扰。更常用的方法是在另一端放置吸波材料，吸收传输到另一端的电磁场，以减小电磁波的反射，同时端口用金属板封闭，保证电磁环境的互不干扰。由于 GTEM 小室的锥形结构，所以对比 TEM 小室，它具有更大的工作空间。[23]

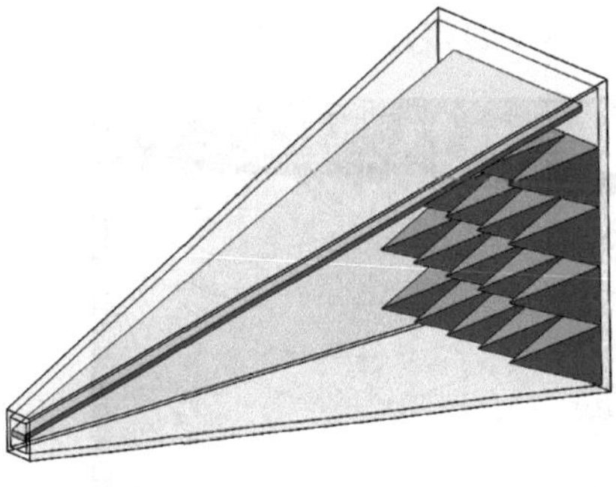

图 11-3　GTEM 小室示意图

1. 校准可用频段范围

在GTEM小室内的校准过程中，一方面应当关注的是GTEM小室的反射系数S11需小于−15 dB，保证功率反射小；另一方面需要保证传感器所处模式尽量为TEM模，以保证意图测量的极化分量与实际情况相符。

与TEM小室相比，GTEM小室的可用频段的确定要复杂得多。它和芯板的位置、芯板厚度和边缘的处理、馈点端口的处理、后端阻抗的设计以及吸波材料的性质等均存在非常密切的关联，所以GTEM小室的可用频带通常用电磁仿真的方式确定[25]。但通常来说，在S11参数小于−15 dB的要求下，GTEM小室的上限频率通常可以达到1 GHz以上或者更高，甚至有文献得到的GTEM小室的上限频率达到12 GHz[26]。这些提高上限频率的GTEM小室的设计在频段上给传感器的校准以及EMC测试带来了极大的便利。

需要注意的是，GTEM小室内是存在高阶模式的。GTEM小室内激励的电磁场是一个准TEM模式的电磁波，内部所激励的TE模式和TM模式在较低的频率下已经开始激励。所以通常情况下，在实际实验中关注的是“当地模式”，即在被测位置上是否激励了高阶模式。有学者研究得到，在几百兆赫兹的情况下GTEM小室里面就已经存在相当多的高阶模式[27]，这些高阶模在传感器校准中会造成较为严重的影响。

所以在选取GTEM小室用于校准的频段时应当综合考虑上述因素的影响。

2. 电磁场计算方式

虽然GTEM小室是一种锥形的传输线结构，但在校准频段和空间内，由于芯板的斜率小，且电场的垂直分量为电场极化方向的主要分量，所以GTEM小室内产生的电磁场仅可近似为平面波，所以其校准空间内的电磁场的计算方式可以表示为

$$E = K_G \frac{\sqrt{P_n R_C}}{b} \tag{11-6}$$

$$H = \frac{E}{377} \tag{11-7}$$

其中，P_n表示馈入GTEM小室的净输入功率；R_c表示GTEM小室的输入阻抗；b表示芯板与底板外壁之间的距离；E和H分别表示电场强度和磁场强度；K_G表示电场的修正系数，该项可以通过仿真或者测量进行修正。与TEM小室类似的，在使用频段上的电压驻波比（VSWR）接近1时，电场可以通过以下方式计算：

$$E = K_G \frac{V}{b} \tag{11-8}$$

其中，V代表TEM小室的馈入电压。

另外，在EMC测试中，有一个值得一提的场强范围是GTEM小室的3 dB等势线图，如图11-4所示。在与电磁场传播方向垂直的平面（即x-y平面）内，由于GTEM小室中产生的场是一种准TEM波的场，所以其等势线并不如TEM小室内的等势线均匀。其中与计算值之间相差3 dB的区域由图中标注出的等势线圈出，表示在该区域内的误差小于3 dB，该图也被称为“笑脸图”。

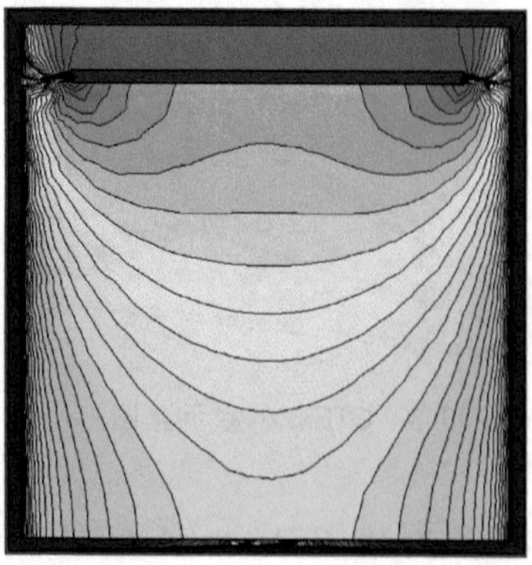
图11-4 GTEM小室内x-y平面等势线图

此外，还应注意的是，GTEM小室内部容易产生谐

波，其产生的电场不确定度可以达到±4 dB。结合上面的介绍，从校准的角度来说，GTEM 小室中存在的由准 TEM 场和谐波引起的问题严重影响了传感器校准的准确程度。

11.2.3　镜面单锥 TEM 小室

镜面单锥 TEM 小室（monocone TEM cell）是一种用于时域校准传感器的电磁场产生装置。该装置被美国空军武器实验室（AFWL）、美国利弗莫尔实验室（LLNL）[24]、美国国家标准局（NIST）[25]、韩国标准科学研究院（KRISS）、全俄光学物理测量研究院（VIINOF）等机构均作为标准电磁场产生装置，对基础标准传感器进行校准。

镜面单锥 TEM 小室是由向外辐射 TEM 波的无限长双锥传输线演变而来，其最基础的形式是由一个作为地的金属板和一个单锥构成。镜面单锥 TEM 小室结构示意图如图 11-5 所示。信号从单锥顶点处使用同轴馈电，在单锥和平板之间激励电磁场。镜面单锥 TEM 小室作为一种时域传感器的校准装置，其性能主要由电磁场场强的参考值和时间窗口来表示。

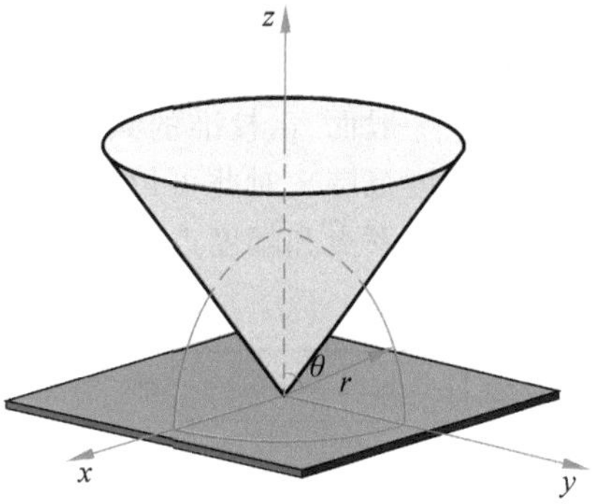

图 11-5　镜面单锥 TEM 小室结构示意图

1. 时间窗口

对于无限长圆锥以及无限大的平面形成的镜面单锥来说，在端口阻抗匹配的情况下，该装置的频率范围可以覆盖全频段，相应的时间范围没有限制。但是在实际应用中，由于镜面单锥 TEM 小室的大小是有限的，在信号由馈入点传递到单锥以及金属地板的边缘时会出现阻抗失配（由锥形传输线突变到自由空间），从而造成电压波和电磁场的反射。因此，镜面单锥 TEM 小室的时间窗口即由反射所造成的时间段限制。1309 标准给出时间窗口的表达式为

$$0 \leqslant t \leqslant \frac{\min(r_{cone}, r_{gp})}{2c} \tag{11-9}$$

其中，r_{cone} 是锥体的母线长度；r_{gp} 是馈入点到地平面最近边缘的距离。由于该时间窗口的存在，使用连续波激励镜面单锥 TEM 小室会使得反射波叠加在输入信号上，使得传感器所接收的场与预期电磁场分布不一致。所以镜面单锥不能使用连续波激励。

2. 电磁场计算方式

与双锥天线的辐射场的计算公式相同，镜面单锥 TEM 小室可以精确计算。在时间窗口内，电磁场强度的计算公式为

$$H_{\phi}(r,\theta,t) = \frac{(1+\Gamma)V_S(t-r/c)}{r\sin\theta\eta\ln\left(\cot\frac{\theta_h}{2}\right)} \tag{11-10}$$

$$E_{\theta}(r,\theta,t) = \frac{(1+\Gamma)V_S(t-r/c)}{r\sin\theta\ln\left(\cot\frac{\theta_h}{2}\right)} \tag{11-11}$$

其中，η 是空气的特征阻抗；r 是传感器距离单锥定点的距离；θ_h 是单锥的锥角大小；Γ 是馈点的反射系数。

11.3 频域校准方法

频域校准方法[12]使用具有某一幅度、某一定频率的连续正弦信号作为激励源。只要测出该频率下待测传感器的输出信号幅值，并与该频率正弦信号的幅值作商，就可以得到该频率下的传输系数模值$|k|$；通过传感器输出信号与激励信号的相位差，就可以得到该频率下复数传输系数 k 的辐角。固定信号幅度，改变信号频率，就可以得到某信号幅度下不同频率对应的复数传输系数，即频响特性。固定频率，改变信号幅度，就可以得到某频率下不同信号幅度对应的复数传输系数，即动态范围特性。

在确定了校准的频率范围和幅度范围的前提下，应对校准的频率点和幅度点进行有目的的选择。一般而言，校准的频率范围和幅度范围应当包含待测传感器在真实使用条件下的频率和幅度范围。对此可以参考标准 IEEE Std 1309—2005 通过校准等级的分类，给出了上述信号频率点和幅度点的选定方法(表 11-3，表 11-4)。

表 11-3　校准频率分级

等级	描　述	使用说明
F1	单一频点	——
F2	三个频点：最高、最低和中间频率	——
F3	每十倍 3 个频点	1
F4	每十倍 10 个频点	1,2
F5	每十倍 30 个频点	1,2
F6	每十倍 100 个频点	1,2
FX	不适用于时域校准	——
FZ	用户指定	——

说明 1：频点应该包括校准频率范围的两个端点值。应该标出每十倍的起点，并用线性取值的方法确定其他频点。

说明 2：根据用户或实际应用的要求，频点的选择也可以采用对数间隔取值或者百分比取值的方法，如果这样做的话，则应在校准报告中声明所使用的取值方法。

表 11-4　校准幅度分级

等级	描　述
A1	只选取一个幅值，应该选取在传感器测量范围的线性中点
A2	选取三个幅值，应该分别是 (1) 测量范围的 10%以内 (2) 测量范围的线性中点 (3) 测量范围的 90%到最高值之间
A3	选取更多的点，但是 A2 中的三个点必须包含在其中

为提高校准效率，选定校准的频点和信号幅值之后，可用网络分析仪自动调整信号频率和幅度并记录对应输出。还可以自行编写 Labview 程序，实现激励信号的自动调节和实验数据的自动记录。

在确定了频段范围和动态范围的基础上，还需要选择合适的校准装置用于传感器的校准。在频域校准过程中，通过计算得到电磁场场强，由待测传感器的输出确定不同频率和信号幅值下的传感器传输系数。通常选用的校准装置根据频带的不同，有多种电磁场产生装置可以选择。由于采用的是正弦波进行扫描，所以需要时间窗限制的镜面单锥 TEM 小室不适于这种方法，TEM 小室和 GTEM 小室均可以作为标准电磁场产生装置。以 GTEM 小室为例，校准系统连接示意图如图 11-6 所示。除使用矢量网络分析仪进行测量之外，常用的还有信号源馈入、频谱仪接收的方式进行频域校准。

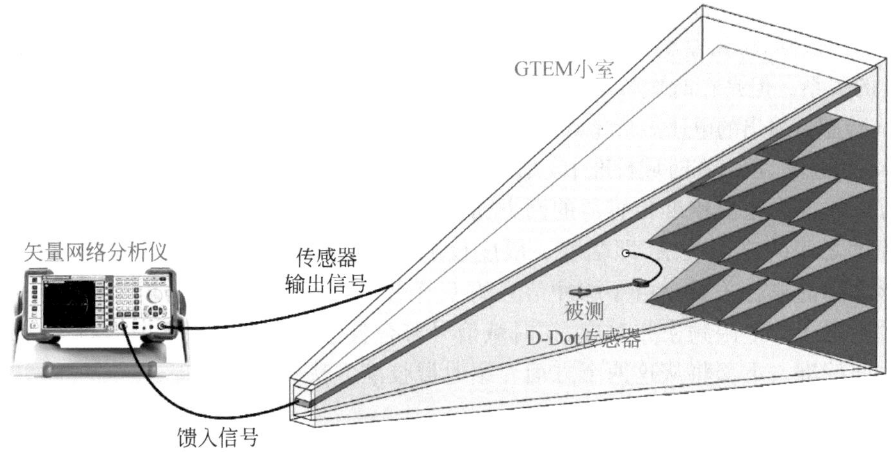

图 11-6　频域校准系统连接示意图

频率范围和动态范围的校准过程如下：

(1) 准备在本次校准中使用的校准设备。对校准设备进行性能确认，对测试标准和控制系统进行系统确认。

(2) 确认传感器是否满足校准中的各项要求。需要检查传感器的最大尺寸是否超过了校准设备的要求，如在 TEM 小室内传感器的最大尺寸不应超过芯板与外壳距离的 1/3。

(3) 将待校传感器放置在校准设备的校准空间内，并对传感器的位置和朝向进行记录。选取的朝向应当是在应用中的常用朝向。

(4) 对于包含归零功能的传感器，在施加功率之间必须对传感器进行归零。

(5) 对于选定的频率和场强水平，设定需要的频率和场强值，并在各个参数下记录传感器的对应响应。

以 TEM 小室为例，部分校准不确定度来源表如表 11-5 所示。

表 11-5　校准不确定度来源表

芯板和壁之间的距离 b/TEM 小室的尺寸
TEM 小室场均匀度
传感器位置影响
TEM 小室馈入端口反射
源产生频谱的纯净程度

11.4　时域联合校准方法

与频域校准方法不同，时域校准一般使用脉冲信号（如方波、阶跃信号等）作为电磁场的激励源，由此产生的标准电磁场为脉冲场。时域校准比频域校准有更多的优点：①频域校准时难以滤除无用的信息,时域校准则可以通过选通的方式截取波形消除干扰。②实际工作中,缺少频域校准需要的能够产生足够高场强的连续波信号源,时域校准的信号则可以通过大功率脉冲信号源来产生。③时域校准的结果则可以通过适当的方法建立非参数模型,方便地求取频率信息[27]。所以时域校准更加适合瞬态强电磁脉冲传感器的校准。

时域校准与频域校准之间虽然存在相互关联,但是校准指标并不是完全相同的。传感器受到电磁场的激励,得到输出电压信号。在频域校准中,得到的是输出的电压信号与入射场强在频域上的关系。但是在时域校准中,通常是输出电压信号与入射场之间的信号波形是不同的(如 D-Dot 传感器输出的电压波形是入射场的微分波形),所以直接对比输出电压信号与入射场时域信号没有意义,所以在时域校准中,关注的是恢复后的时域波形与入射场波形之间的关系。

在时域校准中主要校准传感器的两方面性能:一方面是传感器恢复信号的幅度与入射场场强幅度之间的比例关系,即幅度灵敏度校准;另一方面是传感器的恢复信号波形与入射场波形之间的符合关系。由于脉冲信号的上升沿常代表该脉冲信号的最高频率分量,所以与测量带宽中的上限频率相对应,在时域信号符合校准中更关注上升沿的符合,所以也称为上升时间校准。下面将从这两个方面介绍时域校准方法的具体流程。

11.4.1 幅度灵敏度校准

传感器的作用是在建立入射场强和输出电压之间的关系。作为这种关系的代表,系数 K 需要通过幅度灵敏度校准确定。它等于入射场的幅值与恢复信号波形之比。对于电磁场传感器,在传感器的测量带宽内,幅度灵敏度系数可以由电场强度 E 与恢复信号 Y 的比值表示为

$$K=\frac{E}{Y} \tag{11-12}$$

幅度灵敏度校准[18]即通过校准实验得到校准系数 K 的过程。幅度灵敏度校准系统构成如图 11-7 所示。脉冲发生器生成的激励信号馈入 TEM 小室,电磁场传感器放置在 TEM 小室的校准空间内中心位置上,受到电磁场激励产生响应信号。TEM 小室的信号输出端口与示波器相连,以监控信号传输是否正常。与此同时,传感器的输出端口也连接数字示波器以记录输出波形。对输出信号执行必要的操作(例如,数值积分、反卷积等方式)以恢复场信号。并利用激励场信号和恢复信号的幅度进行幅度灵敏度校准。

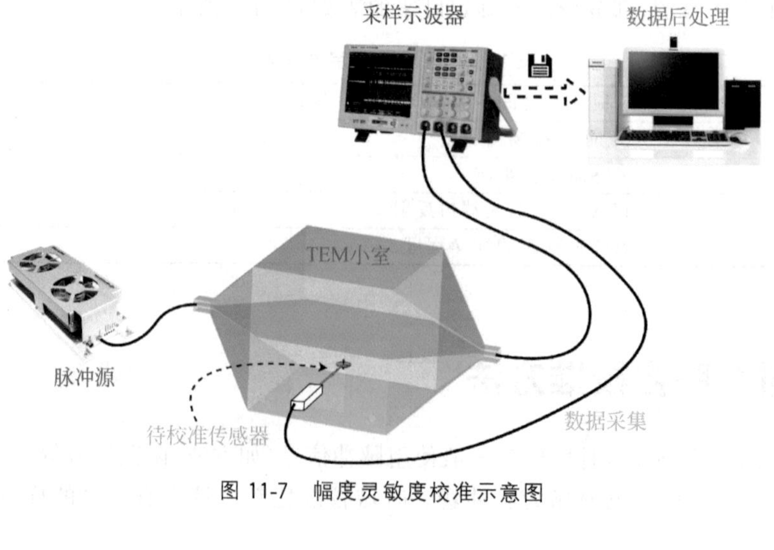

图 11-7　幅度灵敏度校准示意图

为了减少信号发生器的不确定性，我们采用了多组数据的拟合方法。在此方法中，使用了几种不同幅度的激励信号来激励 TEM 小室，幅值间隔可以根据实际情况在特定的范围内进行选择，同时也可以参考表 11-5 中的幅度等级范围进行选择。通过 E 和 Y 的线性拟合，拟合出的直线的斜率就是校准系数 K。此外，为了减少噪声的影响，在相同的振幅下进行 7 次实验以获得平均值。校准流程图如图 11-8 所示。

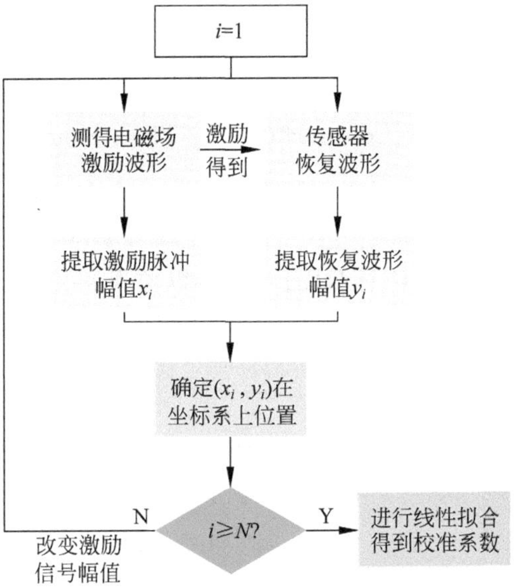

图 11-8　幅度灵敏度校准流程图

幅度灵敏度的测量中，不确定度产生的主要来源如表 11-6 所示，除多次测量带来的不确定度以外，均源于 TEM 小室内激励场强的不确定度。在不确定度评价时可以参考表中项进行评价。

表 11-6　幅度灵敏度校准不确定度来源表

不确定度类型	不确定度来源
A 类不确定度	多次测量
B 类不确定度	芯板和壁之间的距离 b/TEM 小室的尺寸
	TEM 小室场均匀度
	传感器位置影响
	TEM 小室馈入端口反射

11.4.2　上升时间校准[27]

与在频域校准中带宽校准对应，在时域校准中所校准的指标是传感器恢复信号与入射场信号波形之间的符合程度。然而，两者之间的对应关系是模糊且目前没有对应概念的。为了表征传感器的上限频率的概念，使用瞬态脉冲的上升沿进行替代表述。为了确认上限频率和上升沿之间的关系，推导说明如下。考虑基本的傅里叶变换，

$$F(\omega)=\int_{-\infty}^{\infty} f(t)\,\mathrm{e}^{-\mathrm{i}\omega t}\,\mathrm{d}t \tag{11-13}$$

其中，$f(t)$是时域信号；$F(\omega)$是该时域信号对应的频域信号。在时域激励信号周围定义一个范围，并将该范围的边界称为$r_{lm}(t)$。令该范围满足以下关系，

$$r_{lm}(t)-s(t)=-s(t)\cdot 3\ \mathrm{dB} \tag{11-14}$$

其中，$s(t)$代表激励信号。考虑边界$r_{lm}(t)$，通过傅里叶变换将其变换到频域，

$$\int_{-\infty}^{\infty} r_{lm}(t)\,\mathrm{e}^{-\mathrm{i}\omega t}\,\mathrm{d}t=\int_{-\infty}^{\infty} s(t)\cdot(1-3\ \mathrm{dB})\cdot \mathrm{e}^{-\mathrm{i}\omega t}\,\mathrm{d}t=(1-3\ \mathrm{dB})\,S(\omega) \tag{11-15}$$

其中，$S(\omega)$表示$s(t)$的频谱。当我们对恢复的信号和激励信号进行归一化后，传感器$H(\omega)$的频率响应应在频带内等于1。然后可以将式(11-15)中的关系转换为

$$\int_{-\infty}^{\infty} r_{lm}(t)\,\mathrm{e}^{-\mathrm{i}\omega t}\,\mathrm{d}t=(H(\omega)-3\ \mathrm{dB})\cdot S(\omega)\,\Big|_{\omega<\omega_0} \tag{11-16}$$

其中，ω_0代表传感器在频域校准中的上限频率。当采用脉冲信号作为激励信号进行时域校准时，传感器恢复信号的设定边界$r_{lm}(t)$等价于传感器平坦频谱的-3 dB频率边界。在理想情况下，应当采用Dirac脉冲电磁场激励传感器，以便得到传感器完整的时域性质，对应全频段响应。然而在实际测试中，理想的Dirac脉冲信号无法产生，同时瞬态强电磁场传感器仅在吉赫兹以下有较好响应，因此我们在瞬态强电磁场传感器的校准中，提出了一种使用双指数脉冲的上升沿校准方法。

上升沿校准的设置如图11-9所示。将脉冲发生器连接功分器，一路连接到镜面单锥TEM小室的输入端口激发脉冲电磁场，另一路连接到数字示波器上监控馈入信号情况。在充分考虑传感器测量点的时间窗、传感器限制尺寸等因素的情况下，将传感器放置在点(r,θ)上，其中r表示传感器与圆锥体之间的距离，θ是偏离铅垂线的角度。然而，与以往的校准要求不同的是，由于在这部分校准中并不考虑测量的幅值大小，所以传感器并不严格要求测量的电场极化方向符合单锥产生的场的极化方向，所以在天线与极化方向一致步骤中极大地简化了工作流程和精度要求。

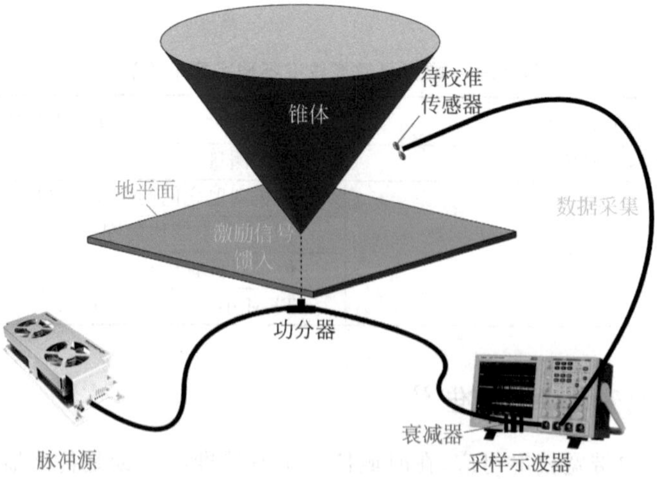

图 11-9　上升沿校准示意图

传感器的输出信号同时也使用数字示波器记录存储，对输出信号执行必要的操作(例如，数值积分、反卷积等方式)以恢复场信号。为了满足式(11-17)的要求，同时完全去除接收到场强对信号符合过程造成的影响，故将恢复信号和激励信号均归一化以方便比较。比

较这两个信号，如果恢复的信号位于激励信号的－3 dB 时域信号范围内，则可以说这两个信号符合很好。如果它们符合得很好，则代表传感器具有足够的时域测量能力，可用于比本次校准所用信号更慢的时域信号的测量。如图 11-10 所示是 3 dB 误差范围内信号良好符合的示例图。

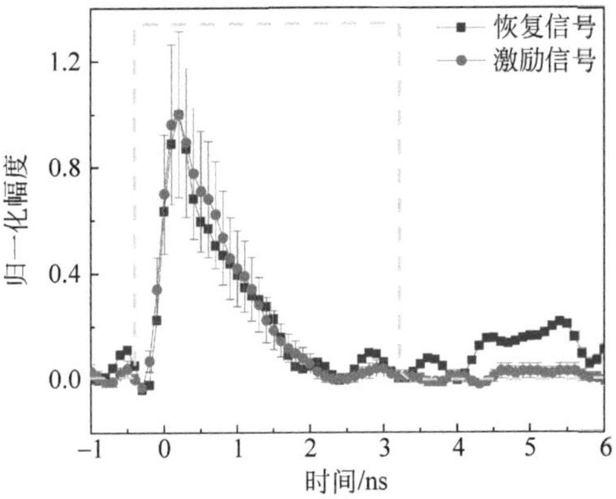

图 11-10　3 dB 误差范围内信号良好符合示例图

在此基础上，逐渐减小脉冲的上升沿以获得更准确的结果。直到传感器恢复信号的上升沿比激励脉冲慢，即可确定传感器的最快上升沿，即被校传感器能测量的最快的时域信号范围。校准流程图如图 11-11 所示。

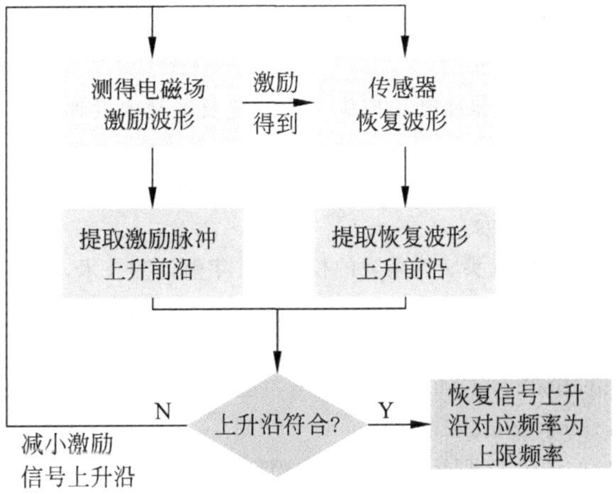

图 11-11　上升沿校准流程图

上升沿校准的不确定度来源项目如表 11-7 所示。

表 11-7　幅度灵敏度校准不确定度来源表

不确定度类型	不确定度来源
A 类不确定度	多次测量
B 类不确定度	传感器的位置
	镜面单锥 TEM 小室的反射
	时间窗内的符合判定的误差范围

相比于频域校准方法，时域校准方法具备更强的可操作性和简便性。同时，对瞬态强电磁脉冲传感器而言，时域校准具有更好的适用性。[28]

参考文献

[1] Ishigami S, Hirata M. A New Calibration Method for an Electric-field Probe using TEM Waveguides [C]//2009 20th International Zurich Symposium on Electromagnetic Compatibility, Zurich, 2009: 425-428.

[2] Garn H, Buchmayr M, Müllner W. Precise calibration of electric field sensors for radiated-susceptibility testing[J]. Frequenz, 1999, 53(9): 189-194.

[3] Matloubi K. A method for calibration of isotropic, E-field probes[C]//IEEE International Symposium on Electromagnetic Compatibility, Cherry Hill, NJ, USA, 1991: 277-278.

[4] Test and Evalution Directorate Engineering Laboratory, Calibration and Use of B Dot Probes for Electromagnetic Measuring, ET-77-8[R], 1977.

[5] U. S. Department of commerce, National Bureau of Standards, Antenna and the associated time domain range for the measurement of impulsive fields, NBS Technical Note 1008[R], 1978.

[6] Tae H. HEMP/IEME Protection Efforts in Korea[C]//2018 American Electromagnetics Symposium, America, 2018: 192.

[7] Sakharov K Y, Mikheev O V, Turkin V A, et al. GET 178-2016: State Primary Special Standard of the Units of the Intensity of Pulsed Electric and Magnetic Fields with Length of Pulse Front in the Range from 10 to 100 psec[J]. Measurement Techniques, 2018, 61(6): 521-527.

[8] 司荣仁，石立华，陈锐，等. 电磁脉冲场强校准方法研究[C]//第 22 届全国电磁兼容学术会议论文选. 中国电子学会；中国通信学会，2012.

[9] 李欣，张雪芹，曹保锋，等. 电磁脉冲电场探头校准装置及不确定度评定[J]. 核电子学与探测技术，2014，000(008)：1007-1010，1023.

[10] 谢彦召，刘顺坤，孙蓓云，等. 电磁脉冲传感器的时域和频域标定方法及其等效性[J]. 核电子学与探测技术，2004，24(004)：395-399.

[11] 刘阳，韩玉峰. 电磁脉冲电场探头转换系数的校准[J]. 宇航计测技术，2019，039(001)：27-30，82.

[12] IEEE Standard for Calibration of Electromagnetic Field Sensors and Probes, Excluding Antennas, from 9 kHz to 40 GHz, IEEE Std 1309^{TM}-2013[S], 2013.

[13] Electromagnetic compatibility (EMC)-Part 4-20: Testing and measurement technique-Emission and immunity testing in transverse electromagnetic (TEM) waveguides, IEC 61000-4-20[S], 2010.

[14] Electromagnetic compatibility (EMC)-Part 4-33: Testing and measurement techniques-Measurement methods for high-power transient parameters, IEC 61000-4-33[S], 2005.

[15] Specification for radio disturbance and immunity measuring apparatus and methods-Part 1-6: Radio disturbance and immunity measuring apparatus-EMC antenna calibration, CISPR 16-1-6[S], 2017.

[16] IEEE Recommended Practice for Measurements and Computations of Radio Frequency Electromagnetic Fields With Respect to Human Exposure to Such Fields, 100 kHz-300 GHz, IEEE Std C95. 3-2002 (R2008) [S], 2008.

[17] Chen Z, Examinations of higher order mode cutoff frequencies in symmetrical TEM cells[C]//IEEE International Symposium on Electromagnetic Compatibility, Austin, TX, Aug. 2009: 6-11.

[18] Jiang Y, Meng C, Jin H, et al. Determining the effect of relative size of sensor on calibration accuracy of TEM cells [J]. Nuclear Science & Techniques, 2019, 30(98): 1-10.

[19] Jiang Y, Meng C. Calibration Method Research for High Power Transient Electromagnetic Field Sensor

[C]//2019 IEEE Conference on Antenna Measurements & Applications (CAMA). IEEE,2019.

[20] Jiang Y,Meng C. Research on calibration accuracy of D-Dot transient electric field sensor[C]//2017 IEEE Conference on Antenna Measurements & Applications (CAMA). IEEE,2017.

[21] Jiang Y,Yang C,Meng C. Theoretical research on calibration accuracy of high power transient electromagnetic field sensors[C]//Antenna Measurements & Applications. IEEE,2017.

[22] Budania M,Verma G,Jeyakumar A. Design and analysis of GTEM cell using CST studio simulation [C]//2020 IEEE International Conference on Electronics,Computing and Communication Technologies (CONECCT),Bangalore,India,2020: 1-5.

[23] Zhang J,Zhu W,Yu M,et al. Design of ultra wide band transition connector for GTEM cell[C]// 2011 International Conference on Electronics,Communications and Control (ICECC),Ningbo,2011: 3657-3660.

[24] Leo R D,Rozzi T. Rigorous analysis of the GTEM cell[J]. IEEE Transactions on Microwave Theory & Techniques,1991,39(3): 488-500.

[25] Kunz K S,Hudson H G,Breakall J K,et al. Lawrence Livermore National Laboratory Electromagnetic Measurement Facility[J]. IEEE Transactions on Electromagnetic Compatibility,1987,EMC-29(2): 93-103.

[26] U. S. National Bureau of Standards,Antennas and the Associated Time Domain Range for theMeasurement of Impulsive Fields,Technical Note 1008[R],1978.

[27] 牛犇,曾嵘,耿屹楠,等. 光电集成强电场传感器的频率特性校准研究[J]. 高电压技术,2009,35(8): 1975-1979.

[28] Jiang Y,Xu Z,Wu P,et al. A time-domain calibration method for transient EM field sensors[J]. Measurement,2020: 108368.

第12章

电离辐射及强电磁脉冲协和效应

在太空环境、核辐射、高能物理实验装置中，存在着极其苛刻的极端辐射环境。本书的第2章详细描述了各类电离辐射与物质相互作用的物理机理，电子设备中复杂的金属导线、绝缘介质以及半导体器件均会受到电离辐射瞬态和累积的作用。同时，如第6、7章所述，高能量注量的电离辐射会在金属腔体、线缆中激励出很强的电磁脉冲。所以宇航用飞行器、卫星、激光惯性约束聚变装置等环境内的设备将会受到电离辐射及电磁脉冲的复合环境影响。尤其设备内的各种电子元器件，在辐射环境下产生瞬态失效及长期累积退化，将进一步影响电子设备的电磁兼容性能及电磁脉冲的抗扰度。本章介绍电离辐射总剂量效应及其与电磁脉冲的协和效应。

12.1 电离辐射总剂量效应

在复合环境中工作的半导体元器件和电路，会受到各种能量的粒子或者是光子的辐照。这些粒子会给半导体器件带来各种类型的损伤。根据高能粒子或是光子与半导体材料的不同作用方式，一般将辐照带来的效应分成电离损伤和位移损伤。其中电离损伤又分为单粒子效应、总剂量效应。

当具有一定能量的单个重离子或是质子进入导体器件或集成电路，致使半导体器件或集成电路性能退化或功能失效的现象统称为单粒子效应。单粒子效应包括单粒子瞬变效应、单粒子翻转效应、单粒子闩锁效应、单粒子功能中断、单粒子栅穿和单粒子毁坏效应等。

半导体器件在单位时间内吸收的剂量为剂量率。器件在受辐射的时间段内吸收的累积剂量为总剂量。如果是稳定辐射的环境下，剂量率与辐照总时间的乘积即是辐照总剂量。总剂量辐射效应是累积剂量的电离辐射效应，是一个长期导致器件失效的过程。通常以γ总剂量表征，有时也以X射线总剂量表征。

本章主要关注成像传感器及电路器件的总剂量效应。当射线照射在半导体的氧化层上，使价带中的电子获得足够的能量跃迁到导带，同时产生一个空穴留在价带里。这个过程中就产生一个电子-空穴对。总剂量效应是时间累积效应，与氧化层作用的带电粒子越多，产生的电子-空穴对就越多，这些载流子电荷在栅压、界面陷阱等多种结构、工艺、电应力的影响下形成不同形式的电荷沉积，进而导致器件的参数退化或者功能失效。故而，总剂量效应不仅与总剂量有关，还有很多因素会影响到总剂量效应的结果，主要有剂量率、电路偏置条件、氧化层厚度、结构及工艺、退火、器件的场氧化层等。总剂量效应不仅会影响 MOSFET 阈值电压，还会带来集成电路相关性能参数的变化，主要有静态漏电流、输出驱动、电路延迟、存储状态错误等。下面将介绍各类影响和决定总剂量效应的因素，并阐述器件中的总剂量效应机理。

12.1.1　SiO_2 介质材料辐射损伤机理[1]

图 12-1 是 P 型衬底正栅压的 NMOS 器件的能带图。射线在半导体的氧化层发生作用，使价带中的电子获得足够的能量能跃迁到导带，同时产生一个空穴留在价带里[2]。在电场的作用下电子-空穴对可以在半导体中移动。电子的迁移率非常高，大约在 20 $cm^2/V \cdot s$ 数量级。当电场的强度非常高的时候，电子的速度达到饱和，在典型的栅氧厚度下，电子的迁移时间为皮秒级。当栅极加正电压时，射线引起的电子会从栅极中转移，所以这些电子对器件的辐射没有多大影响。另外，产生的空穴在氧化层中随机跃迁，它是电场和氧化层厚度的一个函数。

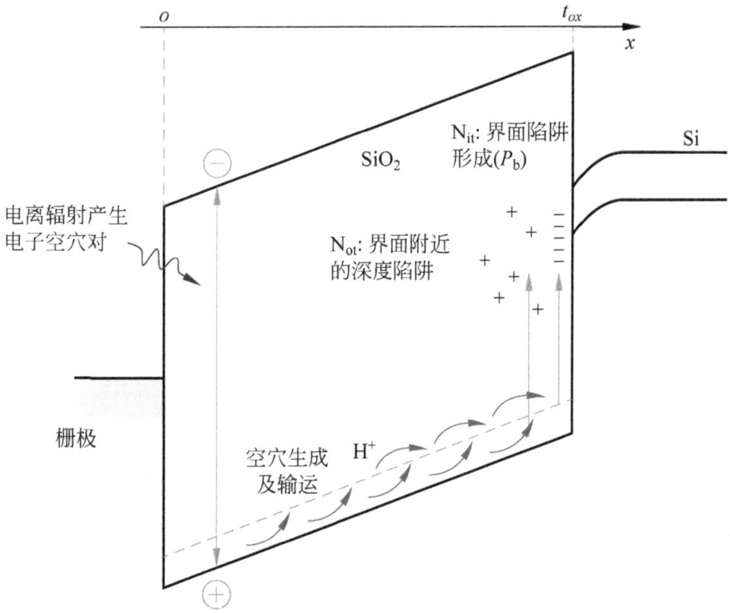

图 12-1　电子-空穴对产生机理

相对于电子来说，空穴的速度在 10^{-4} 数量级上，近似于静止不动。当空穴到达 Si-SiO_2 界面时，一部分进入硅中，与电子融合，另外一部分被陷阱所捕获。在氧化层中，这些被捕获的空穴会长时间存在于陷阱之中[3]。这些氧化层正电荷会使得阈值电压向负向漂移。而在 N 型衬底负栅压的 PMOS 器件中，负栅压引入的电场会使氧化层中的空穴向栅极方向移动。在栅极附近的氧化层中就会累积正的陷阱电荷，但是这些电荷对阈值电压的影响就要小一些。

因此，在 NMOS 管组成的集成电路中，由辐射引起的氧化层陷阱电荷能使增强型器件变成耗尽型器件，从而使器件失效。在零栅压时，通常造成器件导通而不是截止，所以电路很可能丧失原来的功能或者是需要更大的电流来驱动电路。在PMOS管组成的集成电路中，栅压通常是负值(相对于衬底)。氧化层中产生的空穴在靠近栅极一侧的氧化层中。这个区域的陷阱电荷对于阈值电压的影响比较小，所以相比NMOS管，PMOS管中阈值电压的偏移量更小一些。

12.1.2 Si-SiO_2界面电荷

在电子元器件的硅氧化层和氧化层界面上分布着各种电荷和陷阱，这些电荷和陷阱对器件的性能有着非常重要的影响。在SiO_2内部和Si-SiO_2的界面上有着四种不同类型的电荷，在图12-2中可以非常清楚地看出它们所在的位置。电荷类型包括可动离子电荷，界面陷阱电荷，氧化层固定电荷，氧化层陷阱电荷。

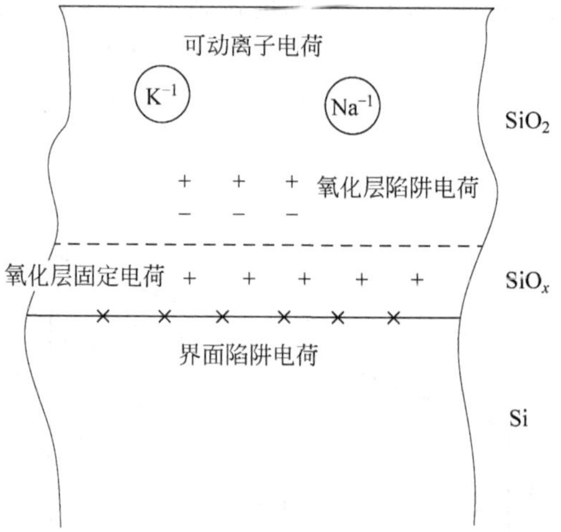

图12-2 氧化层中电荷

1. 可动离子电荷

二氧化硅中的可动离子电荷主要是带正电荷的碱金属离子，其中主要以钾离子和钠离子为主，但是钾离子在二氧化硅中的迁移率远远低于钠离子，又由于钠离子大量存在于环境中，所以钠离子的地位尤其重要，是硅氧化层中主要的污染源。

由于栅氧化层的厚度越来越薄，导致了加在栅氧化层上的电场强度越来越大，钠离子在大电场的作用下，会发生显著的漂移，导致器件电参数和功能参数发生重要的改变。其中一个很重要的影响是引起MOS管阈值电压的不稳定，而且可动的钠离子在栅氧化层中分布的不均匀还可能导致局部电场的增强，从而引发MOS管栅极的局部击穿。所以可动正电荷在电场下的漂移会对集成电路的稳定性产生非常重要的影响。

2. 界面陷阱电荷

界面陷阱电荷是存在于Si-SiO_2界面[4]、能级位于禁带之中却能与价带或者导带交换电荷的陷阱能级或者是电荷状态。其中高于禁带中心能级的界面态具有受主的性质，当带电子的时候，是带负电的，可吸引正电荷，当不带电子的时候，也就是空态，是中性的，不带电荷。低于禁带中心能级的界面态具有施主的性质，当带电子的时候，是中性的，不带电荷，当不带电子的时候，是正电性质的，可吸引负电荷。在由MOS管构成的半导体器件中，阈值电压发生漂移，但漂移量是与氧化层的厚度有直接关系的，在纳米级的器件中，氧化层厚度非常小，阈值电压的漂移量也是比较小的(假定界面电压会随着界面陷阱电荷的增加而漂移且界面态陷阱的密度为一般水平)。

界面态的成因一般有以下几种模型：

(1) 硅原子在硅中是周期性排列的，在硅的表面发生了硅与硅之间共价键的断裂，因此在表面的硅会留下一个未配对的共价键，一般称为悬挂键。当硅被氧化成二氧化硅的时候，大部分的硅原子会与氧原子结合，悬挂键得到了氧原子的电子重新形成共价键，大大降低了 Si-SiO_2 界面的悬挂键的密度，但是仍然会有一部分悬挂键会得不到电子而存在，这些悬挂键上会得到或者失去电子而表现出受主或者施主的性质，这就成为了界面态陷阱电荷。另一方面，在 Si-SiO_2 界面中由于硅氧化不完全而出现了一些 SiO_x，这种氧化不完全的硅的电子会表现出界面态的性质，这种硅称为三价硅(≡Si・)。

(2) 在 SiO_2 中存在着大量的电离杂质，这些杂质一般带有正电荷或者是负电荷，通常叫作荷电中心。如果在 Si-SiO_2 界面附近存在着某个荷电中心，在库仑引力的作用下，就会捕获游离的电子或者空穴，从而形成界面态陷阱电荷。由于荷电中心在氧化层中分布是不均匀的，有单电荷的荷电中心、双电荷和多电荷的荷电中心，所以界面态的能级近似是连续分布的。

(3) 形成 Si-SiO_2 界面态的另一个物理机制是存在于 Si-SiO_2 界面附近的化学杂质，例如 Cu、Fe、Be 等元素，这些杂质的存在可以在界面态分布中产生一定的峰值。

3. 氧化层固定电荷

氧化层固定电荷通常带正电，它的极性不随表面势的变化而变化，这说明氧化层固定电荷与硅的价带和导带并没有电荷交换。对于氧化层固定电荷产生的机理，目前比较能被接受的是由 B. E. Deal 提出的过剩硅离子模型[5]。从氧化动力学的角度看，在硅被氧化的过程中在 Si-SiO_2 界面上会存在大量的硅离子等待着与氧原子反应，但是当氧化停止的时候，还会剩余很多硅离子没有被氧化，这些未反应的硅离子会停留在 Si-SiO_2 界面附近。与界面态的作用类似的，这些氧化层固定电荷也会影响由 MOS 管构成器件的阈值电压。由于固定电荷大多数带正电荷，所以会使得 PMOS 管的阈值电压向负向漂移，NMOS 管的阈值电压也向负向漂移。

4. 氧化层陷阱电荷

在 SiO_2 氧化层中有很多缺陷会产生陷阱，一般来说包括以下几类：

(1) 氧的悬挂键；

(2) 硅的悬挂键；

(3) 界面陷阱；

(4) 很容易断裂的 Si-Si 键；

(5) 扭曲的 Si-O 键；

(6) Si-OH 键和 Si-H 键。

这些陷阱既可以捕捉空穴也能捕捉电子因而表现出两性的性质。由于氧化层陷阱的存在，器件的可靠性受到了严重的影响。当有外界电荷注入的时候，陷阱就会捕捉电荷，形成氧化层陷阱电荷。电荷注入的方式一般有电离辐射和热电子注入。当射线照到 Si 或者是 Si-SiO_2 界面时，将会产生电子-空穴对，如果器件处于浮空(即不外加电压)状态，栅极和衬底之间不存在电场，产生的电子-空穴对会很快复合，但是如果器件处于加电的状态，栅极和衬底之间的强电场会使电子和空穴发生定向漂移，以 PMOS 管为例，当 PMOS 管导通的时候，形成的电场使得空穴向栅极漂移，电子向衬底漂移，从导电沟道中移走，因为电子和空穴的迁移率不同，当辐照停止的时候，在栅极附近的氧化层中会积累大量正电荷空穴。使得 PMOS 管的阈值电压向负向漂移。详细的过程会在下节讲述。

减小电离辐射陷阱的方法主要有三种：

(1) 改善 SiO_2 的结构，用合适的氧化工艺使得 Si-O-Si 键更加牢固。

(2) 在惰性气体中低温退火，常用的温度是 300℃左右。

(3) 采用对辐照不敏感的钝化层。

12.1.3 MOS 器件电参数变化

辐照会对 MOS 管产生严重的影响，造成器件性能的退化，严重的会造成整个器件的损坏。一般把器件的失效分为电参数失效和功能失效。电参数失效包括阈值电压的漂移、漏电流增大和传输的延迟时间增大[6]。

1. 阈值电压

假定辐射产生的空穴电荷形成的正电荷层与硅-氧化层界面的距离为 x，氧化层厚度为 d_{ox}，则正电荷层到栅的距离为 $d_{ox}-x$，Q_{ox} 为俘获的正电荷面密度。要抵消辐照带来的反型电荷的影响，就需要在栅极增加相应的电荷量，其所需要的电势为阈值电压的漂移量 $-\Delta V_T$。例如，对于处于正向偏置的 PMOS，假设辐照总剂量为 F 时，有

$$\Delta V_T=-\frac{Q_s}{C_{ox}}=-q\cdot g\cdot(d_{ox}-x)x_c f(E)A_p F/(\varepsilon_{ox}\varepsilon_0) \tag{12-1}$$

其中，C_{ox} 为氧化层电容；ε_{ox}、ε_o 分别为二氧化硅和自由电荷介电常数；N_{ox} 是单位面积上俘获的空穴电荷数；x_c 为辐照形成的正电荷层的厚度；g 为辐射引起的空穴的产生率；A_p 为通过正电荷层时空穴被捕获的概率；$f(E)$为电子的费米分布函数。另外，当输入为零的时候，PMOS 管处于负偏置状态，此时有

$$\Delta V_T=-\frac{Q_s}{C_{ox}}=-q\cdot g\cdot(d_{ox}-x)'x_c f(E)A_p F/(\varepsilon_{ox}\varepsilon_0) \tag{12-2}$$

由于$\dfrac{d_{ox}-x}{(d_{ox}-x)'}>10$，正向偏置下的电离辐射损伤远远大于负向偏置下的情况。

2. 漏电流

在研究沟道电流与源漏电压的关系时可以发现，当源漏电压小于晶体管的开启电压时，MOS 晶体管的电流并不为 0，说明 MOS 管已经部分导通，且此时的电流曲线与双极型晶体管电流的曲线极其相似。这是因为 MOS 管中的源极-衬底-漏极三端结构形成了两个背靠背的 PN 结。当 MOS 管的源端和漏端存在电位差的时候，就会有非常小的反向泄漏电流流过这两个反偏的 PN 结。在室温为 20℃的时候，对于纳米级尺寸的器件，每单位面积的泄漏电流大约在每平方微米 100 pA。这是一个比较小的数值，但是反向 PN 结的泄漏电流是由反向移动的载流子引起的，载流子的浓度与温度的变化非常密切，当温度升高的时候，载流子的浓度成指数上升。在 85℃(民用半导体器件通常所规定的结温上限)的时候，泄漏电流大约是室温时泄漏电流的 60 倍。栅漏电流是由栅极流向源极(漏极)或者反向由源极

(漏极)流向栅极的过程,在 MOS 管中,栅氧化层一般比较薄,当给栅加一个很高的电位时,在栅氧化层便会形成一个很高的电场,硅的导带中的一个电子将会有一个很小但有限的概率发生量子力学的隧穿,它能穿过能量势垒并出现在二氧化硅的导带中。隧穿电流与电场强度的大小成指数变化,表 12-1 列出了常见的几种漏电情况。

表 12-1　常见的几种漏电情况

	亚阈值漏电流	栅漏电流	栅感生漏端漏电流
NMOS	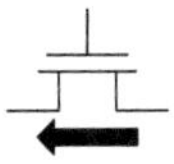	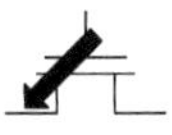	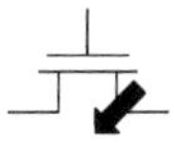
PMOS	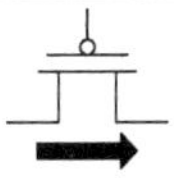		
机制	亚阈值沟道泄漏电流	量子效应	反偏二极管泄漏电流
影响因素	阈值电压沟道的宽长比	栅氧化层的厚度氧化层的材料	重掺杂
温度影响	强	弱	一般

在栅氧化层比较薄的 MOS 管器件中,栅极和漏极相重叠的部分受栅极电压的影响比较大,当栅极电压比较高,交叠区域的电场就非常强,交叠的区域界面附近硅中电子在价带和导带之间发生带-带隧穿形成栅感生漏端漏电流。随着栅氧化层越来越薄,栅感生漏端漏电流急剧增加。一般来说栅感生漏端漏电流与栅极和漏极交叠区域的电压差通常成指数关系。

在外加辐照的情况下,MOS 器件的栅氧层会积累陷阱电荷,但是并不会有效提高电子隧穿栅氧化层的概率,因此辐照对栅漏电流的影响很小。栅感生漏端漏电流即使在高累积剂量下其电流数值也很小,不足以影响器件的正常功能。

在辐照的过程中 NMOS 管沟道边缘附近的隔离场氧化层中会产生氧化层陷阱电荷,随着氧化层陷阱电荷的增多,场氧化层中的电场会逐渐增大,导致对应的氧化层与衬底的界面处产生反型层负电荷,降低了栅极对沟道边缘的控制力。当氧化层陷阱电荷积累到一定程度时,源漏之间的寄生晶体管开启,导电沟道形成,即使栅极没有外加电压沟道也会开启导致漏电,这种情况在沟道比较窄的时候更容易发生。而对于 PMOS 管来说,由于沟道载流子是空穴,积累的氧化层陷阱正电荷不能使界面形成反型层,所以对 PMOS 管源漏漏电影响不大。

另外,N 阱 CMOS 管制造工艺用场氧化层来隔离金属或是多晶硅栅极,使得在 N 阱和 NMOS 管的漏极之间出现一个寄生的 NMOS 管,这个晶体管以栅极下的场氧化层为栅氧化层,平时这个管子是不会导通的,但是在辐照的时候,场氧化层会积累正电荷,由于场氧区一般比栅氧区的厚度大,而且场氧化层的生长工艺控制不是特别严格,因此对于总剂量效应情况下,相比栅氧化层场氧化层更加敏感,在较小的辐照剂量下,场氧化层就会积累足够多的感生电荷使寄生 NMOS 管导通,导致器件静态功耗电流急剧增加(图 12-3)。CMOS 电路的重要特点是功耗低,小规模的逻辑门电路的待机电流一般在微安级,而辐照之后静态电流会提高数个数量级,远远高于设计要求,文献中提到,一般以静态功耗电流增大 100 倍的标准作为 CMOS 电路的失效阈值。当 CMOS 电路正常工作时,P 管和 N 管不会同时导通,但是由于阈值电压的漂移，N管的阈值电压漂移，当电压“0”也能使得N管导通的时候，“0”状态会使得N管和P管同时导通，使得功耗电流大大增加。器件的动态功耗电流的数值严重影响整个系统的稳定性。所以动态功耗电流可作为考查电路工作可靠性的重要因素，可以动态功耗电流超过未经辐照时的1.5倍作为器件的失效判据。

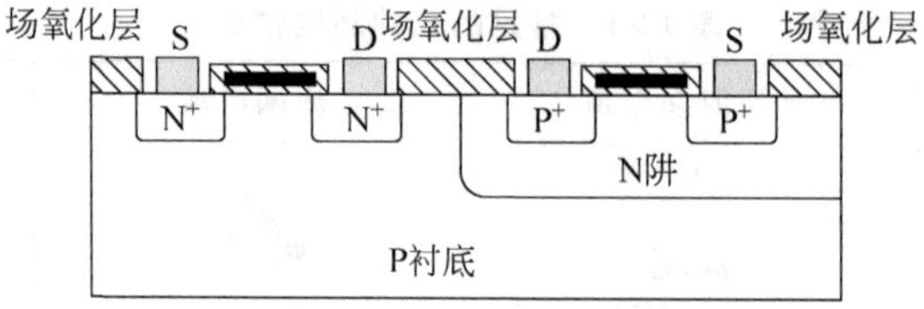

图 12-3 N阱 CMOS 反相器

3. 跨导

MOSFET 的跨导定义为相对于栅压的漏电流的变化，又称为晶体管的增益。跨导是器件尺寸(包括宽长比、氧化层厚度)，载流子迁移率和阈值电压的函数。当辐照的时候栅氧化层界面产生的氧化层陷阱电荷和界面态陷阱电荷对沟道载流子有一定的散射作用，因此载流子的有效迁移率会下降，进而影响跨导。通常界面态陷阱电荷的散射作用是影响载流子迁移率的主要原因。这是因为界面态电荷位于栅氧化层与沟道界面附近，而氧化层陷阱电荷一般位于距界面较近的位置，所以对载流子迁移率的影响比较小。对于NMOS管和PMOS管，载流子的有效迁移率都是降低的。对于NMOS管，场氧化层中氧化层陷阱电荷诱使沟道产生反型层增加了沟道的有效宽度，阈值电压的降低又导致NMOS管的跨导变化比较复杂，总体来说跨导呈上升趋势。对于PMOS管，沟道的有效宽度变化不大，阈值电压的绝对值增大导致跨导下降。跨导参数的降低导致电流驱动能力显著降低，从而严重影响电路的性能。

一般情况下，PMOS管的跨导退化要比NMOS管严重得多，相同的辐照剂量，PMOS管器件的跨导可达20%～30%，而NMOS管只有百分之几的变化，可见PMOS管器件对辐照比NMOS管更敏感，所以辐照探测器通常选用PMOS管。

4. 延迟

MOS管的延时与沟道电阻和电容参数有直接关系，在辐照的情况下，电阻参数会发生比较明显的变化。源漏电导的影响因子与跨导相同，都是载流子迁移率和阈值电压以及器件宽长比的函数。对于NMOS管，载流子迁移率由于界面态陷阱电荷下降，场氧化层中氧化层陷阱电荷诱使沟道产生反型层增加了沟道的有效宽度，又阈值电压的降低，源漏电导是增大的。对于PMOS管，载流子迁移率由于界面态陷阱电荷下降，沟道的有效宽度变化不大，阈值电压的绝对值增大。源漏电导与电阻成反比关系，因此NMOS管的电阻会降低，延时会减小，而PMOS管的电阻会升高，延时也会增大。

在CMOS电路中，NMOS管源漏电导的增大会引起下降时间的减小，导致输出延迟减小，而PMOS管的源漏电导的减小将使器件上升时间增大。简单电路的延迟时间与输出波形的上升或下降沿的对应关系比较简单，都是一一对应的，但是对复杂电路来说，延迟时间的计算则比较困难，某一模块或者输出/输入端口的延迟时间是电路内部多级输出上升和下降时间的综合反映。这与复杂电路内部的电路结构是分不开的。

12.2　强电磁脉冲效应

当强电磁场耦合进入到电子系统内部，典型耦合途径示意图如图 12-4 所示。主要能通过以下几种方式对电子电路产生影响：

(1) 通过器件管脚、金属布线或者天线等结构耦合大的电压和电流到电路元件或者集成电路端口处；

(2) 改变器件工作状态，对电路造成干扰；

(3) 引起器件的电压击穿或是金属布线的毁坏；

(4) 直接对器件部分进行加热升温，使器件不能正常工作甚至烧毁。

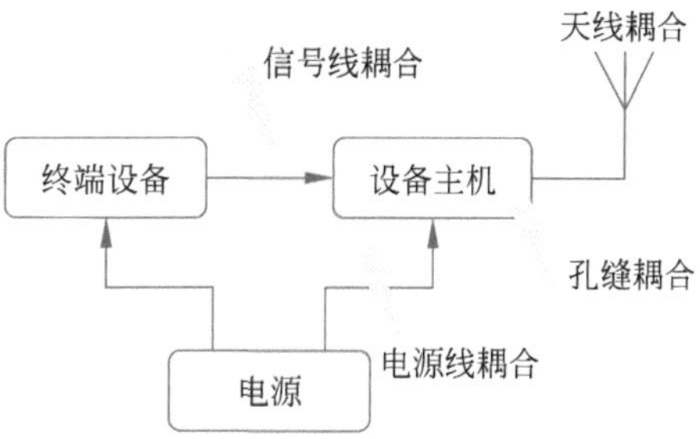

图 12-4　典型耦合途径示意图

一般情况下，EMP 对电力电子系统的作用模式主要有以下四种，即：①热效应；②电涌效应；③强电场效应；④磁效应。对于不同的电路结构及部件，起主导作用的损伤模式和损伤机理有着很大不同。

在电磁脉冲入射诱发的瞬态过电压、过电流的冲击下，电子器件的导电通道和绝缘介质会受到不同类型的冲击。其失效机理可以大致分为与瞬态功率造成的导电通道形变、击穿、熔毁，以及瞬态电压造成的绝缘介质、半导体结构的电压击穿。

由此造成的电子元器件损伤模式主要为金属结构的开路、短路，以及半导体器件的静态功率升高、工作性能退化甚至完全失效等。

12.2.1　电路各结构的强电磁脉冲效应[7]

1. 金属条结构的电迁移及金属熔毁[8]

金属条结构是电子系统内各层级互连的基本结构，器件内部连接、器件与引脚之间的连接，以及 PCB 上的微带线带状线都属于金属条结构。所以金属条的烧毁在电路损伤中起到了举足轻重的作用。

电迁移是指电流通过金属导体时，电子与金属原子发生动量传递，导致金属原子沿着电子运动方向产生质量运输的现象。电迁移效应是在具有较小横截面积金属膜的半导体器件中发生的金属引线失效的一种重要失效机制。在辐射电场耦合的作用下，大批高动量电子的连续击打下，电极连线中的原子可以得到动量，在具备充分空间的晶粒间隙和连线表面形成迁移-扩散。其迁移结果是连线一头原子空缺发生断路，而另一端原子累积发生短路，引起互连线失效的电迁移现象(图 12-5)。

当大于 10^5 A/cm^2 的电流流过金属导体时，会产生电子迁移现象，在阴极端产生空隙，在阳极端形成小岛和钻蚀，从而导致电路开路。若金属条结构上存在划横、空隙、机械损伤、台阶等非理想非均匀因素，将更易于导致过流烧毁。使温度升高的热量主要是来源于金属引线中的高密度电流或者靠近金属引线的热硅。

电迁移的速率与温度相关，温度高时电迁移速度快；相反，温度低时电迁移速度慢。所以当金属原子从温度高的地方向温度低的地方迁移时，原子易累积形成小丘。同时，由于电

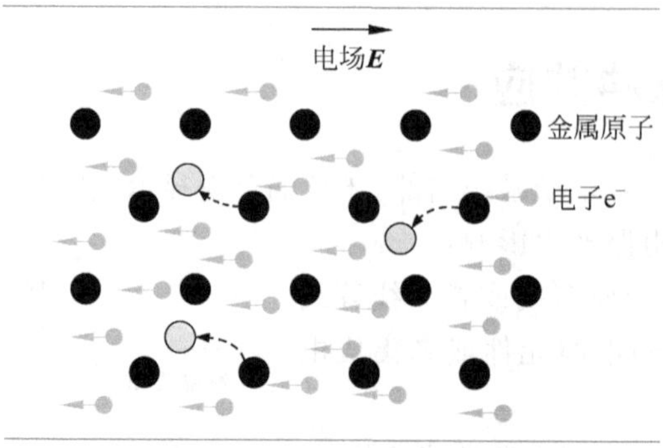

图 12-5 电流作用下原子受力示意图

迁移是在高电流密度下发生的一种使金属互连线失效从而引起器件及电路短路、断路的物理机制，因此其在宽、厚金属互连线中较难发生，如图 12-6 所示。

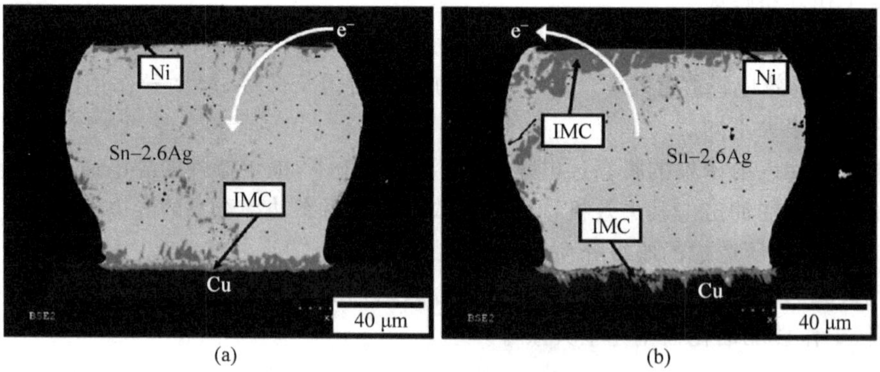

(a) (b)

图 12-6 电迁移导致的焊点失效

电迁移效应导致的电路失效，可以用 Black 给出的电迁移失效中值时间的经典公式来判定：

$$MTF = \frac{A\,e^{\frac{Ea}{kT}}}{j^{-n}} \tag{12-3}$$

式中，A 是与工艺有关的常数；j 是电流密度；T 是温度；n 是电流密度加速因子，在电流密度较小时 n 取 1，电流密度较大时 n 取 2；E_a 是与互连材料电迁移失效过程中等效的扩散活化能；k 是玻尔兹曼常数。

2. 氧化层和介质击穿[9]

氧化层在半导体器件中主要作为钝化层和绝缘层，具有绝缘、隔离作用。高电压击穿是指施加在介质两端的电压超过其击穿电压时发生的介质穿通。随着器件的小型化，氧化层和介质的厚度越来越小，介质击穿的阈值也在降低。由于该类型击穿并非由于过大功率引起的局部温度超过物质熔点，因此只会产生有限的退化而非永久的毁伤。介质击穿场强与介质内注入的空间电荷有明显的极性效应，由于空间电荷的积聚、输运和消散引起介质内部局部电场畸变，从而影响绝缘材料的电导、击穿和老化特性。尽管对介质击穿机理的研究已经将近 100 年，介质层陷阱特性与空间电荷动力学特性的机理是仍没有普遍被接受的理论。目前较有市场的是基于丝状击穿(filamentary breakdown)的理论模型[10]。在这样一个模型中，潜在的边界、化学不均匀性和局部增加的电导率或注入电荷，在外加均匀电场的作用下，这些微小丝状结构导致尖端的电场增强，类似于断裂力学的机械应力场奇点，从而引发电介质击穿（图 12-7）。

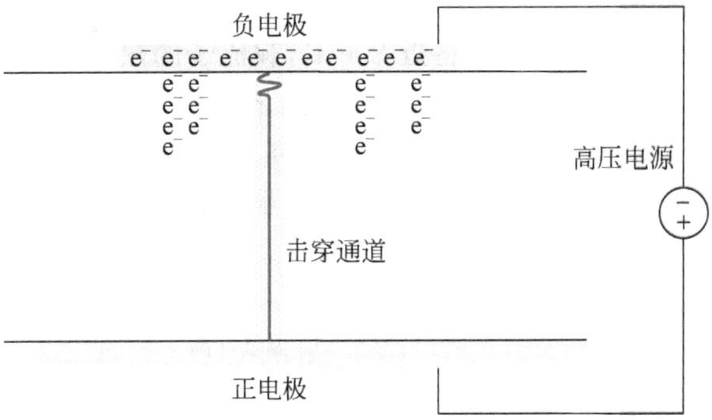

图 12-7 高压击穿物理过程示意图

3. 雪崩击穿[11]

当半导体器件被施加以高电压，偏置很大时，空间电荷区中的载流子在强电场作用下被加速并获得很大的动能。当载流子能量大到能够激发带价电子，产生一个新的电子-空穴对。新生的电子和空穴以及原来的电子和空穴在空间电荷区电场的作用下，又可被加速获得足够的能量，再次与晶格原子碰撞而产生新的电子-空穴对。依次重复下去，就产生了大量电子-空穴对，即为载流子倍增效应。对于反向偏置的结型半导体器件，其击穿电压比较小，其值大约是正向偏置下击穿电压的十分之一，这是由于雪崩效应引起的。当 PN 结反偏时，反向偏压在势垒区产生的电场方向与内部电场方向一致，使势垒区电场增强，反向电流由电子扩散电流和空穴扩散电流组成。载流子倍增效应使空间电荷区载流子迅速增加，同时增大了反向电流，最终使结击穿，这即为雪崩击穿的物理机制。雪崩击穿除了与势垒区中电场强度及其宽度有关外，其物理本质是碰撞电离，如图 12-8 所示。

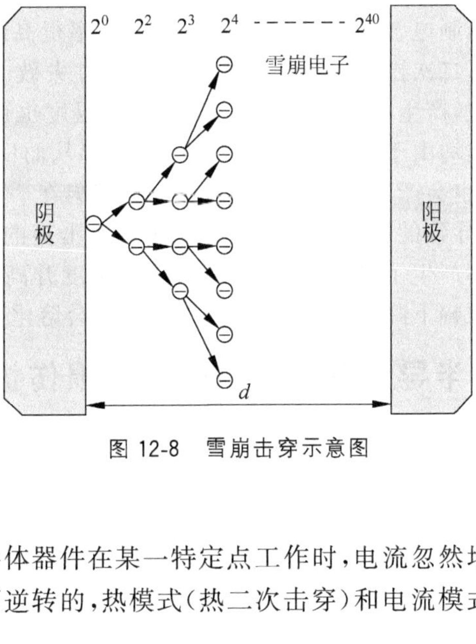

图 12-8 雪崩击穿示意图

4. 二次击穿

二次击穿指的是半导体器件在某一特定点工作时，电流忽然增大而电压忽然降低的物理现象。二次击穿是不可逆转的，热模式（热二次击穿）和电流模式（电流二次击穿）是二次击穿的两种模式，可以按照入射功率和发展速度来区别这两种模式。电流二次击穿时间一般为 ns 数量级，而热二次击穿则一般为 μs 数量级。二次击穿与其他击穿可以区别开来是因为它在器件内部会产生负阻区。

在二次击穿的热模式和电流模式中一般认为热二次击穿处于主要地位。雪崩击穿会引起很大的反向电流，使器件温度升高到将近 800 K，载流子的热效应会致使器件处于热电流失控的状态。此时越来越多的载流子会由于温度的增加而逐渐产生，引起器件电导率增大和器件内部更大的电流，从而使器件温度进一步升高。如果此失控状态不能被快速抑止，即不再对器件输入功率，则高温最终将可以引起该器件损伤，甚至发生不可逆转的毁坏。图 12-9 为热-电流失控示意图。

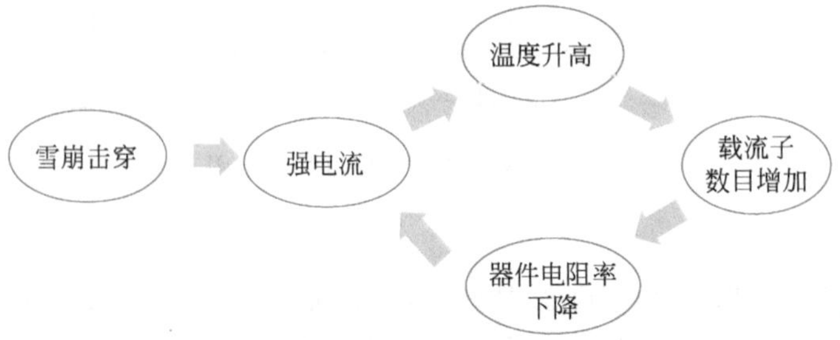

图 12-9　热-电流失控示意图

偏置电压较高时容易发生电流模式，并且其产生的电流大于热二次击穿。通常情况下，器件中载流子浓度远远小于其掺杂浓度，空间电荷区电场强度的大小由器件掺杂浓度决定。器件外加反向偏压较高时，雪崩效应倍增会生成大量电子-空穴对，并流入相应的空间电荷区内。此时载流子浓度迅速增加，当载流子浓度增加到大于器件掺杂浓度，空间电荷区电场强度的大小就由载流子浓度决定。较高的电子和空穴浓度使空间电荷区内电场增强，进一步引起空间电荷区边缘雪崩效应的产生，即形成"双重注入"。如果空间电荷区注入电子和空穴的速率大于传导移动它们的速率，则从空间电荷区中心到其边缘的场强将继续增大。最后，热电流失控将显著增加器件的电流密度，产生大量的热。温度的升高会减小雪崩电子和空穴的形成，能够起到遏制电流模式的作用。但输入功率很高的情况下，热-电流失控的加强速度大于热抑止速度，二次击穿将持续作用直到使器件失效。电流模式比热模式需要更大的功率，击穿速率更快，产生的电流密度更大，场强和温度也更高。尽管热模式和电流模式击穿机制不尽相同，但均由于强电流在击穿点引起高温从而使 PN 结毁伤。

发生二次击穿的同时也会产生电流和热斑。大电流聚集在一片小区域范围内时会形成热斑。电流的聚集和它所导致的温度升高过程会加速二次击穿的发生，这也就使器件内出现片状的局部高温区域，即产生了热斑。实验证明，热斑温度升高为 1000 K 时会发生熔化和杂质迁移，使器件性能大幅下降；温度升高到 1688 K 时会熔化硅材料，引起结区短路。

12.2.2　典型的半导体器件的电磁脉冲损伤机理

宏观上看，HPEM 对集成电路或系统的破坏机制主要有以下几种：

(1) 高压击穿，HPEM 会耦合很大的电流电压，引起结点、部件或回路间击穿；

(2) 器件的烧毁，比如半导体器件的结烧毁、连线熔断等；

(3) 微波加热，HPEM 可以直接对电路中的金属、含水介质加热升温，使得器件不能正常工作；

(4) 电涌冲击,脉冲高电流/电压进入到电路内部,会向电涌一样烧毁器件和电路;

(5) 瞬时干扰,HPEM 功率较低时会对电路尤其是数字电路或单片机电路等产生瞬时干扰,导致电路翻转或程序紊乱而死机重启等。

下面分别从结型半导体和 MOS 半导体两类主流器件工艺来简述 HPEM 的毁伤机理。

1. 结型半导体

半导体结主要有:PN 结和肖特基势垒结。半导体结对强电场的敏感程度取决于它的几何形状、尺寸、电阻率、杂质、结电容、热阻、反向漏电流和反向击穿电压等。在正向偏置下,使结损坏所需的微波能量通常是反向偏置下所需能量的 10 倍。击穿电压大于 100 V 或漏电电流小于 1 nA 的结比类似尺寸的低击穿电压和大漏电电流的结对电场更加敏感。无论是集成电路还是分立式双极型半导体器件,发射结通常比集电结更容易受到强电场的损伤。这主要是因为发射结的尺寸和几何结构较小,所加电场为反向偏置,发射结的侧壁所经受的能量密度更大。具有高阻抗栅极的结型场效应管,其对强电场的敏感性尤其强,通常在栅-漏、栅-源之间有对强电场最敏感的区域。肖特基势垒结二极管和 TTL 肖特基集成电路由于它们的结很浅,所以对强电场都特别敏感。另外在 MOS 结构中寄生的二极管以及输入保护钳位电路内也会存在这类的敏感结。

本征半导体的温度系数是负的,即电阻随温度增加而增大,这种特性在一定程度上可以防止在低温下形成电流聚集和热点。但是当半导体反向偏置时,在较窄的耗尽区上有较大的压降,大部分的能量集中在该区。当跨越结的两边存在强电场时,耗尽层温度很快上升,载流子密度增加,非本征半导体变为本征半导体,引起电阻急剧下降,导致热二次击穿,在结上形成热点甚至将结击穿。即使没有造成击穿,当该半导体器件在一定偏压条件下工作时,在原来形成的热点上存在局部区域的高电流密度,引起局部升温,热点变大。当温度大于 200℃时,硅和金属可以通过电迁移过程穿过结而扩散。

2. MOS 器件

MOS[12] 是金属氧化物半导体(metal oxide semiconductor)的简称,MOS 结构是由一层薄的氧化物介质分隔的导体和半导体衬底组成的,图 12-10 是典型的 MOS 结构示意图。

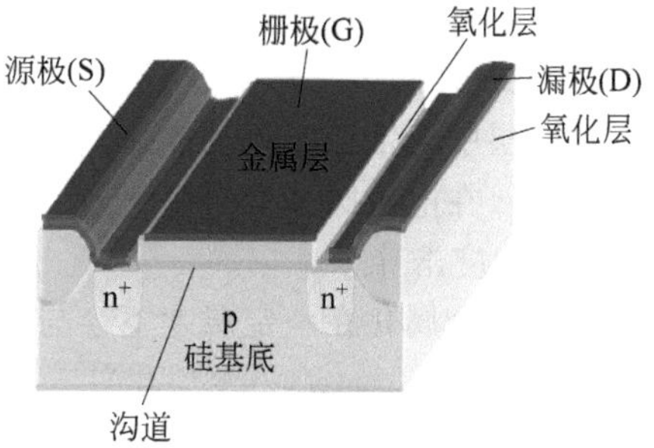

图 12-10　MOS 结构

MOS 工艺集成电路包括 NMOS(N 沟道 MOS)、PMOS(P 沟道 MOS)和 CMOS(互补 MOS)电路。它们又分为金属栅、硅栅和 SOS(silicon-on-sapphire)。MOS 工艺器件对电场的敏感性取决于氧化物或氧化物-氮化物栅的介质耐击穿性能和与之相连的外部输入保护电路的有效性。

栅介质厚度决定了它的耐击穿性能,耐击穿电场强度范围为 $1\times10^6\sim1\times10^7$ V/cm。一般理论厚度为 0.11 μm,所以相应的击穿电压为 80～100 V。由于氧化物或氮化物的耐击穿电场强度较低,所以强电场很容易损伤 MOS 结构的氧化物层或氮化物层。对于硅-氧化物或氮化物,其耐击穿电场强度为 5×10^5 V/cm。氧化物或氮化物绝缘层的击穿是一种永久型的损伤。

根据研究,对双极型器件,90%的失效是由结区击穿而引起的,敷金属失效只占 10%;

而对于 MOS 器件，敷金属失效占 64%，27%属于氧化物击穿。

集成电路工艺需要在衬底上制作窄而薄的金属布线，这些金属布线对强电场非常敏感。集成电路板上的金属布线主要由铝合金构成，且被制为多层结构，使得其对电磁脉冲的敏感程度增加，抗电磁毁伤的能力降低。金属布线的失效机理主要是因焦耳热而烧毁，导致电极开路。通过增大布线的宽度和厚度，或是在金属化条和硅之间使用玻璃钝化的较薄的 SiO_2 的方式可以减低金属布线对电磁的敏感性，提高其抗电磁能力。

对封装上有透明盖板的 NMOS、PMOS、EPMOS 器件，采用陶瓷封装的 NMOS 静态 RAM 器件以及带有非导电封装盖板的大规模集成电路，钝化场失效机理相当普遍。这种失效机理的主要原因是封装盖板在强电场的作用下产生电荷堆积，堆积的电荷使芯片表面与封装底板之间产生电场使器件不能正常工作。

所以，从微观器件结构及工艺的角度看，MOS 器件在强电磁场辐射下可以分为以下几种干扰及毁伤机制。

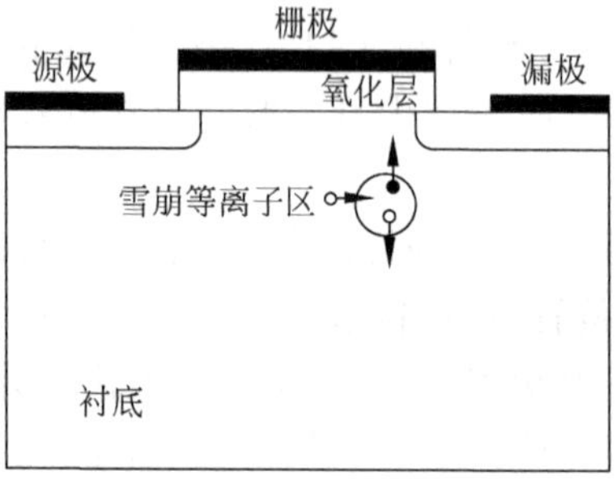

图 12-11 NMOS 管热载流子退化原理图

(1) 热载流子

主要是由热载流子所引起的器件退化，其基本原理如图 12-11 所示。在漏端强电场区，沟道电子获得能量并加速向栅氧化层运动，导致电荷注入栅氧化层，在二氧化硅中产生固定电荷。该固定电荷会使得器件的阈值电压上升，驱动力下降。

(2) 时效击穿

由于栅极采用的是金属铝材料，对于金属化栅极，在 Al-SiO_2 界面存在一个束缚态，束缚在界面缺陷中的 Na^+ 或空穴将被栅电场激发和驱动，沿电场方向移动并不断积聚在阴极界面的缺陷处，在局部区域形成高浓度钠离子聚集区，并导致该区域的电场随时间而渐渐增大。经过一段时间的积累，该处会产生局部介质被击穿的现象。因此此类击穿模式是与时间相关的介质击穿，称为时效击穿(TDDB)。

(3) 缺陷击穿

氧化层中经常存在光刻针孔、裂纹、擦伤、微结晶等缺陷，每一种缺陷都会降低氧化层的击穿电压。在电磁脉冲的作用下，在这些缺陷集中处经常容易形成击穿损伤。

(4) 反应击穿

栅极铝金属化在一定温度下会与栅介质(SiO_2)发生如下化学反应：

$$4Al + 3SiO_2 = 2Al_2O_3 + 3Si \tag{12-4}$$

该反应属放热反应，反应速率随着温度的升高而呈指数上升。随着反应的进行，SiO_2 层和 Al 膜都变薄，最终导致 SiO_2 更容易被穿通。

12.3 电离辐射总剂量与强电磁脉冲协和效应

从 12.1 节中我们可以了解到，总剂量效应作用机理与栅氧化层关系密切，其中栅极电场强度就是一个重要的因素。电磁脉冲耦合到栅极电压会影响电离辐射诱发的电子-空穴对的移动速度，进而影响复合率和最终的陷阱电荷产额。同时，总剂量效应引起晶体管宏观上阈值电压漂移会使得电路的功能器件工作区域变化，逻辑电路的电平容差降低。漏电流和跨导的变化则可能引起集成电路功耗和增加、逻辑变化速度变慢等变化，进而引起电磁兼容水平及电源、信号完整性水平的退化。

与此同时，从 12.2 节中描述的强电磁脉冲毁伤机理及防护手段可以知道，电子元器件的各类击穿阈值对氧化层中各类缺陷极为敏感。在微观角度上看，在栅氧化层中分布的不均匀可动的钠离子还能导致局部电场的增强，从而引发 MOS 管栅极的局部击穿。氧化层中经常存在光刻针孔、裂纹、擦伤、微结晶等缺陷，每一种缺陷都会降低氧化层的击穿电压。在电磁脉冲的作用下，在这些缺陷集中处容易形成击穿损伤。而电离辐射总剂量效应很可能加剧这些损伤，从而降低晶体管的击穿阈值。此外，这些电离辐射总剂量效应作用于敏感端口的保护电路上，会造成保护器件导通不及时、电流泄放能力下降等结果，进而降低整个电路对电磁脉冲的抗扰度。

目前，国内外在微观层面上对晶体管击穿阈值与总剂量效应的研究较少。关于电离辐射总剂量与电磁干扰的研究集中在瞬态过流保护器件的性能变化，以及各类工艺半导体器件的关键性能参数以及电磁抗扰度在总剂量效应作用下的变化。相关研究最早于 1978 年出现在生物器械领域，为了研究移植了心脏起搏器的病人是否能够接受放射性治疗。研究发现，将起搏器暴露于单独的电离辐射（^{60}Co）或电离辐射加强电磁场（线性加速器和电子加速器）中，可能会在电路中引起噪声和干扰，包括连续或间歇性信号干扰或中断，从而使患者处于故障危险之中。2000 年后，关于瞬态过电流防护器件、典型半导体工艺器件的协和效应研究陆续发表。

12.3.1　协和效应测试方法

由于电离辐射和电磁辐射的能量传播特点不同，独立的测试方法的简单叠加，难以将电离、电磁辐射能量都限制在被测集成电路上，而不对必要的周围驱动电路产生影响，故而有必要设计专门的协和效应测试方法和测试流程。

图 12-12 为协和效应试验流程图，本试验方法包括电离辐射测试过程和电磁辐射总剂量测试过程。首先进行电离辐射预试验和正式试验。预试验目的是确定被测 ADC 芯片的电离辐射总剂量失效范围；选取少量样本根据被测器件先验知识，粗略设置较大的总剂量间隔值：例如以 50 krad 的总剂量间隔进行预实验，以较少的次数获得被测器件出现明显效应的总剂量范围。然后，根据测试需求将该剂量范围进行进一步的等分，确定总剂量的测试的剂量率和辐照时间。由于总剂量测试为累积效应，可以根据电磁测试的条件，制定具体的协和效应方案为：电磁辐射和电磁辐射交替累进测试，或者一次性制作所有剂量间隔的样本再开展电磁试验。正式试验目的为制作累积了不同总剂量数值的样品组，将被测 ADC 安装至电离辐射测试板上，根据测试需要选择偏置条件，将测试板上不同类型的管脚组进行接地、施加静态电压等

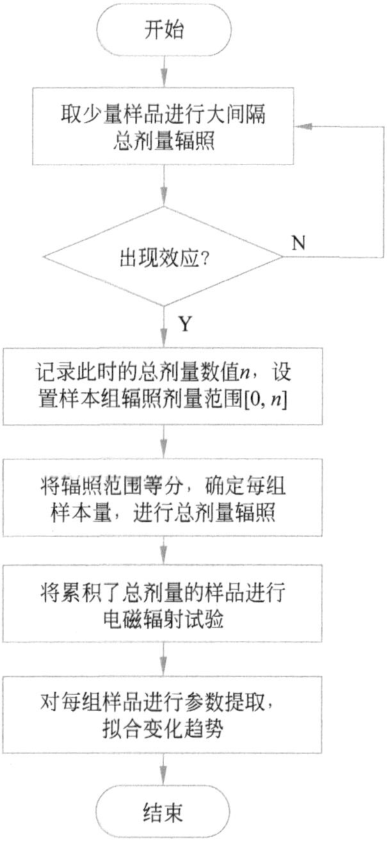

图 12-12　协和效应试验流程图

操作，若测试板必须包含较为敏感或者高价值的辅助电路器件，则必须设计对应的 γ 射线屏蔽方案，以保证被测器件的测试条件保持一致，同时辐射能量仅作用于被测器件。

电磁效应试验根据电磁应力的施加方式可以分为注入式和辐射式。本章以辐射式试验为例介绍协和效应的操作流程。图 12-13 为集成电路专用的 TEM 小室，图 12-14 为电磁辐射测试设备连接示意图。将被测样品安装至电磁辐射测试电路板上的芯片座，并将电磁辐射测试板安装至集成电路专用 TEM 小室上，检查并确认边缘压接紧密。

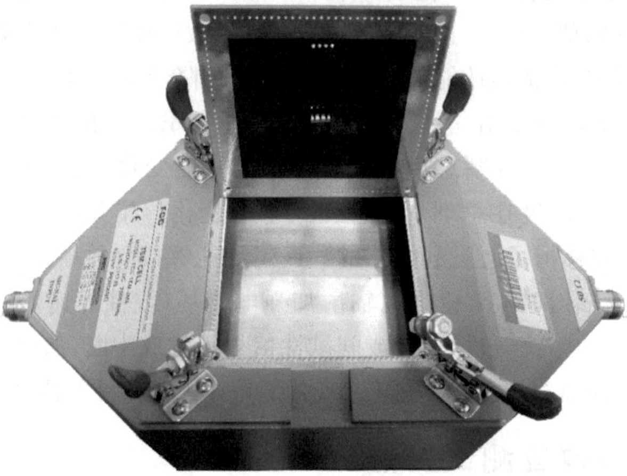

图 12-13 集成电路测试专用 TEM 小室

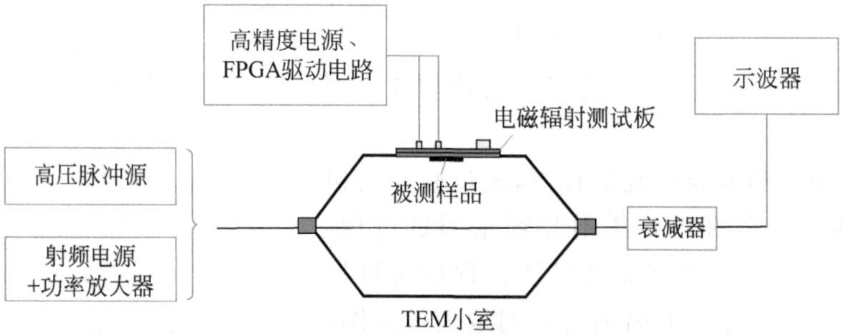

图 12-14 TEM 小室电磁辐射测试连接示意图

根据电磁辐射测试需求，如果测试瞬态电磁脉冲抗扰度，则将 TEM 小室输入端连接高压脉冲源；如果测试高功率微波或者调谐正弦波抗扰度，则将 TEM 小室输入端连接射频信号发生器与功率放大器。将 TEM 小室输出端连接功率衰减器与示波器，监测 TEM 小室中施加于被测样品的电磁辐射的场强信息。

将高精度电压源和任意信号发生器连接至电磁辐射测试板，为被测芯片提供电源、地和模拟信号输入；将 FPGA 开发板连接至电磁辐射测试板，为被测芯片提供所需的时钟、使能等必要的输入信号，驱动其进入既定工作状态，具体即号；必要的话读取被测芯片的输出数据，转存并上传至上位机。

由低至高调节 TEM 小室接入的电压幅值，改变 TEM 小室中施加于被测样品上的电磁辐射场强。每个电场环境下作用时间应该大于被测样品既定工作状态的稳定持续时间。期间通过示波器及高阻探头监测被测芯片管脚耦合电压，同时通过上位机监测并保存被测芯片的工作状态及输出信号，对其工作状态进行量化或者布尔判定。

对累积了不同总剂量的被测样品依次进行电磁辐射测试，获取各组样本的数字信号输出数据，并记录其他宏观的功能性退化现象。

根据被测芯片的使用场景和精度需求，设置受监测功能指标的失效阈值，分别对每组样本的电磁辐射受扰阈值数据进行 weibull 分布拟合。获得每组数据的 weibull 拟合的失效阈值和统计量，若统计量在所需置信度下满足拟合假设，即可得到不同电离辐射总剂量下的 ADC 芯片电磁辐射抗扰度变化趋势及规律，进而得到二者协和效应现象及规律；若不满足，则考虑加大样本量，重复上述的测试过程。

12.3.2　器件级研究现状

1. 电离辐射对电磁脉冲防护器件的效应[13]

为了防护电磁脉冲、雷击浪涌、电瞬态脉冲群等瞬态过电压过电流对敏感器件的干扰或者毁伤，通常会通过在敏感端口上并联旁路限流器件。一般用来限幅的器件有介质击穿器件、半导体击穿器件(如齐纳二极管)和非线性电阻器。限幅器在理想状态下不导通，保证了电路的正常收发及数据传输；但当输入信号功率增大至某一固定值，限幅器导通并形成泄流通道，将敏感端口的电压钳制在安全的范围，以保护后端电路不受到瞬态的过电压、过电流冲击。

总剂量效应对限幅防护器件性能的影响，是电子设备电离辐射和强电磁脉冲协和效应的重要表现之一。研究发现器件包括二极管、栅接地金属氧化物半导体(grounded gate MOS，GGNMOS)和硅控制整流器(silicon control rectifiers，SCR)在内的多种保护器件的性能会在电离辐射总剂量效应的影响下出现退化，主要现象包括触发电压 V_t 的降低和漏电流 I_{leak} 的显著增大，以及失效电流 I_{t2} 和导通阻抗 R_{on} 的变化，部分器件的骤回特性 snap back 在辐射后甚至会完全消失。下面以几种典型的保护器件为例，介绍不同状态下的总剂量效应在具体防护参数上的反映。

(1) P+/NW 二极管

P+/NW 二极管是一种常用的低压 ESD 保护器件，在正偏的情况下接受辐照，由图 12-15(b)、(c)可以看出触发电压略有增加，直流漏电电流增大，同时导通电阻增加，失效电流出现了明显的降低。在反偏是接受辐照，则出现了触发电压和导通电阻显著增加，直流漏电流则呈现出先增大后减小的情况，失效电流则同样呈降低趋势。

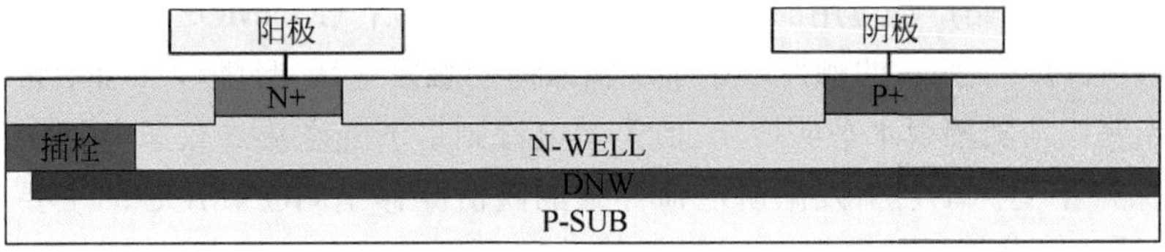

(a)

图 12-15　二极管横截面示意图及 TLP *I-V* 特性曲线

(a) P+/NW 二极管的横截面图；(b) 正向偏置二极管的 TLP *I-V* 特性；(c) 反向偏置二极管的 TLP *I-V* 特性

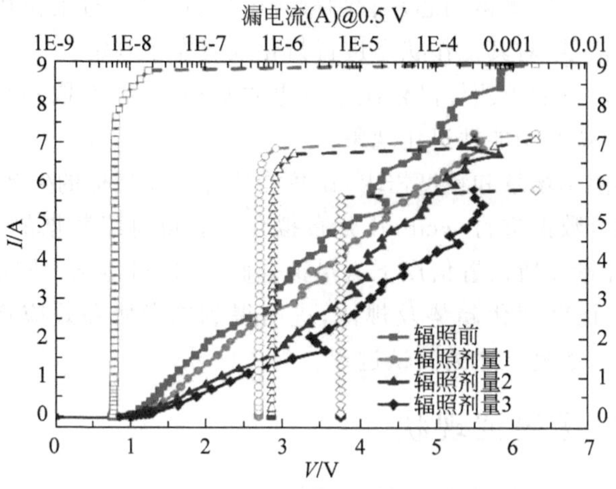

(b)

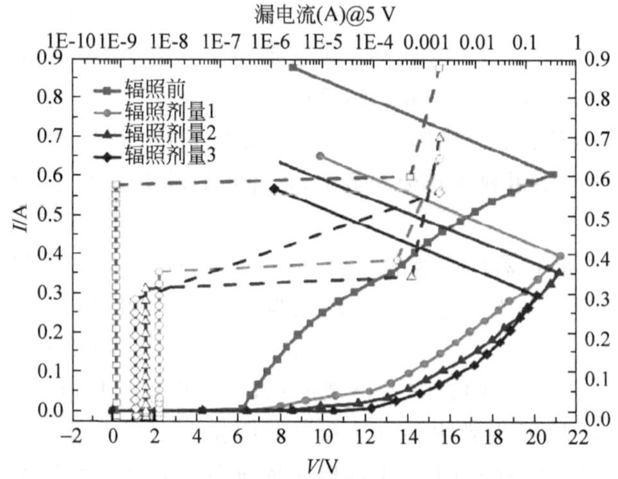

(c)

图 12-15(续)

(2) 齐纳二极管

齐纳二极管常用于高压 ESD 保护。齐纳二极管在总剂量辐照之后,呈现出了触发电压、直流漏电流和导通电阻增加,失效电流显著下降的现象(图 12-16)。

(3) 栅接地 NMOS 管 (GGNMOS)

栅接地 NMOS 管是广泛应用的 ESD 钳制器件。辐照后,GGNMOS 表现出类似二极管的 *I-V* 特性(图 12-17)。辐照后的触发电压小于辐照前的触发电压,且随辐照总剂量的增加而略有增加。直流漏电流随辐射水平而增加,但失效电流则呈下降态势。导通电阻在不同的辐照水平下几乎保持不变。辐射引发陷阱电荷导致的阈值漂移是 GGNMOS 的主要退化原因。

表 12-2 总结了总剂量效应对防护器件的关键参数的影响。符号+和-分别代表辐射后该参数增加或者减小。加减号越多,说明辐照后参数的变化幅度越高。总的来说,正偏二极管和 GGNMOS 的防护性能受辐照效应的影响较小,因此更适合于电离辐射及强电磁脉冲复合环境下的应用。

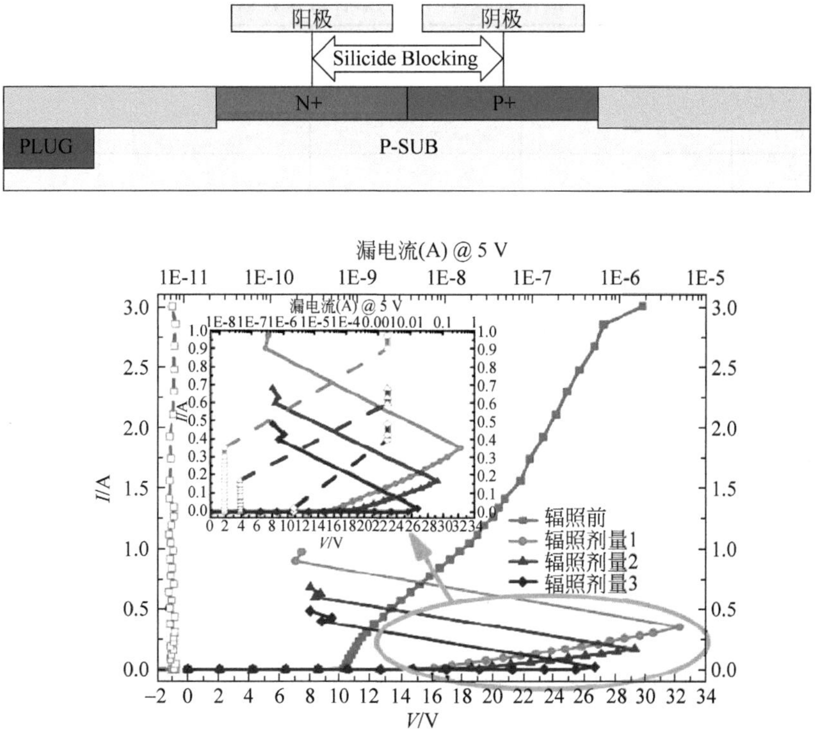

图 12-16　齐纳二极管横截面及 TLP 的 *I*-*V* 特性

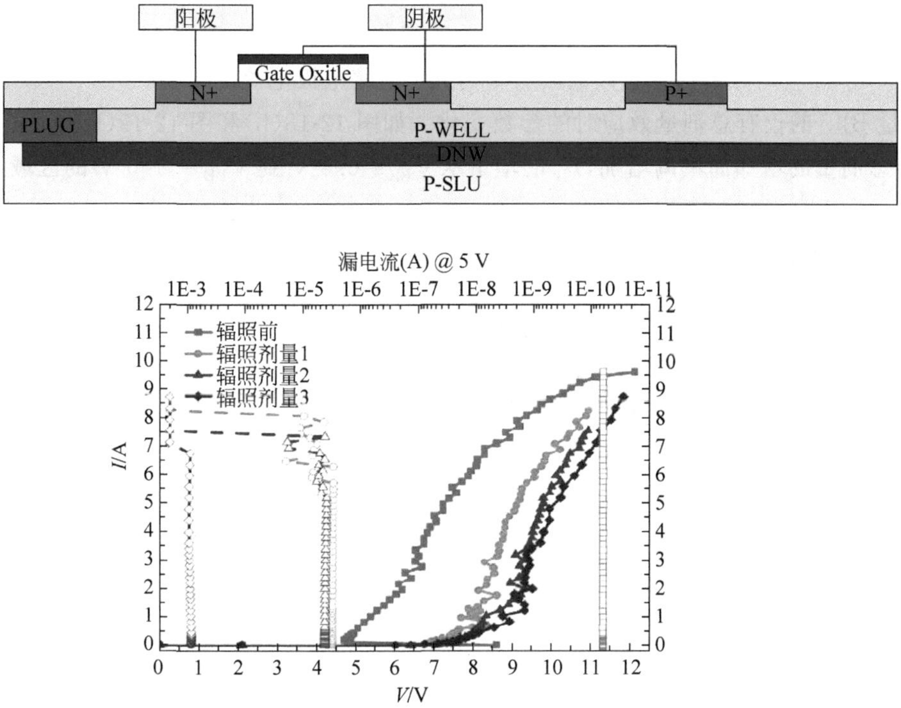

图 12-17　GGNMOS 横截面及 TLP 的 *I*-*V* 特性

表 12-2 总剂量效应对防护器件重要参数的影响

Device	V_T	Leakage	It2	R_{ON}
Diode(Fwd.)	−	−−−	−	−
Diode(Rev.)	−−	−−−	−−	−−
Zener Diode	−−	−−−	−−−	−−−
GGNMOS	−−−	−−−	−	+++
LSCR	−−−	−−−	−−−	N/A

2. 双极晶体管(bipolar junction transistor,BJT)

双极晶体管放大器[14]由于其电流驱动能力、线性度和优良的匹配特性,在许多电子系统(如放大器、开关、振荡器等)中得到了广泛的应用。总剂量效应产生的氧化物陷阱电荷和界面态增加了基极电流,降低了 BJT 的增益,据报道,BJT 对带电粒子和太阳宇宙射线都很敏感,导致其性能下降。电磁干扰则会改变双极性晶体管的静态工作点,导致基极电流和集电极电流增加,而直流电流增益降低,以及 BJT 和含有 BJT 的集成电路对电磁干扰非常敏感。

正向 Gummel 特性是双极晶体管直流电流放大能力的重要指标,它反映了电子电流从发射极到集电极的放大功能。为了确定双极晶体管正向电流增益的衰减差异,通常选择正向 Gummel 特性作为重要的敏感参数。

测量 BJT 的前向 Gummel 特性和输出特性在仅有 EMI 时的变化。如图 12-18(a)和图 12-19(a)所示,基极电流 I_B 和集电极电流 I_C 在 V_{BE} 较低的区域(< 0.7 V)都随着 100 MHz 的 EMI 注入而增加;直流电流增益的变化受 100 MHz 的 EMI 影响而下降。测试结果表明,传导电磁干扰对基极电流的影响大于对集电极电流的影响。

测量 BJT 的仅有总剂量效应时的参数变化。如图 12-18(b)和图 12-19(b)所示,基极电流 I_B 随总剂量的增加而单调增加,I_B 的增量从 V_{BE}=0.3 V 到 V_{BE}= 1.0 V 的区域逐渐下

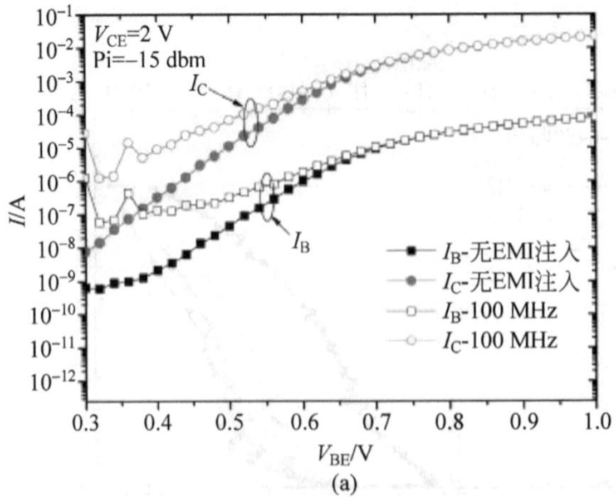

图 12-18 Gummel 特性的变化

(a) 电磁干扰;(b) 总剂量效应

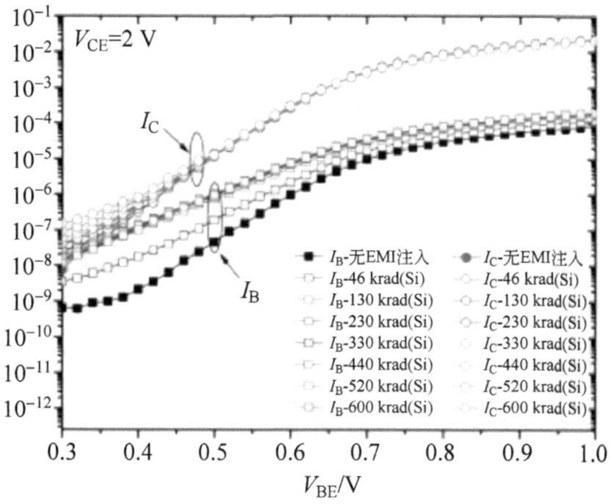

(b)

图 12-18（续）

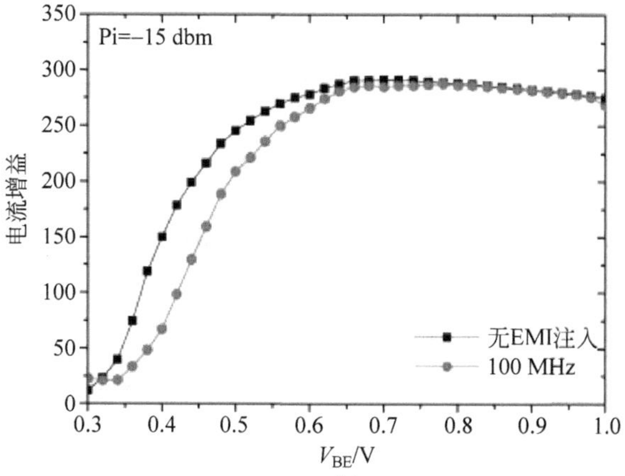

(a)

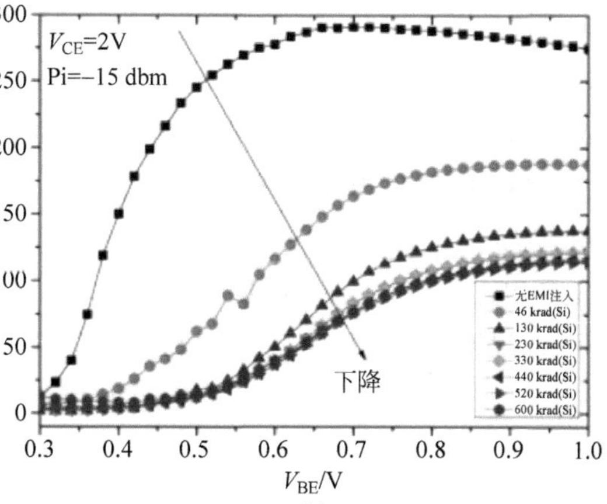

(b)

图 12-19　直流电流增益 β_{EMI}

（a）电磁干扰；（b）总剂量效应

降，而集电极电流 I_C 在 V_{BE} 大于 0.52 V 时保持不变。实验结果表明，基极电流对 ^{60}Co γ 辐射损伤更为敏感。因此，前向电流增益（$\beta_{TID}=I_C/I_B$）随总剂量的增加而显著下降。

对 BJT 开展电磁脉冲和电离辐射的联合效应实验，测试 BJT 受 100 MHz 和 150 MHz 的电磁干扰时基极电流和集电极电流，并进行了比较。图 12-17 显示了 BJT 的前向 Gummel 特性在 V_{BE} 小于 0.65 V 的低偏压区域呈现不稳定的退化趋势。图 12-20(a)和(b)显示了基电流 I_B 随着总剂量和电磁干扰的增加而增加。在整个测试过程中，集电极电流基本保持恒定。然而如图 12-20(c)和(d)所示，在总剂量和 150 MHz 电磁干扰的作用下，基准电流增量略小于总剂量和 150 MHz 电磁干扰共同作用的情况。比较了测试样品在组合 TID+EMI 效应前后的正向电流增益。测试结果表明，BJT 的电流增益随总剂量增加而降低。此外，直流电流增益的进一步降低与 EMI 频率有关。这证实了协和效应在 BJT 的性能下降中扮演了一个更重要的角色。

为了定量研究电磁干扰和总剂量对 BJT 的协和效应，定义了归一化电流增益（β_{post}/β_{pre}）参数——辐射前后正向电流增益的比值。在图 12-18 中可以看出，不同 V_{BE} 下，β_{post}/β_{pre} 与总剂量关系的变化趋势不同。在图 12-21 中可以看出，随着总剂量的增加，不同 V_{BE} 的偏差几乎保持相同的下降趋势。结果表明，较低的电压偏置 V_{BE} 和较少的总剂量可以导致更严重的 BJT 退化。

3. MOS 器件[15]

美国空军理工学院曾对两种型号的 CMOS 反相器进行协和效应实验，表 12-3 为电离辐射和电磁干扰实验条件的总结。实验监测了电压转移特性 VTC、电流转移特性 CTC，反相器的阈值电压 V_t，增益 G 和最大峰值电流和漏电流。[16]

实验结果如图 12-22 和图 12-23 所示，在 EMI 的干扰下，CMOS 的电压转移特性出现开关区域斜率降低、高低电平的噪声裕量降低和最大、最小输出电压降低等现象；电流转移特性则呈现出峰值电流上升，导通区域宽度变大，漏电流上升的趋势。在总剂量效应的影响下，电压转移特性则呈现出输出电平下降，转化阈值电压和转化区斜率下降的现象；电流转移特性出现了整体右移，展宽，以及电流耗散增加。

图 12-24 给出了 PMOS 和 NMOS 阈值电压在总剂量和电磁干扰下的变化。PMOS 在高输入时的电离辐射导致 PMOS 阈值电压的偏移高达 −1.35 V，低输入时的漂移量仅为 −0.6 V。只有电磁辐射干扰时的偏移量为 0.55 V。在电磁干扰和电离辐射效应的协和作用下，PMOS 的阈值电压最初正移动，总剂量辐照后则向负方向漂移。

实验表明 CMOS 反相器易受电磁干扰和电离辐射的影响，二者都会导致 NMOS 和 PMOS 阈值电压的偏移，特别是在高输入状态下。VTC 和 CTC 特性曲线出现偏移和失真，导致噪声幅度降低和逻辑不稳定。联合辐射试验表明，电磁干扰和 γ 辐射的联合作用情况下的参数退化最为严重（见表 12-4）。

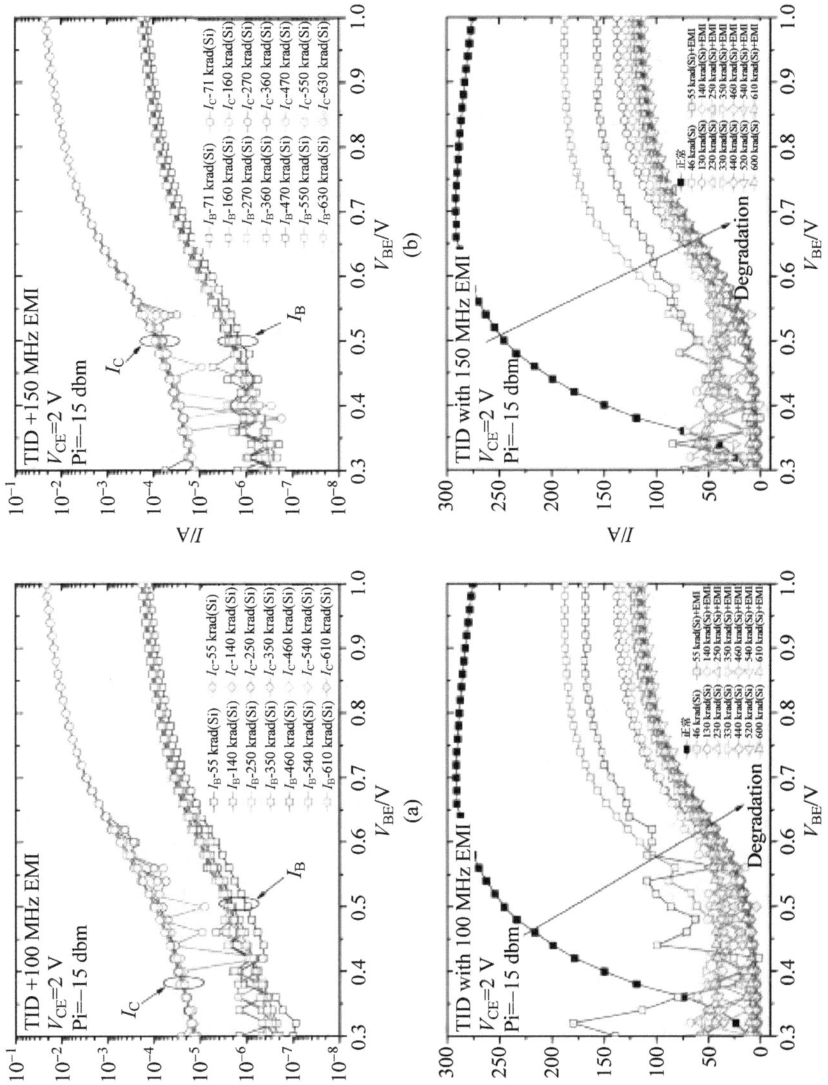

图 12-20　前向 Gummel 特性和前向电流增益的协和效应

(a) Gummel-TID+100 MHz EMI；(b) Gummel-TID+150 MHz EMI；(c) $\beta_{\text{TID+100 MHz EMI}}$；(d) $\beta_{\text{TID+150 MHz EMI}}$

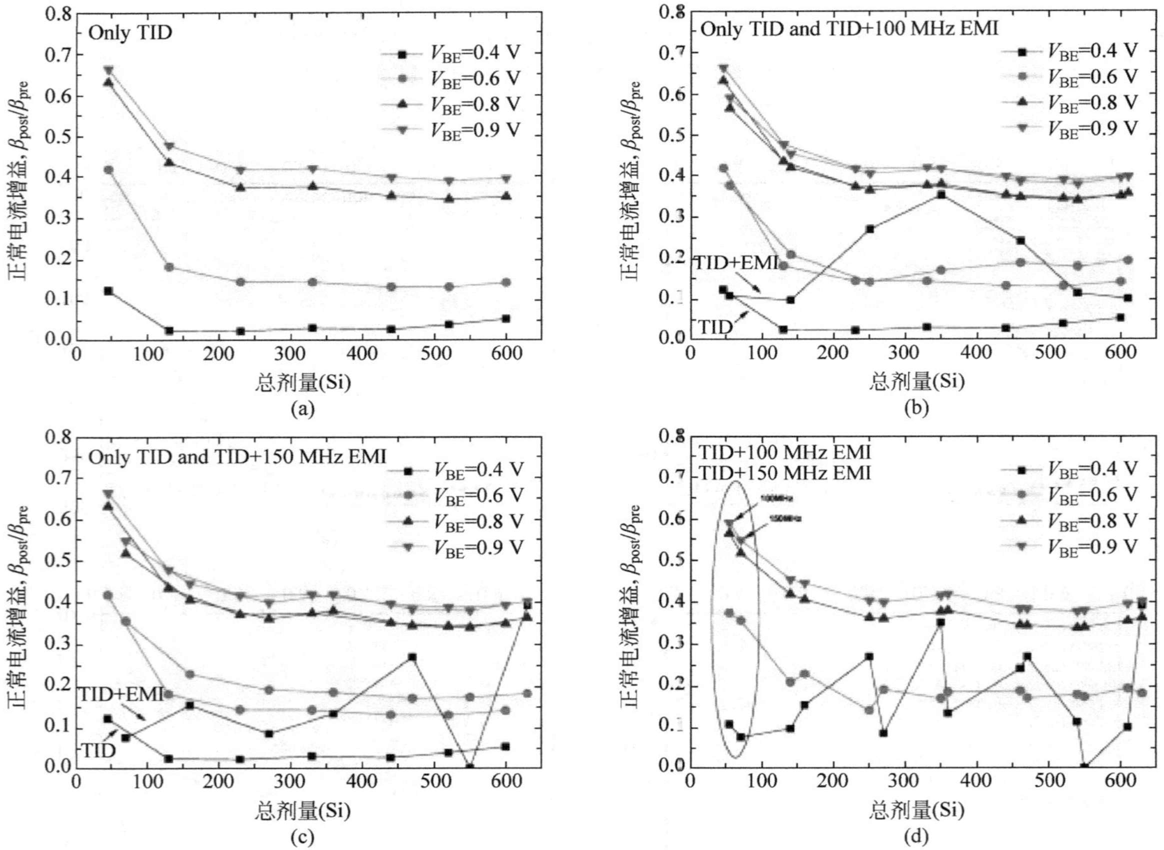

图 12-21　在不同 V_{BE} 偏置条件下 β_{post}/β_{pre} 的变化特性

(a) 仅 TID；(b) 仅 TID 和 TID+100 MHz EMI；(c) 仅 TID 和 TID+150 MHz EMI；(d) TID+100 MHz EMI 和 TID+150 MHz EMI

表 12-3 实验条件一览表

电离辐射剂量率为 66 krad(Si)/h，EMI 是功率为 26 dbm 的连续波

A 反相器			B 反相器		
辐射条件	Input Bias/V	EMI/MHz	辐射条件	Input Bias/V	EMI/GHz
仅 γ	低	—	仅 γ	低	—
仅 γ	高	—	仅 γ	高	—
仅 EMI	N/A	0.25,0.5,10	仅 EMI	—	0.85,1,1.3
EMI 和 γ	高	0.5	EMI 和 γ	低	1
—	—	—	EMI 和 γ	高	0.85,1,1.3

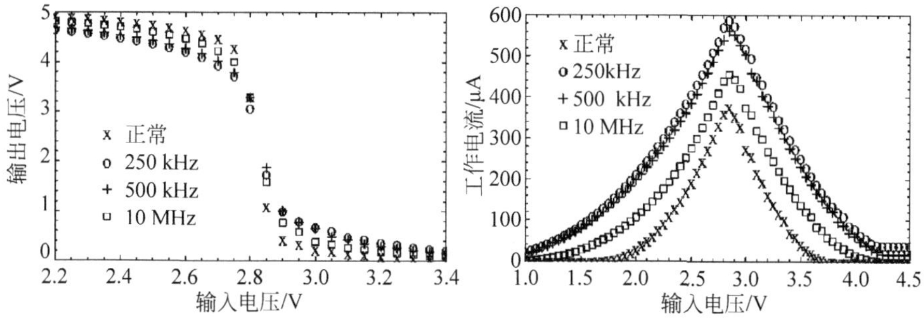

图 12-22 在 5 V 输入电压的情况下 VTC 和 CTC 的 EMI 响应

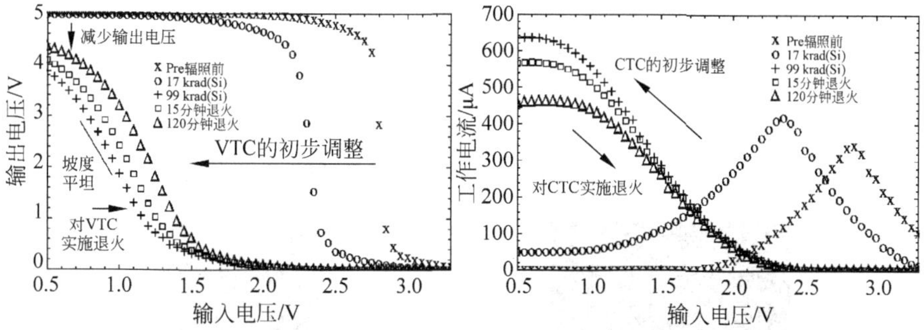

图 12-23 高输入状态下 VTC 和 CTC 随总剂量及退火时间的变化

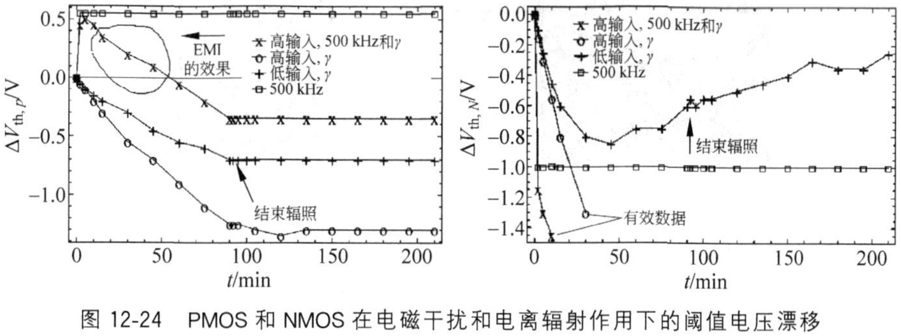

图 12-24 PMOS 和 NMOS 在电磁干扰和电离辐射作用下的阈值电压漂移

表 12-4 实验结果总结

A 反相器				
	Δ NMOS V_{th}	Δ PMOS V_{th}		
参数退化	500 kHz 和 γ HI −1.65 V	γ HI −1.35 V		
B 反相器				
	Δ NMOS V_{th}	Δ PMOS V_{th}	% Δ NMOS I_{leak}	% Δ PMOS I_{leak}
参数退化	1 GHz 和 γ LI −0.075 V	1 GHz 和 γ LI −0.075 V	1 GHz 和 γ HI 10^6	γ LI 10^6

12.3.3 ADC 芯片的实验结果

模数转化器(ADC)作为物理诊断设备、遥感设备等重要设备中的关键一环，既涉及模拟信号的采集，又涉及数字信号的生成和传输，极易受到复合辐射环境因素的干扰或者退化。ADC 的受扰和退化将严重影响诊断设备采集到的物理量的精度及可信度，甚至威胁到诊断设备的功能可靠性[17,18,19]。更严重的是，由于电离辐射总剂量效应对内部晶体管的累积损伤和参数漂移，可能会与电磁干扰造成的瞬态扰动叠加产生协和效应，造成电磁干扰现象恶化或者阈值裕度降低等现象，针对 ADC 的复合辐射环境效应研究是极其必要的。因此本研究组选取了 10 bit 商用 SAR 型低速 ADC：MCP3002 作为被测器件，开展了电离辐射总剂量和电磁辐射协和效应的测试，研究了 ADC 在不同总剂量沉积、不同类型及强度的电磁辐射下协和效应的规律。

在地面模拟空间辐射效应的实验，常用来模拟空间电离总剂量效应的是^{60}Co-γ 辐射源(图 12-25)。由于钴源发射的 γ 光子平均能量为 1.25 MeV，与 Si 材料和 Si 基半导体器件相互作用主要产生电离损伤，产生位移损伤的截面非常小，因此可将其看作纯电离效应辐射源。本次实验的剂量率设置为 49.1 rad/s。实验示意图见图 12-26 与图 12-27。

图 12-25 钴源及现场测试照片

电磁脉冲效应是指设备在高幅值快前沿的瞬态电磁场作用下产生的功能受扰、停机甚至烧毁的效应。这种瞬态电磁场中最典型的就是核电磁脉冲 NEMP。在实验室模拟电磁脉冲辐射的实验，常用高压脉冲源链接 TEM 小室，在 TEM 小室腔体里形成快前沿高强度的近似平面电磁波，具体的电磁波参数由电压脉冲源和 TEM 的参数决定，一般选择上升沿

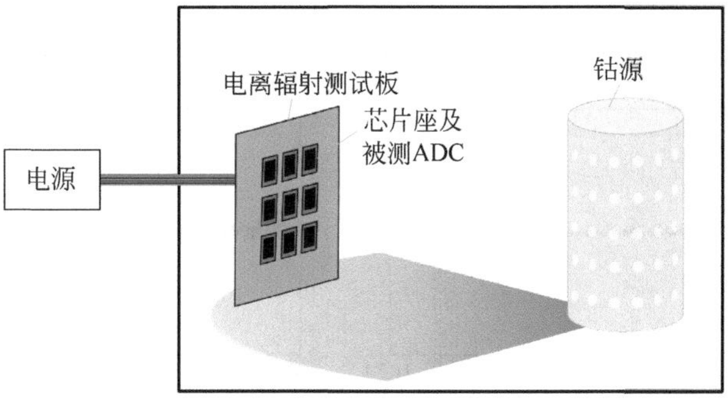

图 12-26　电离辐射测试场景示意图

1～5 ns，场强在 1～20 kV/m 作为测试环境。本次实验使用美国 FCC 公司生产的 RCC-TG-EFT 高压脉冲源，上升时间为 3.6 ns，脉宽为 45 ns，接入的 TEM 小室为集成电路测试专用的 FCC—TEM—JM4，板间距为 4 cm，最大驻波比 1.25∶1，最大输入功率 500 W，带宽 DC-2.5 GHz。

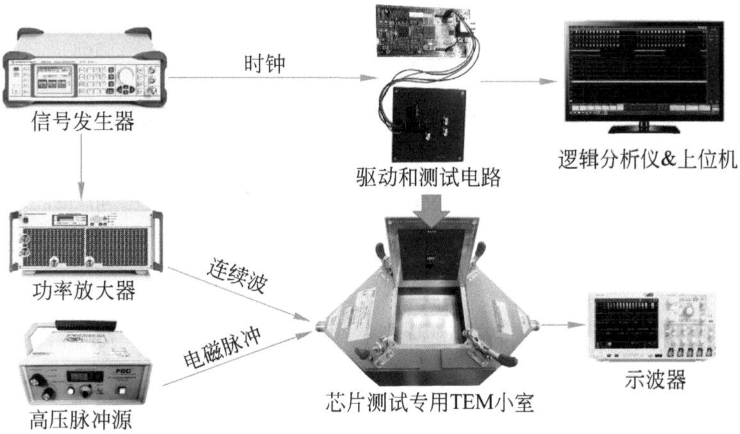

图 12-27　ADC 芯片的电磁辐射试验设备连接示意图

1. 预实验和样本制取

首先选取了三个 ADC 样本进行预测试。分别以满量程的 1/4、1/2 和 3/4，也就是 1.25 V、2.5 V 和 3.75 V 的直流电平作为输入信号，以初步观察 ADC 的性能。结果表明，当总剂量小于 40 krad(Si)时，没有观察到明显的异常现象。当总剂量达到 80 krad(Si)时，观察到样品的数字输出发生了变化。在这些结果中，输入 3/4 范围时的输出出现更严重的数据中断，DC 偏移超过 5 个 bit 甚至出现饱和锁定。由于本文旨在探讨在复合辐射环境中是否存在协同效应，因此更加关注低于完全失效阈值的样品。故而，本试验以 10 krad(Si)的间隔制作了 40～80 krad(Si)范围内的 ADC 样本，每组样本数量为 5。由于试验条件限制，本次协和效应实验采用先利用钴源进行不同总剂量的总剂量辐照，经过 48 h 的常温退火后，再对已有总剂量积累的芯片进行电磁脉冲的测试，同时对 ADC 芯片的输出信号进行实时上传和保存，以供后期分析。

在电离辐射之前，对所有样品的偏移误差和增益误差都进行了校准。通过正弦输入的直方图测试和离散傅里叶变换(DFT)方法，基于校正后的数据提取差分非线性(DNL)和信噪比(SNR)等统计和动态参数。图 12-28 和图 12-29 显示了在不同累积剂量下输入信号为 30 kHz 正弦波时 DNL 和 DFT 幅度的结果。从 DFT 幅度中提取的信噪比如图 12-30 所示。

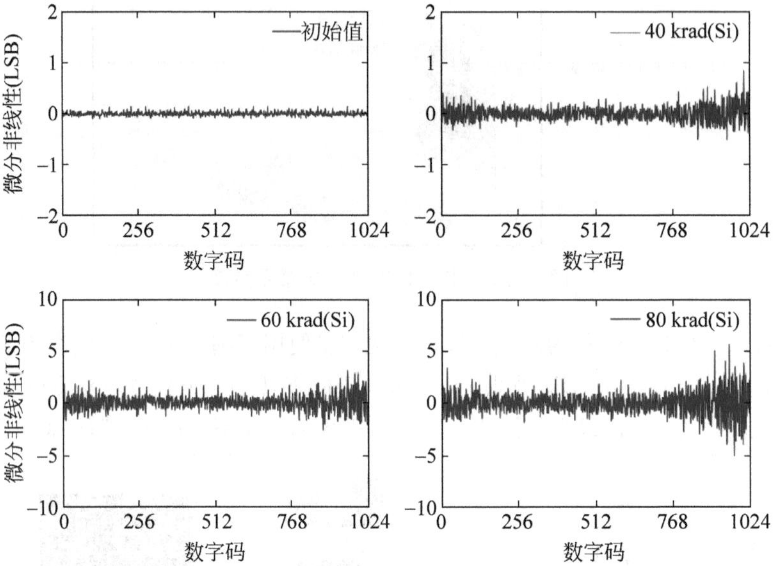

图 12-28　采样率 200 kHz 下不同总剂量时差分非线性的变化

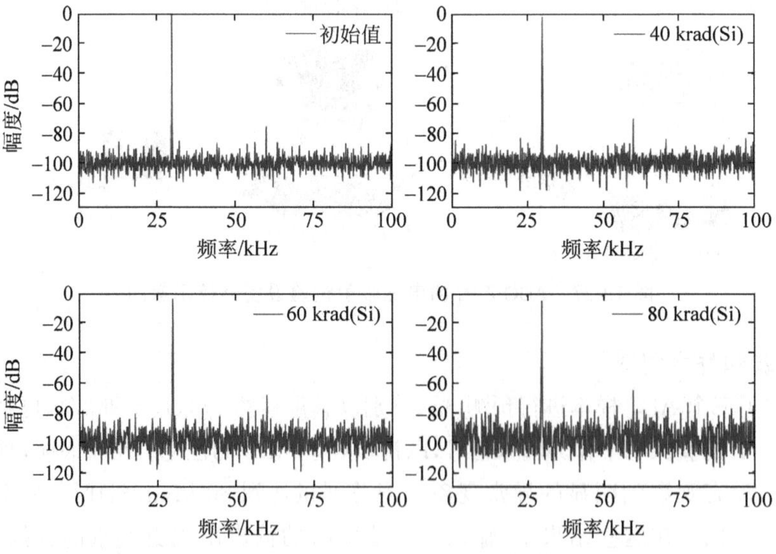

图 12-29　采样率 200 kHz 输入信号 30kHz 模拟信号时的输出信号频谱

图 12-28 揭示了在 40 krad 时，ADC 的差分非线性逐渐增加，但是大多数 ADC 样本显示所有输出位数的差分非线性几乎没有超过 1 LBS 的情况。但是，当总剂量超过 60 krad(Si) 时，差分非线性将显著增加，尤其是在数字位数范围从 700～1024 的情况下。随着总电离剂量的增加，图 12-29 显示的主频率峰值幅度逐渐减小而二次谐波增加。全频谱范围的噪声水平显示出明显的上升趋势。图 12-30 显示了在不同频率点，总电离剂量下信噪比的单调下降趋势。当总剂量低于 50 krad(Si)时，仅观察到信噪比略有下降。当总剂量达到 70～80 krad(Si)时，由于主频率幅度的下降以及谐波和总体噪声电平的增加，信噪比显著降低，

尤其是在输入信号的主频率大于采样率的 1/3 时。

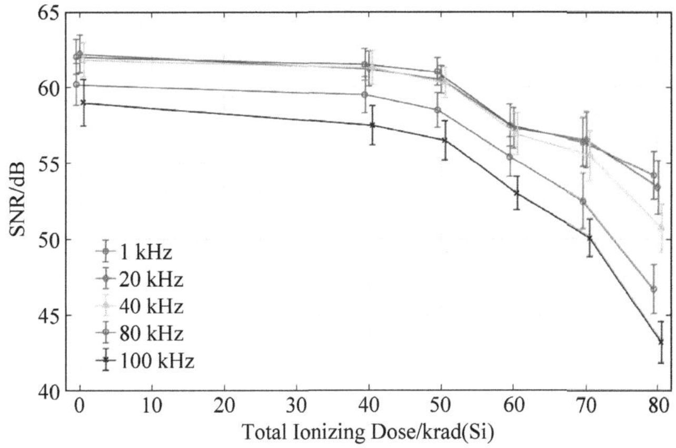

图 12-30　采样率 200 kHz，在不同总剂量时信噪比的变化

2. 单脉冲协和效应试验

在芯片样本辐射后的 10 分钟内，进行了双指数波形的电磁脉冲(EMP)测试。EMP 的场强为 20 kV/m。在实验过程中，ADC 处于工作状态，并在 10 s 内受到 20 个单脉冲的辐照。通过高阻抗探头和示波器观察到耦合到输入和输出引脚的数百毫伏瞬态干扰。但是，ADC 的数字输出未显示相应的数据错误。定义数字输出位数范围内 DNL 的平均值和最大值表示为

$$\text{Mean value} = \frac{\sum_{1}^{5}\sum_{1}^{1024}\text{DNL}_{i,n}}{1024 \times 5} \tag{12-5}$$

$$\text{Max value} = \text{Max}\{\text{DNL}_{i,n}\} \tag{12-6}$$

其中，i 和 n 是样本数和数字代码位数。如图 12-31 所示，比较具有不同电离辐射总剂量的 ADC 样本在有和没有电磁脉冲入射时采集的数据的 DNL 平均值和 SNR 的平均值，发现没有明显的变化。原因可能是耦合的电磁脉冲能量和持续时间尚不足以激活集成电路端口保护结构或造成永久性损坏。同时，耦合的瞬态干扰的持续时间很短，很难被采样保持电路捕获。

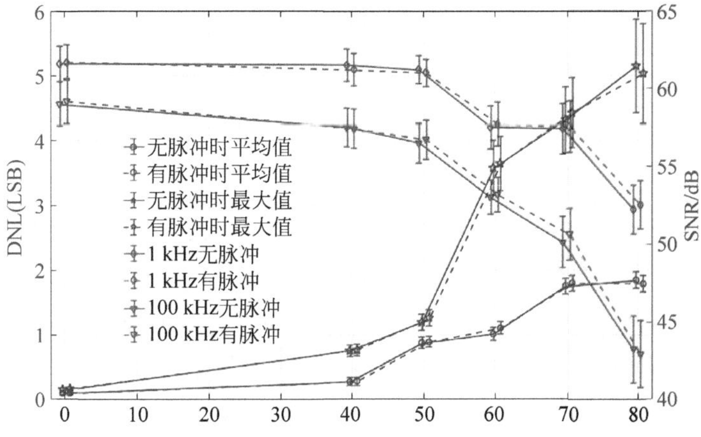

图 12-31　不同总剂量下有无单脉冲入射情况下的差分非线性及信噪比的差别

3. 连续波协和效应试验

通过实际测量和数值模拟，发现在 ICF 靶室内低于 150 MHz 的电磁能量集中。同时，由于腔体谐振，在某些频率上会存在明显的峰值。根据传导电磁干扰的影响，由带外干扰引起的非线性失真可能会很严重。考虑到 ICF 腔室的电磁环境和功率放大器参数，在本实验中选择 80 MHz 连续正弦波作为干扰源。

ADC 样品在电离辐射试验结束 48 h 后进行连续波实验。图 12-32 显示了在没有电离辐射的情况下，在 2.1 kV/m 的场强下 ADC 的数字输出出现失真。除某些个别的位数外，大多数输出失真均不超过 1 LSB。但是，值得注意的是，对于大多数样品，输入电平较高时出现的数字输出畸变更为严重。

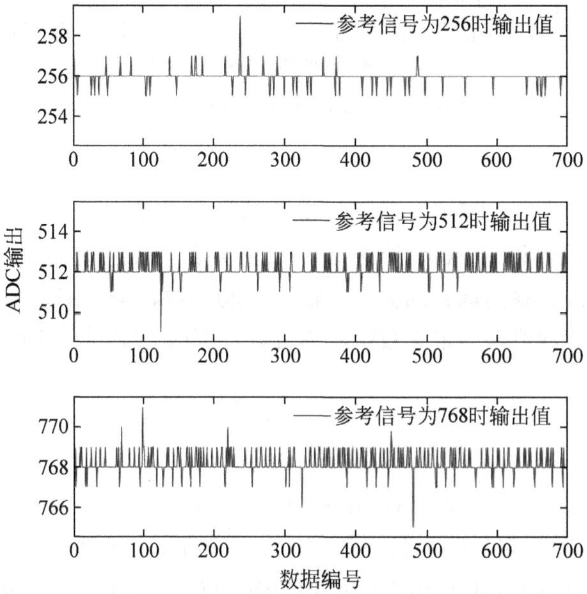

图 12-32　不同模拟直流输入时 ADC 受连续波辐射干扰的数字输出

为了评估具有恒定模拟输入的 ADC 输出的失真严重程度，定义畸变指数为下式所示的电压偏差的均方根，样本组的畸变指数则为其样本的平均值。

$$DI=\frac{\sqrt{\sum_{1}^{n}(V_{\text{output},i}^{k}-V_{\text{ref}})^{2}}}{n} \tag{12-7}$$

$$DI_{\text{group}}=\text{ave}\{DI_{\text{sample1}},\cdots,DI_{\text{sample5}}\}=\frac{\sum_{1}^{5}\sqrt{\sum_{1}^{n}(V_{\text{output},i}^{k}-V_{\text{ref}})^{2}}}{5n} \tag{12-8}$$

通过上面定义的失真指数，可以分析三种水平的直流模拟输入电压的失真严重程度。图 12-33 显示了在不同的总电离剂量和连续波场强下的偏差结果。畸变指数随电磁场场强的增加呈正向趋势，这符合直观的物理常识。至于总电离剂量，可以发现输入电压越高，失真就越严重。同时，畸变指数同样随总剂量增大呈增加的趋势，但是，许多样本组中都存在一些非单调的变化的现象。

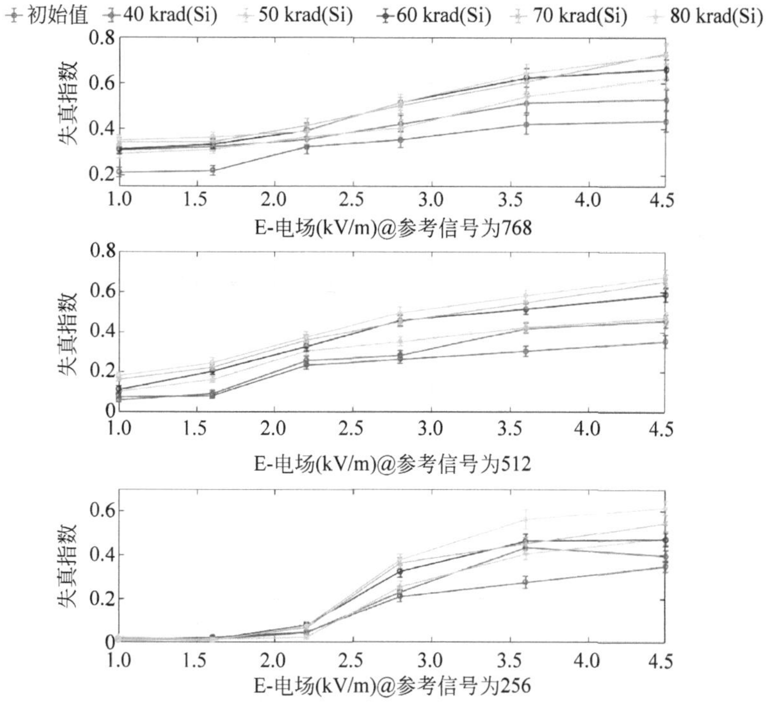

图 12-33　不同模拟直流输入下的畸变指数随总剂量的变化情况

12.4　概率阈值分析

在电子系统可靠性评估研究中，以集成电路的故障阈值描述为基础数据库具有重要意义。因此，在获得集成电路对复合辐射环境的影响后，应根据其具体应用场景确定相应的失效准则，以进行阈值分析。对于精确的测量和数据采样，物理诊断设备内部 ADC 的静态和动态参数至关重要。因此，这项工作将失败代码的出现和有效位数(ENOB)的降级超过 1 位设置为失效标准。从 DNL 和 SNR 的角度来看，将任何超过 1 LSB 的数字代码的 DNL 和 SNR 降低超过 6.02 的情况都确定为两个主要失效模式。

一旦设置了失效标准，就可以分析失效的概率阈值。在效果评估中，不确定性的影响不仅来自测量，还来自样品电离辐射造成的内部晶体管退化。通常，传统上分析系统中关键器件的失效阈值和概率分布函数，首选较大的测试样本量。然而，昂贵的测试成本和样品可获得性一直是可靠性试验面临的挑战。因此，在可靠性研究中逐渐采用各类利用小样本量来获得部件的失效阈值的方法。

威布尔分布是可靠性工程中常用的分布之一。威布尔分布的形状灵活，具有不同的分布参数，从而增强了其拟合小样本概率分布的能力和准确性。两参数威布尔分布的概率分布函数和累积分布函数为

$$f(x)=\frac{\beta x^{\beta-1}}{\theta^{\beta}}\cdot \mathrm{e}^{-\left(\frac{x}{\theta}\right)^{\beta}} \tag{12-9}$$

$$F(x)=1-e^{-\left(\frac{x}{\theta}\right)^{\beta}} \tag{12-10}$$

其中，$x>0$，$\beta>0$，$\theta>0$，参数 β，θ 分别称为形状和比例参数。对每个总剂量样本组的失效场强分别进行威布尔分布拟合。值得一提的是，分析不包括 70 krad(Si)样本组的 DNL 指标和 80 krad(Si)组的两种指标，分析都存在电磁辐射实验前就已经失效的样本，故而不参与概率阈值拟合。从图 12-34 和图 12-35 的结果来看，对于两种失效模式，都有总剂量累积越大，电磁辐射受扰阈值越低的变化趋势。

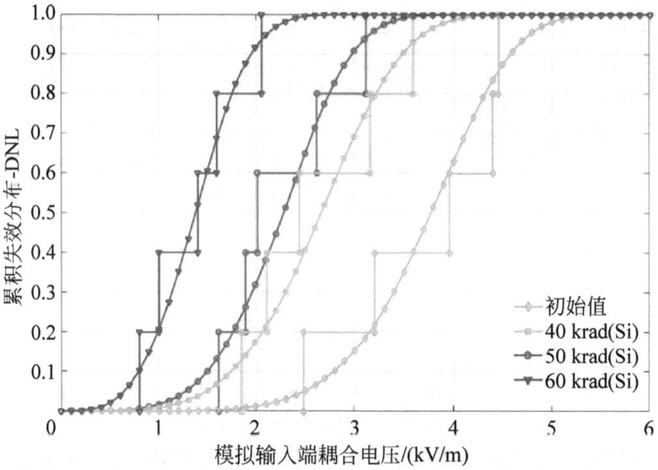

图 12-34　以差分非线性为指标，不同总剂量样本组的概率分布曲线

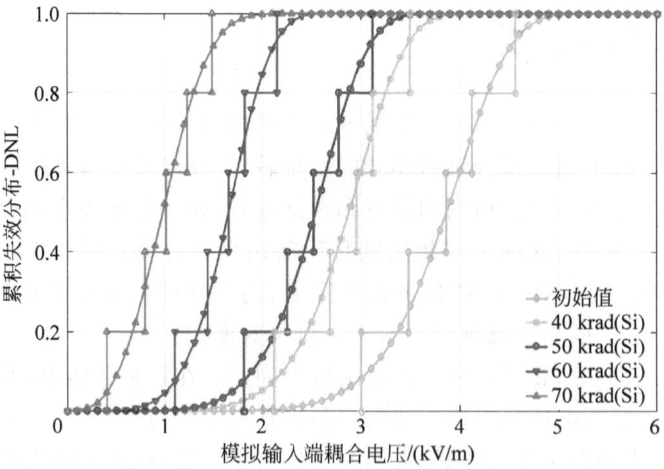

图 12-35　以信噪比为指标，不同总剂量样本组的概率分布曲线

表 12-5　威布尔参数拟合结果和 KS 检验结果

数据	θ	β	P	K
DNL 0 krad	1.48	2.99	0.887	0.235
DNL 40 krad	2.89	4.48	0.909	0.227
DNL 50 krad	2.47	4.50	0.782	0.269
DNL 60 krad	1.53	3.43	0.964	0.193

续表

数据	θ	β	P	K
SNR 0 krad	4.04	8.26	0.983	0.145
SNR 40 krad	3.04	7.20	0.971	0.176
SNR 50 krad	2.68	6.55	0.988	0.132
SNR 60 krad	1.78	5.31	0.986	0.135
SNR 70 krad	1.11	3.01	0.969	0.154

表 12-5 给出了通过最大似然估计(MLE)的拟合参数以及 Kolmogorov-Smirnov(KS)检验的 P 值和统计量 K 值。从检验结果可以看出，以 SNR 为失效判据的拟合结果要优于 DNL 判据。这一结果符合我们的预期，因为 SNR 作为动态指标，从微观角度看更能反映 ADC 内部大部分晶体管功能的变化——由于总剂量效应导致的任意功能晶体管阈值偏移和晶体管泄漏电流增加均可能导致 SNR 发生变化。而对于 DNL 判据，ADC 内部任何比较器偶然的性能下降都可能直接导致特定位数的数字输出的较大偏移，甚至导致失码，故而失效阈值的不确定性更大。因此，SNR 或其他可以反映 ADC 整体性能的动态参数更适合作为复合辐射环境的失效准则。

参考文献

[1] 张波. SRAM 存储器总剂量效应研究[D]. 2014.

[2] Fleetwood D. M. Total-Ionizing-Dose Effects, Border Traps, and 1/f Noise in Emerging MOS Technologies[J]. IEEE Transactions on Nuclear Science, 2020 67(7), 1216-1240.

[3] Oldham T R, Mc Lean F B. Total ionizing dose effects in MOS oxides and devices[J]. IEEE Transactions on Nuclear Science, 2003, 50(3): 483-499.

[4] ZHANG J, CHEN Y, LIANG P. Radiation hardness study of passivation film on Si photodiode[J]. Laser Technology, 2007, 31 (1): 83-85.

[5] Re V, Manghisoni M, Ratti L, et al. Total ionizing dose effects on the noise performances of a 0.13 μm CMOS technology[J]. IEEE Transactions on Nuclear Science, 2006, 53(3): 1599-1606.

[6] Deal B E, Grove A S. General Relationship for the Thermal Oxidation of Silicon[J]. Journal of Applied Physics, 1965, 36(12): 3770-3778.

[7] Barnaby H J. Total-ionizing-dose effects in modern CMOS technologies[J]. IEEE Transactions on Nuclear Science, 2006, 53(6): 3103-3121.

[8] 许蓉蓉. 高功率电磁脉冲辐射下半导体器件的击穿效应[D]. 上海交通大学, 2008.

[9] Ho P S, Kwok T. Electromigration in metals[J]. Reports on Progress in Physics, 1999, 52(3): 301.

[10] Tanaka T. Dielectric Breakdown in Polymer Nanocomposites[M]//Polymer Nanocomposites. Springer International Publishing, 2016.

[11] Pia-Kristina F, Schneider G A. Dielectric breakdown toughness from filament induced dielectric breakdown in borosilicate glass[J]. Journal of the European Ceramic Society, 2018, 38(13): 4476-4482.

[12] Neusel C, Schneider G A. Size-dependence of the dielectric breakdown strength from nano-to millimeter scale[J]. Journal of the Mechanics & Physics of Solids, 2014, 63(feb.): 201-213.

[13] 张翔. MOS 器件的强电磁脉冲敏感位置和损伤机理的研究[D]. 西安电子科技大学, 2020.

[14] Liang W, Alexandrou K, Klebanov M, et al. Characterization of ESD protection devices under total ionizing dose irradiation[C]. 2017 IEEE 24th International Symposium on the Physical and Failure

Analysis of Integrated Circuits (IPFA). IEEE,2017.

[15] Lawal O M, Liu S, Li Z, et al. Co gamma radiation total ionizing dose combined with conducted electromagnetic interference studies in BJTs[J]. Microelectronics Reliability,2018,8: 159-164.

[16] Estep N A,Petrosky J C, Mcclory J W, et al. Electromagnetic Interference and Ionizing Radiation Effects on CMOS Devices[J]. IEEE Transactions on Plasma Science,2012,40(6): 1495-1501.

[17] 吴平,姜云升,徐志谦,黄刘宏,孟萃. CCD 成像设备在强电磁脉冲环境下的效应实验研究[J]. 光学学报,2019,39(06): 135-142.

[18] Wu P,Xu Z, Wen L, et al. The experiment study of effects on ADC chip against radiation and electromagnetic environment [C]//The 12th International Workshop on the Electromagnetic Compatibility of Integrated Circuits (EMC COMPO). IEEE,2019.

[19] Li X,Wu P,Meng C,et al. Experimental study on probability threshold of electromagnetic effect of electronic equipment[C]//2017 Asia-Pacific International Symposium on Electromagnetic Compatibility (APEMC). IEEE,2017.

第 13 章

国际标准概况

国际电工委员会(International Electrotechnical Commission,IEC)是国际上致力于高功率电磁学(high power electromagnetics,HPEM)标准的主要组织。它的总部设在瑞士日内瓦。

近年来,其他组织也加入了与 HPEM 相关的一些工作:

(1) ITU-T 制定了一些关于电信中心 HPEM 防护的建议;

(2) IEEE 制定了一个关于公共可访问计算机的 HPEM 防护标准;

(3) CIGRE 完成了一项保护高压变电站电子设备的 HPEM 防护研究。

欧盟、中国、德国及美国等也都制定了与 HPEM 相关的民用或军用标准,还有些密级等级高的标准在公开文献中无法查阅。

13.1 IEC SC77C 发布的 HPEM 相关标准

国际电工委员会(IEC)成立于 1906 年,是世界上制定和出版所有电气、电子及相关技术国际标准的主要组织,这些统称为"电工技术"。数千名专家参加了 IEC 技术委员会(technical committee,TC)和分委员会(subcommittee,SC)的标准化工作。IEC 包括 109 个技术委员会(TC)。每个技术委员会(TC)确定其活动范围和领域,并提交 IEC 标准化管理委员会(SMB)批准。技术委员会(TC)可根据其工作计划的范围,组成一个或多个分委员会(SC)。每个分委员会(SC)定义其范围并直接向上级技术委员会(TC)报告。IEC 标准化管理局(SMB)还成立了项目委员会,负责制定不属于现有 TC 或 SC 范围的单独标准。一旦标准发布,项目委员会将解散[1]。

技术委员会 TC 77 及其分委员会 SCs 的任务是编制电磁兼容(EMC)领域的标准、技术规范和技术报告。如图 13-1 所示为 TC 77 的组织架构。TC 77 负责通用抗扰度标准、电磁环境的描述/分类、安装措施和功能安全的电磁兼容性领域的标准化。SC 77A 负责电磁兼容领域低频现象的标准化。SC 77B 负责高频的电磁兼容领域的标准化。SC 77C 负责高功率瞬态电磁现象的标准化,以保护设备、系统和装置免受强烈但不频繁的高功率瞬态现象的影响,主要是人为的有意电磁干扰。闪电和其他自然界等的瞬态现象不在 SC 77C 的范围内[1]。表 13-1 给出了 IEC SC77C 发布的与 HPEM 相关的标准[2]。

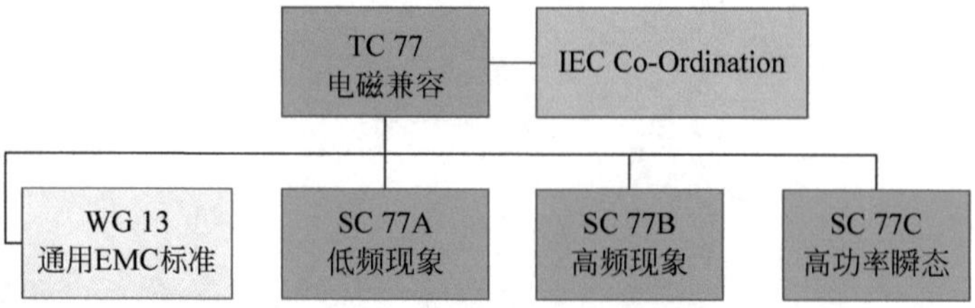

图 13-1　TC 77 的组织架构

表 13-1　IEC SC77C 发布的 HPEM 相关标准

标准编号：制定/更新时间	标 准 名称	分类	主 要 内 容
IEC TR 61000-1-3:2002	HPEM effects on civil equipment and systems	综述	描述在全世界实际和模拟电磁脉冲试验期间发生的影响。对这些效应的描述旨在说明 HPEM 对现代电子系统可能产生的影响的严重性
IEC TR 61000-1-5:2004	HPEM effects on civil systems	综述	提供了背景材料，描述了制定 IEC 标准的动机，这些标准涉及 HPEM 场、电流和电压对民用系统的影响
IEC 61000-2-9:1996	Description of HEMP environment Radiated disturbance. Basic EMC publication	环境	定义了 HEMP 环境，这是高空核爆炸的后果之一，其目的是为 HEMP 环境建立一个共同的参考，以便选择适用于受害设备的实际应力来评估其性能
IEC 61000-2-10:1998	Description of HEMP environment-Conducted disturbance	环境	定义了 HEMP 传导环境，这是高空核爆炸的后果之一，为这种环境建立一个共同的参考，以便选择适用于受害者设备的实际应力来评估其性能。 介绍在金属线、装置外部和内部以及外部天线上感应的传导 HEMP 环境
IEC 61000-2-11:1999	Classification of HEMP environments	环境	规定含有电气或电子部件的项目的抗扰度要求，以确保其在暴露于 HEMP 波形期间和(或)之后工作。为任何部件、装置、设备、子系统或系统抗扰度试验水平的选择提供了基本指导
IEC 61000-2-13:2005	HPEM environments-Radiated and conducted	环境	定义了在民用设施中可能遇到的一组典型的辐射和传导 HPEM 环境波形
IEC 61000-4-23:2016	Test methods for protective devices for HEMP and other radiated disturbances	试验和测量技术	提供了 HEMP 和其他辐射干扰的保护装置试验方法，并提供了屏蔽元件测试最重要概念的简要说明
IEC 61000-4-24:2015	Test methods for protective devices for HEMP conducted disturbance	试验和测量技术	规定了 HEMP 传导干扰保护装置的试验方法

续表

标准编号：制定/更新时间	标准名称	分类	主要内容
IEC 61000-4-25:2019	HEMP immunity test methods for equipment and systems	试验和测量技术	描述了暴露于 HEMP 环境中的电气和电子设备及系统的抗扰度试验水平和相关试验方法，还规定了测试设备和仪器测试装置、测试程序、通过/失败标准和测试文件要求的规范
IEC TR 61000-4-32:2002	HEMP simulator compendium	试验和测量技术	提供了有关现有系统级 HEMP 模拟器的信息，以及它们作为抗扰度测试要求的测试设施和验证工具的适用性
IEC 61000-4-33:2005	Measurement methods for high-power transient parameters	试验和测量技术	提供测量大功率瞬态电磁参数响应的方法和手段(如仪器)的基本描述
IEC TR 61000-4-35:2009	HPEM simulator compendium	试验和测量技术	提供了现有系统级 HPEM 模拟器及其作为抗扰度试验要求的试验设施和验证工具的适用性信息
IEC 61000-4-36:2020	IEMI immunity test methods for equipment and systems	试验和测量技术	提供了确定设备和系统对有意电磁干扰(IEMI)源抗扰度评估试验水平的方法，介绍了一般的 IEMI 问题、IEMI 源参数、测试限的推导，总结了实用的测试方法
IEC TR 61000-5-3:1999	HEMP protection concepts	安装和减缓导则	针对高空核爆炸引起的电磁脉冲，对民用设施进行充分保护的设计； 针对 HEMP 施加的应力，对现有保护进行评估； 比较 HEMP 和雷电防护的要求，以表明它们是否可以以较低的成本结合起来； 强调 HEMP 和雷电防护要求之间的差异，以便在除现有雷电防护外未采取其他措施时，评估 HEMP 的后果
IEC TS 61000-5-4	Immunity to HEMP-Specifications for protective devices against HEMP radiated disturbance	安装和减缓导则	规定了民用系统 HEMP 保护装置的具体规定，旨在协调保护装置制造商、电子设备制造商、管理机构和其他买方发布的现有或未来规范
IEC 61000-5-5:1996	Specification of protective devices for HEMP conducted disturbance	安装和减缓导则	规定了用于 HEMP 保护的传导干扰保护装置。涵盖了目前用于防止信号和低压电力线上感应 HEMP 瞬变的保护装置，但一般信息也适用于高压线路
IEC TR 61000-5-6:2002	Mitigation of external EM influences	安装和减缓导则	涵盖了减轻外部电磁影响对设施的影响的指南，旨在确保电气和电子设备或系统之间的电磁兼容性。主要适用于新设施，但在经济上可行的情况下，也可适用于现有设施的扩建或改造

续表

标准编号：制定/更新时间	标 准 名称	分类	主 要 内 容
IEC 61000-5-7:2001	Degrees of protection provided by enclosures against electromagnetic disturbances (EM code)	安装和减缓导则	描述了频率在 10 kHz～40 GHz 的空外壳对电磁干扰的防护等级的性能要求、试验方法和分类程序
IEC TS 61000-5-8:2009	HEMP protection methods for the distributed infrastructure	安装和减缓导则	提供了如何保护分布式基础设施(电力、电信、运输和管道网络等)免受 HEMP 威胁的指南
IEC TS 61000-5-9:2009	System-level susceptibility assessments for HEMP and HPEM	安装和减缓导则	提出了一种评估 HEMP 和 HPEM 环境对电子系统影响的方法
IEC TS 61000-5-10:2017	Guidance on the protection of facilities against HEMP and IEMI	安装和减缓导则	提供了保护商业设施免受高空电磁脉冲(HEMP)和有意电磁干扰(IEMI)的高功率电磁干扰的指南
IEC 61000-6-6:2003	HEMP immunity for indoor equipment	通用标准	规定了室内用电气和电子设备的高空电磁脉冲(HEMP)抗扰度要求

13.2 其他国际组织发布的 HPEM 相关标准

13.2.1 ITU-T 发布的电信中心的 HPEM 防护建议

国际电信联盟(international telecommunication union,ITU)是联合国信息和通信技术专门机构。成立于 1865 年,旨在促进通信网络的国际连接,分配全球无线电频谱和卫星轨道,制定确保网络和技术无缝互连的技术标准[3]。

ITU-T 第五研究组-环境与循环经济(ITU-T study group 5-environment and circular economy)负责研究评估通信技术对气候变化影响的方法,并出版以环保方式使用信通技术的指南。根据其环境任务规定,SG5 还负责研究设计方法,以减少通信技术和电子废物对环境的不利影响,例如通过回收通信技术设施和设备。除了以气候为重点的活动外,SG5 编制的 ITU-T 建议、手册和其他出版物还有四个主要目标。第一是保护电信设备和装置免受电磁干扰(如雷电干扰)造成的损坏和故障。在这一领域,SG5 是世界上最有经验和最受尊敬的标准化机构之一。第二是确保人员和网络用户在电信网络中使用电流和电压时的安全。第三是避免电信设备和装置产生的电磁场(EMF)带来的健康风险。第四,通过对铜缆特性和不同提供商提供的服务共存的要求,保证高速数据服务的良好服务质量(QoS)。图 13-2 为 ITU-T SG5 的结构[4]。表 13-2 为 ITU-T 制定的 HPEM 相关的建议和补充文件[5-9]。

PLEN	
Q8/5	Guides and terminology on environment Continuation of Q8/5
WP1/5	**EMC, lightning protection, EMF**
Q1/5	Electrical protection, reliability, safety and security of ICT systems Continuation of Q1/5 and Q5/5
Q2/5	Protecting equipment and devices against lightning and other electrical events Continuation of Q2/5
Q3/5	Human exposure to electromagnetic fields (EMFs) due to digital technologies Continuation of Q3/5
Q4/5	Electromagnetic compatibility (EMC) aspects in ICT environment Continuation of Q4/5
Q5/5	Security and reliability of information and communication technology (ICT) systems from electromagnetic and particle radiations Discontinued. Question 5/5 was merged with Question 1/5 on 18 January 2021, following endorsement by TSAG
WP2/5	**Environment, Energy Efficiency and the Circular Economy**
Q6/5	Environmental efficiency of digital technologies Continuation of part of Q6/5
Q7/5	E-waste, circular economy and sustainable supply chain management Continuation of Q7/5
Q9/5	Climate change and assessment of digital technologies in the framework of the Sustainable Development Goals (SDGs) and the Paris Agreement Continuation of part of Q9/5
Q10/5	Adaptation to climate change and low cost and sustainable resilient information and communication technologies (ICTs) Discontinued in 2017. Continuation of Q14/5 and Q15/5 (Study period 2013-2016).
Q11/5	Climate change mitigation and smart energy solutions Continuation of part of Question 6/5
Q12/5	Adaptation to climate change through sustainable and resilient digital technologies Continuation of part of Question 6/5 and part of Question 9/5
Q13/5	Building circular and sustainable cities and communities

图 13-2 ITU-T SG5 的结构(2017—2020)

表 13-2 ITU-T 制定的 HPEM 相关的建议和补充文件

编 号	名 称	主 要 内 容
Recommendation K. 78 (12/20)	High altitude electromagnetic pulse immunity guide for telecommunication centres 通信中心高空电磁脉冲抗扰度指南	规定了安装在电信中心用于交换、传输、无线电通信和配电等功能的设备对高空电磁脉冲(HEMP)的辐射和传导抗扰度要求。要求包括各安装条件下电信设备的抗扰度试验方法和水平。通过在建筑物和(或)设备外壳上应用浪涌防护装置(SPD)进行浪涌缓解和电磁屏蔽,电信系统可以更加坚固
Recommendation K. 81 (06/16)	High-power electromagnetic immunity guide for telecommunication systems 通信系统用高功率电磁抗扰度指南	提供了关于确定故意 HPEM 攻击所带来的威胁级别的指南,以及可用于最小化该威胁的物理安全措施。所考虑的 HPEM 源是 IEC 61000-2-13 中所述的源,以及最近出现的一些附加源。建议 ITU-T K. 81 还提供了有关设备脆弱性的信息
Recommendation K. 87 (06/16)	Guide for the application of electromagnetic security requirements-Overview 电磁安全要求的应用指南.概述	概述了电信设备的电磁安全风险,并说明了如何评估和预防这些风险,以便按照建议 ITU-T X. 1051 管理 ISMS。本建议中涉及的主要电磁安全风险如下:• 自然电磁(EM)威胁(如闪电);• 无意干扰(即电磁干扰、EMI);• 故意干扰(即故意电磁干扰,IEMI);• 通过高空电磁脉冲(HEMP)蓄意进行电磁攻击;• 蓄意的高功率电磁(HPEM)攻击;• 电磁辐射产生的信息泄漏(即电磁安全,EMSEC);• 针对电磁安全威胁的缓解方法

续表

编　　号	名　　称	主 要 内 容
Recommendation K. 115 (11/15)	Mitigation methods against electromagnetic security threats 电磁安全威胁的缓解方法	规定了针对电磁(EM)安全威胁的缓解方法,如高空电磁脉冲(HEMP)、高功率电磁(HPEM)、电信设备和设施的信息泄漏和雷电。本建议适用于所有类型的电信设备和设施,如交换设备、调制解调器和安装设备的建筑物
Recommendation K. Sup5 (04/16)	ITU-T K. 81-Estimation examples of the high-power electromagnetic threat and vulnerability for telecommunication systems 电信系统大功率电磁威胁和脆弱性的评估示例	给出了有意高空电磁脉冲(HPEM)攻击威胁的评估和计算示例。所考虑的 HPEM 源是 IEC 61000-2-13 中所述的源,以及最近出现的一些附加源。本补充文件还提供了有关电信设备脆弱性的信息,并给出了脆弱性示例。设备应满足建议 ITU-T K. 48 中提出的抗扰度要求和相关的电阻要求,如建议 ITU-T K. 20、ITU-T K. 21 和 ITU-T K. 45 中所述的抗扰度要求

13.2.2 IEEE 制定的公共可访问计算机的 HPEM 防护标准

IEEE 电磁兼容协会在 TC-5(高功率电磁)的支持下,制定了 IEEE Std 1642™—2015 IEEE Recommended Practice for Protecting Publicly Accessible Computer Systems from Intentional Electromagnetic Interference (IEMI) 保护公众可访问计算机系统免受有意电磁干扰(IEMI)的实施规程。该推荐规程为特定类别的计算机设备确定了适当的电磁(EM)威胁等级、保护方法、监控技术和测试技术。本该荐规程中考虑的主要设备类别包括固定(非移动)计算机设备。例如自动柜员机(ATM);商店的电子收银机;银行和机场的计算机设备;控制交通流的计算机设备;控制通信或允许互联网接入的计算机设备;提供警察、消防和安全服务的计算机设备;控制电网运行的计算机设备(包括智能电表);医院使用的计算机设备等[10]。

13.2.3 CIGRE 制定的高压变电站电子设备的 HPEM 防护建议

国际大型电力系统理事会(international council on large electric systems,CIGRE)于2014 年发布了技术手册 Protection of High Voltage Power Network Control Electronics Against Intentional Electromagnetic Interference (IEMI) 高压电网控制电子设备的有意电磁干扰防护(IEMI)。该技术手册描述了在高压变电站发现的低压控制电子设备中恶意使用电磁武器造成有意电磁干扰(IEMI)的潜在影响,介绍了可用于减少或消除干扰可能性的评估和缓解方法[11]。

13.3 欧盟发布的 HPEM 相关文件

近年来,欧盟对 HPEM 的关注度大大增加,资助了三个和 HPEM 相关的项目。表 13-3 给出了欧盟资助的 3 个 HPEM 相关项目的基本情况[13]。表 13-4 给出了 HIPOW 项目提出的指导性文件[12]。表 13-5 给出了 SECRET 项目提出的指导性文件[14]。

表 13-3　欧盟资助的 3 个 HPEM 相关项目

项目名称(总预算)	时间	主要内容
HIPOW Protection of Critical Infrastructures against High Power Microwave Threats 保护关键基础设施免受高功率微波威胁 (€ 4 701 322,77)	2012 年 6 月 1 日至 2016 年 1 月 31 日	旨在制定一个保护关键基础设施免受电磁辐射威胁的整体制度。整体制度将包括有关强化措施和稳健架构的指导，适用于组织层面的建议风险管理流程，适用于国家和欧洲层面关键基础设施的标准和指南的输入。该项目将对构成关键基础设施一部分的组件和系统进行真正的实验和测试，并开发一种能够探测辐射的原型传感器。在实验的基础上，该项目将推荐检测和保护措施
STRUCTURES Strategies for the Improvement of Critical infrastructure Resilience to Electromagnetic Attacks 提高关键基础设施抗电磁攻击能力的策略 (€ 4 797 531,10)	2012 年 7 月 1 日至 2015 年 10 月 31 日	旨在分析电磁攻击，特别是故意电磁干扰(IEMI)对这些关键基础设施的可能影响，评估其对国防和经济安全的影响，确定创新意识和保护战略，并为决策者提供电磁攻击可能造成的后果
SECRET SECurity of Railways against Electromagnetic aTtacks 铁路防电磁攻击安全 (€ 4 256 417,80)	2012 年 8 月 1 日至 2015 年 11 月 30 日	旨在评估电磁攻击对铁路基础设施的风险和后果，确定预防和恢复措施，并制定保护解决方案，以确保铁路网在受到可能干扰大量指挥控制的故意电磁干扰的情况下的安全、通信或信号系统

表 13-4　HIPOW 项目提出的指导性文件

文件号	文件名称
D1.1～1.3	Periodic Reports 定期报告(公开)
D2.1	Threat and capabilities, critical infrastructures vulnerabilities and preparedness 威胁和能力、关键基础设施脆弱性和准备(保密)
D2.2	Regulatory framework and Hardening architectures 监管框架和强化架构(保密)
D2.3	Risk and cost based scenario analysis 基于风险和成本的情景分析(保密)
D3.1	Scientific report on experimentation. Analysis of intrinsic and typical vulnerabilities in the various categories of Infrastructure 关于实验的科学报告。各类基础设施的固有和典型漏洞分析(保密)
D3.2	Evaluation of sets of protective measures complete with expected physical and financial impact 评估整套保护措施，包括预期的物理和财务影响(保密)
D3.3	Scientific reports documenting the experiments and their results 记录实验及其结果的科学报告(保密)
D4.1	Risk management NNEMP/HPM attacks detection, verification and diagnostic methods and tools. 风险管理 NNEMP/HPM 攻击检测、验证和诊断方法及工具(公开)
D4.2	NNEMP/HPM risk management process for critical infrastructures owners 关键基础设施所有者的 NNEMP/HPM 风险管理流程(公开)

续表

文件号	文 件 名 称
D4.3	Prototype detector 原型探测器(公开)
D5.1	HIPOW Database on Risk Assessment and costs of attacks HIPOW 攻击风险评估和成本数据库(保密)
D5.2	HIPOW Web Site HIPOW 网站(公开)
D5.3	NNEMP/HPM Knowledge Database Exploitation NNEMP/HPM 知识库的开发(保密)
D6.1	Overview of legal and ethical issues of the existing regulations of NNEMP/HPM protection across Europe 欧洲现有 NNEMP/HPM 保护法规的法律和伦理问题概述(公开)
D6.2	Proposed organizational framework for protection and preparedness against NNEMP/HPM 针对 NNEMP/HPM 的保护和准备的拟议组织框架(保密)
D7.1	Input to the EU Electrical Standards Organization, e. g. Cenelec 向欧盟电气标准组织(如 Cenelec)提供信息(公开)
D7.2	Input to the International Electrotechnical Commission (IEC) 国际电工委员会(IEC)的投入(公开)
D7.3	Handbooks on real life implementation of our recommendations 现实生活中的建议手册(公开)
D8.1	Unclassified Workshop 非保密的工作组(公开)
D8.2	Final conference 最后会议(公开)

表 13-5 SECRET 项目提出的指导性文件

工作组 1	THREAT ANALYSIS AND RISK ASSESSMENT OF ATTACKS EM SCENARIOS 电磁攻击场景的威胁分析与风险评估
D1.3	Model of the waveforms to detect 检测波形的模型
工作组 3	MONITORING THE EM ENVIRONMENT AND DETECTION OF EM ATTACKS 监测电磁环境并检测电磁攻击
D3.1	Synthesis model for experimental simulation of normal and attack conditions-methodology and results 正常和攻击条件实验模拟的综合模型-方法和结果
D3.2	EM attack detection: parameters to control and sensors 电磁攻击的检测：控制参数和传感器
D3.3	Detection model for classification and recognition EM attacks status 电磁攻击状态分类识别的检测模型
D3.4	Assessment of the monitoring and detection solution: test report 监测检测方案评价：试验报告
工作组 4	DYNAMIC PROTECTION: DETECTION SYSTEM FOR RESILIENT ARCHITECTURE 动态保护：弹性建筑的检测系统
D4.1	Preliminary specification of the dynamic protection system 动态保护系统初步规范
D4.2	Final specification of the dynamic protection system 动态保护系统最终规范
D4.3	Simulation and assessment results of dynamic protection system 动态保护系统仿真与评估结果
D4.4	Implementation of the dynamic protection system 动态保护系统的实现
D4.5	Validation of the implementation through use case 通过用例验证实现

续表

工作组 5	RECOMMENDATIONS FOR A RESILIENT RAILWAY INFRASTRUCTURE TO EM ATTACKS 铁路基础设施抵御电磁攻击的建议
D5.1	Repository of elements relevant for proposal 标书相关要素库
D5.2	Proposal for TecRec on preventive and recovery measures 预防和恢复措施的提案
D5.3	Proposal for TecRec on static hardening rules 静态强化规则的建议
D5.4	Proposal for TecRec on EM attack detection 电磁攻击检测的建议
D5.5	Proposal for TecRec on redundancy for resilient architecture 弹性架构冗余的提案
工作组 6	EXPLOITATION AND DISSEMINATION 开发和传播
D6.3	Dissemination events 传播活动

13.4　各国发布的 HPEM 相关标准

13.4.1　美国军用 HEMP 标准

美国在 EMP 理论、实验研究领域和实际应用方面具有世界领先水平。美国国防部(United States Department of Defense)国防威胁降低局(Defense Threat Reduction Agency)作为国防部指定的电磁脉冲生存能力评估卓越中心，长期负责电磁脉冲领域的相关研究，负责编写、制定、更新涉及电磁脉冲的军标、手册等，主要涉及陆、海、空等各类系统、装备，未来可能还会颁布涉及空间环境或系统的标准。

总体来看，美国军用标准主要涉及 HEMP 环境及效应要求、分系统/设备抗 EMP 要求与试验方法、武器系统的 HEMP 防护要求及验证方法等三方面的技术内容，相关的手册给出设计指南，并依据这些标准实现武器系统的 HEMP 环境要求。表 13-6 给出了美国的军用 HEMP 标准[15]。

表 13-6　美国军用 HEMP 标准

标准编号： 制定/更新时间	标准名称	分类	主 要 内 容
MIL-STD-2169C：2012	HEMP 环境	环境要求	保密 对 HEMP 波形(E1，E2 和 E3)进行了详细定义。可参考 MIL-STD-464 和 MIL-STD-188-125
MIL-STD-464C：2010	系统电磁环境效应要求	环境及效应要求	非保密 参考 MIL-STD-2169 和 IEC61000-2-9，给出 E1，E2 和 E3 波形的时域特性，提出了设备和系统对于 EMP 的兼容性要求，并以 MIL-STD-188-125-1/2 作为底层标准支持

续表

标准编号：制定/更新时间	标准名称	分类	主 要 内 容
MIL-STD-461G:2015	分系统和设备的电磁干扰特性控制需求	环境要求、加固/防护要求、分系统/设备级试验方法	非保密 采用了IEC61000-2-9中定义的HEMP早期波形。在RS105、CS115和CS116部分给出设备/分系统的抗HEMP能力要求和测试方法
MIL-STD-3054(制定中)	大气层内/外综合核环境军用标准	环境要求	保密 为确保地基、机载、导弹、海军武器系统等能够在核环境中正常工作，制定了一个综合的核爆大气环境标准
MIL HDBK 423:1996	固定和移动地基设施的HEMP防护 第一卷：固定设施	加固/防护要求、试验方法	保密 执行关键、紧急任务的固定地基设施的HEMP防护项目的计划、管理、后勤保障和数据要求以及对作战系统和作战设施的加固维护/加固监视要求。本手册与MIL-STD-188-125结合使用
EP 1110-3-2:1990	设施的电磁脉冲与TEMPEST防护的工程与设计建议	加固/防护要求、试验方法	非保密 用于设计、建造、维护关键任务设施，如指挥、控制、通信、情报网络等。也包括有关现有建筑的增建、升级、翻新
MIL-STD-1310H:2009	有关舰船EMI，EMP缓和、安全的接地、搭接与其他技术	加固/防护要求	非保密 适用于金属和非金属船体，应用于舰船的建造、检查、改装和维修过程
MIL-STD-1766B:1994	洲际弹道导弹武器系统单元的加固设计、加固界面控制、设施加固以及加固的研究、分析与试验	加固/防护要求	非保密 对洲际弹道导弹武器系统单元的加固设计、加固界面控制、设施加固以及加固的研究、分析与试验等多方面明确列出了EMP加固要求
MIL-STD-3023:2011	军用飞机的HEMP防护	加固/防护要求	保密 确定了军用飞机所具备的Ⅰ、Ⅱ、Ⅲ三个等级核电磁脉冲生存能力对设计裕度、性能指标、测试草案的要求。该标准适用于支持多重任务的飞机。同时，被指定为任务关键子系统且有HEMP生存能力要求的飞机子系统，应全面遵循该标准。该标准也适用于该标准中未提及的无人机等平台

续表

标准编号： 制定/更新时间	标准名称	分类	主 要 内 容
MIL-STD-4023：2016	海军水面舰艇的 HEMP 防护	加固/防护要求	保密 为应对 HEMP 威胁环境带来的海军资产、装备的功能翻转或损伤，给出了基于性能的防护标准规范。相关的 HEMP 防护子系统可通过授权采购和生产，但设计需求必须符合基于性能的要求和标准
MIL-STD-188-125-1/2：2008	执行关键、紧急任务的地基 C4I 装备的 HEMP 防护	加固/防护要求、系统级试验验证方法	非保密 美国国防部接口标准。地基固定系统和地基移动系统的 HEMP 防护技术要求和设计目标，分为两部分：第一部分为固定设施的 HEMP 加固；第二部分为移动系统的 HEMP 加固

13.4.2　中国的 HPEM 相关标准

我国的全国电磁兼容标准化技术委员会大功率暂态现象分技术委员会，编号 TC246/SC3，由全国电磁兼容标准化技术委员会筹建，国家标准化管理委员会进行业务指导，是国际电工委员会 IEC/TC77C 委员会的大功率暂态现象分技术委员会的国内对口标委会，负责大功率暂态现象专业技术领域标准的制定、修订、审查、宣贯、解释和技术咨询等工作[16]。表 13-7 给出了我国的制定的 HEMP 相关标准[17-21]，其他 HPEM 标准在陆续出版中。

表 13-7　我国的 HEMP 相关标准

标准编号	标准名称	分类	采用的国际标准	起草单位
GB/T 17626.24-2012	HEMP 传导骚扰保护装置的试验方法	试验和测量技术	IEC61000-4-24：1997	中国电力科学研究院、国网电力科学研究院
GB/T 17799.5-2012	室内设备高空电磁脉冲（HEMP）抗扰度	通用标准	IEC61000-6-6：2003	工业和信息化部电子工业技术标准化研究所、国网电力科学研究院
GB/T 18039.8-2012	高空核电磁脉冲(HEMP)环境描述传导骚扰	环境	IEC61000-2-10：1998	解放军理工大学工程兵工程学院
GB/T 18039.10-2018	HEMP 环境描述辐射骚扰	环境	IEC61000-2-9：1996	清华大学
GB/Z 30556.3-2017	高空核电磁脉冲(HEMP)的防护概念	安装和减缓导则	IEC/TR61000-5-3：1999	工业和信息化部电子工业标准化研究院

我国军用装备系统电磁环境效应的国军标技术体系以 GJB 1389A、GJB 8848、GJB 151B 三个标准为主体，涉及电磁环境效应与防护、系统电磁兼容性与电磁环境适应性等诸多方面[22]。表 13-8 给出了这三个标准的简要信息[22-25]。

表 13-8　我国军用装备系统电磁环境效应的相关标准

标准编号	标准名称	主要内容
GJB 1389A—2005	系统电磁兼容性要求	明确了系统电磁环境效应的 14 个项目要求
GJB 151B—2013	军用设备和分系统电磁发射和敏感度要求与测量	明确了组成装备系统的各分系统与设备的电磁兼容性 21 项要求与对应测量方法
GJB 8848—2016	系统电磁环境效应试验方法	给出了各平台装备系统电磁环境效应试验的具体方法

此外，近年来，我国还由工业和信息化部电子第四研究院起草了一系列的军用集成电路电磁抗扰度测量方法的行业标准。表 13-9 给出了这些标准的简要信息[26-30]。

表 13-9　我国电磁脉冲效应相关的行业标准

标准编号	标准名称	主要内容	采用的标准
SJ 21473.1—2018	军用集成电路电磁抗扰度测量方法 第 1 部分：通用条件和定义	规定了军用集成电路（IC）传导和辐射电磁抗扰度测量的通用条件和定义，规定了试验条件、试验设备和配置、试验程序和试验报告等内容	IEC 62132-1—2006 集成电路。150 kHz～1 GHz 电磁抗扰度的测量。第 1 部分：一般条件和定义
SJ 21473.2—2018	军用集成电路电磁抗扰度测量方法 第 2 部分：辐射抗扰度测量 TEM 小室和宽带 TEM 小室法	给出了使用 TEM 小室和宽带 TEM 小室对军用集成电路进行辐射抗扰度测量的方法，包括试验设备、试验配置、试验程序等。本部分适用频率范围为 150 kHz～1 GHz 或根据 TEM 小室和宽带 TEM 小室特性决定的频率范围	IEC 62132-2—2010 集成电路，电磁抗扰度测量。第 2 部分：辐射抗干扰的测定，横电磁波传输室和宽带横电磁波传输室方法
SJ 21473.3—2018	军用集成电路电磁抗扰度测量方法 第 3 部分：传导抗扰度测量 大电流注入（BCI）法	规定了军用集成电路（IC）遭受射频（RF）信号直接辐射而在设备和系统线缆上感应出的电流时的传导骚扰抗扰度要求和试验方法。本部分适用于具有板外连接线的 IC，如连接到电缆束中。本方法用于把 RF 电流注入到一根或一束线缆中，为设备内部使用的半导体器件的评估提供了通用方法	IEC 62132-3—2007 集成电路。150 kHz～1 GHz 电磁抗扰性的测量。第 3 部分：大容量电流注入（BCI）法
SJ 21473.4—2018	军用集成电路电磁抗扰度测量方法 第 4 部分：传导抗扰度测量 射频功率直接注入法	规定了军用集成电路（IC）遭受射频（RF）信号直接注入的传导抗扰度要求及测量方法。本部分适用于对设备中的半导体器件在无用 RF 电磁波环境下工作时的评估	IEC 62132-4—2006 集成电路。150 kHz～1 GHz 电磁抗扰度的测量。第 4 部分：直接射频功率注入法

续表

标准编号	标准名称	主 要 内 容	采用的标准
SJ 21473.5—2018	军用集成电路电磁抗扰度测量方法 第 5 部分：传导抗扰度测量 工作台法拉第笼法	规定了通过法拉第笼注入干扰信号到军用集成电路上来测试军用集成电路的传导抗扰度性能的要求和试验方法。本部分适用于安装在标准试验板上或最终应用在印制电路板(PCB)上的 IC	IEC 62132-5—2005 集成电路。150 kHz～1 GHz 电磁抗扰度的测量。第 5 部分：工作台法拉第笼法

13.4.3　其他各国发布的 HPEM 相关标准

北约及相关国家的军用 HPEM 标准采用的是美军标给出的 HEMP 技术参数和测试标准。表 13-10 给出了北约及相关国家的军用 HEMP 标准[12]。

表 13-10　北约及相关国家的军用 HEMP 标准

国别	标准编号： 制定/更新时间	标准名称	分类	主 要 内 容
北约	NATO AEP 4:1991	军事装备与设施的核生存能力标准	环境要求	保密(已废止) 参照军标 STANAG 4145。涵盖了 HEMP 在内的所有核武器效应环境。附件中为陆军、海军、空军装备提出相关要求
北约	NATO STANAG 4145 Amd. 2:2002	军事装备与设施的核生存能力标准 AEP-4	环境要求、加固/防护要求	非保密 北约国家所接受的 AEP-4 标准，定义了军事装备与设施的核生存能力方法、标准。涵盖了 HEMP 在内的所有核环境
北约	NATO AECTP 250:2014	电气与电磁环境条件	环境要求	非保密 涵盖了 HEMP、SREMP 和 SGEMP 环境。参考了 STANAG 4145 和 IEC 61000-2-9
英国	Def Stan 59-411, Part 2:2014	电磁兼容第 2 部分：电力、磁与电磁环境	环境要求	非保密 参考了 AEP-4/Def Stan 08-4 和 IEC 61000-2-9
英国	Def-Stan-08-4 Part 1:2010	核武器爆炸效应与加固-第 1 部分：核武器爆炸产生的环境	环境要求、加固/防护要求	保密 涵盖了 HEMP 在内的所有核武器效应环境。第 5 章介绍了 HEMP 环境，参考了 NATO AEP-4
德国	DIN VG 95371-10:2014	含 EMP 和雷电的 EMC 防护基础 第 10 部分：威胁级 NPMP 与雷电	环境要求	保密 给出了 NEMP 和闪电环境的相似性与区别

续表

国别	标准编号：制定/更新时间	标准名称	分类	主要内容
北约	NATO 1460-3:1998	GMP工程应用手册	加固/防护要求	非保密 俗称“绿皮书”。给出了关于屏蔽性能、波导与孔洞、穿透、电缆屏蔽与接地的详细指南
英国	Def Stan 59-411，Part 5:2014	电磁兼容第5部分：三军设计与安置的实践准则	加固/防护要求	非保密 统一的电磁环境方法中关于HEMP的设计要求，适用于安装在空中平台、地基载具、水面舰艇及潜艇上的电子装备与装置
德国	DIN VG 96907-1 and 2:2013/2011	NEMP和雷电防护—设计指南与防护装置	加固/防护要求	非保密 该标准给出使用EMP与雷电防护装置的特殊设计指南。分为两个部分。第1部分：基本原理；第2部分：不同应用的特性
北约	NATO AECTP 500:2016	电力、磁与电磁环境—电磁环境效应试验与验证	系统级、分系统/设备级试验方法	非保密 该标准中的试验方法源于MIL-STD 461。该标准含6个文件，给出了E3实验要求及规程，为陆、海、空、天系统及相关军械建立了E3界面要求和验证标准，确保武器平台、系统、子系统以及装备符合电磁兼容要求
英国	Def Stan 59-411，Part 3:2014	电磁兼容第3部分：试验方法与设备与分系统限制	分系统/设备级试验方法	非保密 给出了测量电磁兼容特性的优先技术，以限制经传导或辐射而传播与耦合非有意的电磁能。主要涉及人员穿戴装备、手持装备、线性可替代单元及子系统等，也给出了详细的电磁兼容试验设备要求
北约	NATO AEP-09 Volume 5:1994	核武器效应模拟器指南-EMP效应模拟器	模拟器指南、效应试验	保密 介绍了北约国家的电磁脉冲模拟器
北约	NATO AEP-18:1988	NATO EMP试验与模拟用户指南	模拟器指南、效应试验	保密 指导用户满足AEP-4中规定的环境要求。给出一个利用AEP-9第5册中所描述的EMP设施，成功制定/完成EMP验证与验收试验的路线图。给出根据指定的系统类型选择合适试验设施的识别技术

续表

国别	标准编号：制定/更新时间	标准名称	分类	主要内容
北约	NATO AEP-20：1993	NATO 移动屏蔽体内系统的 EMP 试验规程	模拟器指南、效应试验	保密 给出设计指南和验收试验方法的一些特定细节。重点参考了 NATO 1460-3
北约	NATO AEP-21：1992	EMP 测量的校准规程建议	模拟器指南、效应试验	保密 针对标准 AEP-18 中所描述的模拟器、其他 EMP 发射与传导测试方法，给出了校准规程
英国	Def Stan 59-188:2009	执行关键、紧急任务的地基通信设施的 HEMP 防护	加固/防护要求、系统级试验验证方法	非保密 基于美军标 MIL-STD-188-125

固然按参考标准开展相关的效应与防护工作是必要的，但我们还要了解标准是不断发展变化并完善的，对标准进行及时维护与修订也是各标准组织一项重要的工作，应该知其然还要知其所以然。中国的科研工作者在国际标准制定中也在贡献自己的智慧，与时俱进，努力保持研究水平处于前沿与领先地位。

参考文献

[1] https://www.iec.ch/homepage.
[2] https://oc.iec.ch/#/view?tab=search&q=eyJtb2RlIjoiUFVCTElDQVRJT04iLCJzb3J0QnkiOiJyZWZlcmVuY2UtLWFzYyJ9.
[3] https://www.itu.int/en/about/Pages/default.aspx.
[4] https://www.itu.int/net4/ITU-T/lists/sgstructure.aspx?Group=5&Period=16.
[5] https://www.itu.int/rec/T-REC-K.78/en.
[6] https://www.itu.int/rec/T-REC-K.81/en.
[7] https://www.itu.int/rec/T-REC-K.87/en.
[8] https://www.itu.int/rec/T-REC-K.115/en.
[9] https://www.itu.int/rec/T-REC-K.Sup5/en.
[10] https://ieeexplore.ieee.org/document/7031355.
[11] https://e-cigre.org/publication/600-protection-of-high-voltage-power-network-control-electronics-against-intentional-electromagnetic-interference-iemi.
[12] http://www.hipow-project.eu/hipow/.
[13] https://cordis.europa.eu/project/id/285257.
[14] http://www.secret-project.eu/.
[15] 冯寒亮，孙蓓云. 美军有关核电磁脉冲研究的指令、指示、标准及试验操作规程[J]. 核科学与技术，2018(1)：1-9.
[16] http://std.samr.gov.cn/search/orgDetailView?data_id=AAFFD7208E0DF941E05397BE0A0A8B54.
[17] GB/T 17626.24-2012，电磁兼容　试验和测量技术 HEMP 传导骚扰保护装置的试验方法[S].
[18] GB/T 17799.5-2012，电磁兼容　通用标准　室内设备高空电磁脉冲(HEMP)抗扰度[S].

[19] GB/T 18039.8-2012,电磁兼容 环境 高空核电磁脉冲(HEMP)环境描述 传导骚扰[S].
[20] GB/T 18039.10-2018,电磁兼容 环境 HEMP 环境描述 辐射骚扰[S].
[21] GB/Z 30556.3-2017,电磁兼容 安装和减缓导则 高空核电磁脉冲(HEMP)的防护概念[S].
[22] 侯其坤.雷达贯彻系统电磁环境效应标准体系的思考[J].中国标准化,2021(08):43-48.
[23] GJB 1389A-2005 系统电磁兼容性要求[S].
[24] GJB 151B-2013 军用设备和分系统电磁发射和敏感度要求与测量[S].
[25] GJB 8848-2016 系统电磁环境效应试验方法[S].
[26] SJ 21473.1-2018,军用集成电路电磁抗扰度测量方法 第 1 部分:通用条件和定义[S].
[27] SJ 21473.2-2018,军用集成电路电磁抗扰度测量方法 第 2 部分:辐射抗扰度测量-TEM 小室和宽带 TEM 小室法[S].
[28] SJ 21473.3-2018,军用集成电路电磁抗扰度测量方法 第 3 部分:传导抗扰度测量大电流注入(BCI)法[S].
[29] SJ 21473.4-2018,军用集成电路电磁抗扰度测量方法 第 4 部分:传导抗扰度测量射频功率直接注入法[S].
[30] SJ 21473.5-2018,军用集成电路电磁抗扰度测量方法 第 5 部分:传导抗扰度测量工作台法拉第笼法[S].